Adobe Illustrator WOW! Book 中文版

适用于CS6与CC版本

[美] 莎伦·斯特尔（Sharon Steuer） 著　　韩素雯 译

人 民 邮 电 出 版 社

北 京

图书在版编目（CIP）数据

Adobe Illustrator WOW! Book中文版 / (美) 莎伦·斯特尔著 ; 韩素雯译. -- 北京 : 人民邮电出版社, 2021.8
ISBN 978-7-115-56560-0

Ⅰ. ①A… Ⅱ. ①莎… ②韩… Ⅲ. ①图形软件 Ⅳ. ①TP391.412

中国版本图书馆CIP数据核字(2021)第095674号

◆ 著　　[美] 莎伦·斯特尔
　译　　韩素雯
　责任编辑　赵　轩
　责任印制　王　郁　陈　犇

◆ 人民邮电出版社出版发行　　北京市丰台区成寿寺路 11 号
　邮编　100164　　电子邮件　315@ptpress.com.cn
　网址　https://www.ptpress.com.cn
　临西县阅读时光印刷有限公司印刷

◆ 开本：787×1092　1/16
　印张：17.25　　2021 年 8 月第 1 版
　字数：425 千字　　2021 年 8 月河北第 1 次印刷

著作权合同登记号　图字：01-2020-3615 号

定价：148.90 元

读者服务热线：(010)81055410　印装质量热线：(010)81055316

反盗版热线：(010)81055315

广告经营许可证：京东市监广登字 20170147 号

前 言

尽管我们希望每一位阅读本书的读者都能获得启发，但遗憾的是，这本书主要面向中级以上，甚至已经达到专业级水准的Adobe Illustrator用户。因为只有对Illustrator里的基本知识掌握得足够熟练的用户，才能照着本书的指导创作出作品。书中介绍的课程不仅能帮读者掌握操作技术，更能帮读者在这个过程中创建出有自己风格的作品。

不管读者使用的版本是CS6还是CC，除非在下文里有特别说明，否则书中的内容都是默认同时适用于两个版本的。

仅适用于CC版本的内容通过CC图标标记。如果CC图标的颜色是页面上角的唯一紫色，说明CS6和CC版本的功能或特性发生了变化

定位适用于CC版本的内容

本书中的紫色部分表示适用于Illustrator CC版本的内容。

键盘语言的差异

非英语键盘的快捷键不一定与我们在本书中指定的键盘的快捷键相同，因此我们建议读者登录Adobe网站，查看适用于自己语言的键盘快捷键列表。

所有的面板都在【窗口】菜单中

如果我们没有提示读者在哪里可以找到面板，请在【窗口】菜单中寻找！

【外观】面板的设置至关重要

Illustrator最强大的功能之一就是，只要一个对象设置得正确，就可以轻松设置下一个对象的样式，并且只需选择一个相似的对象，即可选择其在堆叠顺序中的位置。但是，为了将当前选中对象的所有样式属性（包括描边、实时效果、透明度等）应用到下一个对象上，首先得在【外观】面板的扩展菜单中关闭【新建图稿具有基本外观】功能（出现√说明该功能已启用）。即使关闭软件，这项设置仍会保留，但是如果重新安装Illustrator或者删除了首选项，就需要重新设置该选项。本书中，需要关闭时我们会提醒读者关闭该功能；需要启用时，我们也会提醒。

内容结构

本书中编排了很多类型的信息，包括小贴士、分步课程、设计案例。本书在编排每章内容以及安排章与章之间的联系时遇到了不少困难。

小贴士：千万别忽略了灰色、紫色CC和红色（重要）提示框里的有用信息。通常，它们会出现在相关正文的旁边，但如果读者不想阅读这些小贴士，也可以跳过，寻找其他有趣或相关的提示。小贴士中的红色箭头、红色方框以及红色文本（有时还配上了相关艺术作品）是为了强调或进一

白色的“对齐到”指针

用于绘图的键盘快捷键……

构建对象是Illustrator创作的核心。在Illustrator里不断探索新的方法，用简单的路径和形状构建出一个全新的对象，这才是最具创造性的。过去，我们在创建路径时需要一个锚点一个锚点地连接起来，现在我们可以用创建新对象的方式或者通过模拟铅笔在纸上绘制的方式来给形状着色。本章将着重介绍编辑组合形状的新方法——包括半自动化的【斑点画笔工具】【形状生成器工具】【实时上色工具】和【图像描摹】面板等的使用方法。在讲解CC版本的小节里，还会介绍如何使用【Shaper工具】和【实时形状工具】提高工作效率。另外，本章还会介绍一些辅助性的绘制手段，例如在对象内部或下层绘制、连接路径、对齐对象和锚点，还有最受欢迎的【路径查找器】面板以及复合路径和形状，这些内容都能帮我们把路径和对象组合起来。

【橡皮擦工具】和【斑点画笔工具】

不管是拆分还是合并对象，最简单的方法就是使用【橡皮擦工具】和【斑点画笔工具】。【橡皮擦工具】可以把一个对象切成多个部分；【斑点画笔工具】可以把多个对象组合起来，并应用相同的填色属性（没有描边）。

【橡皮擦工具】

如果没有选中任何对象，那么【橡皮擦工具】（或者压感笔的橡皮擦端）会擦除鼠标指针拖过处的所有对象。要想更好地控制【橡皮擦工具】，可以先选中要编辑的路径，然后再在该对象上拖曳【橡皮擦工具】，或者进入隔离模式后再操作。如果想在未选中任何对象的状态下保护某一路径免受【橡皮擦工具】的影响，可以锁定或隐藏这些路径或者它们所在的图层。按住Shift键的同时拖曳鼠标指针，也能控制【橡皮擦工具】的擦除方向。按住Opt/Alt键，框选一个矩形区域，我们可以在这个区域内擦除对象。【橡皮擦工具】有着跟【画笔工具】一样的书法属性：双击工具栏里的【橡皮擦工具】即可自定义其属性。

每章的开头是功能概述

灰色提示框

查看灰色提示框，可找到有关使用Adobe Illustrator CS6/CC进行所有操作的提示。

红色提示框

红色文本和这些红色的提示框传达的是警告或其他必要的信息。

紫色CC提示框

查看紫色提示框，可找到Illustrator CC新增内容的提示。

步解释某个相关的概念或技巧。

分步课程：在这一部分，读者会学到世界各地的艺术家与设计师分享的分步课程。大部分课程会集中讲述某一方面的图像处理方法，不过我们也会建议读者参考一下别的章节里的相关技巧。在通用课程中，我们注意到了一些Illustrator CC功能已更新，这可能会改变设计流程。读者可以从任何一章开始学习，但是请注意，每种技术都基于先前讲解的技术，因此读者应该尝试按顺序学习每一章介绍的技术。

设计案例：设计案例中包含了与前面阐述的技巧相关的作品。设计案例中的每一件作品均配有艺术家创作的过程和细节介绍，有的还会介绍一些创作技巧，而有关该技巧的详细讲解可能会出现在书里的其他地方。

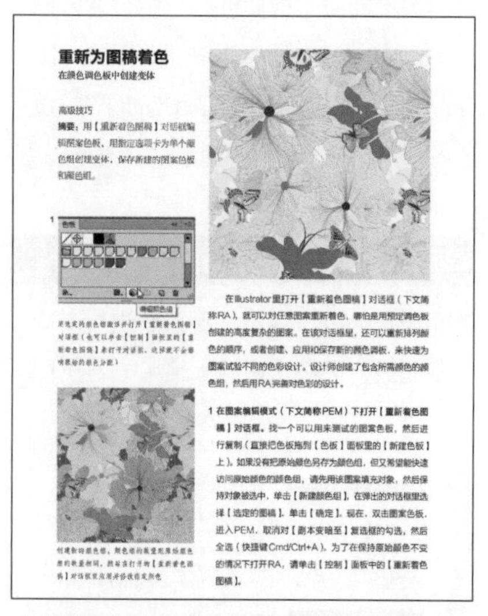

重新为图稿着色

在颜色调色板中创建变体

高级技巧

摘要：用【重新着色图稿】对话框编辑图案色板，用指定选项卡为单个颜色组创建变体，保存新建的图案色板和颜色组。

在Illustrator里打开【重新着色图稿】对话框（下文简称RA），就可以对任意图案重新着色，哪怕是用预定调色板创建的高度复杂的图案。在该对话框里，还可以重新排列颜色的顺序，或者创建、应用和保存新的颜色调板，来快速为图案试验不同的色彩设计。设计师创建了包含所需颜色的颜色组，然后用RA完善对色彩的设计。

1 在图案编辑模式（下文简称PEM）下打开【重新着色图稿】对话框。找一个可以用来测试的图案色板，然后进行复制（直接把色板拖到【色板】面板里的【新建色板】上）。如果没有把原始颜色另存为颜色组，但又希望能快速访问原始颜色的颜色组，请先用该图案填充对象，然后保持对象被选中，单击【新建颜色组】，在弹出的对话框里选择【选定的图稿】，单击【确定】。现在，双击图案色板，进入PEM，取消对【副本变暗至】复选框的勾选，然后全选（快捷键Cmd/Ctrl+A）。为了在保持原始颜色不变的情况下打开RA，请单击【控制】面板中的【重新着色图稿】。

分步课程部分将为读者展示艺术家和设计师是如何使用某项功能完成创作任务的

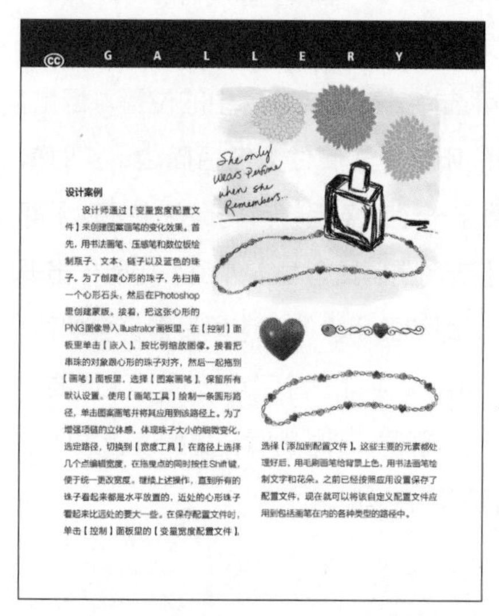

GALLERY

设计案例

设计师通过【变量宽度配置文件】来创建图案画笔的变化效果。首先，用书法画笔、压感笔和数位板绘制瓶子、文本、链子以及蓝色的珠子。为了创建心形的珠子，先扫描一个心形石头，然后在Photoshop里创建蒙版。接着，把这张心形的PNG图像导入Illustrator画板里，在【控制】面板里单击【嵌入】，按比例缩放图像。接着把串珠的对象跟心形的珠子对齐，然后一起拖到【画笔】面板里，选择【图案画笔】，保留所有默认设置。使用【画笔工具】绘制一条圆形路径，单击图案画笔并将其应用到该路径上。为了增强项链的立体感，体现珠子大小的细微变化，选定路径，切换到【宽度工具】，在路径上选择几个点编辑宽度，在拖曳点的同时按住Shift键，便于统一更改宽度。继续上述操作，直到所有的珠子看起来都是水平放置的，近处的心形珠子看起来比远处的要大一些。在保存配置文件时，单击【控制】面板里的【变量宽度配置文件】，选择【添加到配置文件】。这些主要的元素都处理好后，用毛刷画笔给背景上色，用书法画笔绘制文字和花朵。之前已经按照应用设置保存了配置文件，现在就可以将该自定义配置文件应用到包括画笔在内的各种类型的路径中。

设计案例部分从世界各地的艺术家和设计师那里汲取灵感，并展示他们创作艺术品的方式

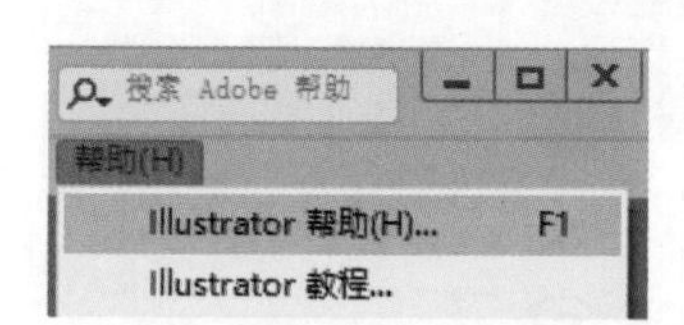

利用【窗口】菜单或按F1键都可以访问“Illustrator帮助”，查看包含新增特性和使用说明的列表

目录

第1章

第2章

第3章

重新构建对象

富有表现力的描边

第5章

第6章

第7章

第1章
自定义工作区

个性化定制自己的工作区，这件事听起来好像一点都不酷，但是，为了节约时间，把更多的时间放在创意上，我们必须提高工作效率。本章会涉及很多读者之前忽略甚至小瞧的工具，指导读者个性化定制自己的工作区，并且为读者深度解析新版本的各项新功能。

选项卡式文档

- 如果打开的文档太多，以至于无法完全显示所有文档的标签，则可单击文档标签栏右侧的双箭头，弹出的下拉列表显示了所有打开的文档。
- 把文档从标签栏里拖出来，这样文档就会悬浮在工作区里。
- 把一个文档里的对象拖到另一个文档里：先选中要移动的对象，再把该对象拖到目标文档的标签上，此时目标文档被激活，就可以把对象放置在相应的位置上。

适用于Mac的【应用程序框架】

在Mac上，【应用程序框架】（默认为打开）可以隐藏大部分，甚至全部的桌面。选择【窗口】菜单，打开/禁用【应用程序框架】。

注意：在使用外置监视器（或打开了一个视频项目）时，要关闭【应用程序框架】。

面板奇迹般出现了

按Tab键或快捷键Shift+Tab能隐藏面板，但是，如果鼠标指针移动到了面板旁边的窄条上，面板会重新出现，鼠标指针移走后，面板会再次隐藏起来。

工作区的管理

如果读者愿意花几分钟的时间来调整用户界面的亮度、自定义操作界面、新建配置文件，就能为自己节省不少时间，避免很多麻烦。创作不同的作品需要使用不同的面板，例如，绘制一张毛笔画所需的面板很可能就跟画漫画或宣传册需要的面板不一样。另外，也不是每一项任务都要用到所有的面板。我们通常会把面板一个个地排列整理好，然后关掉很少用甚至完全用不到的面板，这样就能在自己需要哪个面板时快速找到它。而且一些专有面板里的选项在【控制】面板和【外观】面板里都能找到。所以，关掉一些不必要的面板就能最大限度地简化操作界面。

在决定操作页面上每一个面板的去留时，我们首先想到的肯定是把常用的面板按顺序放到一个组里，例如【段落】和【字符样式】面板，或者【变换】和【对齐】面板。我们还能决定每个面板或面板组所在的位置，以及在面板遮住界面，需要被折叠的时候，决定是折叠成图标和标签还是全部折叠成图标。当一切都按照自己的喜好设置完成后，选择【窗口】>【工作区】>【新建工作区】，或者打开应用程序栏（系统默认在操作界面顶部）的下拉菜单，选择【新建工作区】。创建好工作区后保存，在【窗口】>【工作区】的子菜单和应用程序栏里都会显示工作区的名称。单击工作区的名称就能在不同的工作区之间随意切换。注意，不管是打开还是移动面板，任何对工作区的更改都会在关闭Illustrator后暂时保存下来。这样，当再次打开Illustrator时，工作区界面就跟关闭前的一样。如果要恢复工作区的默认设置，找到【工作区】，选择【重置（工作区名称）】。

整理面板小贴士如下。

- **“停靠”面板。**如果想让面板离操作界面近一点，就把面板放在操作界面的边上能随意拖曳的地方。（【控制】面板通常“停靠”在屏幕的顶端或底端。）
- **调整面板大小。**打开面板后可以重新调整面板的大小，把鼠标指针移动到面板的边上，出现双箭头后就能沿着箭头所指的方向调整面板大小。
- **把浮动面板、完全展开的面板折叠到标题栏里。**只要双击面板名称，不管是浮动面板，还是完全展开的面板，都能被折叠到标题栏里。如果是自动打开的临时面板图标，双击面板名称则不能将其折叠到标题栏里。双击浮动面板顶部的灰条，就能把该面板折叠成图标。前面我们讲的折叠面板的操作，请你在自己的操作界面里反复练习，这样以后再想折叠某个面板就不会浪费太长的时间了。
- **同时打开多个面板。**如果要一次性打开多个面板，请先把这些面板分别放到不同的面板栏里（按住鼠标左键拖曳面板到面板栏，当出现垂直的蓝条时，释放鼠标左键）。一个面板栏里只能显示一个面板，多个面板栏就能同时显示多个面板，而且只有手动单击右上角的双箭头才能关闭面板，除非你勾选了【自动折叠图标面板】复选框（选择【编辑】>【首选项】>【用户界面】进行设置）。遇上这种情况，单击任何一个其他面板栏里的面板都能将其关闭。因为面板是自动折叠加载的，所以即便是关闭了，也能把项目拖入面板中。

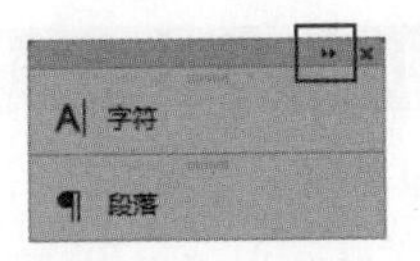

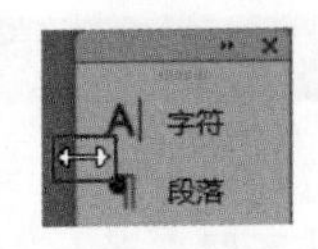

单击面板右上角的双箭头，面板会在收起和展开两种状态间切换，你可以按照自己的需求设置；当鼠标指针变成一左一右两个箭头时，可以拖曳面板手动调整面板的宽度

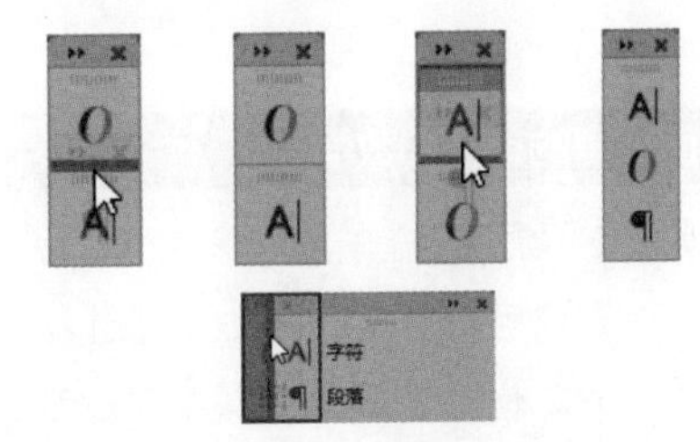

面板“停靠”和面板堆叠导致的结果是不一样的，具体有哪些不一样，可观察上图蓝色标出的区域

面板左上角的一上一下双箭头（就在面板名称的左边）表示可以显示更多或更少的面板选项，默认显示最少的面板选项

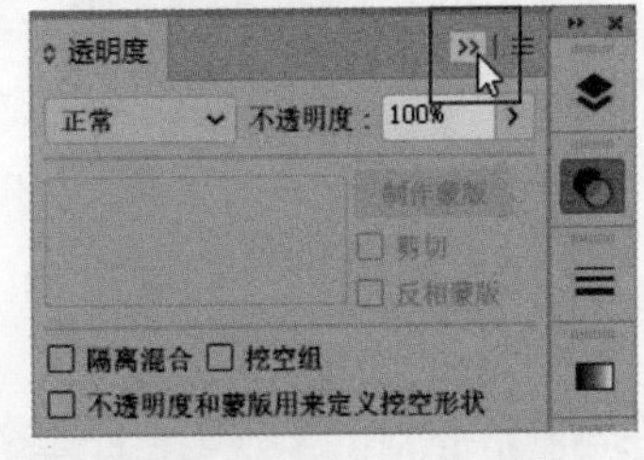

如果这个面板是面板栏里的折叠图标，要想最小化，只要双击右上角的双箭头即可（双击面板栏上面的灰条无法将其最小化）

CC

两款新建文档对话框

在CC版本里，如果你不喜欢默认的【新建文档】对话框，可以使用旧版【新建文档】对话框。你可以选择【首选项】>【常规】，勾选【使用旧版"新建文件"界面】复选框进行设置，不必重启软件。

面板里的单位和数学

如果你要沿用当前的测量单位，输入一个数值后直接按Enter/Tab键进入下一个文本区域即可。如果要更换单位，在输入的数值后加上in（英寸）、pt（点）、p（派卡）、px（像素）、mm（毫米），然后再按Enter/Tab键即可。如果要继续在图像文本框里输入数值，按Shift/Enter键即可。你还可以在面板里进行数学计算，例如在H区域输入72pt+2mm，或者+2，就可以给当前使用的单位值加上2。

更换测量单位

右击标尺可以更换测量单位。要更改整个文档的测量单位时，可通过【首选项】>【单位】进行设置。

更改【约束角度】

选择【编辑】>【首选项】>【常规】，给【约束角度】设一个值，只要这个值不是0，往后所有新建的对象都会自动按照这个角度进行匹配（适用于等距版面或需要按照某个角度来对齐对象的版面）。

使用【新建文档配置文件】

新建一个文档配置文件，不仅可以设置文档的尺寸、颜色模式、分辨率，还可以设置文档的色板、符号、图形样式、画笔，甚至默认的字体。将这些设置跟其他的用户库预设一起保存到【新建文档配置文件】的预设文件夹内，这个文档就会出现在【新建文档】的对话框中。在最新的CC版本里，打开【新建文档】对话框，单击【更多设置】，在【配置文件】下拉列表中选择【新建文档配置文件】。

标尺、参考线、智能参考线和网格

考虑到Illustrator里有很多的画板，我们可以把标尺（快捷键Cmd+Opt+R/Ctrl+Alt+R）切换成【全局标尺】，这样就能应用于所有的画板，或者把标尺切换成【画板标尺】，一个画板对应一个标尺，有（X，Y）坐标。这两种标尺看上去一样，但如果直接右击标尺，或者按快捷键Cmd+Opt+R/Ctrl+Alt+R，就可以执行【更改为全局标尺】/【更改为画板标尺】，转换标尺类型。为了保持一致，新建的文档默认使用画板标尺，并且将原点坐标设在了左上角，而不是左下角。在老版本里创建文档，默认设置也是画板标尺，原点也在左上角。但是，如果你切换成全局标尺，原点就会移动到左下角，跟老版本里创建最初文档的位置一样。如果想要老版本的定位方式，把老版本的文档切换成全局标尺，查看（X，Y）的坐标即可。另外，也可以直接把左上角的坐标原点拖曳到你想要的位置。但是，只有选择画板标尺，才能更改每一个坐标原点的位置。

参考线可以全局应用，也可以单独应用于某个画板。如果要给一个选中的画板（快捷键Shift+O）设置非全局性的参考线，从标尺中拖曳一条参考线到当前的画板中即可。注意，是拖到画板上方，而不是画板中间，如果拖到画板中间，参考线就会应用于所有的画板。

如果你想在一个项目里加上多条参考线，可以试着创建多个图层，然后分别添加参考线。这样也能轻松决定哪些参考线可见，哪些不可见，还能锁定、显示甚至清除参考线。

选定一个对象，选择【对象】>【建立参考线】(快捷键Cmd/Ctrl+5，或者选择【视图】>【参考线】>【建立参考线】建立参考线)。系统默认的是参考线未锁定。但是，可以通过切换【锁定参考线】/【解锁参考线】(在右键快捷菜单或【视图】菜单里)来控制参考线的锁定状态。【锁定参考线】/【解锁参考线】普遍适用，会影响所有文档里的参考线。任何一条未锁定的参考线，只要被选中，就能切换成一条普通的、可编辑的路径，只需在右键快捷菜单中选择【释放参考线】即可。但是，如果这条参考线没有被选中，就不能切换。

智能参考线能帮我们构建框架、调整对象，是整个绘图过程中必不可少的一环。可以按快捷键Cmd/Ctrl+U启用或关闭智能参考线。选择【首选项】>【智能参考线】可以修改智能参考线的参数。

掌握对象管理

从一开始就应该调整好对象堆叠的顺序，这样方便在操作的过程中锁定要处理的对象。

尽管让文件井然有序最有效的方法就是在创建图层的同时命名，但是，仍然有很多人偷懒，只单击【创建新图层】的图标，不为图层命名。为避免出现一大堆混乱的以数字命名的图层，最好养成按Opt/Alt键+【创建新图层】创建图层的习惯，弹出【图层选项】对话框，为图层命名。或者直接双击图层名称，修改图层名。(当然，也可以双击图层名称右侧的空白处，打开【图层选项】对话框，然后再编辑图层名称或进行其他操作。)【图层】面板和【外观】面板都能定位、选择、修改作品中的对象。所以，只有充分了解当前操作会对图层产生哪些影响，才能利用好Illustrator不断更新的工作界面。

CC

隐藏/显示边缘

按快捷键Cmd/Ctrl+H，或者选择【视图】>【隐藏/显示边缘】可以隐藏/显示边缘。一旦隐藏了所选内容的边缘(路径和锚点)，该文档里的所有路径边缘都会隐藏起来，除非重新打开显示边缘，而且这种隐藏状态会随文档一起保存下来。所以最好养成完成工作后把边缘切换回显示状态的习惯。另外，如果打开了一个文档，发现里面的部分内容无法被选中，别忘了试试按快捷键Cmd/Ctrl+H。

3种网格

选择【视图】>【显示网格】(快捷键Cmd/Ctrl+")，可查看Illustrator默认的网格。Illustrator里还有两种网格，分别是【透视网格】和【像素网格】。

选中被隐藏的对象

按Cmd/Ctrl键+单击，就能选中被隐藏的填充对象。第一次单击，选择最上面的对象；接下来的每一次按Cmd/Ctrl键+单击，都以堆叠顺序选择下一个对象(选择【首选项】>【选择和锚点显示】可启用/关闭该功能)。

【图层】面板与隔离模式

隔离模式状态下，只有被隔离了的图层或图层组在图层面板里可见。退出隔离模式，其余的图层或图层组就会重新出现在图层面板里。

进入/退出隔离模式

进入隔离模式

- 双击目标对象/编组。
- 选中对象/编组，选择【控制】面板>【隔离选中的对象】。
- 直接在【图层】面板的扩展菜单里选择【进入隔离模式】。

退出隔离模式

- 按Esc键。
- 单击灰色栏的任意空白处。
- 在【图层】面板的扩展菜单里选择【退出隔离模式】。
- 按住Cmd/Ctrl键，双击画板里的空白处，从隔离模式里退出。

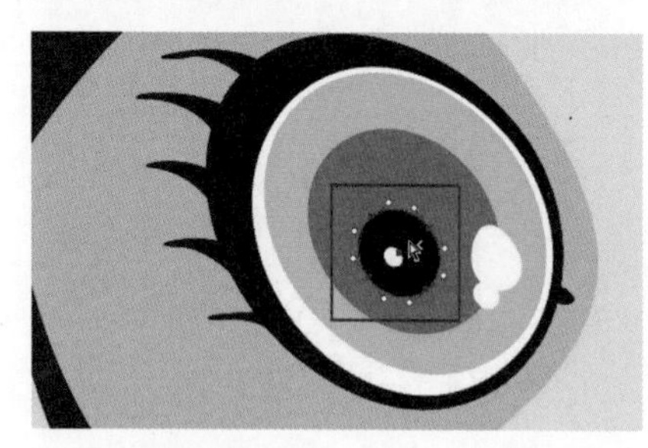

按住Cmd/Ctrl键后，单击最上面的对象，选中下层对象

应用隔离模式

隔离模式能快速隔离选中的对象，这样，操作时就不用担心会不小心影响到其他对象。下次不管想编辑的是对象、组还是图层，读者都可以用隔离模式来操作，不需要再锁定或隐藏遮挡物。另外，除了手动选择进入隔离模式外，Illustrator偶尔也会自动进入一些特殊的隔离模式，尤其是在编辑符号、创建图案、应用不透明蒙版时。在创建、编辑多个不同类型的对象时，应用隔离模式能更快速、准确地进行操作。

关于如何进入/退出隔离模式，可参考左图的总结。进入隔离模式后，文档窗口顶部会出现一个灰条，表示目前正处在隔离状态。灰条里还会显示被隔离对象的层次结构。除了被隔离的对象外，画板上所有的对象都变暗了，意思是这些对象暂时被锁定了。如果已经隔离了一个对象/图层组，只要单击灰色栏里相应的图层名称，就可以把隔离模式扩展到所单击的图层。只要是在隔离模式下，画板里添加的任何内容都会自动进入隔离组里（选择【首选项】>【常规】，取消勾选【双击以隔离】复选框，这样就能避免"双击进入隔离模式"）。

隔离模式不光适用于进入用户编组的对象，其他的对象，如混合对象、复合形状对象、实时上色对象，这些对象也是以编组的形式存在的，隔离模式同样有效。而且除了编组，隔离模式还能应用于图层、符号、剪切蒙版、复合路径、不透明蒙版、渐变网格，甚至是单一的路径。下次如果你要用到轮廓模式，或者要锁定/隐藏某个对象时，可以先试试隔离模式。

复制和粘贴的技巧

就复制后如何粘贴，Illustrator为我们提供了很多选择，例如【贴在前面】【贴在后面】【就地粘贴】以及【在所有画板上粘贴】。注意，不管是哪种粘贴方式，都不受坐标原点的影响，都是粘贴到画板左上角的相同位置。它们的区别如下。

- 如果没有选择任何项目，只是单击【贴在前面】/【贴在后面】，Illustrator会默认把剪切或复制的对象粘贴到当前图层的最前面/最后面。
- 如果已经选定了对象，再单击【贴在前面】/【贴在后面】，Illustrator会按照堆叠顺序，将对象直接粘贴到所选对象的前面/后面。
- 【就地粘贴】跟没有选择任何对象时的【贴在前面】的效果是一样的，只不过【就地粘贴】能把对象粘贴到任何选定的画板上。
- 【在所有画板上粘贴】即粘贴到所有的画板上，且粘贴的位置都相同。

【图层】面板里的选择与定位

哪怕是经验丰富的插画家，很多时候都会忘了要如何选择和定位。如果只是选择对象，然后简单地添加一些效果或调整不透明度，结果往往很难让人满意。遇上这种情况，想删除或继续编辑这些效果，就必须重新选择。给编组、图层、子图层添加的效果很容易删掉，只要重新定位即可。

如何判断图层有没有被定位？找到【图层】面板，在被定位了的图层上可以看到一个表示定位的双圆圈和一个大的矩形框。大矩形框表示图层里的所有对象被选择，小矩形框表示只有部分对象被选择。另外，还可以看到在【外观】面板里，“图层”作为缩览图的名称排列在第一位，而不是“组”“路径”或“混合对象”。给编组、图层或子图层添加效果后，任何一个放到该层级上的对象都会立即应用该效果。

图层的神奇功能！

启用【粘贴时记住图层】（该命令在【图层】面板的扩展菜单里，默认为禁用状态），被粘贴的对象会保留原来的图层顺序，而且如果图层不存在，就会自动创建图层。另外，如果粘贴的对象在粘贴过程中被压缩了（因为该功能默认为禁用），先撤销粘贴，然后启用【粘贴时记住图层】再粘贴。

Illustrator CS6【图层】面板里的选择和定位指示器（从左到右）：适用于任意图层和子对象的定位指示器，选中的对象当前已经被定位，适用于已添加效果对象的定位指示器，容器图层的选择指示器，图层里某一对象被选中时的选择指示器，图层里所有对象被选中时的选择指示器

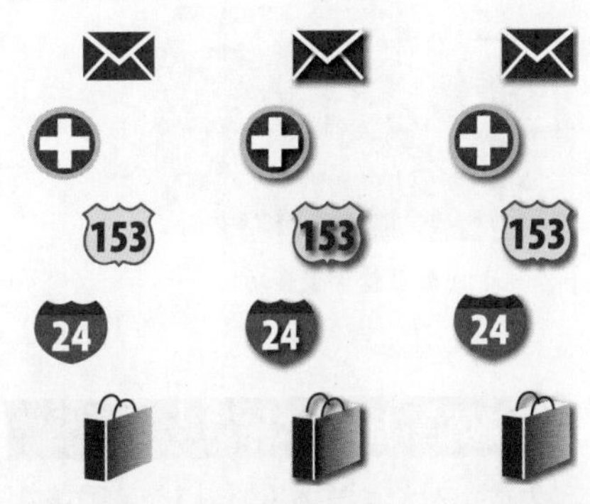

在地图图标上添加阴影效果：（左）原始图片；（中）选中但还没有编组的对象（或者一个图层上的全部对象），然后对其应用效果（效果会分别应用于各个对象）；（右）定位图层或选择编组后再应用效果（效果仅适用于完整连起来的路径）

解码【外观】面板

一个基本的外观通常不包含多重填色或描边、不透明度、效果或画笔描边。【图层】面板里出现的渐变填充的圆圈代表更复杂的外观。如果要修改别人的图稿（或是自己很早之前创作的图稿），【外观】和【图层】这两个面板最好都可见。除非图层或编组添加了某种效果，否则渐变填充的圆圈可能就看不见了。遇上这种情况，要扩展图层视图，然后定位到应用了该效果的对象，才能重新看见圆圈。

【外观】面板里包含很多功能

复制填色/描边/效果

先选中对象，单击【外观】面板底部的【添加新描边】/【添加新填色】，或者在面板里选择一个或多个描边、填色和效果，把它们拖到面板底部的【复制所选项目】，完成复制。

【外观】面板的应用

大家应该都知道，在【控制】面板里，不用打开多个面板就可以完成很多操作（在CC版本里，打开【属性】面板就能打开【外观】面板）。【外观】面板也是一样，可以替代很多独立的面板，是提高工作效率必不可少的工具。【外观】面板可以查看或编辑所选对象的描边、填色和不透明度，可以查看所选对象是否属于编组，还可以调整应用效果和图形样式。

打开【外观】面板，定位一个编组或图层，双击【内容】，显示对象级别属性。选定一个文本对象，双击【字符】，查看文本的基本属性，还可以给文字添加描边或填色。应用效果，打开【效果】对话框，选择接下来要绘制的对象是否应用相同的外观，或者构建一个新的图层样式，保存以应用于以后要创建的对象。使用【外观】面板时，要注意以下几点。

- **基本外观。**基本外观包括描边、填色（包括设置为【无】）以及不透明度（0%~100%）。
- **应用外观。**给任意路径、对象、编组、图层、子图层应用外观。
- **属性的堆叠顺序。**堆叠的顺序会影响外观最终的效果。向上或向下拖曳列表里的属性就能更改堆叠的顺序。
- **属性是否可见。**单击眼睛图标就能打开/关闭图层可见性，选择面板扩展菜单里的【显示所有隐藏的属性】，可同时取消多个项目的隐藏。选择面板扩展菜单里的【显示/隐藏缩览图】，开启/关闭缩览图的可见性。
- **单击有下划线的词语。**单击有下划线的词语，如描边、不透明度、阴影，就能打开对应的面板；按住Shift键，单击色标图标，就能打开【颜色】面板（【控制】面板也能使用这种方式打开）。

【图形样式】和【外观】面板

【图形样式】面板里包含了所有应用到对象、编组或图层的属性。选定一个对象，右击样式就能看到大的缩览图，预览添加的样式（如果选中的是多个对象，那么只会放大最左边对象的缩览图）。单击【新建图形样式】，保存当前外观（也可以把【外观】面板里的缩览图/对象本身直接拖曳到【图形样式】面板里）。按住Opt/Alt键，拖曳缩览图到已有的图形样式上，就可以替换当前样式。

按住Opt/Alt键，单击【图形样式】面板里的图形样式，这样就能给已经有图形样式的对象添加新的图形样式，而且不影响现有的属性。仔细观察【外观】面板你会发现，新建的图形样式的属性都堆叠在原有的属性之上。我们还可以从一个文档里访问另一个文档的样式，只要选择【图形样式】面板扩展菜单里的【打开图形样式库】，选择【其他库】，然后打开对应文档，载入想要的图形样式即可。

管理多个画板

同时使用多个画板，让你在一个文档里就能完成全部的工作！不管你是要创建有很多面板的故事板，还是要给动画设计精美的角色，抑或是要在一个项目里管理多个元素，例如保存尺寸、大小都不一样的商业小材料（如名片、文具、信封、明信片和宣传册），使用任何一种面板组合，只要是你想要的，都能打印或者导出为多页的PDF文件，哪怕每页的尺寸都不一样。在Illustrator CS6里，一个文档里至多有100个画板（到了2019版，画板的数量上限已经达到了1000个）。

为了帮你设置、管理和利用好画板，【画板】面板和选择了【画板工具】的【控制】面板里面都提供了你可能需要的功能与命令。在自己管理画板前，先熟悉一下画板的基本功能。

CC

在【外观】面板开始绘制

新建对象的属性跟上一次的是否相同，主要取决于【外观】面板的设置。

- 如果启用【新建图稿具有基本外观】，那么新建的对象只会复制先前对象的描边、填色和不透明度属性，其他的属性就会被忽略。
- 如果关闭【新建图稿具有基本外观】，那么新建对象的外观就会跟之前的一模一样。而且你也可以选择面板扩展菜单里的【简化至基本外观】，移除除了描边、填色和不透明度之外的所有属性。
- 如果连基本外观都不想要，单击面板底部的【清除外观】🚫，这样，描边和填色就会变成【无】，不透明度变为默认的100%。

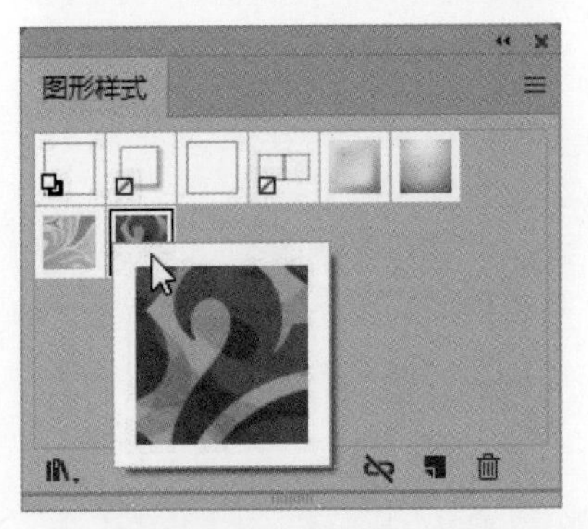

选中一个对象，右击图形样式会有一个放大的缩览图显示该样式

CC

为什么要用【新建窗口】?

选择【窗口】>【新建窗口】，新建的窗口可以显示出跟当前图稿不同的视觉效果。可以在不同的窗口里查看同一幅图稿，也可以选择在不同的模式下查看图稿，例如预览模式、轮廓模式、叠印预览模式，还有像素预览模式。另外，也能查看不同的校样设置（包括校样颜色）、缩放程度的图稿。打开应用程序栏里的【排列文档】，来隐藏/显示窗口边缘并对文档进行排序。大部分【视图】菜单里的操作会随文档一起保存到新建窗口里。

边界的设置

默认设置里，超出画板的部分将无法打印，因此，我们不仅要注意图稿跟画板边界要保持一定的距离，还要注意图稿的位置在【打印】对话框里是否正确。如果图稿超出了画板边缘，那么就一定要设置一个出血值，这样，图稿不管是在InDesign排版软件里还是保存为EPS文件，超出边界的部分都仍然可以显示。

【画板】面板中包括上下的箭头（用于重新排序）、定位图标（双击进入【画板选项】对话框）、【新建画板】和【删除画板】按钮

- **给新建的文档配置画板。**激活画板后，再在【画板】面板或者【控制】面板里调整参数。对画板的配置可作为【新建文档配置文件】保存下来。
- **添加画板。**单击【新建画板】，添加一个跟当前画板属性一模一样的画板。新建的画板会自动添加到当前画板所在的行，不过，后面可以重新调整顺序。
- **在【画板选项】对话框里更改画板设置。**双击【画板】面板里的定位图标（如果画板是在激活状态下，单击即可），也可以单击【控制】面板或CC版本【属性】面板更改画板设置里的【画板选项】。
- **手动创建和管理画板。**选择【画板工具】（快捷键Shift+O），不要打开对话框，拖曳以缩放画板的尺寸、调整画板的位置，然后，利用【控制】面板里的选项创建和管理面板。打开【智能参考线】可以更准确地对齐画板。
- **为激活的画板命名。**双击画板名称，直接给激活的画板重命名；或者选择【画板工具】，再在【控制】面板或【画板选项】对话框里重命名。更改后的名称会列入【画板】面板和【画板】面板的状态栏（画板导航位于文档窗口的左下角）。
- **重新排列画板。**通过【画板】面板的扩展菜单或选择【对象】>【画板】>【重新排列所有面板】，设置行、列和间距、图稿是否跟随画板移动，以及是否保留上次的设置。
- **重新排列画板列表。**在【画板】面板里，利用上下箭头图标对画板重新排序。给画板重新排序并不会影响工作区里画板的排列顺序。但是，面板里画板的顺序确实会决定画板打印时的顺序，以及保存为PDF文件时页码的顺序。
- **按Shift+向上翻页/向下翻页键，导航【画板】面板里的画板。**导航过程中，选中的画板会填充到窗口中。

- **画板有参考点。**在【画板选项】对话框的位置区域选择一个参考点，修改画板的大小。
- **在多个画板上重叠图稿，或者在一份图稿上叠加多个画板。**这个方法可以在不复制图稿元素的前提下，得到同一份图稿的多个版本。打印时，每个画板只打印其边界内的图稿，这样就可以从一份图稿中打印或导出图稿的多个部分（这个技术在制作记事板和四格漫画时尤其有用）。
- **把一个“未旋转矩形”转化成画板。**选中矩形，选择【对象】>【画板】>【转化为画板】，把一个未旋转矩形转化成画板。
- **通过【适合图稿边界】和【适合选中的图稿】，根据画板内容调整画板尺寸。**选择【画板工具】，在【控制】面板的【选择预设】列表中选择，或者选择【对象】>【画板】，在子菜单里选择。
- **定位画板。**如果窗口被某个画板遮住了，选择【视图】>【全部适合窗口大小】（快捷键Cmd+Opt+0/Ctrl+Alt+0）。要激活对应的面板，选择【选择工具】后单击画板或者直接单击【画板】面板里该画板的名称，这样能更直观地定位画板。
- **缩放时，【视图】菜单里的【画板适合窗口大小】（快捷键Cmd/Ctrl+0）和【实际大小】（快捷键Cmd/Ctrl+1）会影响当前面板的尺寸。**双击一个未激活的画板名称右侧的空白处，或者双击左侧的编号（如果是激活的画板，单击即可），同样可以把该画板缩放到适合窗口大小的尺寸。
- **把画板导出为TIFF、JPEG、PSD和PNG格式的文件。**如果需要把画板转换成栅格化的文件，可以将其导出为TIFF、JPEG、PSD和PNG格式的文件。

在不同的画板里复制图稿

把一个文档里的元素复制到另一个文档里，能提高工作效率，保证文档前后一致。画板为我们提供了很多种复制的方法，但具体选择哪种，还得看实际需求。

- 第一种：选择【画板工具】，启用【控制】面板里的【移动/复制带画板的图稿】，按住Opt/Alt键，把画板拖到一个新的位置，这样该画板和画板里的所有图稿就复制好了。
- 第二种：选择【编辑】>【在所有画板上粘贴】（快捷键Cmd+Opt+Shift+V/Ctrl+Alt+Shift+V），这样图稿就会复制到所有画板里相同的位置上。
- 第三种：先把图稿转变成一个符号，然后再在共享的【符号】面板里把该符号拖到任意一个画板里。以后，任何对这个符号所做的修改都会同步到所有添加了该符号的画板中。
- 第四种：用【度量工具】测量图稿和想要粘贴的目标位置的距离，然后选择【变换】>【移动】来移动或复制图稿。
- 第五种：给某个图层添加【变换】效果，把图稿的“实例”复制到另一个画板中相同的位置上。

在Adobe官网上寻求【帮助】

每一次新版本的Illustrator发布时，都会或多或少添加一些新功能。去哪儿查看这些新功能呢？请登录相关网站，或者选择【帮助】>【Illustrator帮助】。找到【学习和支持】页面，单击【用户指南】，选择【Illustrator的新增功能】（在右侧），查看最新的功能列表。

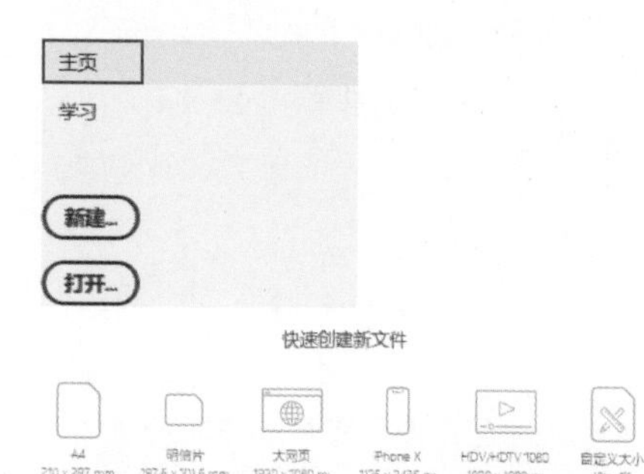

在“开始”工作区里，我们可以创建新文档（不管是通过单击【新建】还是通过样本预设），我们也可以单击【打开】，通过最近打开的文档列表或缩览图来打开已有文档

CC创意工作区

除了讨论Illustrator CC版本新增的功能和服务外，本节还会介绍该版本在外观和功能上的一些更新。订阅【创意云服务】后，用户无须联网或登录创意云的账号，就可以运行Illustrator大部分的功能。当然，也有一些功能使用时不仅要联网，还要登录创意云的账号。例如接收更新通知、使用Adobe字体（原来是Typekit字体）、同步个人设置，上述操作都需要登录创意云的账号。

“开始”工作区

第一次登录Illustrator会出现一个默认的工作区，Adobe称之为“开始”工作区。在“开始”工作区，用户可以从底部列出的几个文档预置中进行选择，单击【新建】，打开【新建文档】对话框；或者单击【打开】，打开一个现成的文档，使用列表或缩览图视图，选择最近打开或保存的文件继续工作。在“开始”工作区里，用户可以单击【学习】来找到教程的链接。而且“开始”工作区的右上角还有一个搜索框，可以搜索Illustrator相关术语、为自己的项目查找对应的Adobe Stock资源。要想管理账户，需要先连接网络，然后单击右上角的头像。

按Esc键可以跳过“开始”工作区。用户可以在工作区打开时立即按Esc键，即使工作区是空白的。如果要禁用“开始”工作区，可选择【编辑】>【首选项】>【常规】，取消勾选【未打开任何文档时显示主屏幕】复选框。

如果想在工作区里重新打开“开始”工作区，不管【首选项】里是怎么设置的，只要单击应用程序栏左上角的【主页】就行。如果应用程序栏未打开，可通过【窗口】菜单启用应用程序栏。完成上述操作后，就可以返回“开始”工作区，浏览最近使用的文档、创建一个新文档或者学习新功能。

工作区和面板

只要用户使用默认设置启动Illustrator，或者没有选择或保存另一个工作区时，默认的工作区都是【基本功能】工作区。【基本功能】工作区里的工具只占很少一部分，面板的数量更少。

还有一种囊括了工具栏里所有工具（包括通过第三方插件安装的工具）的【基本功能】工作区，即【传统基本功能】工作区。虽然工作区的类型还有很多，不过这两种可能是用户用得较多的。但这都不是最重要的，最重要的是掌握自定义配置、保存面板和工具的方法（本章后面会介绍更多有关自定义配置、保存面板和工具的内容），然后再把这些设置保存为自己的工作区。请注意，【属性】面板非常强大，而且一直在不断地更新，很多面板都包含在【属性】面板里，或者可以直接通过【属性】面板进行访问。

不管用户使用的是哪种工作区，只要对面板或工具做了修改，这些修改都会暂时保存在该工作区里，除非用户给这个工作区恢复了默认设置或者重新安装了Illustrator。不管什么时候，对工作区所做的设置都可以保存为一个新的工作区，也可以通过工作区切换器选择【重置（工作区名称）】；或者选择【窗口】>【工作区】>【重置（工作区名称）】恢复为默认设置。

【属性】面板

【属性】面板里几乎囊括了所有常用的工具选项、面板选项和命令。跟【控制】面板一样，它的内容也会随用户选择的内容进行改变，但是【属性】面板会显示得更全面、更详细。要了解【属性】面板的功能，先打开一个没有选中任何内容的文档。在【属性】面板上会显示该文档的文档属性和所使用的工具，例如面板和单位、参考线和网格，还有一些首选项的设置。【快速操作】选项组中包含【文档设置】和【首选项】。双击工具图标可打开对应的工具选项对话框，

不管页面上是否还有打开的文档，也不管是否禁用【未打开任何文档时显示主屏幕】，只要单击【主页】，就能回到主屏幕

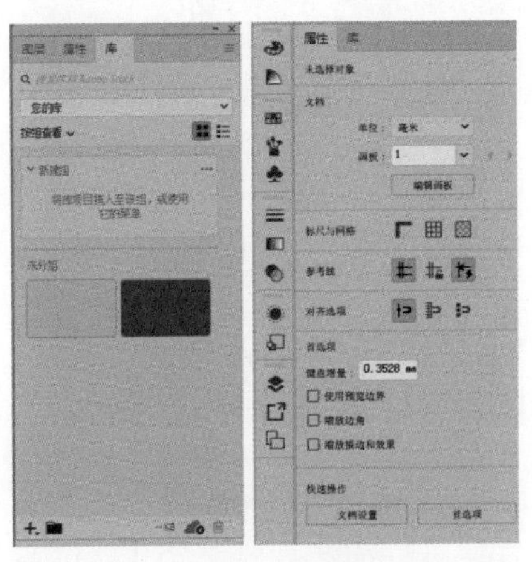

（左）只有3个面板的【基本功能】工作区和（右）带有多个面板的【传统基本功能】工作区

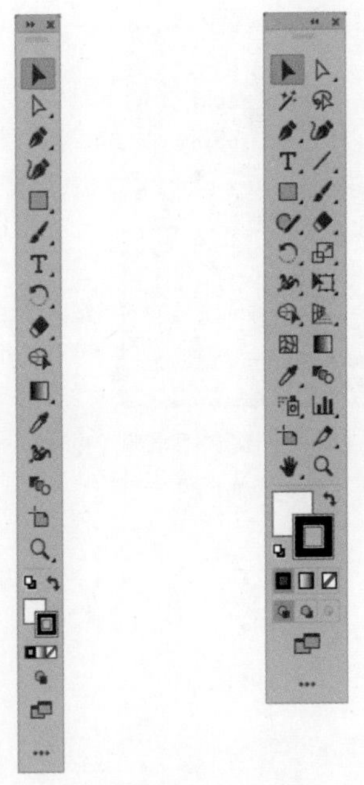

（左）基本工具栏，仅包含一些基本工具；（右）高级工具栏，也是唯一包含了所有工具的工具栏，还自动兼容第三方插件

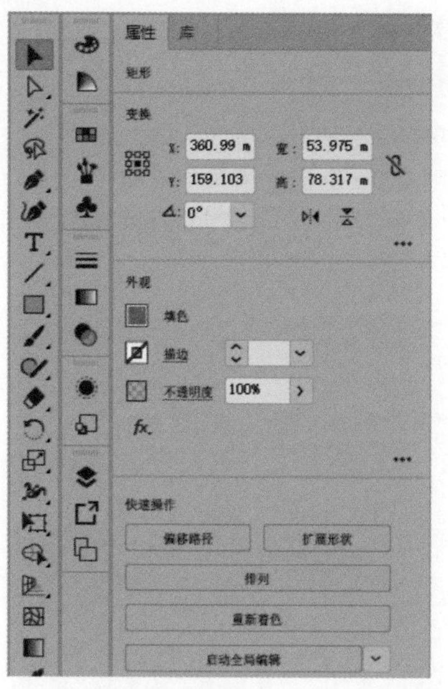

除了双击工具图标外，另一种访问工具选项的方法是，当满足没有对象被定位并且没有选择工具的条件时，工具选项按钮会出现在属性面板中

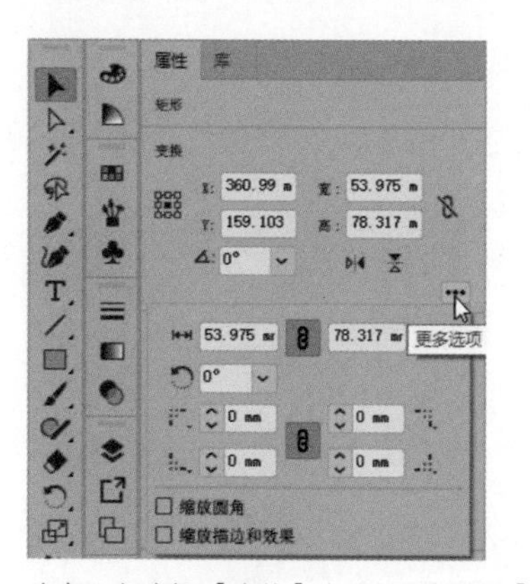

选中一个对象，【变换】选项组里出现了【...】，单击【...】，显示更多变换选项

可在其中更改工具设置。选择一个对象，根据所选对象的类型，做【填充】【描边】【不透明度】或【效果】方面的调整。在【属性】面板里可以完成很多操作，不用去单击菜单，完成后单击下方的【快速操作】，优化操作速度。如果某个部分里出现了【...】，表示当前打开的选项卡还包含更多的属性。大多数情况下，还是在【属性】面板里打开。但是，也有一些面板，例如【外观】面板，是分别打开的。如果是“停靠”在工作区里的，那么面板打开的位置就是“停靠”的位置；否则，它将以自由浮动面板的形式打开。当然，用户也可以将其放置在下次打开时希望其出现的位置。

工具栏和工具面板

Illustrator里自定义工具栏的方法主要有两种：一种是新建一个工具栏，把想要的工具拖进去，这样一个浮动的工具栏就建好了；另一种是直接自定义当前工具栏。如果发现桌面工具栏里有的工具在平时操作中几乎不用，那么就该修改默认工具栏了。大多数工作区都附带一个基本工具栏，而像【传统基本功能】这种工作区，附带的工具栏会更高级一些。如果不确定正在修改的默认工具栏是哪种工作区附带的，单击工具栏底部的【...】(也就是【编辑工具栏】)，打开所有工具窗口，或者选择【窗口】>【工具栏】查看。

删除默认工具栏里的工具：打开【所有工具】面板，拖入不想要的工具即可（注意，拖曳的工具一定得是顶层工具，不能是隐藏在某个工具子菜单里的工具）。【所有工具】面板上会显示各个工具默认的位置，工具栏上有的工具在【所有工具】面板上显示的是浅色的，没有显示的是深色的。如果想要的工具在工具栏里没有找到，就一定要把它从【所有工具】面板里拖回到工具栏，因为直接在【所有工具】面板里单击是无法选择某一个工具的。不过，有快捷键的工具就可以直接借助快捷键来选择。

在【所有工具】面板里，所有的工具都按照默认的顺序排列。不过，【工具栏】里的工具是可以重新排序的。不仅如此，像Astute Graphics这样的第三方工具，也能按照上述方法重组。而且如果知道工具的快捷键，那么就算不把它放到工具栏里，也照样能通过快捷键直接访问。使用快捷键选定工具后，该工具的图标会暂时出现在工具栏的末尾，等用户选择了其他工具后，之前的图标会自动消失。如果工具栏底部的工具不常用，如【填色】【描边】和【更改屏幕模式】，也可以把它们隐藏到【所有工具】面板里，这样能进一步缩短工具栏。

任何对默认工具栏所做的修改都会自动保存到【首选项】里，也就是说，所做的修改会一直保留，不会因为更改了工作区就重置工具栏。要重置工具栏，单击工具栏底部的【...】，再选择右上角扩展菜单中的【重置】即可。

创建一个新的工具栏：单击【...】，选择【所有工具】面板扩展菜单中的【新建工具栏】，然后给该工具栏重新命名，单击【确定】，这样，一个工具栏就建好了。然后，单击新工具栏底部的【...】，打开【所有工具】面板，把想要的工具拖到新工具栏里。把多个工具折叠在某个主要工具之下：同时选定多个目标工具，一起拖到新工具栏里（多选时，如果这几个工具是连续的，按住Shift键后单击选择目标工具的第一和最后一个工具即可；如果是不连续的，就要按住Cmd/Ctrl键依次选择）。关闭【所有工具】面板，右击刚拖进工具栏里的工具，所有隐藏在子菜单里的工具就都出现了。自定义的工具栏会临时保存到创建它们时所处的工作区上。所以，我们要手动保存自定义工具栏，以便在任何工作区里都能打开它。保存当前工作区为一个新的工作区，这样就能确保自定义的工具栏跟工作区一起被保存了。

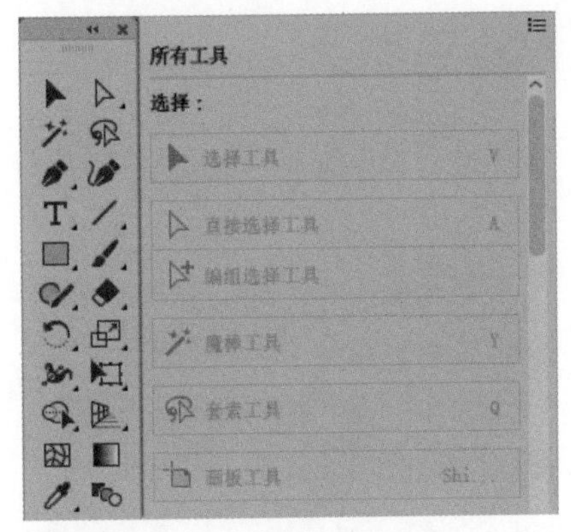

显示高级工具栏和工具栏菜单：单击工具栏底部的【...】，打开后，工具自动按序排列

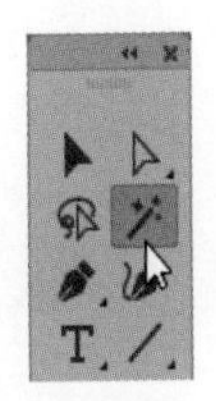
拖曳工具以在工具栏中重新排序

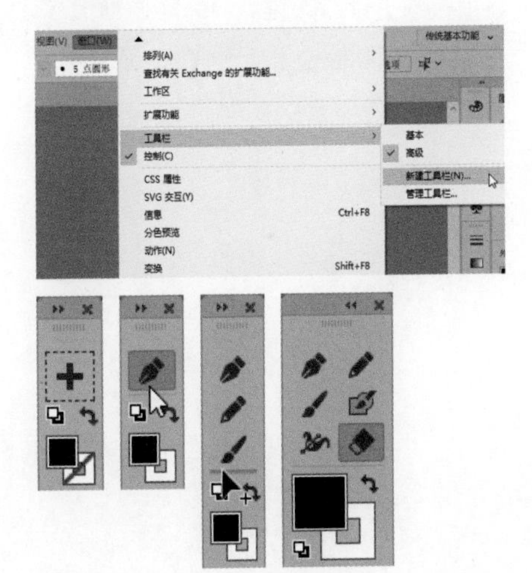

刚开始时，自定义工具栏里只有一个加号标志，不过，用户可以根据自己的需求拖入相应的工具。用户还可以通过单击右上角的双箭头来设置分两排显示工具栏里的工具

【调整视图】和【演示模式】

这些模式能帮助我们把注意力都集中在图稿上，排除一切无关的干扰。【调整视图】只显示画板上的作品，不显示任何不打印的对象，并且还会对悬挂在画板上的元素做出调整。【调整视图】不会像【演示模式】那样改变放大倍率，也不会隔离活动的画板。在【调整视图】里执行缩小操作，能一次性查看所有的画板，而放大后画板间也不会有重叠。在【演示模式】状态下，画板上只显示图稿，不会显示其他的东西，能让我们把注意力集中到某一个画板上。如果图稿超出边界延伸到了另一个画板上，哪怕这个画板完全被另一个画板的图稿包围，延伸的图稿也会从预览里消失。【演示模式】查看的是当前活动的画板，如果没有画板处于活动状态，则查看上一个处于活动状态的画板。

强化键盘和鼠标的功能

下述的4种功能通过键盘或鼠标就可以直接完成（更多内容请参阅“第3章 重新构建对象”介绍的钢笔、铅笔以及路径编辑工具）。

- **以画板的中心为定点进行缩放：**选择【画板工具】，在按住Opt/Alt键的同时，拖曳画板边缘的角进行缩放。
- **不打开【文件】菜单就能置入文件：**快捷键为Cmd+Shift+P/Ctrl+Shift+P。
- **调整不透明度：**单击不透明度设置框旁边的下拉箭头，打开滑块（CS6版本里是一个预设的数值列表）进行调整。
- **取消建立参考线/缩放级别（使用【缩放工具】）：**在拖曳时按住Esc键，松开鼠标左键就能取消。同样的方法也适用于【选择工具】【直接选择工具】【打印拼贴工具】。在用【钢笔工具】绘制一条开放的路径时，按住Esc键也能终止。

更好地创建参考线

如果要在某个特定位置快速创建一条参考线，直接双击该位置的标尺即可。例如，在垂直标尺上双击，创建一条水平的参考线，或者按住Shift键再双击，让参考线主动跟最近的刻度线对齐。如果要在画板上某个特定的位置创建一条横竖交叉的参考线，先按住Cmd/Ctrl键，然后再把参考线从标尺的左上角拖曳到画板里。在完成拖曳之前按Esc键，可以取消对参考线的创建，包括拖曳以更改坐标轴的原点位置。

请把文件保存好

新版本的Illustrator在保存文档时，已经能够“记忆”哪些图层是展开的，哪些图层是折叠起来的。这样，再重新打开文档时，图层的状态跟上次使用结束时一模一样。

图层面板的鼠标指针又回来了

CS6版本里图层面板缺失的鼠标指针回来了：在拖曳图层、选区控件时，按住Opt/Alt键可以看到一个加号，表示要开始复制了（而不仅是移动）。

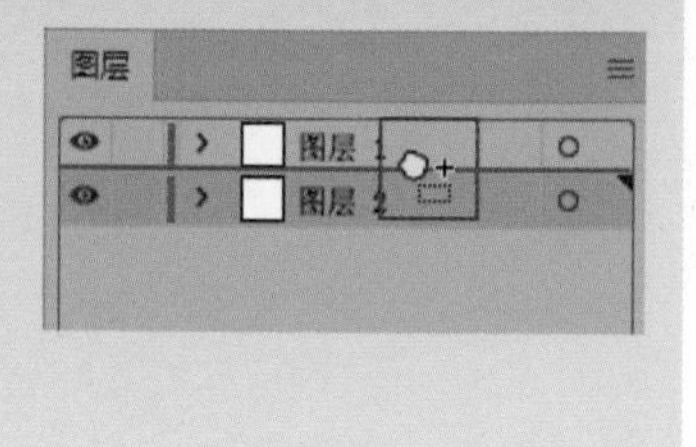

设计案例

这张海报着重突显大桥流畅的线条。为此，设计师大大简化了结构上的一些细节，并且在颜色的运用上相当克制，以突显这张海报的时代感。为了达到客户偏爱的那种强烈的透视效果，设计师在图稿上方的图层上手绘了视图参考线。首先在底稿上从左到右画一条直线（最右边的部分之后会从视图里剪掉），选择【对象】>【混合】>【建立】，创建一条直线。然后，选择【视图】>【参考线】>【建立参考线】，画第二组参考线，用来标记底稿的宽度。设计师把图稿里的对象（金门大桥本身、高光部分、阴影部分，还有天空部分）分别放入不同的图层里，以便于管理；大量应用混合模式、不透明度和渐变效果来创建高光和阴影；再利用【高斯模糊】滤镜来柔化云朵。

描摹模板

描摹模板图层

摘要：在Illustrator的模板图层里放置一张扫描好的图片，用【铅笔工具】【钢笔工具】和【弧形工具】手动描摹图像，用【直接选择工具】修改路径，用几何图像快速完成绘制。

设计师借助一些基本的Illustrator绘图工具，给一家地产公司绘制了这张图。设计师把扫描图作为模板，用【钢笔工具】【铅笔工具】以及一些其他的几何工具在标志上画出了这样的几何线和图形。

1

依照高对比度的地平线扫描图片绘制的图稿，这是其中一部分

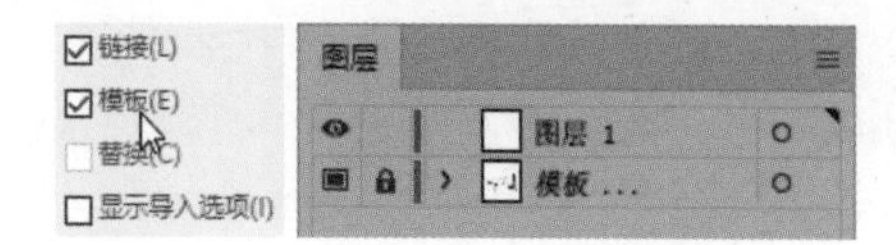

选择【文件】>【置入】，创建模板图层

1 **把扫描图作为模板导入Illustrator。**扫描图片时，确保高分辨率和高对比度，这样在描摹时才能看清楚细节。把扫描好的图片保存为PSD/TIFF/JPG格式。新建一个Illustrator文档，选择【文件】>【置入】，添加扫描好的图片，勾选对话框左下角的【模板】复选框，单击【置入】。这样，扫描好的文件就置入原始图层下方的模板图层里了。可以看到，模板图层是矩形的图标，名字也是斜体的，意思是这个图层不能打印。而且模板图层默认设置为锁定、50%的不透明度。要想更改此设置，双击模板图层名右侧的空白处即可。

2

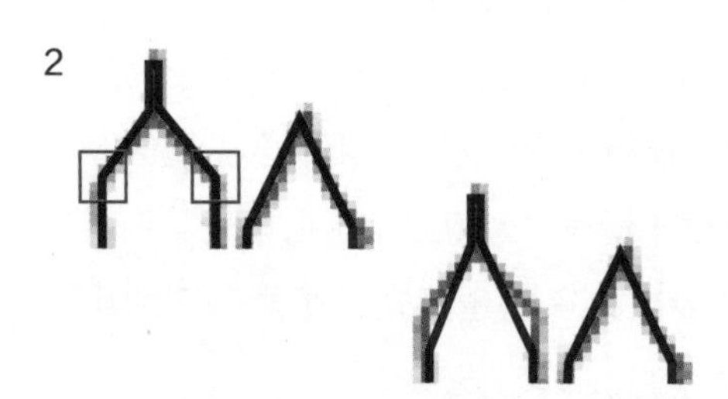

（左）用【直接选择工具】调整两个锚点的位置，（右）更改建筑物的形状

2 **描摹直线和边角，调整点的位置。**选择【图层1】（【图层】面板中的默认图层）和【钢笔工具】，以扫描图为底稿，单击并添加锚点，然后连点成线。在描摹水平线、垂直线、对角线时，选择【钢笔工具】的同时按住Shift键。描好了大致的路径后，借助【直接选择工具】缩放调整锚点的位置。这里，设计师只是用粗线条大致地描摹了亚特兰大的地平线，并不追求细节。

3 **描摹、调整曲线路径。**Illustrator里创建曲线路径的方法有好几种。用【钢笔工具】创建曲线路径，关键在于要先向曲线延伸的方向拖曳（不仅仅是点几下），然后再次选择【钢笔工具】，拖曳曲线的另一边（这需要反复练习）。如果要用【钢笔工具】调整曲线，按住Opt/Alt键，再用鼠标指针拖曳曲线，或者直接用【直接选择工具】，拉出每一个锚点的手柄，形成一条曲线。单击【控制】面板或CC版本中的【属性】面板中的【转换】，把锚点转化成尖角/平滑，然后用【转换锚点工具】抓取手柄，得到一条平滑的曲线。

用【铅笔工具】绘制曲线路径，双击【铅笔工具】，调整【保真度】滑块。在开始用【铅笔工具】或【平滑工具】编辑路径前，先通过不断地放大/缩小，调整路径的平滑和精细程度。缩小能得到更平滑的曲线（因为锚点更少），而放大能提高精确度（因为锚点更多）。如果想重画路径，只需选中路径，然后用【铅笔工具】贴近该路径重新画一条，原曲线路径就会自动调整至与新绘曲线路径贴合（在【铅笔工具选项】对话框里，【范围】值能设置贴近的程度）。

如果只是想画一个简单的弧形，用【弧形工具】（在【直线段工具】的下面）就行了。选择【弧形工具】，拖曳创建弧形路径。画好的弧形跟其他曲线一样，通过【直接选择工具】调整手柄和锚点，更改路径的形状。

4 **用基本对象来构建图像。**构建图像时利用Illustrator里现成的几何图形，例如矩形、椭圆形，可以提高作图效率。选择【多边形工具】/【星形工具】，把【边数】改为3，创建一个三角形。用【钢笔工具】或【铅笔工具】来添加路径和填充对象，用【路径查找器】/CC版【形状生成器工具】来合并对象。

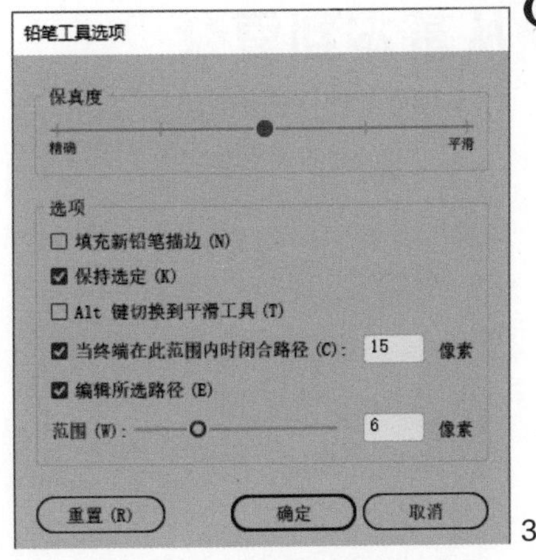

3

这是CS6版本里的【铅笔工具选项】对话框；在CC版本里，把【容差】选项组中的滑块合并为【保真度】滑块

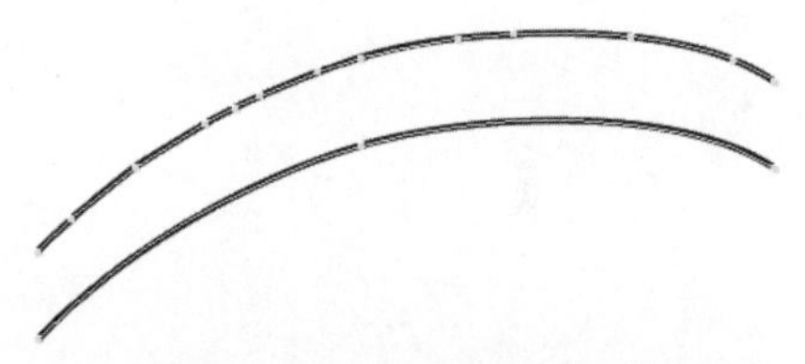

（上）缩放至300%时，铅笔工具绘制出的路径；（下）缩放至50%时得到的效果

4

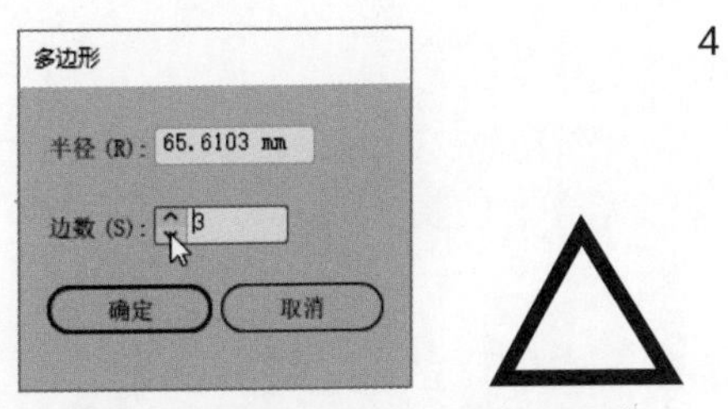

单击画板，选择【多边形工具】，调整【边数】，绘制三角形

停止绘制！

如果画的是一条开放的路径，而且该路径处在选定状态下，那么再使用【钢笔工具】单击就能继续画下去。如果要画一条新的路径，CS6版本里按P键（钢笔工具），CC版本里按Esc键，即可停止当前路径的绘制。

从基本到复杂

用基本元素进行创作

摘要：用简单的元素构建复杂的作品；创建图层，把各个元素分别保存，以便编辑；使用实时上色组调整更多细节。

这件作品就是从一些简单的轮廓线和最基本的素材开始的。先建立颜色组，把一些基本元素组成元素群，再把这些元素都放到图层里，这样就构成了一张复杂的图片。设计师还创建了一个实时上色组，这样就可以任意给每条路径着色，慢慢地把简单的元素构建成复杂的画面，这样得到的作品，视觉效果往往更让人满意。

1

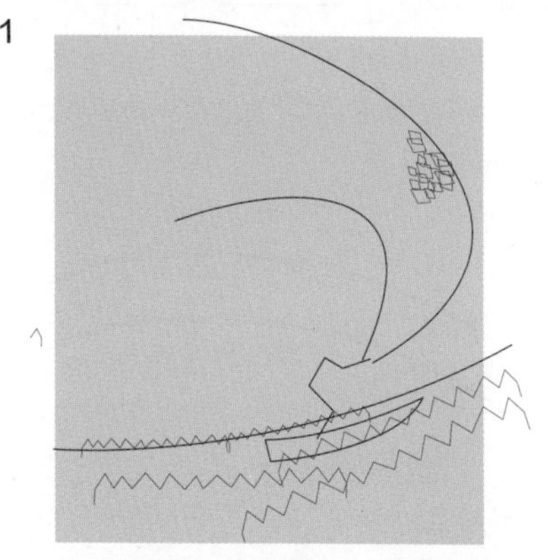

这张是设计师初始的草图，对裁剪到画板中的位置和比例都做了一些调整

1 **从草图和简单对象入手。**首先，选择【钢笔工具】（P键），勾勒出整个画面的结构。设计师用菱形来表现水这一意象，所以这里只需要描出水域位置和大小比例就行。选择画板工具（快捷键Shift+O），调整大小。

然后，给基本元素着色，组合成更大的元素。着色时，先给背景着色，再给剩下的部分着色。设计师的画通常会选择一些令人感到不舒服的底色，为了凸显其效果，余下的颜色自然也就比较普通。选好4种颜色后，在【色板】面板中单击【新建颜色组】，把这些颜色保存为一个颜色组（命名为“Boat”）。

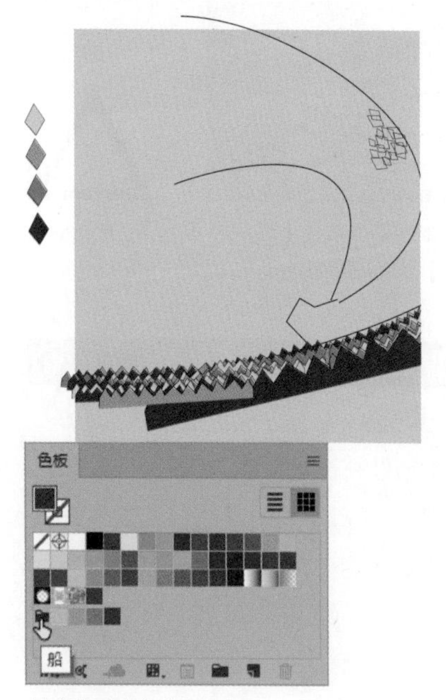

创建菱形和颜色组

为保证绘制过程顺利，设计师想到了一个能帮他减少使用面板的次数，把注意力都集中在画板上的方法，即首先选中要复制/修改的菱形（或菱形组）进行复制，然后选择【编辑】>【贴在前面】/【贴在后面】进行粘贴，最后使用【自由变换工具】（E键）进行调整。有时，为方便修改，设计师也会解散群组，更改某些元素，使其不规则地分布。

2 **用图层来管理多个对象。**绘制过程虽然看似自由自在，但这些对象的参数我们都要掌握，以便随时调整。要想创造出一种各类元素任意摆放的效果，也需要精心设计，用几个命名了的图层来分区，效果会很明显。锁定图层，这样已经放置好了的元素就不会乱移。有的图层可以设置为不可见，这样在绘制时更能集中注意力。在大波浪的后面添加小波浪，能给画面营造出一种深度和距离感。另外，为了便于访问每一个波浪，把小波浪所在的图层放在大波浪所在图层的下面。画里人和他的船在同一个图层上，这个图层夹在大小菱形波浪所在图层的中间，飞溅的水花所在图层在最上面。

3 **用【实时上色工具】给滴水的男子快速填色。**画好船和人物的轮廓后，选择【钢笔工具】，在人物身上画出一些开放的路径，呈现水珠滴落的样子，再画一些线条，代表人物手里的水桶。然后转换为实时上色组，这样就能给每个路径段着色。填色之前，不需要每个对象都是闭合的路径，只要轮廓是重叠的，能形成封闭的区域就行。

2

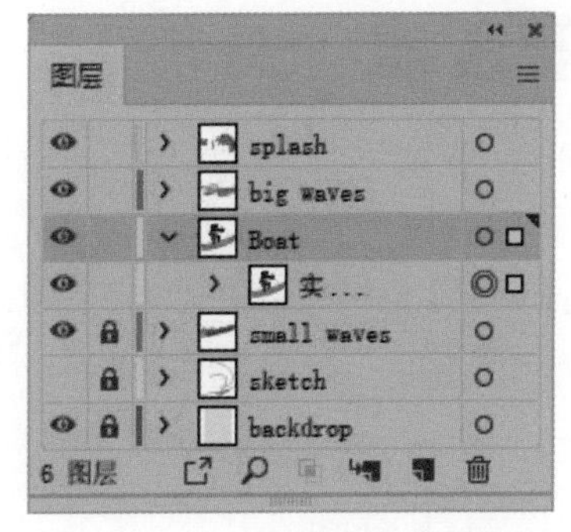

用图层来锁定和隐藏图稿中的区域，避免分心

3

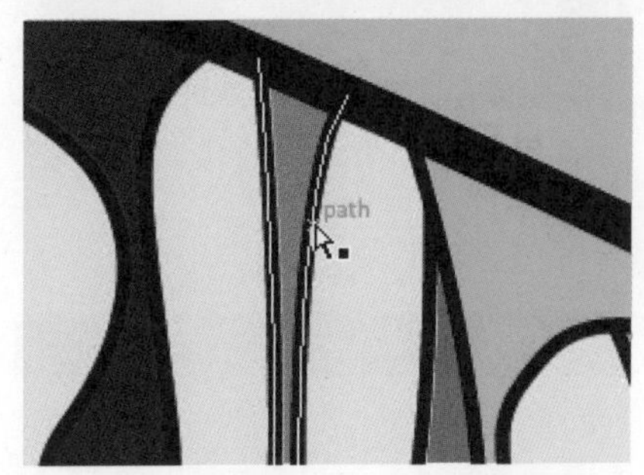

实时上色能给对象上色，并且不需要每个对象都是闭合的路径

导航图层

创建、管理和查看图层

摘要：【图层】面板的自定义设置，创建图层和子图层，调整【图层】面板里图层的顺序，更换图层颜色，隐藏图层以便查看作品。

不管是绘制过程中，还是绘制完成后查看作品，图层都是必不可少的重要工具。设计师在设计网页版App时，每个页面上的作品都有一个单独的图层，这样，通过隐藏/显示图层，就可以查看按不同顺序浏览页面会产生哪些不同的效果。

1

从结构图上可以看到网页的主图层和对应的子图层

按Opt/Alt键+【创建新子图层】，弹出【图层选项】对话框

空白图层

如果一个图层包含对象（或者子图层），那么该图层名称左侧会出现>号或v号，除非勾选了【图层面板选项】对话框里的【仅显示图层】复选框。

1 **设置图层面板，并创建子图层。**先给每个页面都创建一个“主”图层，然后再分别给页面上的页头、导航栏、内容、页尾和背景创建子图层。为了能同时显示更多的图层，设计师更改了【图层】面板里默认设置的行高，关闭了缩览图预览。具体操作是，选择面板扩展菜单里的【面板选项】，在【图层面板选项】对话框中的【行大小】选项组里选择【小】（想要行高数值更大，在【缩览图】选项组中取消勾选所有的复选框）。默认名称“图层1”也可以更改，只要双击【图层】面板里的图层名称就能重新编辑。

给第一个主图层添加子图层：先在面板里选中主图层，按住Opt/Alt键，单击面板底部的【创建新子图层】，弹出【图层选项】对话框，给子图层命名。重复此操作，创建所需的子图层并为其命名。

2 **复制并移动主图层，更改【图层】面板的显示方式。**第一个主图层完成后，继续创建其他页面的主图层。如果元素可以通用，那么复制图层，再编辑以适应目标图层即可。复制图层，可以直接把图层拖到面板里的【创建新图层】上，也可以选中对应图层，再选择【图层】面板扩展菜单中对应的复制选项。

要更改主图层或子图层的顺序，可在【图层】面板中选中图层（按住Shift键可选择多个连续的图层，按住Cmd/Ctrl键可选择多个非连续的图层），并将其拖曳到想要的位置（拖曳时注意观察面板中的横条，确保图层是在图层间移动，而不是并入另一个图层里）。

3 **利用图层可见性来模拟用户在不同页面之间的切换。**在完成各页面的设计后，把所有的主图层都设为可见：选择【图层】面板扩展菜单中的【显示所有图层】。然后，单击各图层的可见性（眼睛）图标，隐藏/显示图层里的对象。这种方法可以预览用户在不同页面间切换时的视觉效果，确保页面设计的一致性。

让Illustrator“走”起来

Illustrator不仅能自动拓展【图层】面板，还能在隐藏的图层里选定一个对象后，自动跳转到该对象所在的图层，只要选中对象，单击【图层】面板里的【定位对象】即可。

2

把【FAQ】图层拖曳到【Get Set】图层的上方

选择全部的子图层，在【图层选项】对话框里的【颜色】下拉列表中选择颜色

3

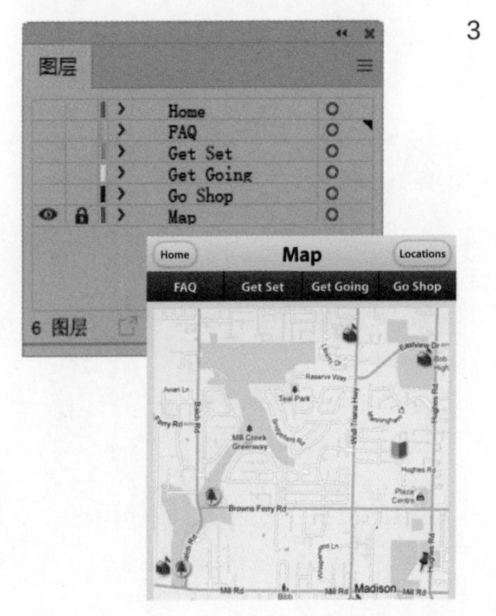

除了Map图层外，其他的图层都隐藏；（右）Map页面

基本外观

【外观】面板的编辑和应用

摘要：创建【外观】面板，编辑对象的外观属性；制作一个双重描边并保存为样式，然后绘制路径，应用该样式；找到目标图层，创建投影效果，在图层里创建符号，必要时编辑图层外观。

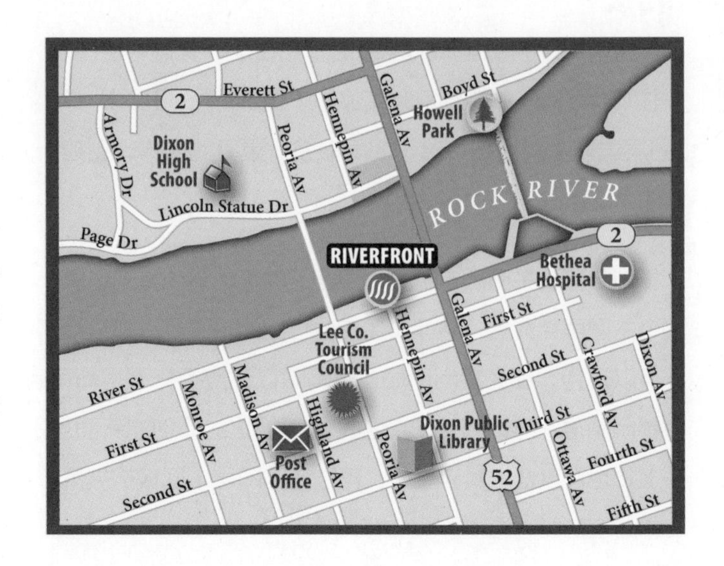

在Illustrator里，想用【外观】面板设计复杂的效果，制作出可复制的样式，简化设计流程，既复杂又简单。就好比这张城市地图，绘制者就是先创建了复杂的外观，再把它们应用到对象、图层编组和图层中。

1

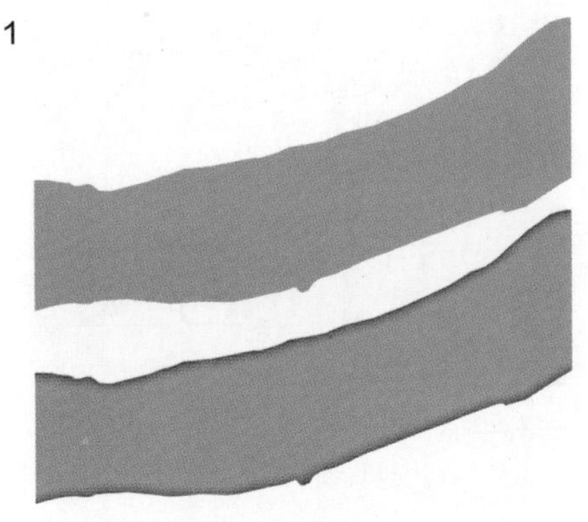

（上）填充为蓝色的河流，（下）给外观属性添加了内发光效果后的河流

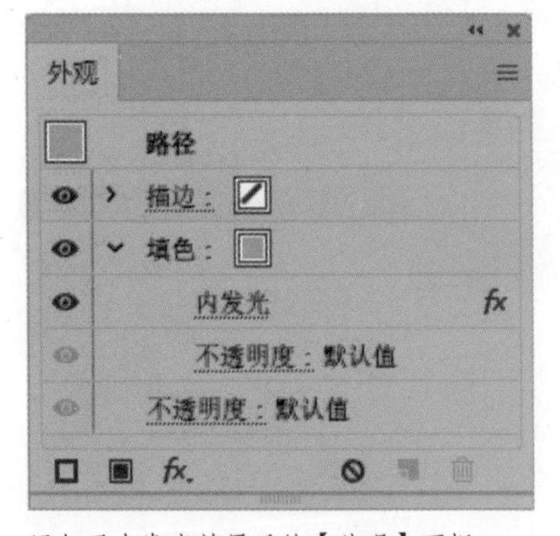

添加了内发光效果后的【外观】面板

1 **为单个对象制作外观。**首先创建一系列的外观属性，例如添加分割线、给代表河流的对象填充蓝色。不过，在编辑外观属性前，先要清除目标对象自带的外观属性（包括Illustrator默认的黑色描边和白色填充），单击【外观】面板底部的【清除外观】。接着，用【钢笔工具】勾勒出河流的轮廓，然后填充为暗蓝色。为凸显海岸线，添加一个深色的内发光效果。具体操作如下。在【外观】面板中单击【填色】。然后，单击【外观】面板底部的【添加新效果】，选择【风格化】>【内发光】。在【内发光】对话框里，把【模式】设置为【正片叠底】，把【不透明度】调为70%，把【模糊】调整为0.05英寸（对应分割线的宽度），并选择【边缘】。最后，单击对话框里的色板，选黑色为发光色。至此，发光效果就做好了。

2 **为街道路径创建样式。**为了能创建出图中这种线段或者轮廓样的街道，以及能将其复制到所有的街道路径的多重描边样式中，这里先取消选中，单击面板底部的【清除外观】，消除之前给河流创建的外观属性。然后，单击【描边】，选择一个较浅的颜色，把【宽度】设为2pt。接下来，单击【外观】面板中的【添加新描边】，再添加一条描边。新的描边跟第一条描边属性相同，选择两条描边的底部，修改为更深的颜色，【宽度】设为3pt。为了能重复使用这个外观属性，打开【图形样式】面板，按住Opt/Alt键，再单击面板底部的【新建图形样式】，给新样式命名并保存。

3 **给编组添加样式。**如果是给选中的多条路径应用上述样式，那么路径的轮廓会相互覆盖、重叠。但是，如果是给路径编组添加样式，那么该样式会应用于编组的四周，描边重叠的地方会相互融合。具体做法是，选中要融合的路径进行编组（快捷键Cmd/Ctrl+G），保证【外观】面板里的【编组】是高亮显示状态，然后再添加样式。

4 **给整个图层添加外观属性。**不是给某一个单独的对象（如地图上的“地标”）添加样式，而是直接给图层本身添加样式，然后再在图层中添加符号。具体做法如下。先给符号创建图层，然后单击【图层】面板里的定位指示器。单击【外观】面板底部的【添加新效果】，选择【风格化】>【投影】。这样，不管是绘制还是粘贴到图层里的“地标”都会自动添加投影效果。修改投影效果，单击图层的定位图标，再单击【外观】面板中的【投影】，在弹出的【投影】对话框里更改参数。

2

用来创建道路的【外观】面板

3

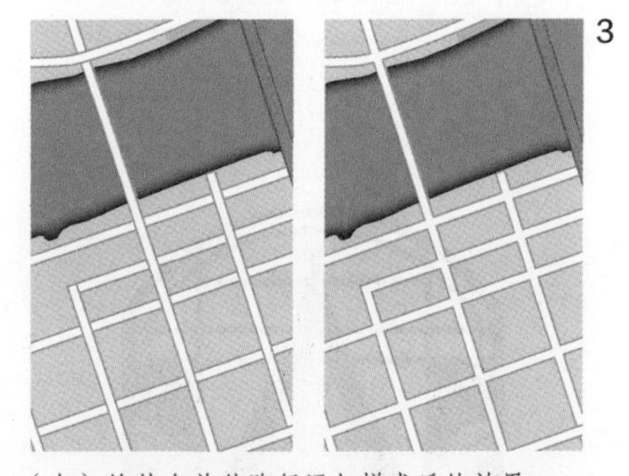

（左）给某个单独路径添加样式后的效果；
（右）给道路路径编组，然后添加样式后的效果

4

在【图层】面板里定位图层，【外观】面板里显示【投影】属性（双击属性旁的空白处或单击【投影】即可编辑）

弧形参考线

用【参考线】【弧形工具】和【钢笔工具】进行设计

摘要：在画板的一侧创建参考线；复制参考线到另一侧；用【弧形工具】画条弧线；用【钢笔工具】裁剪、扩展弧线；复制一条弧线，再用【钢笔工具】把两条弧线连成一条；找到【平铺】选项，打印模板。

诺曼·洛克威尔博物馆要建造一个花园大门雕塑，用于户外展示。设计师打算在Illustrator里创建一个实物大小的图像，作为雕塑的模板。

1 **创建文档并添加参考线。**首先，创建一个跟实物等大的文档（高80英寸，宽40英寸）。然后，打开标尺（快捷键Cmd/Ctrl+R），从标尺里拖出参考线。为了保证参考线位置的准确性，先确保参考线没有被锁定（选择【视图】>【参考线】>【解锁参考线】进行解锁）。然后再次选中参考线，在【控制】面板的【变换】文本框里输入X和Y的坐标值，也就是参考线要放置的位置。

1

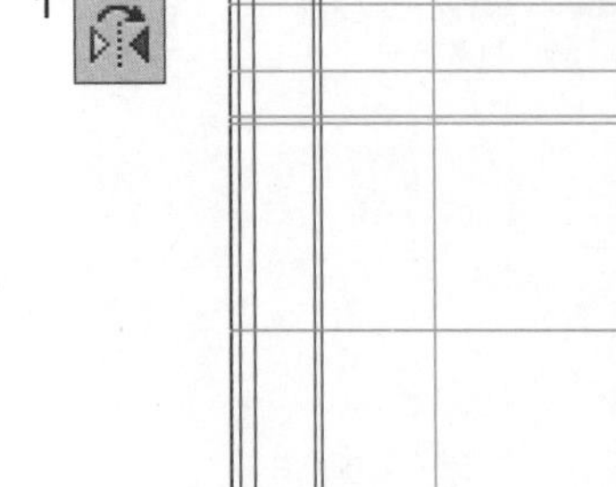

（左）【镜像工具】按钮；（右）洋红色的线是被选中的参考线，通过【镜像工具】复制到画板的另一侧

如果是对称的作品，就像要创建的这幅作品一样，可以先在文档的一侧创建参考线，然后再复制这条参考线到另一侧。先在文档的正中间创建一条参考线，有一个简便方法，即直接从标尺里拖出一条参考线，确保这条参考线没有被锁定，然后单击【控制】面板中的【水平居中对齐】，这样参考线就会在面板中水平居中（前提是已经在【控制】面板里选择了【对齐画板】）。在【视图】菜单里选择【智能参考线】（这样，光标就能定位在文档的正中间）。最后，选择所有新建的参考线，选择【镜像工具】（就在【旋转工具】的下

面），然后按住Opt/Alt键，单击文档正中间的参考线。在弹出的【镜像】对话框里选择【垂直】，然后单击【复制】。

2 **绘制弧线。**首先用【矩形工具】【弧形工具】【椭圆工具】和【钢笔工具】绘制不同的对象。选择【弧形工具】（就在【直线段工具】的下面），双击图标，打开【弧线段工具选项】对话框。以中间的参考线上的点为原点，向左画一条弧线，具体操作如下。在【弧线段工具选项】对话框里单击【基线轴】右侧的下拉箭头，选择【Y轴】。然后，单击正中间的参考线，往左边拖，直到拖出一条满意的弧线。弧线的宽度和长度可按照实际需求再进行调整，多余的线段用【剪刀工具】剪切。接着，切换成【钢笔工具】，单击弧线底部的点，按住Shift键的同时向下拉，延展成一条直线段，再用【镜像工具】和正中间的参考线来复制延展后的弧线。最后，用【钢笔工具】把两段弧线底部的顶点连起来，这样一个完整的对象就画好了。

3 **打印模板。**完成设计图稿后，把整体的图稿和各个局部的图稿全都打印出来（图稿的尺寸比纸的尺寸大，在【打印】对话框里选择【平铺】）。用打印出来的图纸作为描摹的模板，能精确地切割大门的各个部分。同时，在全尺寸的整体图稿的指导下，把部件组装成成品。

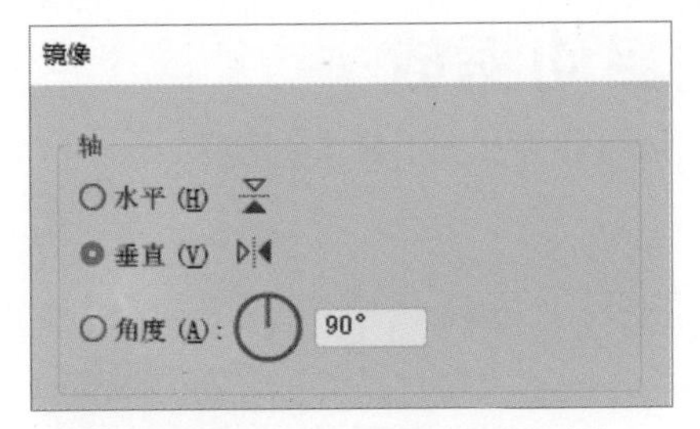

在弹出的【镜像】对话框里选择【垂直】

2

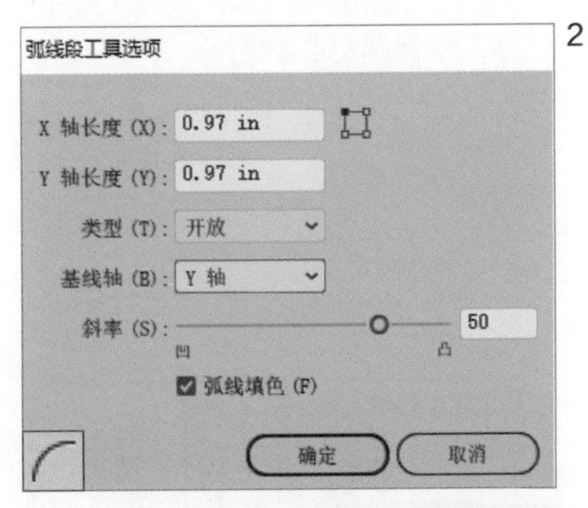

图左下角是【弧形工具】图标，双击该图标打开【弧线段工具选项】对话框，然后单击【基线轴】右侧的下拉箭头，选择【Y轴】

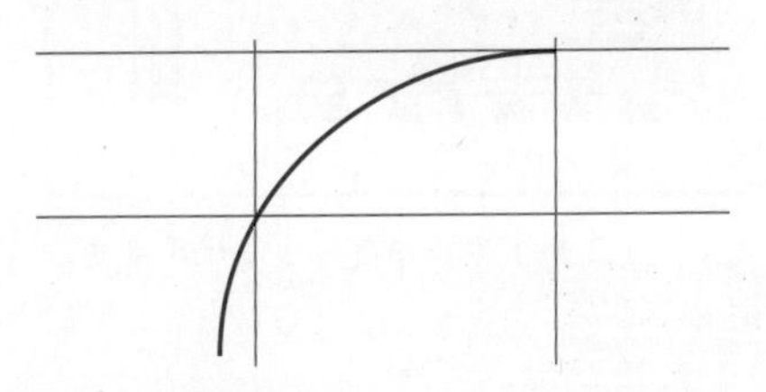

弧线和参考线

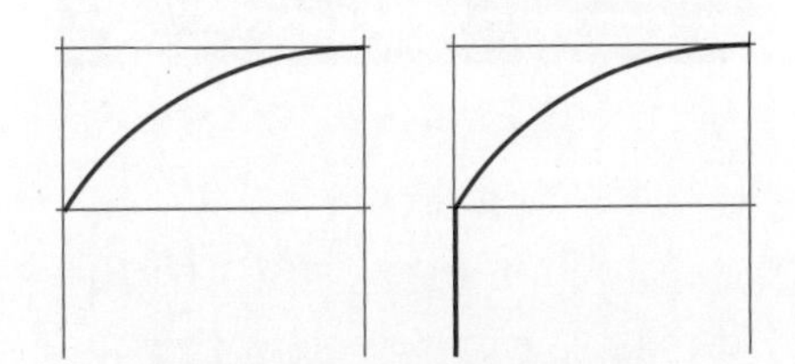

（左）用【剪刀工具】剪切后的弧线和（右）用【钢笔工具】延展后得到的直线段

3

将打印好的模板拼贴到木板上

自动缩放

通过效果和图形样式调整大小

摘要：计算单位和缩放比例；应用【变换】效果的同时复制、缩放和移动对象，以适应不同的配置；应用【图形样式】保存设置的效果。

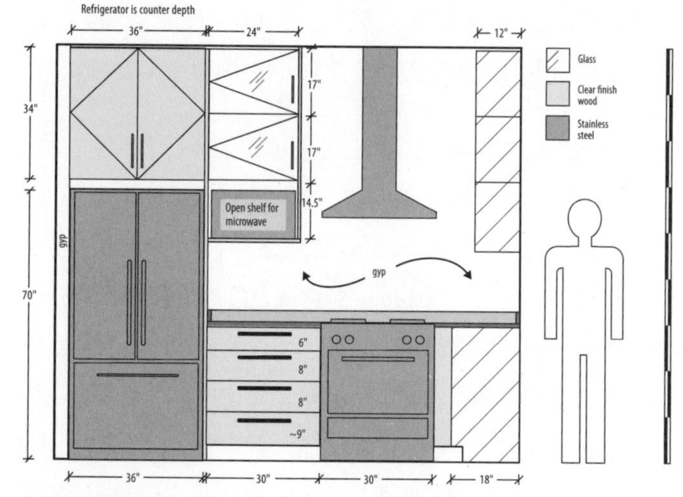

厨房平面图

设计师在给厨房做设计的时候得知，要提供不同尺寸的图稿：以前她用的单位是派卡（1派卡相当于12点），但是客户要求的是以“1/2英寸”为单位。于是，设计师选择应用【变换】效果，复制并缩放图稿中的艺术对象，这样，对原始的设计图稿做出的修改可以自动更新到缩放后的版本里。

1

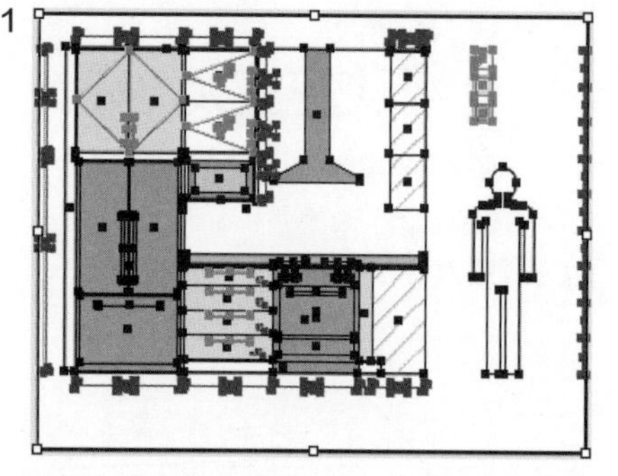

在添加【变换】效果之前，作品已经基本绘制好了

1 **设计图稿的大小和比例。**为了按实际的大小创建图稿，把Illustrator的计量单位设为派卡，这样，1点代表1英寸，1派卡代表1英尺。然后，先画出图稿里的大部分对象，再全选，选择【对象】>【画板】>【适合图稿边界】。在向客户提交草图前，把小尺寸版本转换为大尺寸版本。

给定位的图层添加效果

给主图层添加效果，一定要直接单击该图层的定位图标（一个圆圈），注意会出现一个大的正方形，【外观】面板中则会显示已选对象所在的图层。如果操作不当，很可能会无意中把效果应用到某个对象或子图层上。

2 **定位图层，应用【变换】效果。**要把【变换】效果复制到其他画板新添加的对象上，一方面，所有的对象都得在同一个主图层里；另一方面，主图层必须定位。只要给定位了的主图层应用效果，任何添加到该图层内的对象都会自动“继承”该效果。

3 **应用【变换】效果。**定位好图层后，单击【外观】面板下方的【添加新效果】，选择【扭曲和变换】>【变换】。设计师把参考点定在了图稿的左上角，方便以后操作。然后设置【移动】和【缩放】选项组中的参数，在【副本】文本框里输入“1”。勾选【预览】复选框，可以实时看到变换后的效果。修改完成后，单击【确定】。为把这个效果保存下来，方便以后直接应用，创建一个【图形样式】(打开【图形样式】面板，找到【新建图形样式】，按住Opt/Alt键的同时单击，重新命名)。这样，这张厨房的平面图就可以自由编辑、添加或删除对象了。虽然画板里的对象不能选择或编辑，但可以打印。所以，设计师在完成设计后，在缩放后的图稿旁边又绘制了一个画板，再打印出来。

为保证比例正确，把【外观】面板里的效果拖到【复制所选项目】上进行复制，接着设置第一稿为不可见。然后，在距离主画板左侧大约20点的位置画一个11英寸×17英寸的画板，这样主画板就处在两个缩放版本之间。单击【变换】，打开【变换效果】对话框，更改参数，把内容填充满整个页面，然后再次保存为另一个图形样式。这样，【外观】面板里就有了两个变换效果，不管需要哪个，只要切换另一个为不可见即可。

2

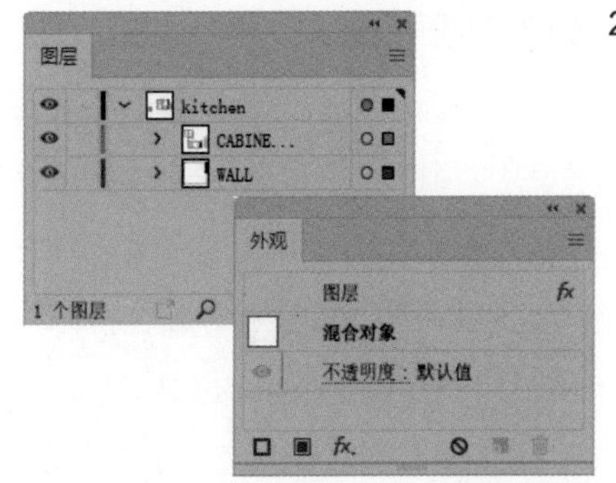

【图层】和【外观】面板里的指示器都表明定位的是主图层，而不仅仅是某个对象

3

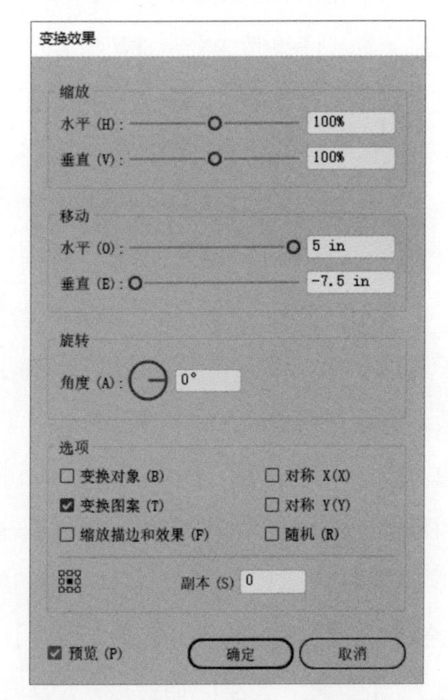

在【变换效果】对话框里，设置旋转、缩放和移动等参数，【垂直】相关效果仅能在显示器里显示，没有任何其他的实际效果

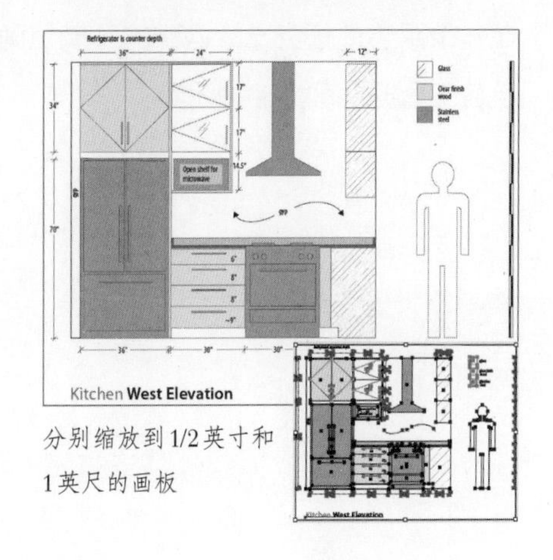

分别缩放到1/2英寸和1英尺的画板

设计卡通形象标志（logo）

卡通标志和卡通人物设计师在工作时，习惯使用两组不同的工具，一组用来绘制人物，另一组用来设计样式和文字元素。现在，用了自定义工具栏和工作区后，设计师创作起来更得心应手。在绘制卡通标志之前，先用【钢笔工具】【画笔工具】【宽度工具】和【形状生成器工具】创建人物。矢量图创建完成后，再用【文字工具】和形状工具画出完整的标志。不管是创建人物，还是添加文字都可能用到【钢笔工具】和【选择工具】。首先，创建自定义工具栏，选择【窗口】>【工具栏】>【新建工具栏】，在打开的【新建工具栏】对话框里，为新工具栏设置一个名称——“艺术工具”，然后单击【确定】。在新建的工具栏下方找到并单击【编辑工具栏】（也就是【...】），打开【所有工具】面板，然后往新建的工具栏里添加自己想要的工具。接下来是自定义工作区，设计师选用的面板有【外观】【画笔】【色板】【颜色】【图层】和【图形样式】，这样最能满足创建人物的需求。保存重新布局了的工作区：选择【窗口】>【工作区】>【新建工作区】，命名为“人物设计”，单击【确定】保存。重复该过程，为设计的标志保存自定义工具栏和工作区。接下来，设计师就能在一个跟当前任务十分匹配的环境里画图，而且各工具组之间能随意切换。

第2章

文字和版面设计

CC

CS6和CC版本的【文字】面板

Illustrator里有7个面板可以用于创建和编辑文字。不过，如果已经使用【文字工具】创建好了文本对象，先别急着找这7个跟文字相关的面板，可以先检查一下【控制】面板，看里面是否出现了所需要的功能。另外，CC版本的用户可以先到【属性】面板里找找看。如果还是想要打开“更专业”的文字面板，选择【窗口】>【文字】，打开子菜单，有【OpenType】【制表符】和【字形】等7个面板可供选择。

OpenType(O)	Alt+Shift+Ctrl+T
制表符(T)	Shift+Ctrl+T
字形(G)	
字符(C)	Ctrl+T
字符样式	
段落(P)	Alt+Ctrl+T
段落样式	

【文字工具】很容易改变

平时使用【文字工具】时，如果遇上下面这两种情况，一定要留意鼠标指针形状的变化。

- 第一种情况：如果把常规文字工具移到了某个闭合路径上，鼠标指针会变成【区域文字工具】的指针形状。
- 第二种情况：如果把常规文字工具移到了某个开放的路径上，鼠标指针会变成【路径文字工具】的指针形状。

本章会重点介绍一些有关【文字工具】和版面设计的方法与诀窍。在第1章里我们已经就如何使用多个画板做了一些基础性的讲解，本章我们就这个话题做更进一步的讲解。

默认的文字颜色永远是黑色

不管之前色板上的填充和描边是如何设置的，只要输入一个新的文本对象，系统默认的都是黑色填充、无描边。选定文本对象或字符后，可以按照自己的意愿重新设计样式，或者使用【吸管工具】拾取基本的填充和描边颜色。如果【吸管工具】没反应，双击【吸管工具】，打开【吸管选项】对话框，在对话框里勾选【吸管挑选】选项组中的【字符样式】复选框。

3种类型的文字

Illustrator里有3种不同类型的文字对象：【点文字】【区域文字】和【路径文字】。使用【文字工具】可以创建一个点文字对象；使用【文字工具】并拖曳鼠标指针可以创建一个区域文字对象；使用【文字工具】并单击某一条路径可以创建一个路径文字对象（本章的CC部分会介绍如何在【点文字】和【区域文字】之间切换）。单击任何一个已有的文字对象，可输入或编辑该文本。如果要退出文字编辑模式，按Esc键即可；如果要创建或编辑另一个文字对象，按住Cmd/Ctrl键（暂时转化成【选择工具】），在文本框外面单击一下，或者重新选择【文字工具】即可。使用【文字工具】时，下面几点一定要注意。

- **【点文字】从不换行。**点文字不会自动换行，因此，要想在不增加段落的前提下添加一行新文字（能保留段落样式），可以按快捷键Shift+Enter。如果要新起一段，只要按Enter键即可，这样就不会保留原有的段落样式。

缩放【点文字】：选择【选择工具】，选中该文字，拖曳边框上的手柄，就能连文字带边框一起缩放。另外，使用修正键能控制缩放比例，或以原点为中心进行缩放。

- **【区域文字】自动换行。**如果是区域文字对象，按Enter键可直接另起一行。

如果要对【区域文字】进行缩放，选择【选择工具】，拖曳手柄缩放边框即可，边框里的文字会在区域内自动重排，不过文字大小保持不变。要想既缩放边框，同时也缩放边框里的文字，可选择【自由变换工具】，然后再拖曳边框上的手柄，这样文字和边框就能一起缩放。

创建一条路径，把该路径作为【区域文字】的“容器”。如果是一条封闭的路径，选择任意一个【区域文字工具】，然后单击路径（注意，不是单击对象内部），就能在路径范围内添加文字。如果【区域文字工具】未被选择，按Opt/Alt键，就能在一条开放的路径里创建【区域文字】。

选择【直接选择工具】，通过抓取和拖曳文字对象上的锚点，把容器对象和区域文字分离开；或者通过调整方向来改变路径的形状，区域内的文字会随路径的变化而重新排列。

打开【区域文字选项】对话框（选择【文字】>【区域文字选项】），对区域内文字的属性做更精确的调整，例如宽和高的参数值、行和列的数值、位移选项、首行基线的对齐方式以及文本排列方式。

- **【路径文字】沿对象的路径排列。**选择【文字工具】，在画好的路径上单击就会自动生成一个【路径文字】；该路径既没有描边，也没有填充颜色，但可以输入文字。

一个【路径文字】对象有3个节点（用竖线表示）——第一个节点在路径文字的起点处，有一个“输入端口”；第二个在路径中间；最后一个在路径文字的结尾处，有一个“输出端口”。输出和输入两个端口可以帮助我们在不同的对象间衔接文字。

给路径添加文字：把鼠标指针放在路径上方，等到指针变成一个弯曲的“工”字，选中路径中间的节点，沿着路径移动到文字的开始处或结束处。如果拖曳节点穿过路径，文本也会跟着翻转到路径的另一边。例如，本来沿着圆圈外沿

仅缩放文本框

根据默认设置，Illustrator的【缩放工具】会同时缩放文本框和框里的内容。要想只缩放文本框，先选择【直接选择工具】，再借助【缩放工具】进行缩放，或者手动拖曳文本框进行缩放。

路径文本的拐点

如果遇上弯度较大的路径，拐角处的文本要么就挤压在一起，要么就过度分散。此时，选择【文字】>【路径文字】>【路径文字选项】，在弹出的对话框里找到【对齐路径】，在下拉列表里选择【居中】，然后在【字符】面板里把【基线偏移】设置为0，移动路径，直到满意为止。

沿路径分布的文字

路径文字和闭合路径

尽管【路径文字工具】的鼠标指针看起来似乎只能对开放路径添加路径文字，但事实上，闭合路径上也能添加路径文字。只要按住Opt/Alt键，就能看到鼠标指针从【区域文字工具】的指针形状变成了【路径文字工具】的指针形状（这一点在CC版本里又有所不同）。

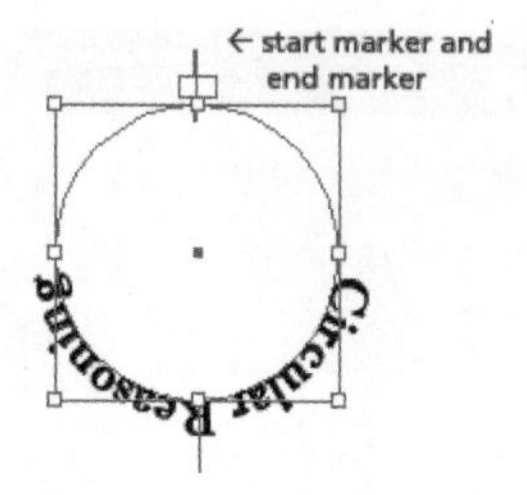

每个【路径文字】对象都有两个控件（起始标记和结束标记）。如果要给一个圆添加路径文字，并且把文本设置为【对齐中心】，那么起始点和结束点两个控件会同时出现在圆的顶部

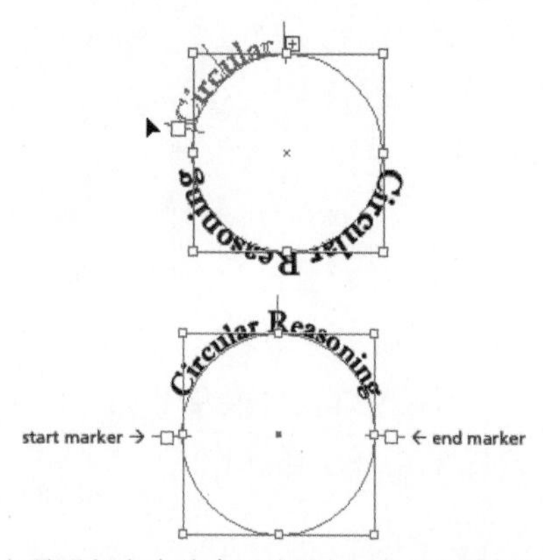

如果要把文本放在圆的顶部，位于起始标记和结束标记的中间：先抓取起始标记并拖曳到9点钟所在的位置，再拖曳结束标记到3点钟所在的位置

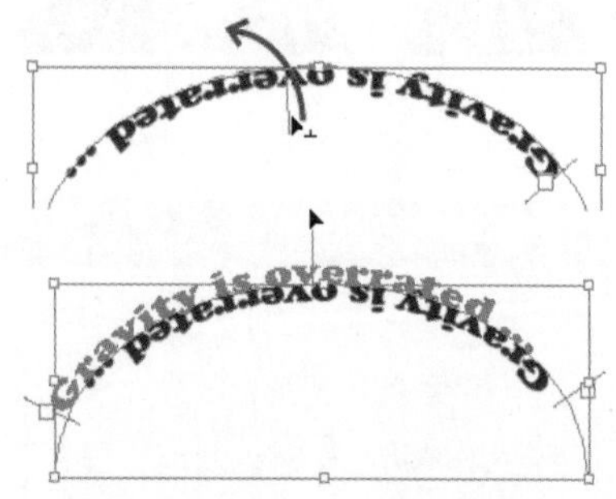

手动把路径上的文本翻转到路径的另一边的方法有两种。第一种方法，选择文本，拖曳中间的标记（垂直于文本的一条细蓝线）穿过路径，如上图中的红色箭头所示。当文本靠近标记时，鼠标指针旁边会出现一个小的"T"形图标。第二种方法，选择【文字】>【路径文字】>【路径文字选项】，在弹出的对话框里勾选【翻转】复选框，然后单击【确定】，文本就会翻转到路径的另一边

排列的文字会翻转到圆圈里面。

要想文本沿路径自动重排，选择【直接选择工具】，更改路径的形状。打开【路径文字选项】对话框（选择【文字】>【路径文字】>【路径文字选项】打开），设置或调整路径文字的属性。在【路径文字选项】对话框里，我们可以选择不同的文字效果（例如【彩虹效果】和【阶梯效果】）；勾选【翻转】复选框，让文本能自动翻转到路径的另一边；设置文字相对于路径的对齐方式；设置【间距】，控制曲线路径上的字符间距。另外，选择【文字】>【路径文字】，在子菜单里也可以选择路径文字效果。

串接文本

不管是区域文字，还是路径文字，只要没有足够的空间显示全部的文字对象，就会出现一个红色的加号，表示带有一个"输出端口"。

为容纳更多的文字，需要扩展【区域文字】对象或封闭路径上的文字对象。单击【选择工具】，抓取并拖曳对象的一条边，即可调整文本框的大小。要延长路径，要么选择【直接选择工具】，选中最后一个锚点，拖曳使路径变长；要么使用【钢笔工具】，从路径的最后一个锚点开始继续绘制，延长当前路径，画好后，拖曳右节点至新的终点。更多处理串接文本的技巧如下。

- **添加一个新的文字对象以容纳未能显示的文本。**首先，使用【选择工具】选中当前文本对象；其次，单击"输出端口"，等鼠标指针变成【载入文本】指针形状时，单击画板即可创建一个新的文本对象，且大小、形状都跟当前的文本对象一模一样（这个方法尤其适用于自定义形状的文本对象）。当然，我们也可以通过拖曳创建一个任意大小的矩形文本对象。新建的文本对象串接在原文本对象上，之前未能显示的文本会在新建的文本对象里出现。

- **把现有的文字对象串联起来。**单击第一个文字对象的“输出端口”，然后单击容纳有未显示文字的路径。（注意观察鼠标指针，它会告诉你正确的“放置”位置。）我们可以通过菜单命令来连接文字对象：选择要连接起来的两个对象，选择【文字】>【串接文本】>【创建】，这样文本对象就连接起来了。
- **断开文本对象之间的连接。**先选中文本对象，然后双击其“输入端口”，以断开它跟前一个对象的连接；或者双击其“输出端口”，断开它跟后一个对象的连接。也可以先选定文本对象，再单击“输入/输出端口”，然后单击串接的另一个结束点，从而断开连接。
- **断开文字对象和文本的连接。**先选中对象，然后选择【文字】>【串接文本】>【释放所选文字】。如果既要解除对象的连接，又要保持文本的位置不动，可选择【文字】>【串接文本】>【移去串接文字】。

用区域文字环绕对象

文本环绕是专门为把区域文本环绕在对象周围而设置的一种对象属性。环绕对象只影响处于同一图层和下一个图层里的【区域文字】对象，并不影响【点文字】或【路径文字】对象。要把选中的对象转化成环绕对象，选择【对象】>【文本绕排】>【建立】即可。如果要更改环绕对象的设置，可选中环绕对象，选择【对象】>【文本绕排】>【文本绕排选项】。在打开的对话框里，不仅可以设置位移量，还可以勾选【反向绕排】复选框，让文本反向环绕。

文本的格式化

虽然在【字符】面板和【段落】面板里，通过一个一个地更改属性，也能达到格式化文本的目的，但是，在【字符样式】面板和【段落样式】面板里，单击一下就能添加多个属性。选择一个【文字工具】或文本对象，可以在【控制】面板里的【字符】和【段落】部分更改文字选项。在CC版本里，【属性】面板里就囊括很多功能，单击【...】能访问

CC

端口的定义

文本对象的“输入端口”和“输出端口”在不同的情况也会有不同的变化。

- 第一种：“输出端口”处有一个红色加号，表示该对象里有未能完全显示的文本。
- 第二种：“输出端口”处有个箭头，表示该文本对象跟前面的文本对象相连接，未能显示的文本排列到了这个对象里。
- 第三种：“输出端口”处有个箭头，表示该文本对象跟后面的文本对象相连接，未能显示的文本排列到后面这个对象里。

把多个文本合并成一个文本框

如果要把多个独立的区域文字框或选择的【点文字】对象连接起来，选择【选择工具】，选定全部的文本对象并复制，然后绘制一个新的区域文本框，在新的文本框里粘贴即可。文本会以原始的堆叠顺序粘贴到新的文本框里。选取的文本里有图形元素也没什么影响，因为这些元素不会被粘贴进来。

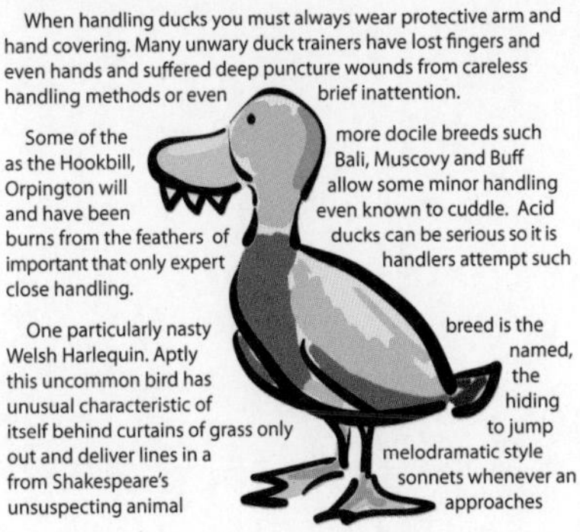

通过选择【对象】>【文本绕排】>【建立】，让区域文字环绕着这只鸭子排列

CC

【修饰文字工具】

在CC版本里，除了【文本】和【段落】工具能规定文本/字符的格式外，【修饰文字工具】也可以。

避免格式覆盖

如果要给几个不同的文本对象应用相同的字体，可以考虑自定义段落样式。创建好自定义的段落样式后，就能阻止Illustrator为所有新文字应用正常段落样式。然后，通过覆盖原有的格式，为所有文字应用特定的字体属性。如果使用的是【控制】面板，那么创建的只是格式覆盖。往后，如果要使用别的字体和属性，就必须清除掉这些覆盖。

- 如果想在多个文档里应用相同的字体属性，可以自定义一个【新建文档配置文件】，该配置文件会把设定的字体属性作为默认段落样式的一部分。
- 如果只需要给某一个文档更改字体属性，双击默认的段落样式，然后再修改默认设置，或者直接创建一个新的段落样式即可。

这些面板的完整版本。

不管打开哪个文档，都会有一个应用于该文档的段落样式，哪怕这个文档是一个空白文档。所以，如果选择【文字工具】，并在【控制】面板里更改其属性，Illustrator会认为用户意图修改正常段落样式。【段落样式】面板里样式名称旁边的加号表示已经应用了其他格式或覆盖了原有的格式。为避免不必要的格式覆盖，在创作时可多使用样式，更多内容请参阅左边的小贴士“避免格式覆盖”。

- **在现有格式的基础上创建一个新的样式：**先按照需求设计文本格式，然后选中该文本，单击【创建新样式】（按住Opt/Alt键单击，为样式命名）。选中文本的属性就会被定义为新的样式。
- **基于一个样式创建新样式：**先选中想要复制的样式，单击【创建新样式】。单击时按住Opt/Alt键，可自定义样式或为该样式命名。
- **给样式重新命名：**双击面板里的样式名称，然后编辑新名称即可。
- **给文本添加段落样式：**如果要给文本应用段落样式，只需单击需要修改格式的段落，然后再在【段落样式】面板里单击目标样式的名称即可。初次应用一个样式，如果要删除所有的覆盖，单击段落样式名称旁边的加号即可。
- **给文字应用字符样式：**先选中目标文字，再打开【字符样式】面板，在面板里单击目标样式的名称，就能给文字应用该字符样式。如果是CC版本，【修饰文字工具】也能给文字添加字符样式。

应用文字吸管

双击【吸管工具】，在弹出的【吸管选项】对话框里指定要吸取和应用的属性，就能把一个文本对象的样式和外观属性复制到另一个文本对象上。【吸管工具】除了可以指定是否吸取字符样式、段落样式外，还可以复制文本对象的外观属性。

更改外观属性最简单的方法是，选中需要更改外观属性的文本对象，移动【吸管工具】至包含所需属性的文本对象上方，然后单击即可。

还有一种方法，借助【吸管工具】的两种模式——采样和应用。小“T”图标表示【吸管工具】已经定位到了采样或应用文本属性的位置。要使用【吸管工具】复制一个对象的文本格式到另一个对象上，先把【吸管工具】定位到要吸取的属性的文本对象上，等到吸管的角度朝着左下方时，单击以拾取其属性。然后，把【吸管工具】置于要应用属性的文本对象上（此时该文本对象尚未被选中），按住Opt/Alt键，【吸管工具】转化为应用模式，吸管的角度朝右下方且吸管里面看起来是充满的。此时，单击即可应用属性（单击后，整个段落都会应用采样属性；如果换成拖曳，就仅对拖曳过的文字应用采样属性）。

在文本里使用【外观】面板

在处理文本时，要面对的要么是字符，要么是容纳字符的容器，要么两者都有。了解字符和字符容器（即“文本对象”）的区别，有助于在更改文本样式时快速获取并编辑所需文字。为了更好地理解二者的区别，请在操作过程中仔细观察【外观】面板。

文本字符

根据默认设置，选择【文字工具】后，输入的文本字符是黑色填充且无描边的样式。如果要更改字符的填充和描边效果，选择【文字工具】后在文本中拖曳，或者直接双击【外观】面板里的【字符】选项即可。

下面4种对文本字符的操作是无法实现的：一、移动描边至填充下方或把填充置于描边上方；二、给填充或描边添加某种实时效果；三、应用渐变填充；四、添加多重填充或描边。

逐行书写器

Illustrator里决定断行位置的书写方法主要有两种：一种是【单行书写器】，一次只对一行文字进行连字符和对齐的设置，但是多行看起来就会有点参差不齐；还有一种是【逐行书写器】，能够对整个文本的断行进行最佳的设计。

对【制表符】和【前导符】的控制

在【制表符】面板里，我们可以控制【制表符】和【前导符】。不管是移动还是放大，制表符标尺都不会随文本框移动。如果对齐方式被打乱了，只需要单击【制表符】面板里的磁铁图标，就能快速对齐。

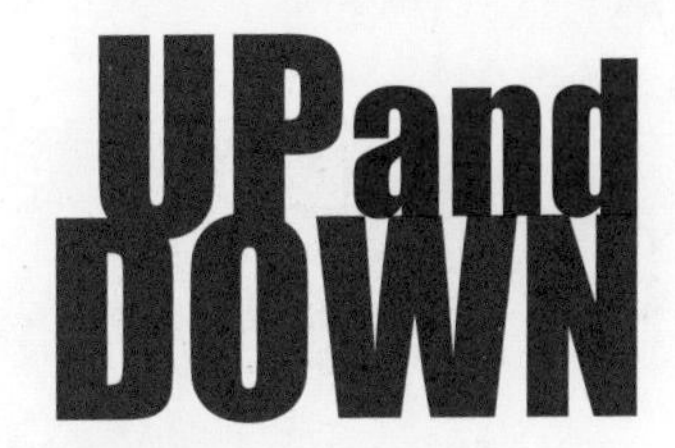

为调整字母U和N，先要把文字转化成轮廓

给文本添加描边后的外观

既想给文本添加描边，又不想扭曲文字，最好的办法就是选择【选择工具】（注意，不是【文字工具】）选中文字，然后选择【外观】面板扩展菜单里的【添加新描边】，再移动新描边至【字符】列表的下面。

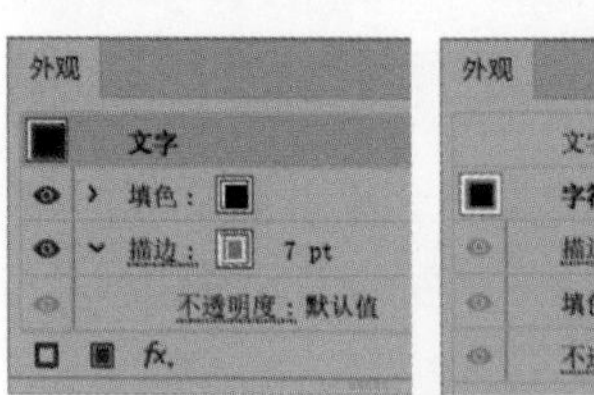

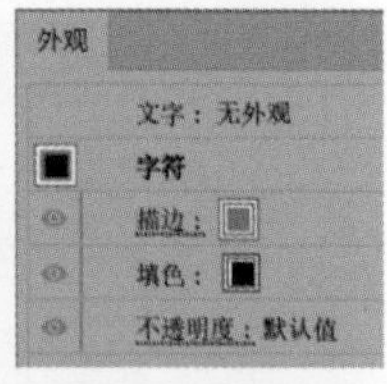

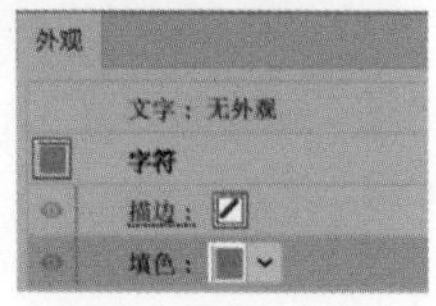

【外观】面板里显示的是给【字符】添加了绿色的填充

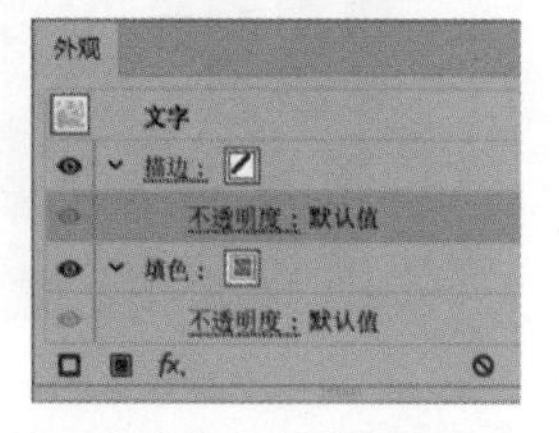

【外观】面板里显示的是给文本对象填充了图案

使用【外观】面板创建图形样式，里面包含了多个填充和描边属性

文本对象

不管是哪个文本，都包含在点、区域或路径文字对象里。选择【选择工具】选取文本，在页面中移动时，移动的对象就是文本对象。

可以给文本对象添加不同的填充（单击【外观】面板中的【添加新填色】）。这时，【外观】面板里就会出现两个新的【描边】和【填色】列表，只是这一次，两个列表都位于【字符】列表的上方。如果双击面板里的【字符】来打开【描边】和【填色】，就会回到字符编辑的状态。遇上这种情况，选择【选择工具】，重新选取文本对象，就能重新进入对文本对象编辑的状态。

给文本对象添加新的【描边】和【填色】，新添加的颜色和效果会跟字符的颜色叠加。所有应用于文本对象的描边和填色都会堆叠在列表的上面（包括双击【字符】后出现的【描边】和【填色】列表）。所以，如果要给一个文本对象添加新填色并且应用白色为其填充色，那么文字也会变成白色（因为对文本对象的白色填充会堆叠在默认的黑色字符填充之上）。

把文字转换为轮廓

把文字转换为轮廓，就能让文字处在可编辑的状态，并且一次性地给文字添加多种效果。在【外观】面板中，我们可以给文字添加多种描边，可以让文字沿着一条曲线排列，可以使用【封套扭曲】处理文字，甚至可以把可编辑的文字做成蒙版。

另外，太小或细节太复杂的字体，不管是从计算机屏幕上看，还是在分辨率为600点/英寸甚至更低的情况下打印出来，效果都不是那么好。

如果遇到以下3种情况，仍然需要把文字转换为轮廓。

- **第一种情况：**为了按照图形的样子变换或扭曲文字。如果使用了【文本绕排】和【封套扭曲】后，仍然达不到想要的效果（更多内容参见本章案例以及“第6章 重塑维度”中关于绕排和封套的案例），就需要把文字转换成轮廓了，因为这样就能单独地编辑字母/单词上的每一个锚点。已经转换成轮廓的文本由标准的贝塞尔曲线构成，可以像其他的图形对象一样进行调整，只是不能再作为文字进行编辑。转化成轮廓的文本可以包含复合路径，以构成具有镂空效果的对象（例如O、B、P字母中间的透明区域）。要填充镂空区域，可以选择【对象】>【复合路径】>【释放】。
- **第二种情况：**为保证文字导出到其他软件里，字母和词语的位置仍然保持不变，因为很多软件并不支持用户自定义字符间距。
- **第三种情况：**为避免向客户提供文档中所使用的字体。如果不能在文档里嵌入字体或者没有使用字体的许可时，可以采用这个方法。

CC

字体缺失

如果打开了一个无法正确载入字体的文档，Illustrator里会弹出一个警告，不过仍然可以打开、编辑、保存该文档。Illustrator能记住之前使用的字体，但是，只有载入或替换了缺失的字体，文档里的文本才能正确地排列，文档才能打印出来。选择【文字】>【查找字体】，然后单击【查找】和【更改】来定位与替换当前字体，或者单击【全部更改】一次性替换全部字体。

【字形】面板

在Illustrator里打开【字形】面板（选择【窗口】>【文字】>【字形】打开），该面板里收纳了大量的特殊字符，包括设定字体的连体字、修饰字、花体字和分数等。在列表框里可以缩小搜索字形的范围。选择【文字工具】后单击想要插入特殊字符的位置，然后双击【字形】面板里所需的字符，就能把所需的字符插入文本中。

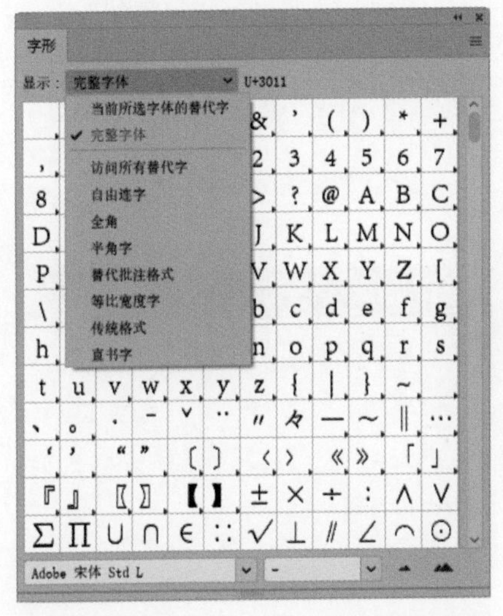

在【字形】面板【显示】下拉列表里选择所需显示的字符集

CC

小型大写字母

SMALL CAPS
SMALL CAPS
SMALL CAPS

在Illustrator里，【小型大写字母】(在【字符】面板的扩展菜单里)可以把所选中的字母转化成小型大写字母(如上图第一行所示)。但是，如果找不到小型大写字母，我们也可以在Illustrator里创建假的、缩小版的小型大写字母(如上图第二行所示)，只不过这是一种不太推荐的排版方式。为了不让Illustrator创建假的小型大写字母，选择【文件】>【文档设置】，在弹出的对话框里找到【文字】选项卡，把【小型大写字母】的值从70%更改为100%。此选项仅在Illustrator使用假的小型大写字母时有效，所以，如果小型大写字母跟大写字母的尺寸相同，我们就能马上发现(如上图第三行所示)。该设置不通用，所以每次打开一个新文档时，都要重新设置一次。

操作画板

双击画板名称，为该画板重新命名。在CC版本里，选择【画板工具】，按住Opt/Alt键，可以让画板以中心为原点进行缩放。

复制元素到画板里

我们在使用多个画板时，除了要掌握常规的画板功能外，还需要能复制艺术对象到多个画板里。虽然目前还没有“母版”功能，但是我们可以通过下面几种方法来完成复制的任务。

- **在添加新画板时复制元素**，选择【画板工具】，启用【移动/复制带面板的图稿】，然后按住Opt/Alt键，把激活的画板拖到目标位置上即可。
- **把画板里的艺术对象转化成符号**，把该符号从共享的【符号】面板里拖到画板里，之后只要更新符号，即可同时更新其他画板里使用该符号的所有实例。
- **复制艺术对象实例到另一个画板里**，通过选择【对象】>【变换】即可完成。
- **把艺术对象复制到所有画板的相同位置上**，通过选择【编辑】>【在所有面板上粘贴】即可完成。
- **把艺术对象移动或复制到指定的距离处**，测量该艺术对象到它将在另一个画板上出现的位置之间的距离。然后选择【对象】>【变换】>【移动】，在弹出的对话框里找到【距离】一栏，输入数值即可。

画板的管理

本节会介绍一些组织画板的功能。有一个小窍门可以帮我们节省时间，那就是使用完【画板工具】后，按Esc键切换回之前使用的工具。

- **如果要在【画板】面板里对画板重新编号**，要么拖曳画板名称以重排各个画板，要么选中一个画板，然后单击向上或向下的箭头。画板编号在使用多个画板进行演示或设计故事板时非常有用。
- **如果要重新排列画板的位置**，可以选择【画板】面板扩展菜单里的【重新排列所有画板】，也可以选择【对象】>【画板】>【重新排列所有画板】(在CC版本里，可以通过【属性】面板里的快速操作部分访问【排列】)。在弹出的对话框里设置画板的排列布局、画板之间的距离、画板的列数以及是否随画板移动图稿。

- **如果要把任意矩形变成画板**，要么选择【对象】>【画板】>【转化为画板】；要么选择【对象】>【路径】>【分割为网格】，从一个矩形里创建出多个矩形，然后再把它们全部转化成画板。
- **如果要把画板保存为单独的文件**，选择【文件】>【存储为】，选择保存路径和保存类型以及输入文件名后，再在【Illustrator选项】对话框里勾选【将每个画板存储为单独的文件】复选框。然后，要么选择【全部】，要么选择【范围】输入画板的范围。

多个画板的导出和打印

不管是什么类型的画板，只要在同一个文件里，其打印选项的设置，包括颜色模式、出血设置以及比例，都是相同的。还可以选择打印成PDF文件或使用打印机打印。在【打印】对话框里，可以把多个画板分别打印到不同的页面上（默认设置），或者直接忽略画板，把作品拼在一起进行打印。

- **打印成PDF文件**会把画板平铺拼合。但是，通过电子屏幕或幻灯片看，可以忽略实际画板的大小。打开【打印到PDF】对话框，里面不仅有很多可选设置，还可以对图稿进行缩放以适应所选的媒介。
- **存储为PDF文件**，保留了图稿透明度、可编辑性以及顶级的图层，并且还可以设置安全级别。
- 通过对【范围】的设置，**只打印某些画板**。如果有必要，可以缩放画板以适应打印媒介。
- **不管是横向打印画板，还是混合打印画板，都可以在选择了纵向选项后**，勾选【自动旋转】复选框。但是，如果是横向的媒介，那么【自动旋转】就会被禁用。
- **如果打印页面里有两个或两个以上的画板覆盖在同一份图稿上**，那么每个画板都只会打印各自区域内可见的部分。

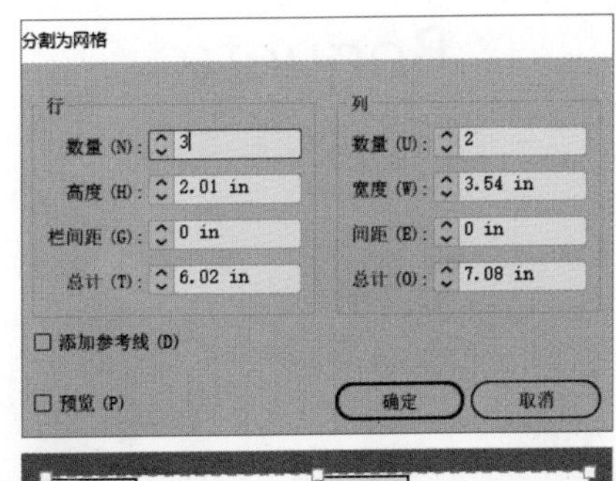

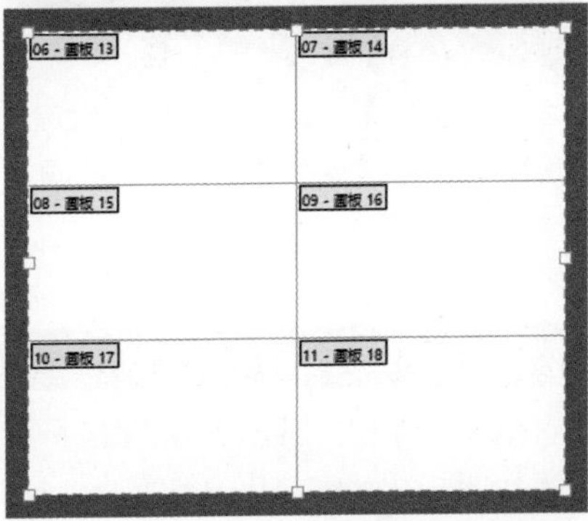

画好一个矩形后，选择【对象】>【路径】>【分割为网格】（原有的紫色描边保持不变）创建多个矩形，然后选择【对象】>【画板】>【转化为画板】将矩形转换成画板

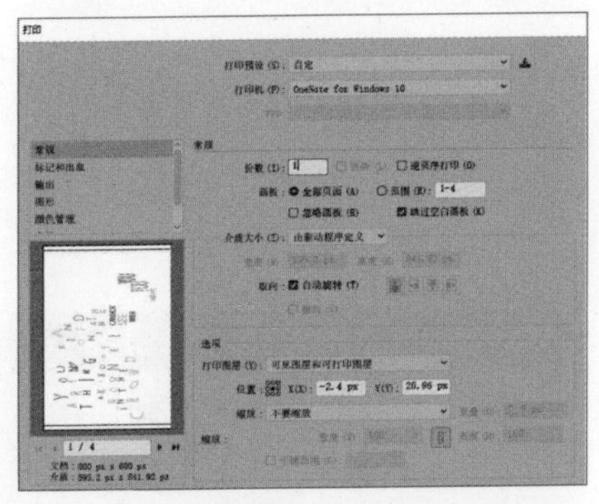

在【打印】对话框里，可以选择打印哪些画板，忽略哪些画板，或者打印所有画板到一个页面上，可以选择旋转、缩放、平铺或打印所有图层，而不仅是可见的图层

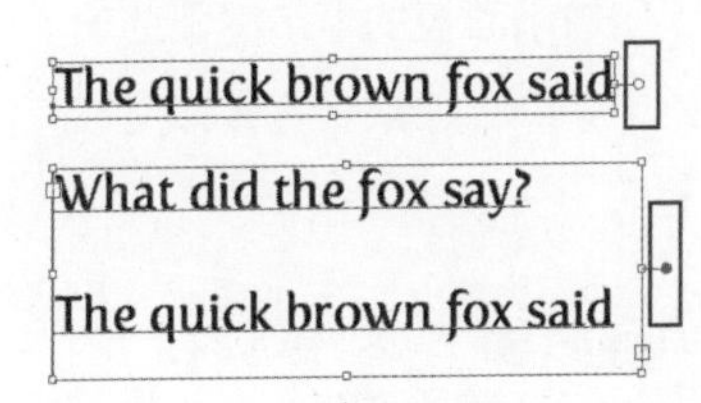

点文字（上）的控制柄是一个中空的小圆点，转化成区域文字后（下），控制柄变成了一个实心的圆点

- **如果图稿跟多个画板重叠**，那么每个画板只打印其范围内可见的部分。

Illustrator CC里【文字】的新功能

在点文字和区域文字间随意互换

在CC版本里，使用【选择工具】选中文字对象，不管是点文字还是区域文字对象，文本框的右边都会出现一个圆圈。双击该圆圈，即可在点文字（一个中空的圆圈）和区域文字（一个实心的圆圈）间随意切换。这种切换不会改变文字排列的方式，而且为了保持原来的外观不变，会在区域文字段落里加上顺滑的换行，而溢出的文字全都会被删掉。切换完成后，要么删除点文字里的顺滑换行，要么调整区域文字的边框以容纳全部的文本。

修饰文字变换

Illustrator把变换边框的功能和【字符】面板里对单个字符进行旋转、缩放以及定位的功能结合在了一起，设计出了【修饰文字工具】。如果要调整某个字符，在工具栏里选择【修饰文字工具】（快捷键Shift+T），或者单击【字符】面板里的按钮即可（如果该工具在面板中不可见，可在【字符】面板的扩展菜单中选择【显示修饰文字工具】）。该工具可用于任何输入设备（包括操作触控设备的手指），但仍然有一些不足。跟通过【字符】面板旋转、缩放字符不同，【修饰文字工具】一次只能“修饰”一个字符。虽然【修饰文字工具】无法翻转或倾斜文字，但是，只要选择【修饰文字工具】后单击目标字符，不用做任何计算就能随意变化。在使用【修饰文字工具】之前，先创建一个基础设置的字符样式，以便快速回到“中立”的位置。如果要重新设置文本框，并且去除所有字符格式，在【字符】面板的扩展菜单里选择【重置面板】即可。

【修饰文字工具】能对可编辑的文本块里的文本字符进行旋转、缩放和定位设置

【修饰文字工具】的局限之处

虽然【修饰文字工具】一次只能对一个字符做出调整，但是一次调整可能同时影响多个字符。重新定位字符时，不能向左越过第一个字符。字符不能倾斜也不能翻转。新添加的字符会受到前面字符变形的影响。要想摆脱这种影响，需要先选择一个后面的字符，用一个新的自行替代，然后再输入该字符。

如果找不到【修饰文字工具】

如果在【字符】面板里找不到【修饰文字工具】，请单击【控制】面板里的【字符面板】。如果还是没有，选择【字符】面板扩展菜单里的【显示修饰文字工具】（如果是打开的状态，单击【属性】面板的【字符】选项组里的【...】，也能找到【修饰文字工具】）。

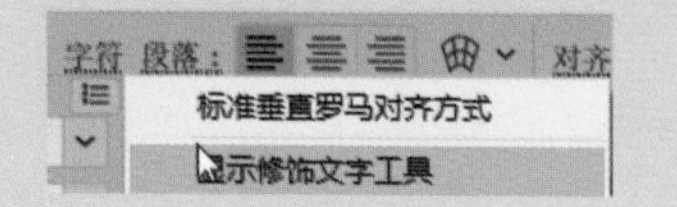

找到合适的字体

为帮助用户尽快找到合适的字体，Illustrator对字体的搜索功能做出了很多限制。用户可以从选择任意搜索参数开始，然后继续添加或修改参数，以进一步缩小结果列表范围。如果用户知道已安装字体的名称，哪怕是部分名称，在【控制】面板和【字符】面板的搜索框里输入字体名称，再单击搜索即可。使用下拉列表可以进一步缩小搜索结果的范围，只配对字体名称的第一个词。根据默认设置，Illustrator会搜索整个字体的名称，因此只输入名称的一部分，出现的字体很可能跟所需的字体完全无关。

用户可能知道自己要找的字体是哪种，但是没记住该字体的全称，只知道是衬线字体的一种。对于这种情况，找到带蓝色下划线的【字体】(激活状态)，单击它下面的【按分类过滤字体】可以缩小搜索范围。在弹出的列表中选择一个分类(在这个例子里我们选择衬线)。选择字体的属性可以帮我们进一步缩小搜索范围，例如字体的粗细，或者如果是大写，也可以在相同的分类中筛选。

过滤器后方的其他图标也能帮我们尽快找到目标字体：标记为收藏的字体(星星)，最近添加的字体(时钟)，激活了的Adobe字体(带勾号的云)。

要查找更多字体，可以把搜索选项卡从【字体】切换到【查找更多】。但使用这个功能需要联网，因为要在Adobe字体库里搜索。剩下的查找步骤都是相同的，不过，在Adobe字体库里搜索目标字体，收藏的字体或最近下载的字体就用处不大了。

一旦按照用户的搜索条件生成了一个用户认为有用的列表，就可以在该列表里选择想要的字体，或者浏览列表以查看有什么可能适合的字体。在字体列表的右侧可以预览文本效果。在不离开搜索结果页面的基础上，用户不仅可以选择要查看的文本，还可以选择预览的大小。不过，提前在文档里设置好字体还是更省事一点，而且我们仍然可以选择使用Lorem Ipsum(乱数假文)占位符文本。

【修饰文字工具】

在使用【修饰文字工具】调整字体字符时，我们既可以借助【字符】面板精确地修改单个字符，也可以按Delete/Backspace键把它们轻松删掉。

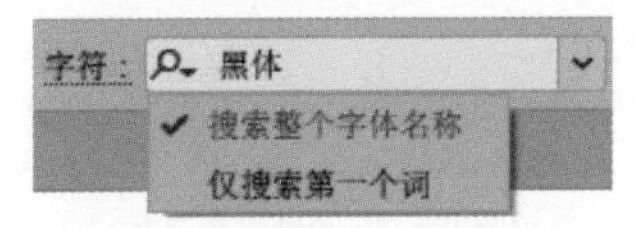

在限定一个字体进行搜索时，对钩表示当前选择的搜索选项

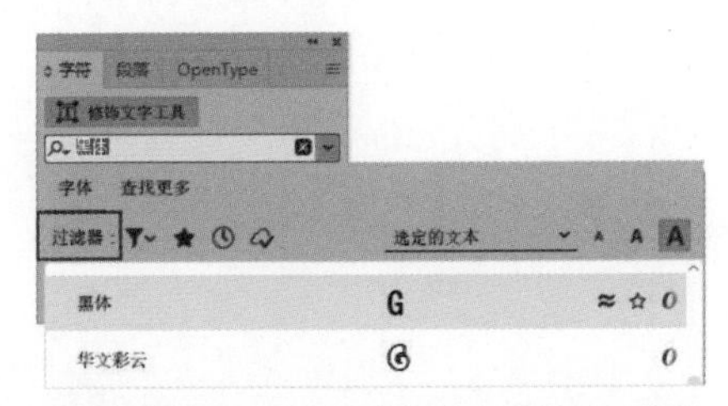

从左往右，通过分类、收藏夹、最近添加的条件和激活的字体(Adobe字体)来筛选字体列表，找到目标字体；字体样式预览的右边是显示相似字体和添加到收藏夹的按钮，紧随其后的是字体类型

OpenType：新的字体格式

OpenType字体是可以自定义的，允许用户调整其属性，例如高度、光学尺寸和倾斜度。找到【字符】面板里的样式字段，单击它旁边的图标就能显示滑块。在Illustrator里还可以处理颜色丰富并且带有渐变效果的OpenType SVG字体。现在，颜色丰富的字体和表情符号在网络上很流行。

【突出显示替代的字体】

【突出显示替代的字体】(选择【编辑】>【首选项】>【文字】启用)现在是全局的，而不是特定于某个文档的。它是默认启用的。文档中被替换的字体将以粉红色突出显示。

Illustrator里的占位符文本

只要创建一个新的文本对象，启用【用占位符文本填充新文字对象】(选择【编辑】>【首选项】>【文字】启用)(该选项默认为启用状态)，或者选择【文字】>【用占位符文本填充】填充所需空间，就能让Illustrator自动填充Lorem Ipsum占位符文本。

Adobe字体

将文档打包发送到打印机上的时候，Adobe字体是无法包含在内的。因此如果打印机没有订阅字体服务或本身就拥有字体，就需要将其作为PDF文件发送，或者让字体轮廓化。

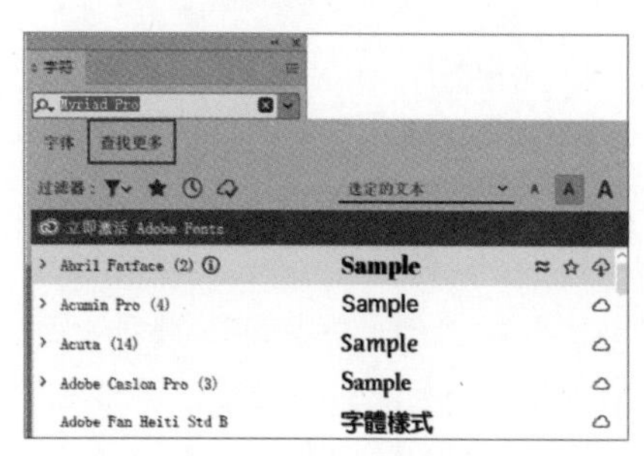

在网上找到更多Adobe字体的链接

除了在列表中预览字体或使用预览代理外，当把鼠标指针悬停在列表的右侧时，会出现3个图标。单击第一个图标，Illustrator会搜索与当前单击的字体相似的字体。如果用户在搜索框里输入了字体的全名，并且已经设置好了筛选条件，那么可以单击星形图标把字体标记为收藏。最右边显示的是字体类型，例如TrueType、OpenType、Adobe字体(云图标)等。

Adobe字体的使用

使用Adobe字体(以前默认的是Typekit)，用户可以访问数百家铸字合作伙伴提供的成千上万种字体(不限制数量)，所有的这些字体都包含在Creative Cloud(创意云)订阅里。激活的字体会存储在用户的计算机上，虽然可以离线使用，但并不代表用户拥有这些字体。如果缺少Adobe字体库里的字体，只要有激活的链接就可以快速激活它们。如果想把字体嵌入可打印的PDF文件里，或者在Illustrator中创建轮廓，别忘了提前了解一下打印机的操作方法。

字体缺失

在没有安装全部字体的情况下打开文档时，会自动弹出一个【缺少字体】对话框，并显示缺失字体的名称。如果缺少的字体是Adobe字体，在字体名称下面可以看到“可用”两个字，并在激活缺少字体的右侧有一个复选标记。直接从Adobe字体中激活缺失字体，单击【激活字体】即可。如果看到的是缺失字体的默认替代字体，就表示这些字体在Adobe里不可用。如果缺失的字体在Adobe中不可用，遇上这种情况，要么单击【查找字体】打开【查找字体】对话框查找并替换缺少的字体，要么直接关闭【缺少字体】对话框。

打开【查找字体】对话框（选择【文字】>【查找字体】可以随时打开），我们可以选择另一个文本里的字体或最近使用过的字体，甚至系统字体来替代当前字体。如果是系统中缺少字体，先检查缺失的字体是否处于非激活状态，如果是，单击【激活字体】。如果缺少的字体是Adobe字体，只是在打开文档的时候没有激活，选择【文字】>【解决缺失字体】来激活该字体（快速且简单），或者选择【文字】>【查找字体】用其他字体替换。要查看替代字体的大缩览图，右击字体名称即可。一旦同步了丢失的字体或用其他字体替换了它，文档以及【查找字体】或【缺少字体】对话框会自动更新字体预览。替换完缺少的字体后，单击【完成】，关闭对话框。

在没有丢失字体的情况下，选择【文字】>【查找字体】，在弹出的对话框里仍然会列出文档中所含的全部字体，可以单击【存储列表】来生成一个TXT文件，文件名称为默认名称。

替代字符和风格组合

CC版本在文档里就能直接访问各个备用字形，高亮文本里的任意一个字符。Illustrator会显示它能找到的任何替换字符，单击其中一个即可进行应用。

仍然可以打开【OpenType】面板，应用OpenType字体中的替代字符，例如【标准连字】【花饰字】和【标题替代字】等。【OpenType】面板还支持访问【风格组合】，【风格组合】是一组替代字形，可应用于选定的文本块。单击面板中部的【风格组合】，然后选择所需的一个或多个组合。考虑到一次可同时应用多个风格组合，应用时一定要仔细查看列表，关掉不需要的组合，否则所呈现的结果可能会令人不太满意。

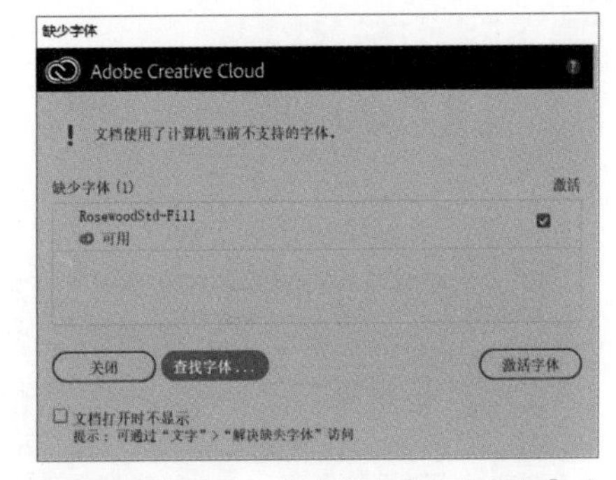

只要有字体丢失，就会弹出【缺少字体】对话框，可以在此对话框中重新激活Adobe字体，或单击【查找字体】来查找丢失的字体

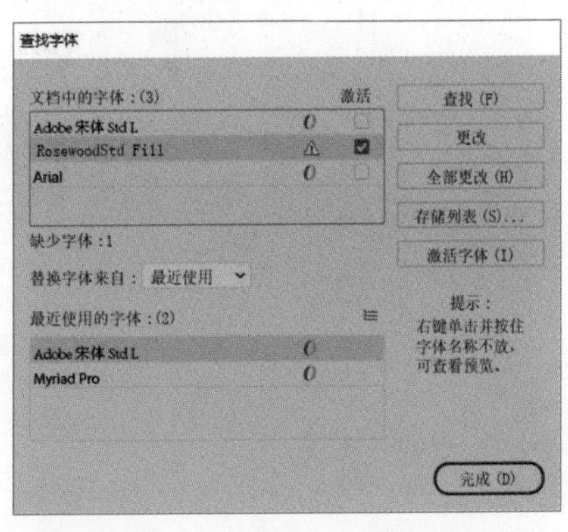

【查找字体】对话框允许用户访问硬盘驱动器，查找和替换非Adobe字体，因为非Adobe字体无法在【缺少字体】对话框中激活

应用替换字符

【风格组合】预览

为了更直观地对比风格组合，选中一个或多个文字，然后一次启用/禁用一个样式集以提高预览效率。一旦找到一个或多个满意的集合，就可将其保存为一个字符或段落风格，这样就能快速地将此风格应用到其他文本中。

漫画封面设计

Illustrator是一款布局工具

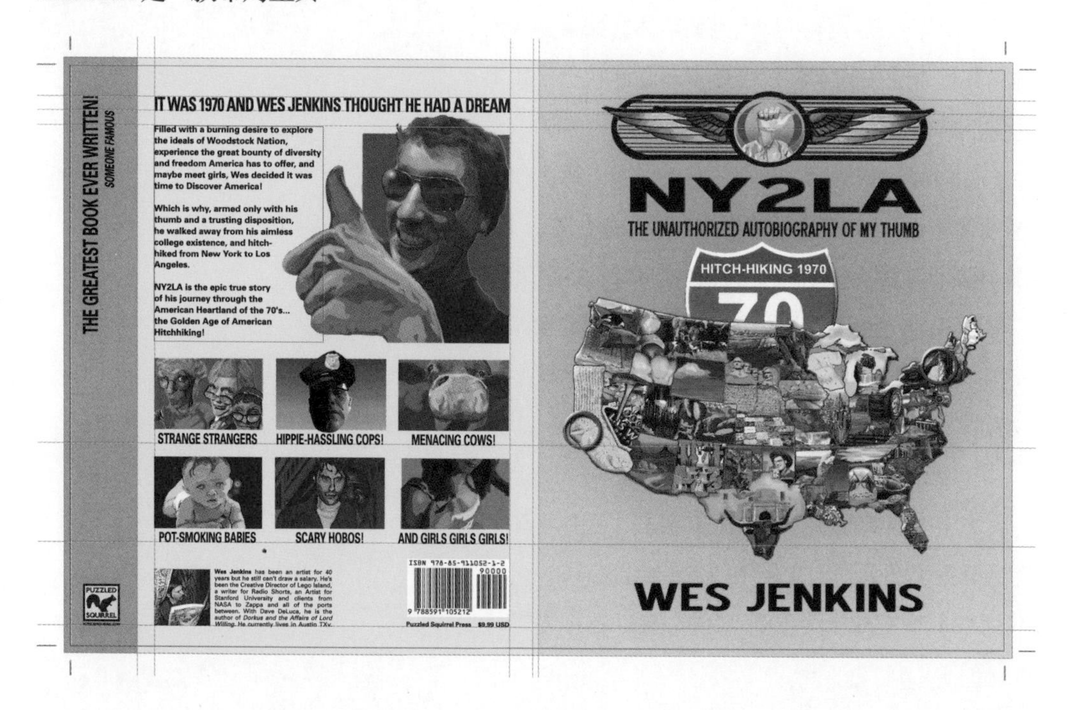

摘要：设置文档尺寸和出血线，定制参考线，设置矢量图层和栅格图层，使用【区域文字工具】。

按需印刷（POD，即只有收到订单才会印刷新书）的技术备受中小规模出版机构和个人用户的欢迎，尤其是那些打算纸质书和电子书同步出版的出版商。在Adobe Illustrator里，可以把矢量图和栅格图结合来设计各类封面，就像这本漫画的封面一样。我们只要设置好文档的尺寸、出血线、文本参考线，就能导出JPEG格式的文档，用于网站和电子出版物，或者导出PDF格式的文档，用以按需印刷。

1

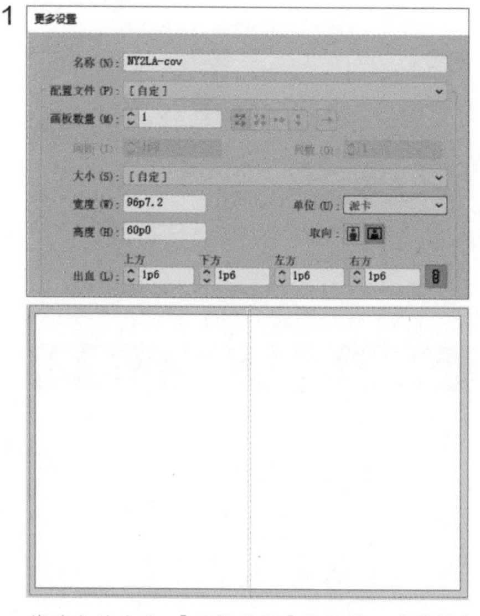

修改文件名称，【画板数量】设置为1，【单位】设置为【派卡】，【取向】选择【横向】，输入相应的尺寸，在【出血】文本框中填上数值

1 **页面设置。**创建一个新文档（选择【文件】>【新建】创建），在【新建文档】对话框中，单击【更多设置】，修改文件的名称，把【画板数量】改为1，【单位】设置为【派卡】，【取向】设置为【横向】。然后在【宽度】和【高度】两个文本框里输入相应的尺寸，再在【出血】文本框的【上方】中填上数值，然后单击【使所有设置相同】，这样【上方】【下方】【左方】【右方】的值都一样。最后单击【创建文档】。

2 **定制参考线。**打开标尺：选择【视图】>【标尺】>【显示标尺】(快捷键Cmd/Ctrl+R)。首先，选择【视图】>【参考线】>【解锁参考线】，确保参考线没有被锁定。然后，把左边的标尺拖曳到起始位置(坐标起点)，松开鼠标左键即可建立一条参考线。选中参考线，选择【窗口】>【变换】(快捷键Cmd/Shift+F8)，打开【变换】面板，更改【X】或【Y】轴的值，也可以把矢量图建立成参考线，只需选择【视图】>【参考线】>【建立参考线】(快捷键Cmd/Ctrl+5)。参考线做好后，如果有需要，还可以用菜单里的命令锁定参考线、隐藏参考线、释放参考线。

3 **添加图形和文字。**页面的尺寸、出血线、参考线都创建和设置好后，接下来要加入一些艺术设计。从Illustrator的文档里拖曳一些现成的矢量图，例如条码、商标。设计里还包括一些栅格图，在这里选择【文件】>【置入】导入。然后，用【矩形工具】拖曳出矩形框，作为文本区域。选择【区域文字工具】，再挨个单击矩形，这样，所有的矩形里都可以输入或粘贴文字了。然后，在工具栏里双击【区域文字工具】，打开【区域文字选项】对话框。设计师还修改了位移选项组的【内边距】，这样，文字就能沿矩形的边框排列。你也可以用【区域文字工具】更改尺寸、行、列的参数以及文本排列的方式。除了【区域文字工具】外，【文字工具】也能添加标题、关键词等其他的文字内容。

CC

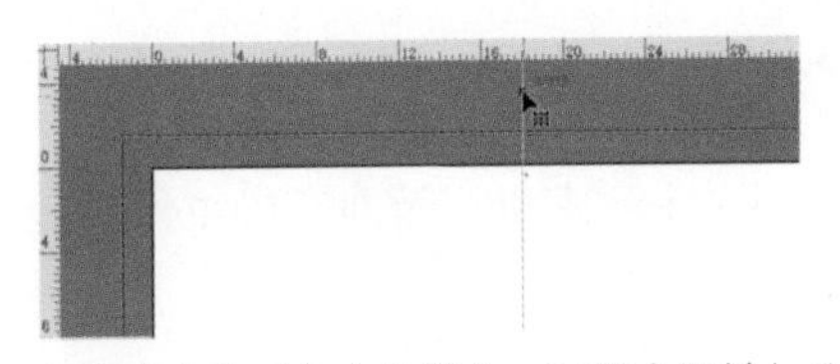

2

把参考线拖到相应位置上；CC版本里增加了制作参考线的方法，如双击标尺

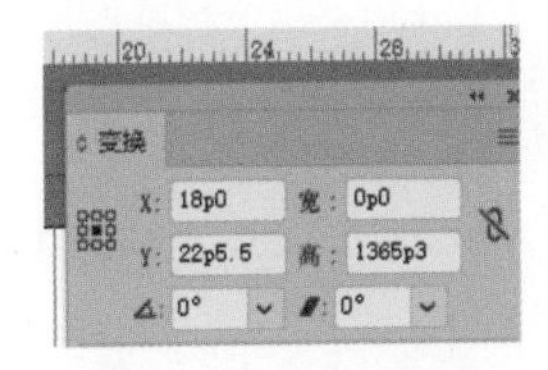

选定参考线，在【变换】面板里修改数值，更改【X】或【Y】的值

3

添加艺术元素

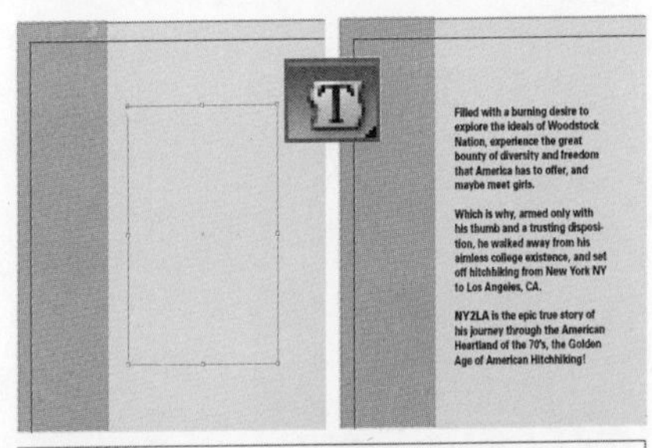

用【矩形工具】拖曳出矩形框，双击【区域文字工具】，在【区域文字选项】对话框中设置内边距

创建一个标志

利用多个元素更高效地完成工作

摘要：给不同类型的内容创建不同的画板；使用【画板】面板调整画板大小并进行复制；让符号服务于标志；复制含有不同艺术对象的画板，以产生不同效果。

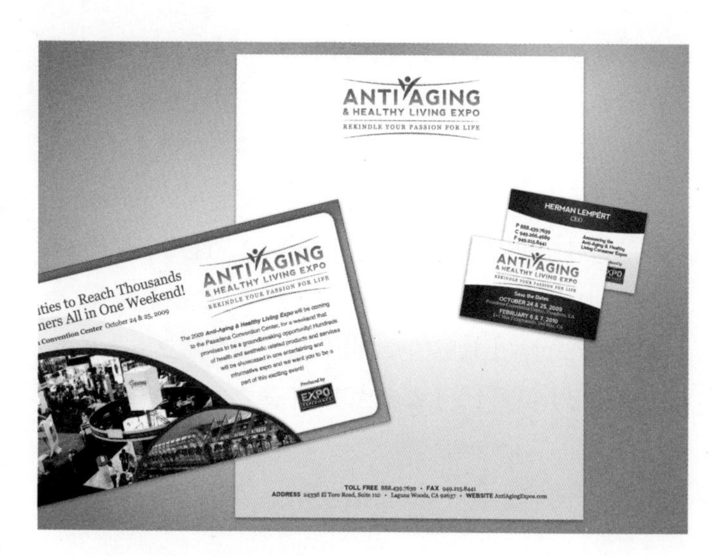

一般来说，公司都有一套自己的标志，这些标志类型多样，大小各异，例如印有抬头的信笺、名片、网页和插入式广告。在画板和符号的帮助下，用户无须创建多个文件，通过在一个文档里创建多个画板，就能使添加、更新标志的操作变得更加便捷，同时也大大降低了出错和遗漏的概率。

1 **设置画板。**首先添加4个画板，沿用【新建文档】对话框里的默认设置和标准的出血设置。然后再打开【画板】面板，双击第一个画板图标，在打开的对话框里输入名片的尺寸，并且重命名为“Front_card”，单击【确定】。然后按照同样的方式调整剩下3个画板的大小，并重新命名，分别是“Letterhead”“Insert”和“Logo”。考虑到名片正面和反面对应的画板尺寸应该一样，把【画板】面板里的“Front_card”拖到【新建画板】上，为该画板创建一个副本。接着双击该副本，重命名为“Back_card”，再重新排列画板，把该副本拖到“Front_card”的正下方（两个画板会自动重新编号）。因为复制的画板副本会自动添加到最后绘制的画板的右侧，所以设计师选择了【画板工具】（快捷键Shift+O），拖曳画板以自定义画板的布局，然后利用【智能参考线】（快捷键Cmd/Ctrl+U），按照恰当的方式排列画板。

1

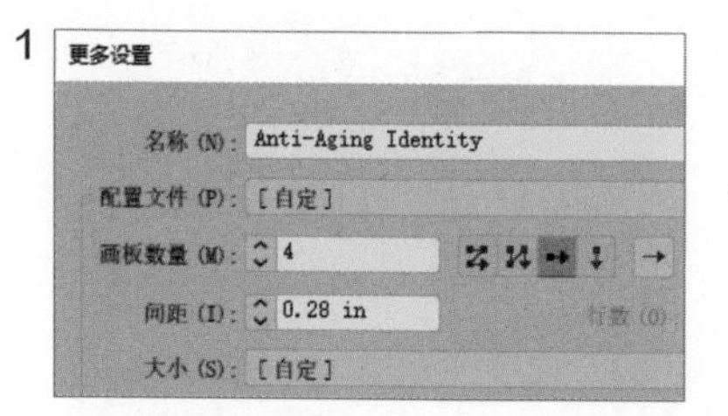

设置多个画板

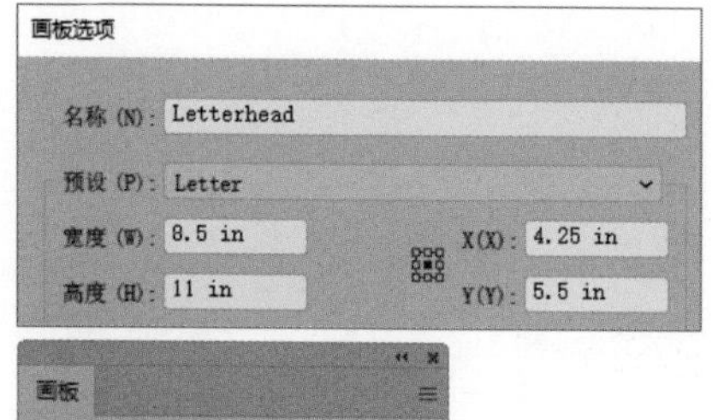

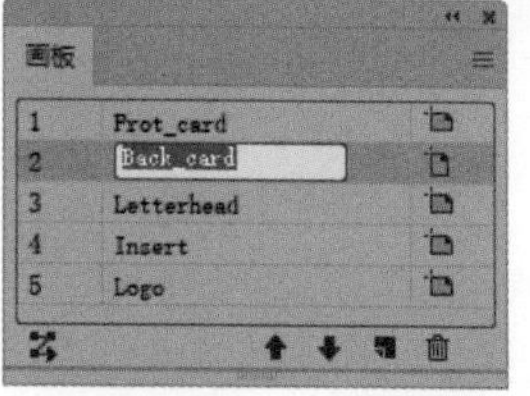

利用【画板】面板和【画板选项】对话框自定义、重命名画板，并且对画板重新进行排序

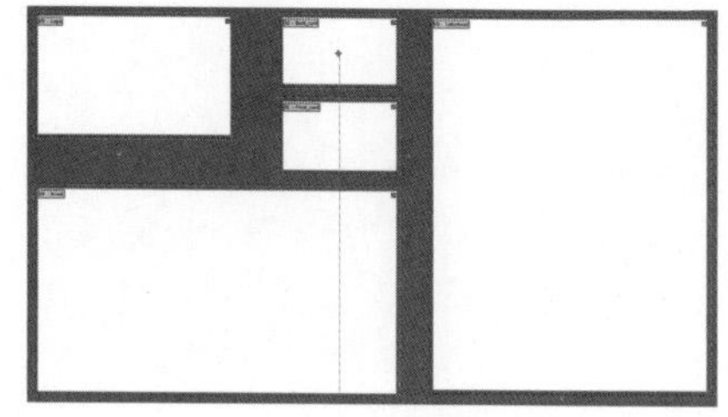

利用【画板工具】和【智能参考线】来自定义版式和布局，便于对齐画板

2 **制作成符号方便复制和更新。**先设计好标志，然后把标志拖到【符号】面板里，将其保存为符号，并重新命名，最后单击【确定】。如果要修改标志，那么只要修改这个符号，整个文档里的所有标志都会自动更新。如果需要换一个标志图案，只需断开跟原始符号的连接，创建一个新符号即可。应用好符号和多重画板，能大大提高工作效率。一个文件里的多个画板会共享一个库，因此，如果以后需要更改，不需要打开所有应用了该符号的画板逐个修改，只需要打开包含有要更改的符号的库就可以了。一个文件中一般都会包含所有的库以及大小合适且可调整大小的画板。

3 **复制图稿。**把标志符号置入画板中，并根据需要添加文本和对象。为方便替换，把图片链接到插入式的广告上。虽然信笺和插入式广告的设计是一样的，但还是需要设计可以复制的名片，因为之后还要为每个员工根据不同的场合，设计不同的名片。为此，用户既可以像之前那样，在【画板】面板里复制名片的正反面；也可以选择【画板工具】，在【控制】面板里启用【移动/复制带画板的图稿】，然后，在按住Opt/Alt键的同时拖曳选中的画板，即可复制包含图稿的画板。当各项内容都布置好了之后，只需选择文本、图片或链接的图片，快速替换就行了。一个文件里可以添加100个画板，所以完全够用。

CC

共享的画板和库

不管共享的是相同的颜色主题、图形样式、文字样式、符号还是画笔，只要该项目在图稿里共享不同的元素，使用多重画板都能提高工作效率。在这种情况下，只要库属于任意一个单独的文档，就能在该项目里共享。

2

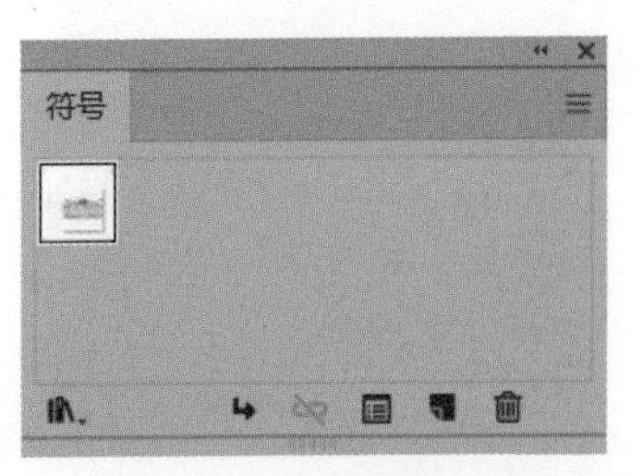

把标志做成符号，既保证了一致性，又方便了更新，还可以根据需要在不同的画板中置入和更改来自共享库的元素

3

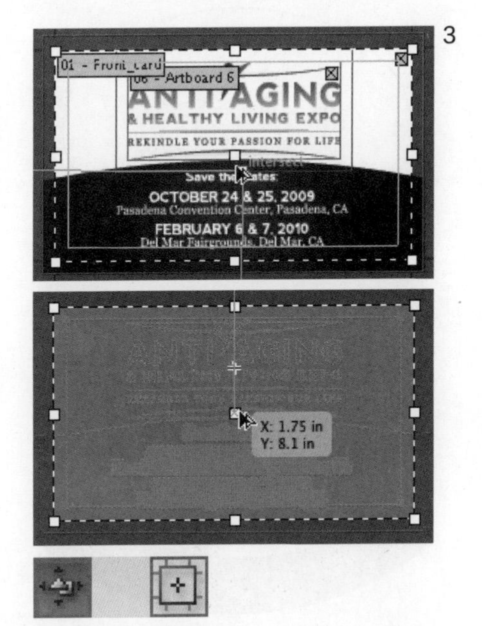

启用【移动/复制带画板的图稿】，然后在按住Opt/Alt键的同时拖曳选中的画板，即可复制包含图稿的画板

调整文字的位置

在曲线上放置文字以及文字的变形

摘要： 创建一个位于弯曲标签后的横幅，在弯曲的路径上输入标签文本并调整对齐方式，变形文字并调整其间距，更改词间距。

这是一款T恤的设计案例，该设计不仅囊括了该活动的标语，例如“GO GREEN”和“GO PUBLIC”，还采用了一些鸟、蝴蝶、花藤的图案。

1 **先创建背景图案和两个横幅。** 画好花、鸟、蝴蝶后，先创建两个弯曲的、用于衬托“GO GREEN”和“GO PUBLIC”的横幅。要制作出对称的横幅，先选择【椭圆工具】，画出一个椭圆，然后使用【剪刀工具】剪切出弯曲的路径，把它变成横幅的样子。选择【视图】>【显示网格】，把椭圆放在一条水平的网格线上，这样可以帮助我们在同一垂直位置对椭圆的左右两侧分别进行剪切，保持曲线对称。然后复制路径，用复制好的副本弯曲标签文本。接着给连接在一起的路径添加粗描边［设置为35pt（磅）］，然后选择【对象】>【路径】>【轮廓化描边】，把路径转为轮廓。这时，就可以为该描边设置宽度并填充颜色了。

1

椭圆左右两个端点，经【剪刀工具】剪切后变成横幅路径

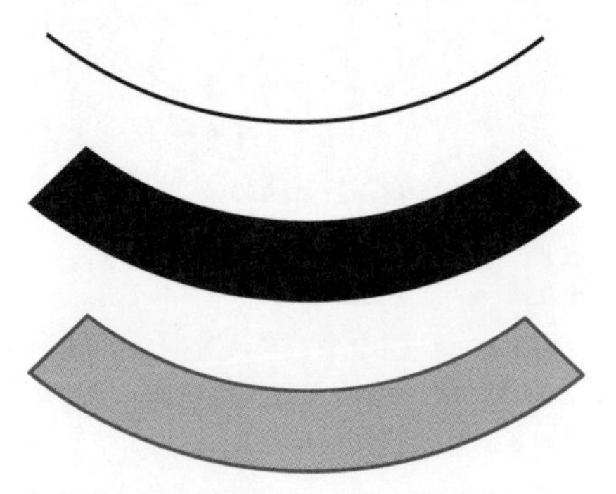

加粗横幅路径的描边，然后把路径转化为轮廓，添加描边和填色

2 **弯曲标签。**借用之前复制的路径副本来制作“GO GREEN”和“GO PUBLIC”的弯曲标签。如果选择【编辑】>【贴在前面】(快捷键Cmd/Ctrl+F),路径会叠加在之前创建的横幅上。所以,在粘贴了路径后选择【文字工具】,单击路径,然后输入标签文本。继续选中路径,在【控制】面板的【段落】区域单击【居中对齐】,让文本在横幅上水平居中。在调整文字的垂直位置之前,先选择【文字】>【路径文字】>【路径文字选项】,让文字重新跟路径对齐。在弹出的【路径文字选项】对话框里,把【对齐路径】选项从默认设置的【基线】更改为【居中】。同样,在【字符】面板里,设置【基线偏移】为0。这样就能最小化标签里字母的间距。现在可以上下移动路径,让标签在横幅里居中。

3 **把标签弯成一个弧形。**让主标签“GO GBT COM”向后弯,弯成一个比较平缓的弧形。为了达到这个效果,先输入文本对象(可以是点文字,也可以是区域文字)。然后选中文本对象,选择【效果】>【变形】>【下弧形】。在弹出的【变形选项】对话框里,选择【水平】,移动【弯曲】滑块或在文本框里输入参数值。如果输入的是负值,文字就会向后弯(在【弯曲】文本框里输入-17%)。

变形后,字母、单词之前的间距可能会变得很大。这时,我们可以在【字符】面板里重新设置【比例间距】和【字距调整】。【比例间距】可以控制文本里字母跟字母之间的距离,而【字距调整】则可控制单词间的距离。同样,如果要缩短单词之间空格的距离,单击空格的位置,按住Opt/Alt键的同时按键盘上向左的箭头。

2

段落:

这个就是【控制】面板里的【居中对齐】

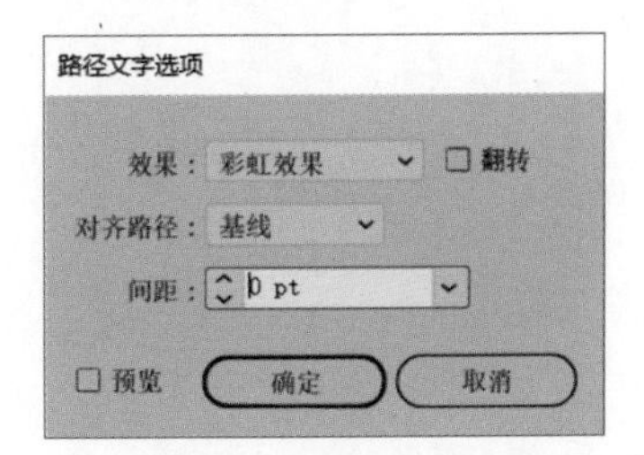

打开【路径文字选项】对话框,将【对齐路径】选项从【基线】改为【居中】

完成后的效果图

3

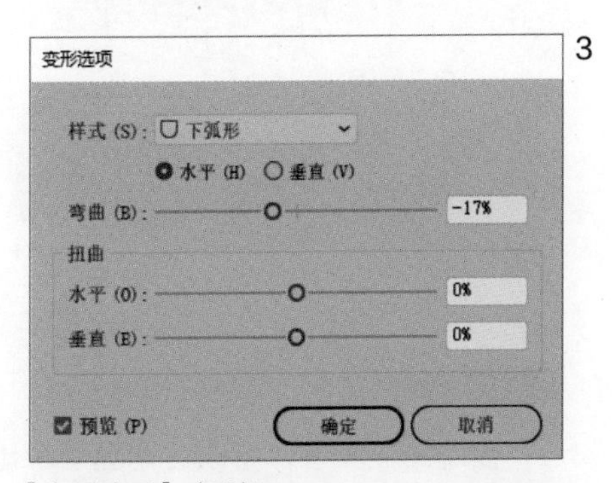

【变形选项】对话框

GO GBT COM
GO GBT COM

第一行是单词之间有一个空格,第二行是字母O和字母G之间插入了数值是负值的间距

GO GBT COM
GOGBT COM

变形前的文字效果(第一行)和变形后的文字效果(第二行)

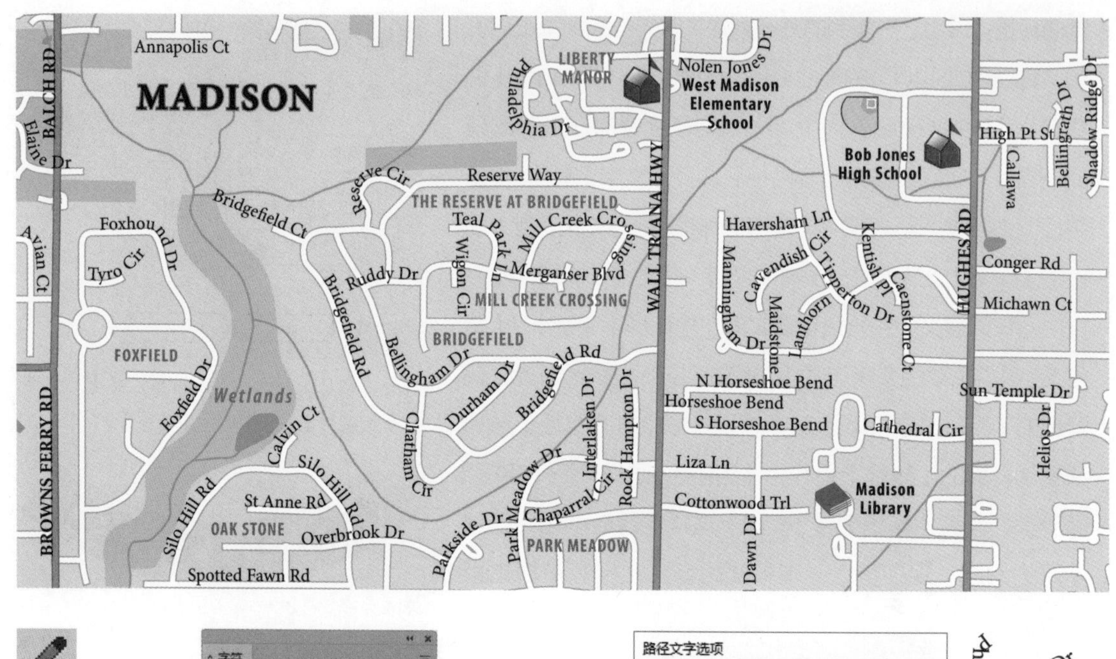

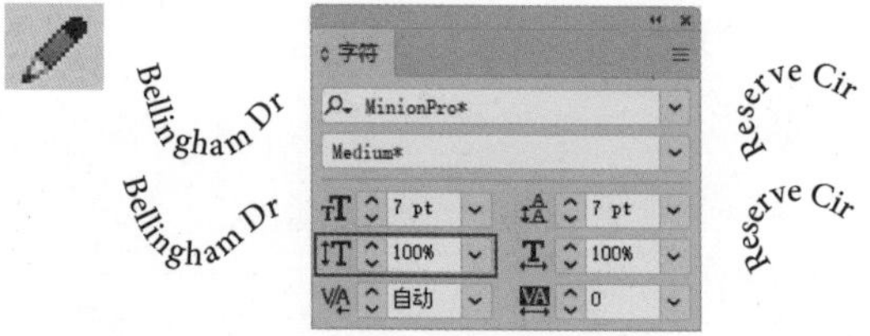

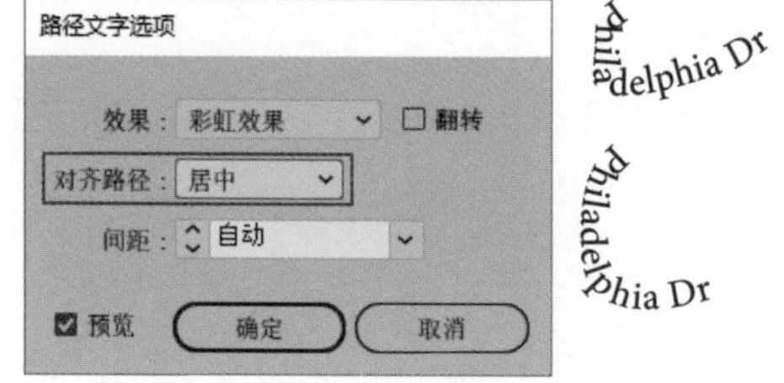

设计案例

借助路径文字，可以在地图里标出弯曲的河流和道路。在应用文字之前，先复制河流和道路的路径到一个单独的图层里。然后打开【字符】面板，把【基线偏移】设置为1pt，移动文字使其跟道路或河流保持一定的距离。在制作这张地图时，设计师也遇到了一些挑战，例如这种弯曲弧度比较大的曲线路径会影响字母的排列，要么全都挤在一起，要么就太过于分散。为此，先选中带文字的路径，再选择【铅笔工具】，通过在路径上或路径旁拖曳，来对路径做平滑处理。对那些无法单独使用【铅笔工具】进行平滑处理的路径，把路径的【基线偏移】设置为0，然后拖曳路径，让它跟街道路径之间保持一定的距离，这样文字和街道之间的路径就跟【基线偏移】为1pt的标签距离相同。还有一些文字路径需要额外进行调整，选择【文字】>【路径文字】>【路径文字选项】，在弹出的对话框里把【对齐路径】选项由默认的【基线】更改为【居中】。地图上有数以百计的文字对象，上述技巧有时只需单独使用，有时却需要综合应用。

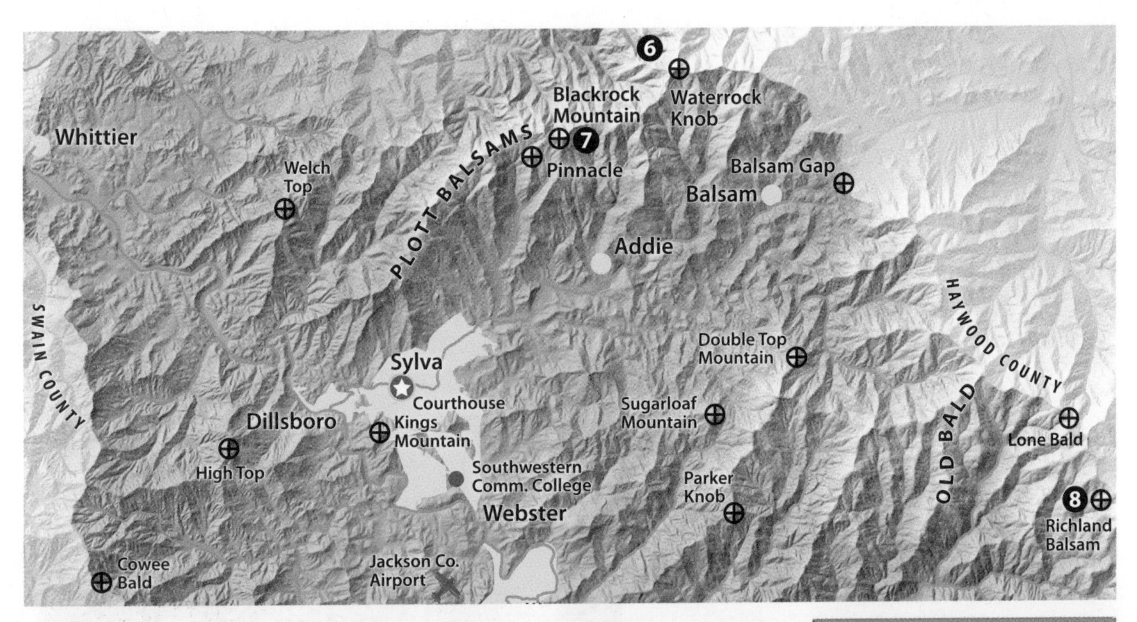

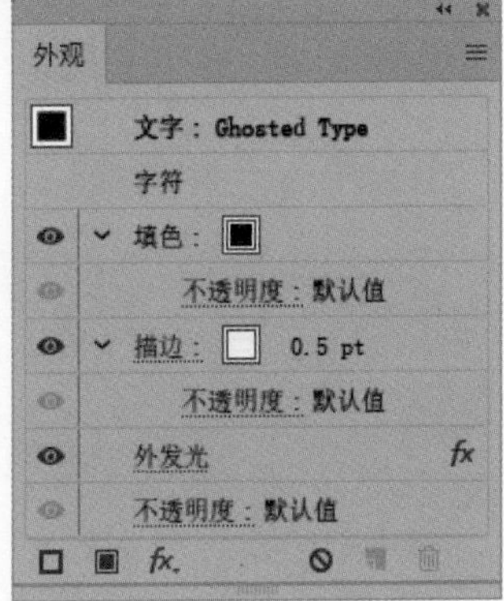

设计案例

在创建三维地图时，必须确保里面的文字能完整地显示出来。在这张地图里，设计师要按客户的指示创建出一张轮廓清晰的彩色地形图。首先，在Photoshop里创建地形图，然后把创建好的地形图导入Illustrator的画板里。在创建好文字标签后，打开【外观】面板，在该面板的扩展菜单里选择【添加新描边】，在【字符】下方设置【描边】相关参数，在【描边粗细】的下拉列表里把描边的宽度设为0.5pt，然后单击描边属性的颜色图标，弹出【色板】面板，选择白色。接下来，柔化白色描边和背景图之间的对比度，并且给文字添加白色的发光效果。为此，先单击【外观】面板里的【字符】，然后单击【添加新效果】，选择【风格化】>【外发光】。在弹出的【外发光】对话框里单击【模式】后的颜色图标，打开【拾色器】对话框，选择白色，再把【不透明度】改为100%，把【模糊】设置为“0.04英寸”，完成效果的添加。

弧形文本

使用【封套扭曲】变换文本

摘要：用【外观】面板建立标题并填充颜色，导出3个封套扭曲并创建弧形效果，用Arc Warp效果让文本呈弧形，创建图层样式并给标题添加弧形效果。

1 Spiritual

给标题文本应用Cabaret字体，字号为50磅

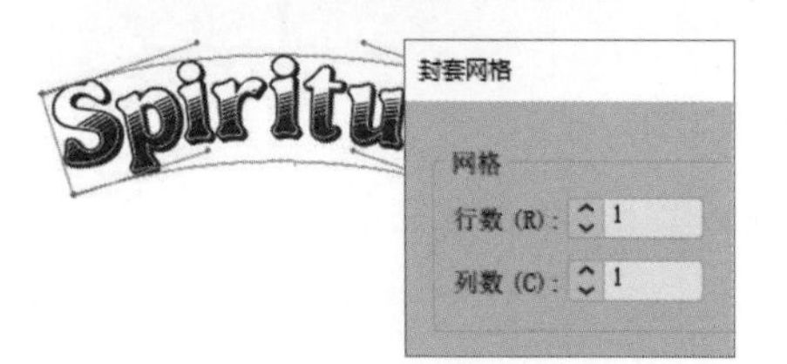

选择【对象】>【封套扭曲】>【用网格建立】，把【行】和【列】的值均设置为1，单击【确定】，然后选择【直接选择工具】编辑锚点

选择【钢笔工具】在文本上方绘制一个弧形，同时选中文本与该弧形，选择【对象】>【封套扭曲】>【用顶层对象建立】

给标题加上弧形效果可以让沉闷的字体变得更加有活力，更能吸引读者的眼球。Illustrator里有很多方法能创建弧形效果的文本。通过应用效果和图形样式，就可以快速创建适用于所有标题和子标题的弧形效果。

1 **创建标题文本。**选择字符清晰的粗体字可以创建出更醒目的标题文本。这里的标题文本用的是Cabaret字体，字号为50磅。

Illustrator里创建弧形效果的方法有很多种，有3种可以直接应用于文本对象，分别是【变形】【网格】和【顶层对象】。

设计师先是选择【对象】>【封套扭曲】>【用变形建立】，在弹出的【变形选项】对话框里，选择【样式】下拉列表里的【弧形】选项，并且把【弯曲】的值调整为20%。然后，选择【对象】>【封套扭曲】>【用网格建立】，把【行】和

【列】的值均设置为1，然后选择【直接选择工具】编辑锚点。最后，选择【钢笔工具】在文本上方绘制一个弧形，同时选中文本与该弧形，选择【对象】>【封套扭曲】>【用顶层对象建立】。

2 **使用【弧形变形】效果弯曲标题。**虽然【封套扭曲】已经帮我们创造出了想要的效果，而且还可以自定义变形，但是要寻找能快速为封面上其他标题和子标题都添加同样弧形效果的方法。先选择【效果】>【变形】来创建弧形效果，然后把该效果保存为图形样式，这样就能对其他的标题也应用相同的效果了。

创建标题时，可选择的变形形状一共有15种。给“Spiritual”应用【效果】>【变形】>【弧形】。打开预览功能后，再把【弯曲】选项的值调整为20%，最后单击【确定】。

3 **保存和应用图形样式。**选中标题，单击【图形样式】面板里的【新建图形样式】，这样就保存了图形样式。现在就可以很轻松地对其他标题或子标题应用该样式了。

为了对该样式做出一些改变，把文本对象改为“Muscles:”，把字号改为28磅，把旋转改为355°，然后单击【图形样式】面板里的【新建图形样式】。

4 **最后的修饰。**为了定义标题里单个字符的颜色，把文字轮廓化（选择【文字】>【创建轮廓】创建轮廓）。然后，先自定义一个渐变的颜色，再针对各个字符分别进行调整。

2

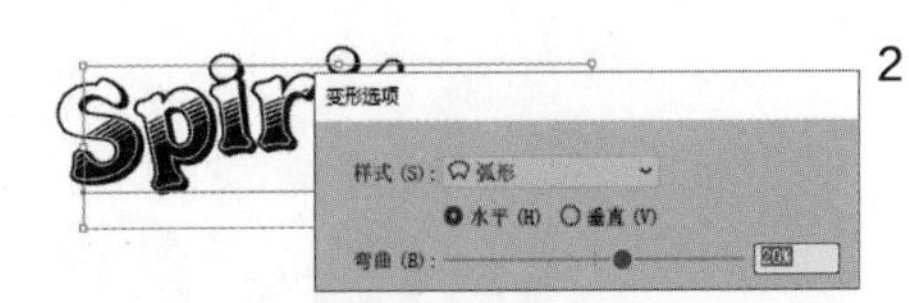

选择【效果】>【变形】>【弧形】，并把【弯曲】选项的值调整为20%

3

选中标题，单击【图形样式】面板里的【新建图形样式】

应用图形样式

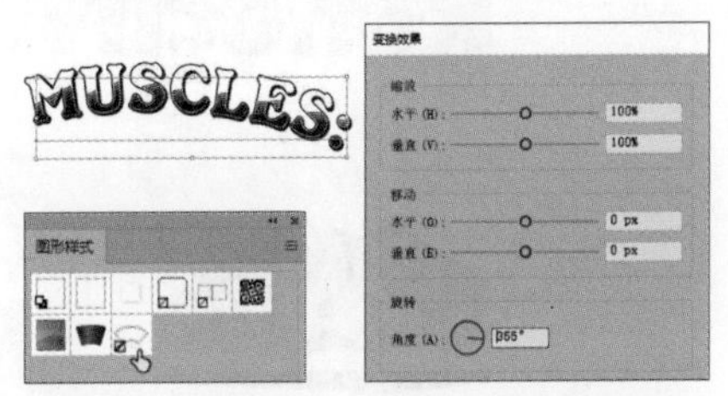

单击【外观】面板里的【添加新效果】，选择【扭曲和变换】>【变换】，然后把【旋转】中的【角度】调整为355°，再单击【图形样式】面板里的【新建图形样式】

4

标题文字轮廓化：选择【文字】>【创建轮廓】创建轮廓

对标题应用线性渐变

调整为自定义渐变

设计案例

要想学习创建带有复杂外观的文字，最好的方法就是分解研究他人的字符样式。宫本由纪夫是一位日本设计师，曾经撰写过很多关于如何借助软件创造艺术作品的日文书籍。在这些书里，他慷慨地分享了大量的样式，方便使用者分解和修改。

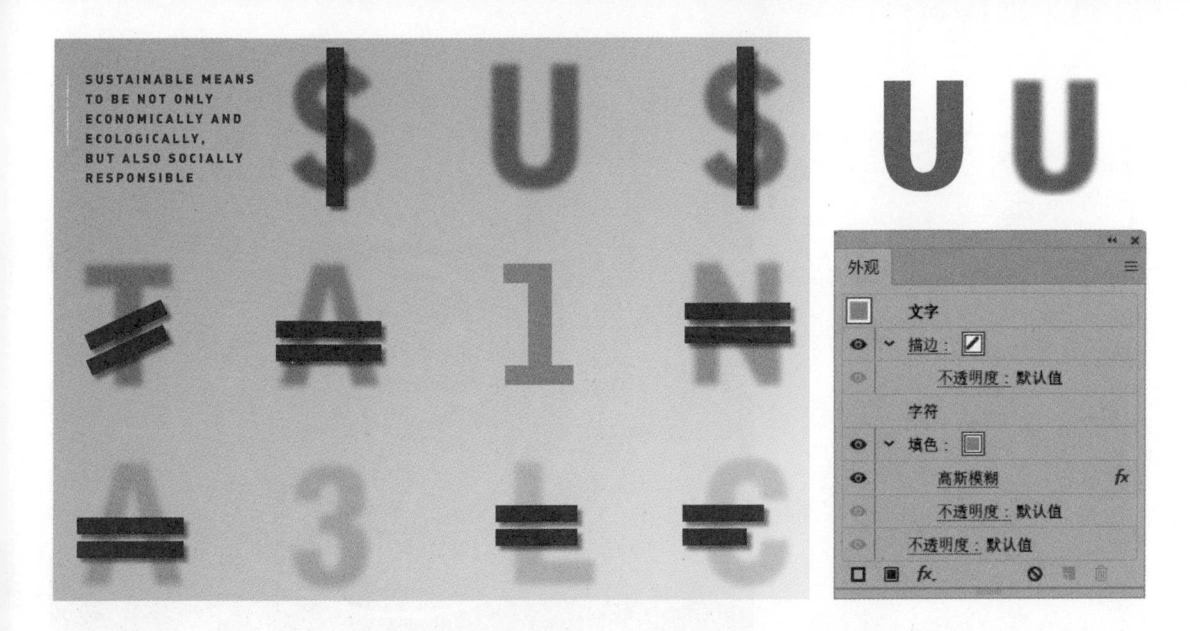

设计案例

一位来自美国旧金山的艺术家通过把字母、数字跟红条组合在一起，创建了这张货币符号海报。首先，创建一个渐变填充的背景。接着，选择【文字工具】，给每个字符创建文本对象，连起来是“SUSTA1NA3LC”。使用【选择工具】选中各文本对象，然后进行排列布局。接下来，为了创建出字母模糊的效果，选中其中一个文本对象，打开【外观】面板，然后单击【填色】后的颜色图标，选择深绿色。之后，单击面板底部的【添加新效果】，选择【模糊】>【高斯模糊】，设置【半径】为32像素。为了方便设置其他字符的模糊效果，创建一个可重复应用的图形样式。选中文本对象，打开【图形样式】面板，然后单击【新建图形样式】，把当前文字外观保存为样式。接着，选中剩下的文本对象，单击刚才创建的用于制作模糊效果的图形样式。为了让不同的字母有不同的颜色填充效果，分别选中各个文本对象，打开【外观】面板，选中【填色】，然后按住Shift键单击【填色】，打开【颜色】面板。调整好C、M、Y、K值，直到对每个字母都满意为止。至于红色条，先使用【钢笔工具】绘制路径，然后转化成轮廓（选择【对象】>【路径】>【轮廓化描边】转换），接着在【外观】面板中为其添加投影效果（单击【添加新效果】，选择【风格化】>【投影】）。

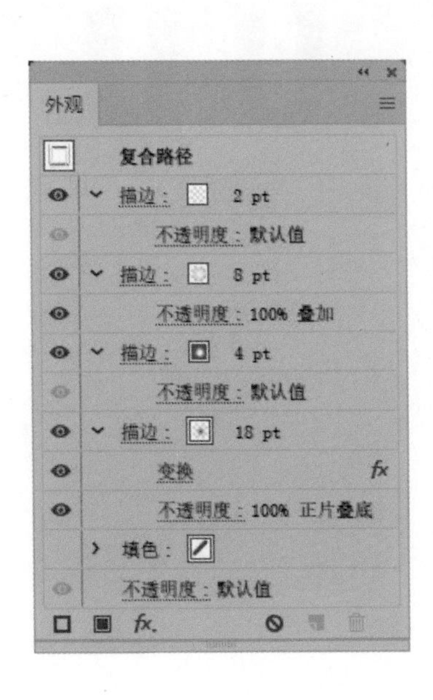

设计案例

设计师可以利用Illustrator里的【外观】面板和【渐变描边】，让这幅作品里的路径和文字呈现霓虹灯的效果。首先画一个半圆，然后在该路径上输入“CONES”。选择【文字工具】，双击“CONES”，选择其中的字符，打开【外观】面板，把【填色】改为【无】。接下来，选择【选择工具】选中文本对象，选择【外观】面板扩展菜单里的【添加新描边】，设置新描边为2pt。为了给描边创建渐变效果，打开【渐变】面板，把【类型】改为【径向渐变】，把描边的属性改为【跨描边应用渐变】。更改默认的渐变效果，把左边的色标更改为【不透明度】是10%的白色，把右边的色标改为【不透明度】是0%的白色。复制描边3次，然后分别编辑各副本，更改它们渐变的颜色。其中有两个副本，单击【不透明度】文字链接（【外观】面板里，【描边】的下面），把一个副本的混合模式改为【叠加】，把另一个副本的混合模式改为【正片叠底】。单击【添加新效果】，选择【扭曲和变换】>【变换】，在弹出的对话框里找到【移动】选项组，在【垂直】文本框里输入5pt，稍微移动一下底部的描边。完成后，给文字创建一个图形样式，这样就可以给“Frosty”应用相同的样式了。为此，选中“CONES”，打开【图形样式】面板，单击【新建图形样式】，然后选中“Frosty”，单击刚才创建的图形样式。

THE 2013 TRAVEL GUIDE

修饰文字工具

修改可编辑的字符

摘要：创建点或者区域文字对象；使用【修饰文字工具】选择单个字符；调整字符的大小，旋转并移动字符；调整字符间距；用【外观】面板给标题添加样式。

这里有一个颜色鲜艳、活泼可爱，还具备一种随意、自然的设计感的标题。Illustrator CC里的【修饰文字工具】和【外观】面板可以帮我们实现这个案例。

1 **设置文字。**选择【文字工具】，单击画板输入“Boquete”，采用默认字体。然后，选择【文字工具】，对字符挨个做出选择，并在【控制】面板里更改字体和颜色。完成上述操作后会发现，每个字母的字体和颜色都不一样。

2 **用【文字工具】扭曲字母。**为了让字母随意排列，显得更加活泼可爱，对每个字母的大小、维度、角度以及字母之间的间距都进行扭曲操作。另外，保持字母处在可编辑的状态下，这样以后可以随时修改字体，方便对其进行编辑。Illustrator CC的【修饰文字工具】隐藏在工具栏的【文字工具】工具组的下面。如果打开了【字符】面板，也可以直接单击【修饰文字工具】，移动鼠标指针到准备编辑的文字对象附近。注意，【修饰文字工具】的图标是一个带有4个顶点的黑色边框，里面有一个“T”。

要调整字母，选择【修饰文字工具】后单击目标字母即可。选择字母时，会出现一个围绕该字符、带有5个控制点的选择框，拉动这些控制点即可编辑字母。

先选择【修饰文字工具】，单击字母“B”，然后拖曳右上角的控制点，放大该字母。接着按住鼠标左键并把字母正上方的控制点往左拖，让整个字母向左旋转。

1

Boquete

（上）默认字体下的“Boquete”和（下）更改各字母颜色、字体后的效果图

2

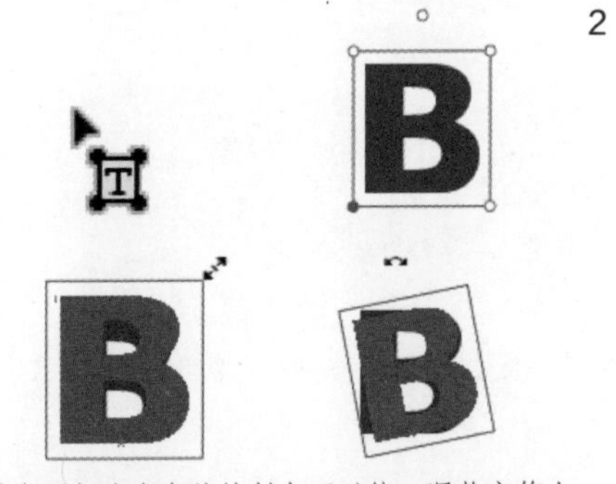

（左下）右上角的控制点可以统一调整字符大小，（右）正上方的控制点可以旋转字符

调整文字的位置

不管是点文字对象、区域文字对象还是路径文字对象，都可以使用【修饰文字工具】。

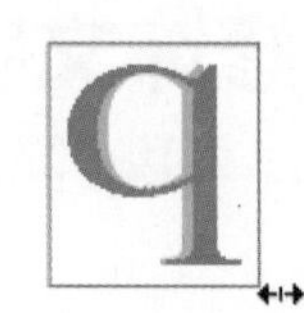

（左）左上角的控制点可以垂直调整该字符高度，（右）右下角的控制点可以水平调整该字符宽度

（上）把字母U往左边拖和（下）把字母U往右边拖

3

【外观】面板里有描边、填色以及应用到文字对象的效果

阶梯效果

【修饰文字工具】可以上下调整每一个字符的位置，选择【文字】>【路径文字】>【阶梯效果】，一样可以对路径文字进行调整，而且调整起来更容易！

其他的控制点也能缩放或重置字符，例如左上角的控制点可以垂直调整文字高度，右下角的控制点可以水平调整文字宽度。

单击左下角或框内的实心圆，可以移动字母所在的位置。往左边拖，字母会离左侧的其他字母越来越近。但是，往右边拖，该字母跟其他右边字母的距离保持不变。另外，打开【字符】面板，通过【字距】和【比例间距】一样可以调整字符之间的距离。

应用【修饰文字工具】时，文字处在可编辑的状态下，因此如果想要重复使用该工具，在选择和替换的时候一定要小心。如果重新输入一段字符，Illustrator会把对第一个字母所做的调整应用到所有要替换的字母上。这时，为达到理想的效果，需要再次逐个调整各个字母。

3 **用【外观】面板给标题添加样式。**把【外观】面板里的多种效果应用到文本对象上，完成对标题的创作。首先，选中标题，在【外观】面板中单击【添加新效果】，选择【扭曲和变换】>【扭转】，弯曲所有的字符。然后，单击【添加新描边】，加粗表面，并把【描边】移动到【字符】属性之下。单击【添加新效果】，选择【扭曲和变换】>【粗糙化】。最后，给描边添加外发光效果（单击【添加新效果】，选择【风格化】>【外发光】进行添加）。

设计案例

这张艺术海报展示了Illustrator里文字的表现手法之多。为绘制这个自由得像瀑布一样的“TYPOGRAPHY”，要先从点文字入手，借助【修饰文字工具】，对单个字符进行调整，移动其位置，同时保持文本处在可编辑的状态下。然后，复制和移动已调整的文本对象，选择【修饰文字工具】，选中字母并为其更换填色。还要在“TYPOGRAPHY”里加上多张带有纹理的彩色JPEG图片，这样看起来好像每个纹理都只存在于单个字母中。放置纹理时，先选中文字对象（不限于【修饰文字工具】模式），单击【内部绘图】，然后选择【文件】>【置入】（快捷键Cmd+Shift+P/Ctrl+Shift+P），置入JPEG图片。选中刚才置入的图片，单击【选择工具】，重新调整位置和大小，这样看起来就不像是在某个字母里面了。接着，切换回【修饰文字工具】，选择刚才的字母（已经添加了纹理），设置【填色】为【无】，单击【控制】面板里的【不透明度】，调整混合模式（左侧图的字母“Y”就是带有两个不同纹理的字母）。为了重新调整还没有选择的带有蒙版的图像，在【图层】面板里将其选定。

第3章

重新构建对象

白色的“对齐到”指针

启用【对齐点】选项（该选项在【视图】菜单里，通常都是启用状态），选择【选择工具】，选取并拖曳对象（从任意路径或点），直到该对象“对齐到”某条参考线或某一锚点（对齐后的指针变为白色）。

用于绘图的键盘快捷键……

想了解利用几何工具绘制图形的键盘快捷键（例如增加或减少多边形的边数、星形的顶点，更改螺旋形状的半径，更改绘制对象的位置等），可以在Illustrator的帮助文件里搜索“用于绘图的键盘快捷键”。

为了在这张椅子上挖出洞来，先选中椅子，然后选择【橡皮擦工具】，这样椅子就能自动地变成复合路径，显示出下层的蓝色背景

【斑点画笔工具】不会影响未选中的路径（左），也不会影响与当前填色不同的描边（中），但是如果当前颜色与未选中的路径匹配，则可以使用【斑点画笔工具】将其拖曳到原始路径上（右）

构建对象是Illustrator创作的核心。在Illustrator里不断探索新的方法，用简单的路径和形状构建出一个全新的对象，这才是最具创造性的。过去，我们在创建路径时需要一个锚点一个锚点地连接起来，现在我们可以用创建新对象的方式或者通过模拟铅笔在纸上绘制的方式来给形状着色。本章将着重介绍编辑组合形状的新方法——包括半自动化的【斑点画笔工具】【形状生成器工具】【实时上色工具】和【图像描摹】面板等的使用方法。在讲解CC版本的小节里，还会介绍如何使用【Shaper工具】和【实时形状工具】提高工作效率。另外，本章还会介绍一些辅助性的绘制手段，例如在对象内部或下层绘制、连接路径、对齐对象和锚点，还有最受欢迎的【路径查找器】面板以及复合路径和形状，这些内容都能帮我们把路径和对象组合起来。

【橡皮擦工具】和【斑点画笔工具】

不管是拆分还是合并对象，最简单的方法就是使用【橡皮擦工具】和【斑点画笔工具】。【橡皮擦工具】可以把一个对象切成多个部分；【斑点画笔工具】可以把多个对象组合起来，并应用相同的填色属性（没有描边）。

【橡皮擦工具】

如果没有选中任何对象，那么【橡皮擦工具】（或者压感笔的橡皮擦端）会擦除鼠标指针拖过处的所有对象。要想更好地控制【橡皮擦工具】，可以先选中要编辑的路径，然后再在该对象上拖曳【橡皮擦工具】，或者进入隔离模式后再操作。如果想在未选中任何对象的状态下保护某一路径免受【橡皮擦工具】的影响，可以锁定或隐藏这些路径或者它们所在的图层。按住Shift键的同时拖曳鼠标指针，也能控制【橡皮擦工具】的擦除方向。按住Opt/Alt键，框选一个矩形区域，我们可以在这个区域内擦除对象。【橡皮擦工具】有着跟【画笔工具】一样的书法属性：双击工具栏里的【橡皮擦工具】即可自定义其属性。

【路径橡皮擦工具】(在【铅笔工具】工具组里)可以擦除选中路径的一部分。如果需要移除某条路径的某一段，就必须沿着目标路径的方向来擦除(不能垂直于该路径)。如果擦掉了某一条路径的中间段，那么两端会各自留下一个开放的锚点。

【斑点画笔工具】

之所以把【斑点画笔工具】放在第3章讲，而不是跟其他画笔工具一样放到第4章，主要是因为【斑点画笔工具】在功能上跟【橡皮擦工具】更相似。用【斑点画笔工具】和【画笔工具】绘制的描边是很难区分的。但是，如果切换到【轮廓】模式，就可以清楚地看到两者的不同。一个Illustrator里的矢量路径，画笔描边的中间部分会减弱，而画笔仍然可用，这也就意味着画笔描边可以像Illustrator里的其他路径一样被重新样式化或编辑。相反，使用【斑点画笔工具】绘制的画笔描边，外观会在绘制完成后扩展开来。【画笔工具】绘制的画笔描边是由一条一直延伸到中部的路径决定的，而【斑点画笔工具】绘制的画笔描边则是由它外部边缘的路径决定的。下面介绍一些使用【斑点画笔工具】的规则和技巧。

- **使用【斑点画笔工具】绘图。**先选择该工具，设置描边颜色，然后拖曳绘制出一条描边。完成的描边会自动扩展开并填充当前的描边颜色，而描边本身会被清除掉。【斑点画笔工具】会根据用户的设置，把新的描边融合到现有的描边里。只要使用相同的颜色、描边或者透明度来绘制，冲抵的描边就会融合在一起。但是，如果更改了其中哪怕是一项设置，绘制出来的描边都是分离的。
- **自定义【斑点画笔工具】。**先双击工具栏里的【斑点画笔工具】，打开【斑点画笔工具选项】对话框。如果在弹出的对话框里勾选了【保持选定】复选框，那么就可以使用【平滑工具】迅速更改路径。如果勾选的是【仅与选区合并】复选框，就可以轻轻松松地在一个很密的图稿里沿着现有的路径进行绘制。在勾选

有关合并对象的小贴士

要用【斑点画笔工具】合并对象，必须满足下面3点。

- 所选对象的填充色必须相同且没有描边。
- 如果勾选了【仅与选区合并】复选框，那么只有选中对象才能合并。
- 如果没有勾选【仅与选区合并】复选框，那么按照堆叠顺序，对象必须是相邻的，见下方【图层】面板。

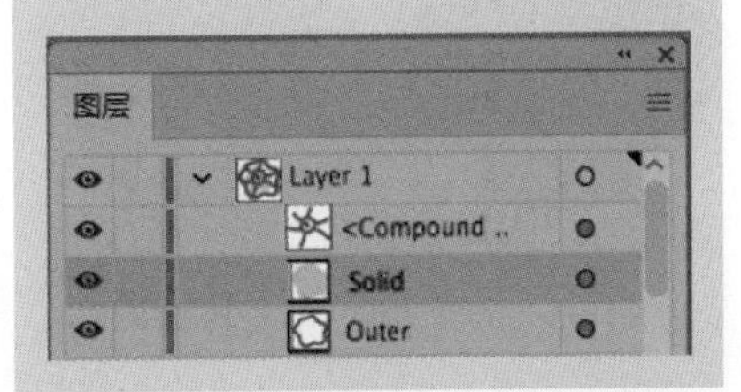

防止合并的小贴士

要想让目标对象不受【斑点画笔工具】的影响，不妨试试以下3种办法。

- 在【斑点画笔工具选项】对话框里勾选【仅与选区合并】复选框。
- 进入隔离模式。
- 锁定或隐藏要保护的路径。

快速切换到【平滑工具】

在使用【斑点画笔工具】【画笔工具】和【铅笔工具】进行绘制时，按住Opt/Alt键能切换到【平滑工具】。

CC

用【形状生成器工具】处理间隙

打开【形状生成器工具选项】对话框（双击【形状生成器工具】打开），设置【间隙】，选择是否让开放的路径像闭合路径一样填色，以及是否希望通过单击某个路径将一个对象分割成两个或更多的区域。

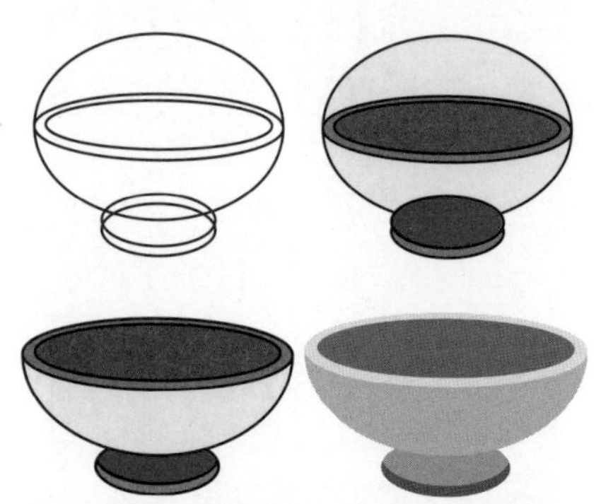

用【形状生成器工具】把这些椭圆都转换成碗的形状：（左上）用【椭圆工具】绘制出的一系列椭圆，（右上）用Premedia Systems **WOW!** Artwork Colorizer脚本给所有的对象着色的效果图（左下）用【形状生成器工具】删除、组合对象之后的效果图，（右下）返回到常规的编辑工具，更改颜色并且描边已经设置为【无】后的效果图

【形状生成器工具】和孔洞

要合并形状并且打上孔洞，可以试着在按住Opt/Alt键的同时，单击某个区域或描边将其删除。【形状生成器工具】和【斑点画笔工具】一样，可以合成复合路径。

保留【形状生成器工具】的描边

要保留内描边，可以试着逐个给形状上色，而不是通过拖曳进行连接，哪怕这些形状要填充的颜色都是一样的。

【仅与选区合并】复选框的状态下，如果选中了路径，并且采用相同的描边、颜色以及透明度在路径上拖曳，那么【斑点画笔工具】只会影响选中的路径。如果没有勾选该复选框，那么不管路径有没有被选中，【斑点画笔工具】都可以编辑具有相同外观的任意路径。

- **修改一条由其他工具绘制的路径。**先绘制一个对象，填色随意，【描边】设为【无】。然后选择【斑点画笔工具】，设置描边的颜色跟刚才所画的对象相同，给该对象添加描边。【斑点画笔工具】无法编辑带有描边的路径，而且如果用该工具编辑一条开放的路径，得到的只会是一条闭合的路径。要添加一个复合的形状，首先得扩展它。
- **修改、合并颜色相同且无描边的多个对象。**首先得确保这些对象在同一个图层上，并且堆叠的顺序是连续的。
- **用压感笔和数位板创建书法描边。**可以通过【斑点画笔工具选项】对话框更改画笔的大小和绘制的角度。
- **完善斑点画笔描边的边缘。**可以使用【橡皮擦工具】，但无法应用到【画笔工具】的描边上。

【形状生成器工具】

虽然【形状生成器工具】跟【实时上色工具】和【路径查找器】面板（本章的后半部分会讲到）有一些相似之处，但【形状生成器工具】为我们提供的是一种全新的构建对象的方法。刚开始绘制的时候，我们允许对象在所需的轮廓内彼此重叠，例如画3个相互重叠的圆形，然后画一个跟圆形重叠的矩形作为茎部，三叶草的形状就这么画出来了。但是有了【形状生成器工具】，只需要选中要合并的对象，然后把鼠标指针放到上面就行了。如果想把一个区域跟其他的区域组合到一起，可以选中一个区域，然后将其拖曳到另一个区域，也可以按住Shift键的同时框选所有的区域。这些对象并不需要都在一个图层上，但当它们跟原始对象融合后，它们就会被移动到原始对象所在的图层。如果想用【形状生成器工具】删除某个区域或描边，可以在按住Opt/Alt键的同时，单击选中的区域或描边。

绘制时，可以根据相关的设置选择色板的颜色（使用色板预览光标），也可以使用选中对象里的颜色（双击【形状生成器工具】，在弹出的对话框里做相应设置）。如果选择【拾色来源】为【颜色色板】，就勾选【光标色板预览】复选框。接下来要做的就是用左右方向键在色板的颜色组里选择颜色，上下方向键切换不同的颜色组。如果选择的【拾色来源】是【图稿】，那么第一次单击对象的颜色会自动填充到鼠标指针拖过的其他对象上。【形状生成器工具】也能把彼此独立的对象融合为一个对象。给对象填色的规则比较复杂，如果这个对象的外观不是预期的那样，请查看右侧的小贴士“【形状生成器工具】和外观”。

【形状生成器工具】不仅像它表面看起来的那样，它最强大的地方还在于更新了我们对如何构建对象并给对象填色的认知。在给那些激活的、可编辑的描边应用实时上色和路径查找时，很可能会在无意间扩展甚至删除描边。我们可以继续用【形状生成器工具】修改描边的外观，这样就可以在常规的编辑工具和【形状生成器工具】之间随意切换了。

【实时上色工具】

【实时上色工具】和【实时上色选择工具】就藏在【形状生成器工具】的下面。【形状生成器工具】可以帮助我们重新构建、合并对象，而【实时上色工具】可以在不修改矢量路径的情况下给对象重新上色，且无须考虑那些限定矢量对象的常规规则，像给纸上的画上色一样，给Illustrator里的线条和空间上色。要想使用这两个工具，首先得把对象转换成一个实时上色组。所有闭合的区域，不管有没有填色，都会变成可以任意填色，并且可以随时清除的区域。我们可以在【实时对象】中创建一个“洞”，设置【填色】为【无】，或者使用选择的颜色来填充相邻矢量对象之间产生的“空白”区域。所有的线条都变成了可编辑的路径，对这些路径，我们可以保留并着色，也可以改变形状，甚至删除，

【形状生成器工具】和外观

调整应用【形状生成器工具】的顺序和方向后，对象的外观也会发生变化。如果对得到的结果不满意，可以撤销并试着合并不同的对象。

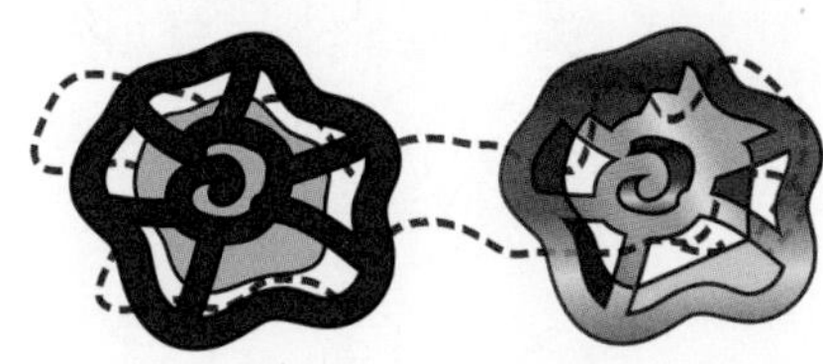

用【形状生成器工具】编辑左边图形的副本，通过填充和删除重叠对象创建的区域，以及删掉描边，把左侧的副本转换为右侧的样子；应用【形状生成器工具】后，就可以使用【直接选择工具】选中对象的片段，然后更改填色、描边、不透明度以及其他属性；底层的虚线说明了顶层对象的不透明度

把【形状生成器工具】当上色工具使用

【形状生成器工具】也可以用作普通的上色工具，单击（不拖曳）就能在不组合形状的前提下填色。

添加到实时上色组

往实时上色组里添加路径：先选中要添加的路径和要添加到的实时上色组，接着单击【控制】面板里的【合并实时上色】（或者选择【对象】>【实时上色】>【合并】）；或者进入实时上色组隔离模式，之后粘贴和创建的任何内容都会成为该组的一部分，这个方法相对更方便。

扩展/释放实时上色

不管是选择【对象】>【实时上色】>【扩展】，还是直接单击【控制】面板里的【扩展】，选中的对象都会被转换为普通的矢量路径。虽然从外观上看对象和之前一样，但其实已经被分解为独立的对象。如果想将实时上色组里的对象还原成普通的路径，选择【对象】>【实时上色】>【释放】即可。

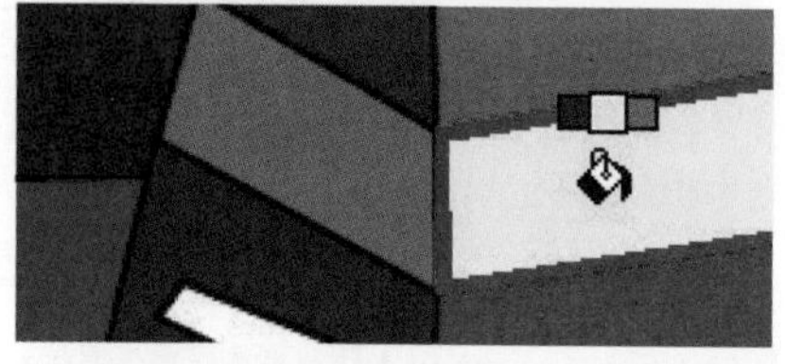

（上）【实时上色工具】不仅能构建城市景观，还能对其进行着色；（下）开放的路径交叉形成了闭合区域，在该区域内可用【实时上色工具】进行填色

勾选【预览】复选框

为了避免每更改一项设置都重新描摹一遍，可以在首次描摹后取消勾选【预览】复选框，需要测试设置的效果时再勾选。

从而创建出新的形状。要想把选中的内容转换为实时上色组，首先选择【实时上色工具】，然后单击对象，或者选中路径对象后，选择【对象】>【实时上色】>【建立】(快捷键Cmd+Opt+X/Ctrl+Alt+X，就像其他被编组的对象一样，实时上色的对象会全部移动到包含原始对象的最上层图层里)。

要更改【实时上色工具】的设置，可以双击【实时上色工具】，在打开的对话框里更改设置，例如设置使用该工具时是否需要填色或描边，是否需要勾选【光标色板预览】复选框，甚至还可以设置该工具移动到可编辑区域上方后，是否高亮显示颜色和宽度。选择【对象】>【实时上色】>【间隙选项】，就能在弹出的对话框里设置如何在实时上色时处理间隙。如果要编辑路径、改变区域的形状，可以使用正常的编辑工具，例如【钢笔工具】和【平滑工具】。如果要更改或者删除路径片段（这是实时上色时，路径交叉产生的），可以使用【实时上色选择工具】。

【图像描摹】面板

【图像描摹】面板以前叫【实时描摹】面板，能提供多种不同的方法把栅格图片渲染成矢量图形。如果要采用【图像描摹】面板中的预设模式，例如【高保真度照片】或【技术绘图】，先选中任意一个打开或置入Illustrator里的栅格图片，然后单击【控制】面板里的【图像描摹】面板（在【窗口】菜单里也能打开【图像描摹】面板）。在【图像描摹】面板中不仅可以启用或关闭【预览】、自定义相关选项，还能把现有的设置保存为预设。【图像描摹】面板中的设置能保持所描摹对象的活动状态，并且可以进行再调整。如果使用常规的矢量工具编辑对象，在单击【控制】面板里的【扩展】，扩展描摹轨迹后，对象将不再处于活动状态。

在【图像描摹】面板里，可以给要描摹的对象指定一种颜色【模式】（彩色、灰度或黑白）和一组【调板】颜色。【调板】决定描摹是否使用无限种颜色，也决定是从对象中自动取色还是使用已打开或描摹过程中打开的色板组或色板库（潘通色卡会转变为全局颜色）。如果需要另一组色板库，或者要创建一组新的颜色，那么取消对该对象的选择，打开色板库或创建好的颜色组，然后重新选择图像，并从【颜色】的下拉列表里选择新的色板或颜色组。打开【图像描摹】面板，在【调板】的下拉列表里选择打开的色板库，然后在【颜色】下拉列表里选择一个颜色组。移动【高级】选项组中的滑块可以更改描边路径跟原始路径的贴近程度，也可以设置路径拐角锐度的容差，以及描摹过程中对杂色的处理。在黑白模式下，可以自定义填色和描边。

【图像描摹】能像拼图一样创建相互连接的矢量对象，或者是相互重叠的矢量对象（一个堆叠在另一个的顶部）。如果想对路径进行编辑，【方法】选择【重叠】；单击【邻接】，路径会准确地邻接在一起，所以，编辑一条路径会在该路径和邻近的路径间生成一段空隙。把【方法】设为【邻接】，勾选【忽略白色】复选框，这样就能自动地移除图像的白色背景。

对齐、连接和平均对象的对齐与分布

虽然大多数情况下，【对齐】和【分布】会出现在【控制】面板里，但是【分布间距】只在【对齐】面板里找得到。选好内容后，可以让对象跟选中的内容对齐，也可以跟画板的边缘对齐，甚至可以跟关键对象对齐（有粗轮廓线的对象就是其他对象对齐的目标）。如果要分布对象间的间距，首先要指定一个关键对象，然后在【对齐】面板里的【分布间距】文本框里输入数值，单击【垂直分布间距】或【水平分布间距】。

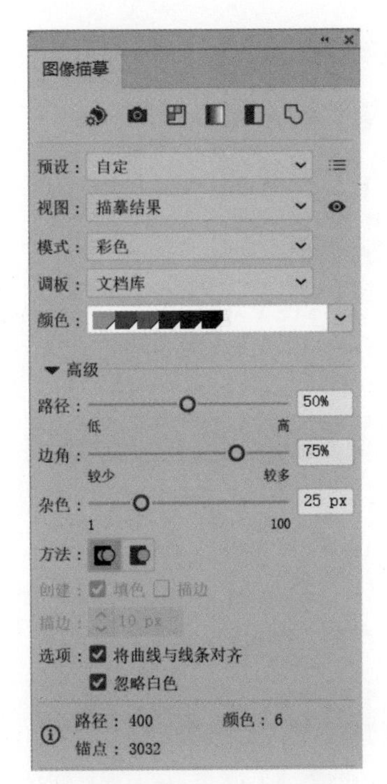

扩展后的【图像描摹】面板显示了一组用于限制颜色的自定义色板库，采用了默认的高级设置，并且勾选了【忽略白色】复选框

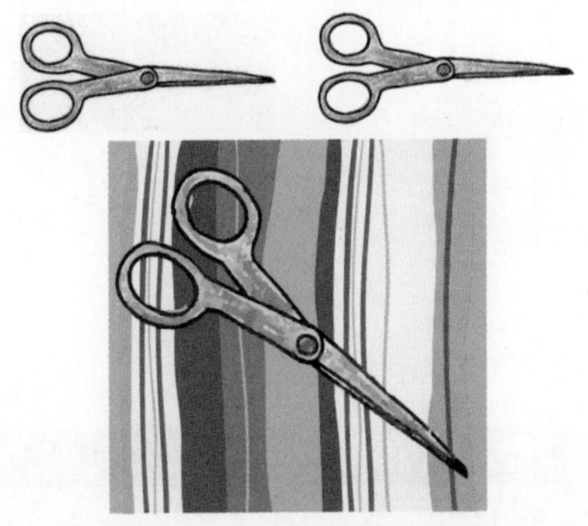

先扫描出剪刀的图像（左上图），然后使用【图像描摹】面板进行描摹，并且勾选了【忽略白色】复选框（右上图）；条纹背景下的剪刀描摹图像如下图所示

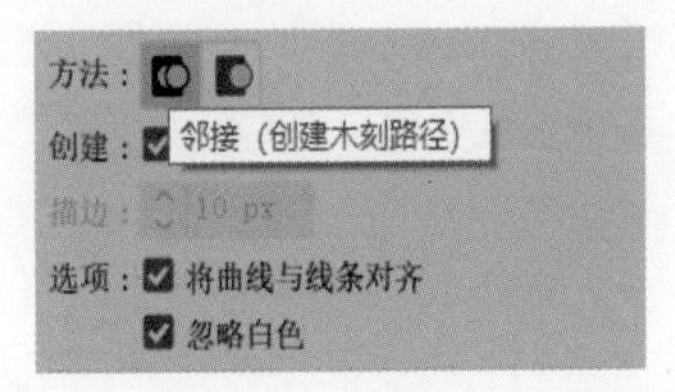

设置【方法】为【邻接】，勾选【忽略白色】复选框就能自动移除描摹对象里的白色背景

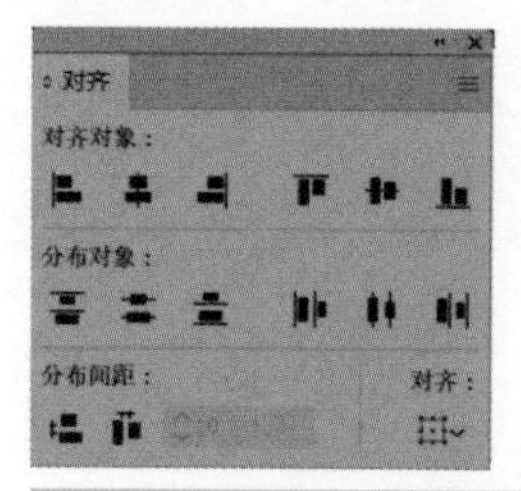

【对齐】面板和【控制】面板里的对齐按钮

简化路径

简化路径的命令（选择【对象】>【路径】>【简化】）可移除目标路径上多余的锚点。在弹出的对话框里，【曲线精度】百分比越高，保留的锚点越多，简化后的路径跟原始路径越接近。但是开放路径的端点不会改变。【角点角度阈值】越大，转角保持锋利的可能性就越大。

更简便地连接

现在连接开放的端点已经变得很容易了，不仅不会出现错误提示对话框，还可以同时连接多对端点。要想完成连接，首先要使用【直接选择工具】选中一对端点，或者使用【选择工具】选中一条或多条开放的路径。接下来，如果两个端点重合，按快捷键Cmd/Ctrl+J或者选择【对象】>【路径】>【连接】，就能进行连接，不需要打开对话框。在【控制】面板里，可以选择相应的【转换】让连接处的尖角变得更平滑，或让平滑处转换为尖角。如果要连接两个不重合的端点，可先用一条线段把这两个点连在一起，或者对它们进行平均。

如果要连接的对象是多个开放的路径，那么每个路径都会跟下一个路径连接到一起（但是路径不会因此而闭合）。不管什么时候，我们都可以用【直接选择工具】选中锚点，然后单击【控制】面板里的【将所选锚点转换为平滑】，把尖角转换为比较平滑的角，当然也可以把平滑的角转换为尖角。下面给大家介绍一些关于【连接】和【平均】的规则。

- 除非在【连接】对话框中选择了【平滑】（快捷键Cmd+Opt+Shift+J/Ctrl+Alt+Shift+J），否则每个端点都以一个角点精确地连接在另一个端点之上。
- 如果路径应用了不同的外观，则堆叠顺序中最顶层的路径将决定与之连接的路径的外观。

调整大小和描边的粗细

利用【比例缩放工具】进行缩放，即可在改变所选内容大小的同时改变线条的粗细，当然也可以保持线条粗细不变。

- 如果要在缩放选定内容的同时缩放线条的粗细，双击【比例缩放工具】，打开【比例缩放】对话框，在对话框中勾选【比例缩放描边和效果】复选框即可。
- 如果要在缩放选定内容的同时保持线条的粗细不变，双击【比例缩放工具】，打开【比例缩放】对话框，在对话框中取消勾选【比例缩放描边和效果】复选框即可。
- 如果要在不缩放对象的前提下把线条的粗细降低（50%），可以先取消勾选【比例缩放描边和效果】复选框，缩放选定的对象（200%），然后勾选【比例缩放描边和效果】复选框，缩放选定的对象（50%）。如果要增加线条的粗细，上述步骤反着来一遍即可。

- 按快捷键Cmd+Opt+Shift+J/Ctrl+Alt+Shift+J，平均并连接两个不重叠的端点。
- 平均（不连接）端点可以使用【直接选择工具】选择任意数量的点，或使用【套索工具】选择任意数量的路径对象，然后按快捷键Cmd+Opt+J/Ctrl+Alt+J，对水平、垂直或两个轴上的点进行平均。如果选择了路径，但没有选择特定的点，那么路径上的所有锚点都会被平均。如果用【直接选择工具】或【套索工具】选择点，那么【控制】面板里的对齐图标或者【对齐】面板会平均选中的点，而不是就对象进行对齐。

背面绘图和内部绘图

Illustrator工具栏底部有3种绘图模式，分别是【正常绘图】【背面绘图】和【内部绘图】。单击【背面绘图】，那么不管是粘贴还是绘制的所有对象，都会置于当前图层的最底部。如果是先选择了某个对象再单击【背面绘图】，那么粘贴或绘制的对象会被放置到所选对象的背面（【贴在前面】和【贴在后面】不受该绘图模式的影响）。如果在【背面绘图】的模式下添加一个新图层，那么该图层会被添加到激活图层的背面。如果要创建跟选中的对象外观不同的新对象，可以先创建出这个对象，再改变其属性。如果想先设定好属性再绘制对象，可以进入隔离模式，这样绘制在背面的对象就不会被选中。我们可以安全地取消对它的选择，然后在绘制每一个新对象前设定属性。

【内部绘图】只有在某一个对象（也可以是复合路径或文本对象）被选中时才能使用。【内部绘图】会快速地从选中的对象中产生一个剪切蒙版。当原来选中的对象自动转换成剪切蒙版后，它将丢失除基本的描边和填色之外的所有属性，连艺术画笔和实时效果也会被清除掉。如果想进入【内部绘图】模式，先选中对象，然后单击工具栏里的【内部绘图】，被选中的对象周围会出现虚线边框。取消选中（虚线边框保留）后可以选择需要的绘制工具或画笔，并对其属性进行设置。完成上述操作后，就可以在对象上绘制了。超出

切换绘图模式

按快捷键Shift+D可以在不同的绘图模式间进行切换。在切换时，注意查看工具栏里对应图标的变化，以明确所选择的绘图模式。

进入【内部绘图】模式，在选中对象时限制【毛刷画笔】笔触的范围

是复合路径还是复合形状？

对简单对象做简单的组合或挖孔时，使用复合路径；对复杂对象（例如添加了额外效果的对象）或者在需要严格控制对象之间的交互方式时，使用复合形状。需要注意的是，复合形状有时候会因为太过复杂导致无法打印或者无法合并一些效果，有时候还必须要释放（返回原始状态）或扩展（扩展后虽然外观保持不变，但被永久地分开了）。可以在【路径查找器】面板的扩展菜单里选择【建立/释放/扩展复合形状】建立、释放或者扩展复合形状，在【对象】菜单里选择【复合路径】>【建立/释放】建立/释放复合路径。

所选对象边框的部分都会被裁切掉。剪切蒙版对象和【内部绘图】模式下所绘制的内容都会被编组。如果要编辑新对象，使用【直接选择工具】进行选择，或者在【图层】面板里进行定位，然后将所选的对象作为一个常规的矢量对象进行编辑。必要时，可以给整个编组添加效果。在【内部绘图】模式下复制和粘贴对象，能把对象剪贴到文本内部。

用【内部绘图】模式给文本添加一个渐变填充的矩形，然后使用书法画笔进行绘制。整个操作过程中，文本都处在激活状态下，而且剪切的对象都是独立且可编辑的

牢记打开的绘图模式

重点：绘图模式不会改变！如果你忘了自己使用的是哪种绘图模式，最终作品呈现的效果可能会出乎意料。所以，请养成用完绘图模式就切换回正常模式（快捷键Shift+D）的好习惯。

复合形状和复合路径

通过结合对象和从对象中减去其他对象来创建新对象的方法还有3种，即复合形状、复合路径以及使用【路径查找器】面板。复合形状和复合路径是可编辑的，通过释放就能恢复为原始路径。复合路径主要用于给目标对象创建孔洞，而复合对象则提供了更复杂的组合对象的方式。【路径查找器】面板里的选项，功能上更像是复合形状。不同的是，这些操作都是永久有效的，【还原】是唯一可撤销路径查找器命令的方法。如果打算给某个图层、文本对象或编组应用路径查找器命令，又不想使用【路径查找器】面板，可以选择【效果】菜单里的【路径查找器】或单击【外观】面板里的【添加新效果】来实现。

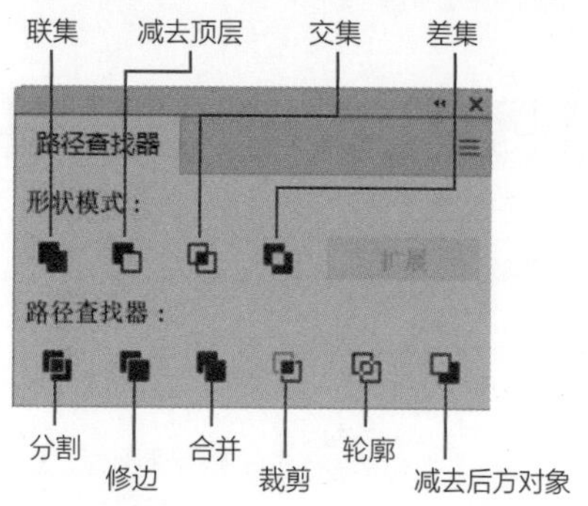

路径查找器里包含了两组按钮，一组是【形状模式】按钮（用于结合形状），一组是【路径查找器】按钮（用于分割路径）

复合路径

复合路径是由一条或多条简单的路径结合而成的，因此复合路径就像是一个组合体。复合路径可以被当作一个单独的蒙版，在对象叠加的区域生成孔洞（就像是字母O一样），透过这些孔洞可以看见其他对象。

创建一个简单的复合路径：先画一个椭圆；在这个椭圆里画一个更小的椭圆，形成“O”形中间的孔洞；选中两个椭圆，然后选择【对象】>【复合路径】>【建立】。在填色时，里面的区域并不会被填充。要调整复合路径里面的某一条路径，可以选择【直接选择工具】选中路径，或者选择复合路径，进入隔离模式。

（从左往右）两个椭圆（内椭圆无填充，之所以是黑色，是下方黑色填充的大椭圆造成的）；作为复合路径的一部分，内椭圆跟外椭圆重叠处出现了一个洞；同样是含有内椭圆的复合路径，内椭圆被直接选取并移动到了右边，表明洞只出现在两个对象重叠的位置

【路径查找器】面板

【路径查找器】面板的顶行是【形状模式】，底行是【路径查找器】。【路径查找器】面板里的选项会永久地改变选中的对象，把对象合并/切割成所需的形状，以达到相应的效果。这种永久性的更改可以帮助我们实现一些特殊的效果，例如，可以给选中的对象应用【分割】，这样就能把对象分开，做进一步的编辑。值得一提的是，【修边】和【合并】只能应用于带填色的对象。

复合形状

跟路径查找器不同，复合形状可以是多个对象的组合，也可以是从某个对象里减去一部分得到的结果，在组合和删减的过程中，仍然保留对象的完整性。我们可以使用两个或两个以上的路径、别的复合形状、文本、封套、混合、编组或带有矢量效果的艺术对象来制作复合形状。创建复合形状时，按住Opt/Alt键，同时在【路径查找器】面板的【形状模式】里选择一个模式。如果在操作过程中没有按住Opt/Alt键，那么原来的对象会被永久性地更改。也可以从【路径查找器】面板的扩展菜单里选择【建立复合形状】，单击【联集】模式。复合形状将应用所选对象里最上层对象的属性。

继续选中复合形状，可以再添加形状模式，或者把复合形状当作一个整体来添加效果，例如封套、扭曲和阴影。复合形状也能被当作可编辑的形状图层，粘贴到Photoshop里，但是这样就无法保留它们在Illustrator里的外观。如果既想保留外观，又想保留可编辑的状态，可以把它们当作矢量智能对象来进行粘贴（在Photoshop里编辑智能对象：双击其缩览图，就能再次在Illustrator里打开，编辑完成后保存，会同步更新到Photoshop里）。在【路径查找器】面板的扩展菜单里选择【释放复合形状】，可以把复合形状恢复成原始的样子；或者选择【扩展复合形状】，可以把效果永久地应用到对象上。

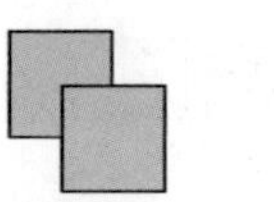 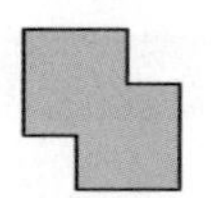 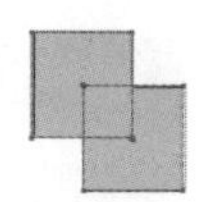

联集（可以清晰地查看操作的效果，第一列显示的是初始形状，第二列显示的是操作后的结果，第三列显示的是选中或移动最终对象的效果）

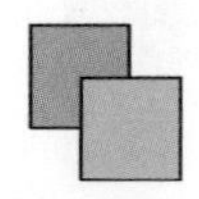  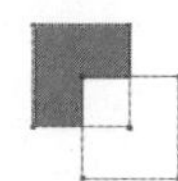

减去顶层

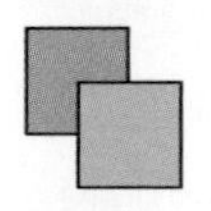  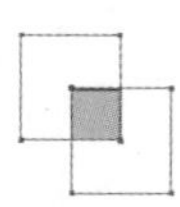

交集

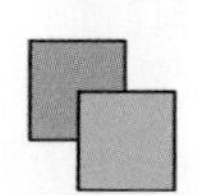 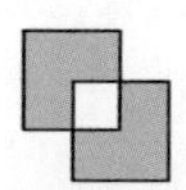 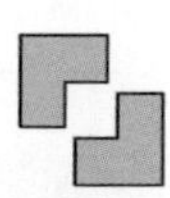

差集（为了更清晰地展示，右图中把对象分离开了）

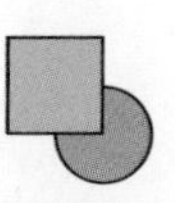 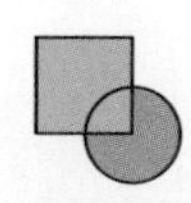 

分割（为了更清晰地展示，右图中把对象分离开了）

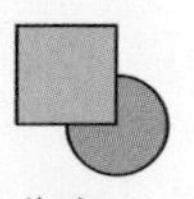  

修边

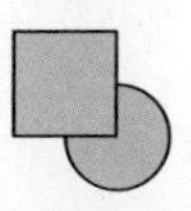 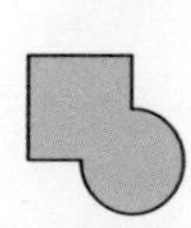 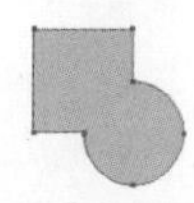

合并（只有两个对象颜色相同时才能合并，否则效果就跟修边一样）

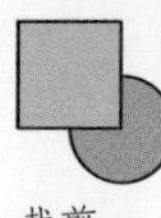  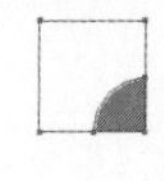

裁剪

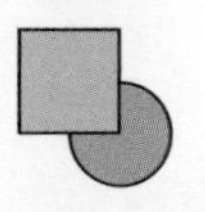 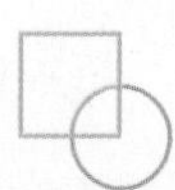 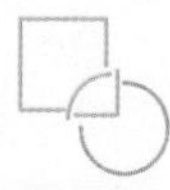

轮廓（应用轮廓后，Illustrator默认的宽度为0，这里添加2pt的描边效果）

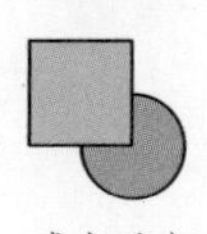  

减去后方对象

触摸的自由变换界面

可用于触摸设备和计算机的【自由变换工具】经过了重新设计，虽然基本功能保持不变，但选择该工具后，会出现变换对象的图标浮动条，边框显示选择的变换类型的图标。使用触控笔或手指点击或轻触图标，并根据需要拖曳参考点至屏幕上的任意处旋转。选择连接图标控制变换操作，不需要使用任何的修改键。键盘快捷键照旧可用，不过选择【自由变换工具】(E键)后，触摸键盘会一直显示。

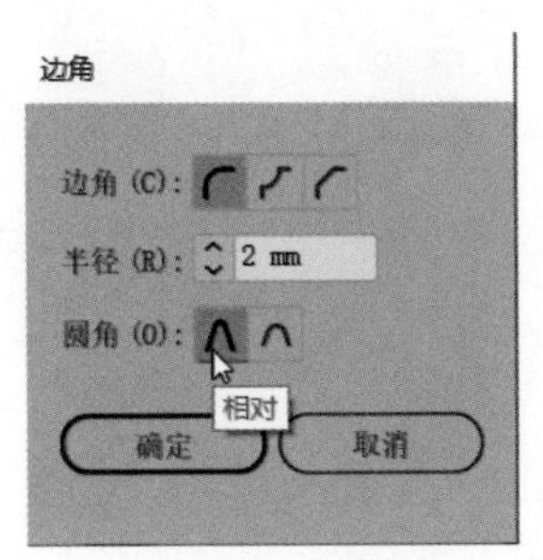

拖曳一个构件可以改变所有已选的转角锚点——当转角锚点到达邻近锚点时，转角就无法变成圆角且转角路径会变成红色。【相对】选项改变转角形状

Illustrator CC新功能

实时转角和实时形状

【矩形工具】和【直线段工具】工具组里的大多数几何工具都能访问实时转角和实时形状。只要掌握了基本的规则，实时转角功能确实能让对路径和对象的编辑变得容易。在这一节里，我们将学习如何在Illustrator中编辑对象的边角，不管这个对象是什么时候，也不管是用什么工具创建的。在“实时形状的特殊属性”部分，我们将学习如何通过添加的控件来处理实时形状。

实时转角的基本功能

实时转角最强大的功能在于能识别任意对象里可编辑的转角，即便该对象在单击【实时转角】前就已经创建好了。创建对象时，可以用几何工具(如矩形、星形、多边形等)，也可以用绘画工具(如钢笔、铅笔等)。选择【直接选择工具】，选中整个对象，这时每个转角旁边会出现一个“实时转角构件”，拖曳任意一个构件即可重塑该转角的形状。

如果选中的是整条路径，拖曳其中一个转角构件，不仅该转角会改变，这条路径上的其他转角也会发生变化。如果只想编辑部分转角，选择【直接选择工具】，单击转角锚点(也可以使用【套索工具】进行选定，如果要显示构件，就必须切换到【直接选择工具】)，拖曳转角构件，等到转角路径变成红色，说明该锚点已经跟另一个转角的锚点重合，不能再继续拖曳。

我们不仅能拖曳构件，还能通过对话框或键盘控制构件。

- **循环浏览边角类型：** 按Opt/Alt键+单击构件。
- **打开【边角】对话框：** 选择【直接选择工具】后双击构件，或单击【控制】面板里的【边角】。在【边角】对话框里，我们可以通过输入数值来设置边角的半径；可以从【圆角】【反向圆角】和【倒角】3种边角样式里选择目标样式，还可以设置【圆角】是【绝对】(描述点与点之间的弧形，并且有点扁平)的，或是更自然、更像手绘的【相对】的。

实时形状的特殊属性

实时形状（到目前为止，【矩形工具】【圆角矩形工具】【椭圆工具】【多边形工具】以及【直线段工具】都能绘制实时形状）上会出现一些编辑控件，但这些控件只有同时满足以下3个条件时才会激活：该形状被选中；活动的工具是原始工具或常规的【选择工具】；已经启用了定界框（选择【视图】>【显示定界框】启用）。满足以上条件后，【控制】面板里会出现【形状】字样，该几何对象在【变换】和【属性】面板里命名。要查看或编辑实时形状的属性，请执行以下操作之一：双击任意转角构件或选择【窗口】>【变换】，打开【变换】面板；在【属性】面板（选择【窗口】>【属性】打开）的【变换】选项组中单击【...】。

在编辑框里可以直接输入相关数据来编辑实时形状的属性。例如，输入数据指定所绘制直线的长度和该直线相对于画布的角度；指定多边形的边数和角度；指定互换饼图起点和饼图终点角度，生成“切片”图形；指定矩形/圆角矩形的宽高比例。如果目标对象里面有转角，单击【边角类型】进行设置（或者按Opt/Alt键+单击构件，循环浏览边角类型）。【边角类型】的图标会自动变成所选择的样式。不管是否勾选【缩放圆角】复选框，在缩放矩形或多边形时，实时转角的属性就已应用于该形状。勾选【缩放圆角】复选框后，为保证边角的样式不受影响，会增加/减少边角半径。取消勾选【缩放圆角】复选框后，虽然边角的半径保持不变，但边角的效果会受到缩放的影响。

不管是因为不确定该对象是实时形状，还是准备再编辑一次，都得先在【图层】面板里找到它；实时形状对象是根据对象的类型来命名的（例如“<多边形>”），而不是通用的“<路径>”。

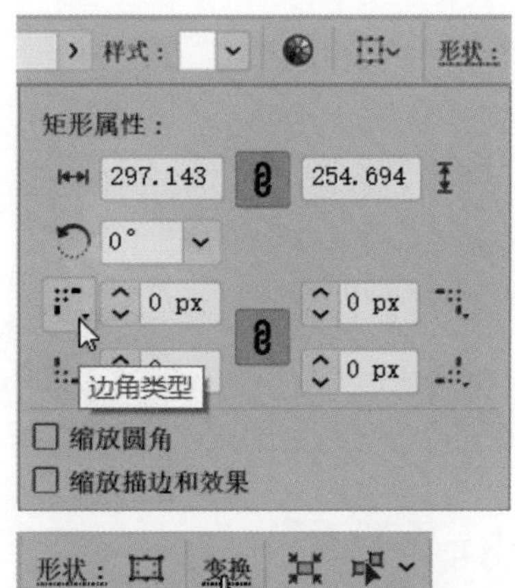

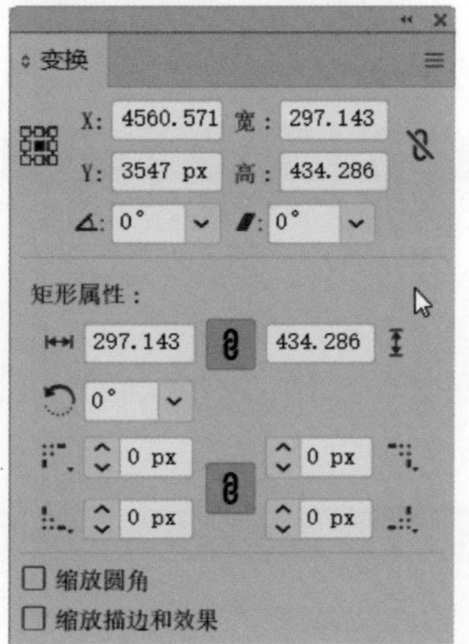

查看【形状属性】面板（在【控制】面板里）（上）【控制】面板（中）和【变换】面板（下）中的实时矩形的可编辑属性

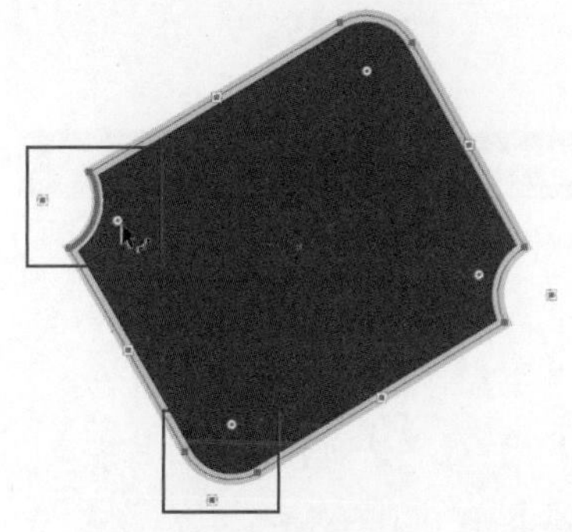

实时矩形不仅显示转角构件，还显示控制手柄。【形状属性】和【变换】面板中可设置尺寸、旋转角度、转角类型和半径，【变换】面板里还可以缩放转角

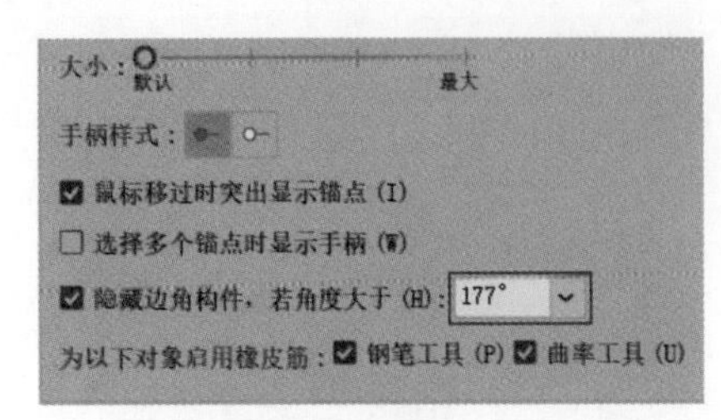

在【首选项】里设置一个角度，超过这个角度就不能用实时转角的特性对其进行编辑了

用【矩形工具】绘制矩形对象后，在【控制】面板内切换显示/隐藏构件

选择类似的实时矩形

在【选择】菜单的【相同】子菜单里找到【形状】。该功能能发现另外的实时矩形/圆角矩形，但发现不了其他形状。

转换老版矩形

选中矩形，选择【对象】>【形状】>【转换为形状】，就能把CC版本之前创建的矩形转变为实时矩形。选择【对象】>【形状】>【扩展形状】，就能回到普通的矩形。

用橡皮筋绘制

【钢笔工具】新增了一个首选项，从一个锚点移动到另一个锚点时，橡皮筋可以帮我们预览路径的形状。选择【编辑】>【首选项】>【选择和锚点显示】，在弹出的对话框里选择是否为【钢笔工具】启用橡皮筋功能。

实时形状要满足的条件很苛刻，如果没有全部满足（例如，活动工具是【直接选择工具】，而不是【选择工具】或创建该对象的工具），那么实时形状就只能像实时转角一样进行编辑。

自定义实时形状的首选项

实时转角的默认设置可能对我们有帮助，也可能破坏原本的构图。例如遇上以下情况，最好更改实时转角的默认设置。

- **转角构件被隐藏**：选择【首选项】>【选择和锚点显示】。通过调整【隐藏边角构件，若角度大于】里的角度，更改显示锚点的数量。如果锚点太多，可以用这个方法隐藏锚点。有一点要注意，在隐藏锚点的同时，实时转角的构件也将无法访问。
- **【创建形状时显示】**：不管什么时候，只要使用形状工具，就在【变换】面板扩展菜单中勾选【创建形状时显示】复选框（选择【窗口】>【变换】打开【变换】面板）。当然也可以在面板扩展菜单中禁用此行为。
- **绘制一个实时形状，**不切换绘制工具，立即在【控制】面板里切换到【隐藏形状构件】，就能隐藏转角构件，该图标就在【形状】链接的旁边。这个方法比选择【视图】>【显示/隐藏边角构件】更方便，但它只适用于实时形状。
- **在不需要编辑转角或者画板上堆积太多转角构件时，**选择【视图】>【隐藏边角构件】隐藏转角构件。另外，如果工作区里选定的转角构件超过100个，它们会自动隐藏。

【钢笔工具】的变化和路径重塑

在不更改创建或编辑路径方法的情况下，Illustrator CC增加了很多新功能，包括通过【钢笔工具】【直接选择工具】和【锚点工具】就能显示重塑线段的鼠标指针。使用【钢笔工具】悬停在一段路径上时，按住Opt/Alt键就会出现重塑线段的鼠标指针，有了这个指针，就可以自由拖曳线段重塑形状了。如果同时按住Shift键，方向手柄的长度就跟路径的长度相同，且垂直于该路径。如果在拖曳贝塞尔曲线手柄的同时按住Cmd/Ctrl键，则显示出【钢笔工具】的另一个新增功能——【内手柄】冻结，但【外手柄】仍然可拖曳，或拉长或缩短，配对手柄的平滑度不受影响。在使用【钢笔工具】拖曳的过程中，按空格键可重新调整当前布局锚点的位置。

只有在至少有一个跟路径区域相连的锚点具备与其相连的方向手柄时，【直接选择工具】才能显示重塑线段的鼠标指针。如果直线路径区段的任意一侧有回缩手柄，则都看不到重塑线段的鼠标指针。

我们也可以利用【锚点工具】(之前叫【转换锚点工具】)拖曳路径区段重塑形状。而且按住Opt/Alt键后单击不连贯的方向手柄，锚点将转换为带有连贯配对手柄的平滑锚点。

【铅笔工具】的新功能(同样适用于其他工具)

新版本对【铅笔工具】的更改看似微不足道，但实际上会根本性地改变我们使用【铅笔工具】的方式。【平滑】滑块不见了，取而代之的是一个【保真度】滑块。根据默认设置，新的【铅笔工具】可以让手绘的路径变得更平滑，这样可以减少锚点。不过，我们可以双击【铅笔工具】，打开【铅笔工具选项】对话框，调整【保真度】滑块从(最)精确到(最)平滑。【平滑工具】【画笔工具】和【斑点画笔工具】对保真度的设置是一样的。

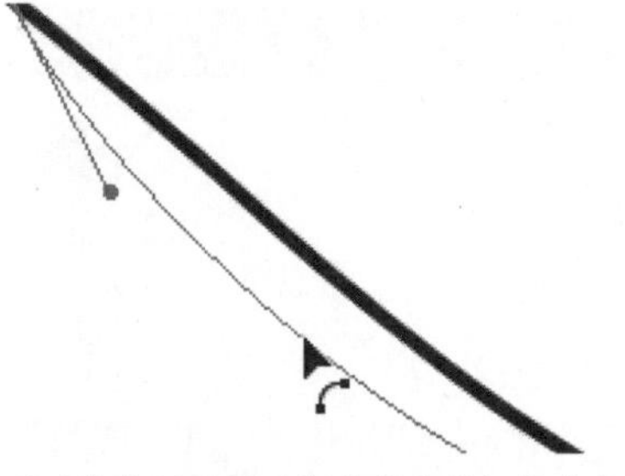

通过拖曳新设的重塑线段的鼠标指针来调整路径区段。通过【钢笔工具】【直接选择工具】和【锚点工具】显示重塑线段的鼠标指针（详细内容请参阅“【钢笔工具】的变化和路径重塑”）

(上)用【铅笔工具】绘制的不同对象，按住Opt/Alt键单击拖曳，画出直线；(下)用【钢笔工具】【铅笔工具】和【平滑工具】创作的自画像

铅笔工具选项
保真度
精确 平滑
选项
☐ 填充新铅笔描边 (N)
☑ 保持选定 (K)
☐ Alt 键切换到平滑工具 (T)
☑ 当终端在此范围内时闭合路径 (C): 15 像素
☑ 编辑所选路径 (E)
范围 (W): 6 像素
重置 (R) 确定 取消

在【铅笔工具选项】对话框里调整【保真度】滑块

【曲率工具】

设计【曲率工具】是为了替代【钢笔工具】，给大家提供一个更简单的创建曲线的方法。单击鼠标左键一次放置一个点；单击两次连成一条线；单击3次一条曲线就画好了。除非按Esc键退出或取消选中该工具，否则这条路径会一直画下去。在绘制过程中，拖曳可以调整点的位置，或者单击前面的锚点来移动。我们可以切换回【直接选择工具】（如果它是最后使用的选择工具，按Cmd/Ctrl键即可），显示和编辑选定的路径（利用贝塞尔曲线的手柄和锚点）；松开快捷键或重新选择【曲率工具】就可以继续绘制。在绘制过程中，按Opt/Alt键创建一个角点。连续两次单击一个点，在平滑点或角点之间切换。跟【钢笔工具】一样，要打开橡皮筋功能，选择【编辑】>【首选项】>【选择和锚点显示】，在【为以下对象启用橡皮筋】选项后，勾选【曲率工具】复选框。

按照我们的意愿连接

用【连接工具】连接交叉重叠的开放路径。有了【连接工具】，我们只需把延伸出去的线段“清除”掉，整个过程不会变动或修改原始路径的轨迹。

如果我们要用【铅笔工具】【画笔工具】或【斑点画笔工具】画一些精确的东西，那就把【保真度】滑块移动到最左边（最精确）。如果想画出比较优美的曲线并且减少锚点的数量，建议将滑块往右移。

如果你是一位经常使用【铅笔工具】的老用户，请注意在默认设置中还有这样一处更改。在选择【铅笔工具】的同时按下Option/Alt键时，会切换到画直线的模式，或者在编辑路径的允许范围内把段与段之间的曲线拉直。双击【铅笔工具】，在打开的【铅笔工具选项】对话框中勾选【Opt/Alt键切换到平滑工具】复选框。

一旦终点和起点接近，CC版本的【铅笔工具】就会自动关闭路径。为了防止路径关闭，首先放大画面，增加分隔端点的可视距离（实际距离不变），或者通过调整指定的像素值确定路径是否会关闭（也在【铅笔工具选项】对话框中）。

【Shaper工具】

【Shaper工具】（和【铅笔工具】在同一个工具组里）能快速创建出复杂而美观的设计。该工具的首要功能是判断哪个几何对象或线段是手势绘制的，并将其转换为完美的几何形状。接着，用直观简单的手势合并并编辑这些基本形状。最后，用【Shaper工具】或功能更强大的【实时上色工具】给这些对象重新着色。

【Shaper工具】会对目标对象做一些限制，虽然在形式上跟【实时上色工具】【形状生成器工具】和【路径查找器】面板不一样，但都有些比较难以理解的内容。于是，本节就重点介绍一下该工具的操作方法。

【Shaper工具】不仅对触摸屏绘画做了优化，还能帮助我们通过鼠标、手写笔或触摸板完成路径的绘制。在撰写本文时，【Shaper工具】只能帮助我们完成这几种形状的绘制：矩形、椭圆、等边三角形、六边形和直线。如果试图用它画一些它识别不了的形状（例如星形或“L”形的路径），得到的结果可能不理想。

【Shaper工具】绘制的对象是实时形状，因此屏幕上出现的控件能让你把一个六边形转换成三角形、从椭圆中取出一个楔形、把尖角变成圆角。【Shaper工具】还能帮你组合重叠的对象，即使这些对象不是用【Shaper工具】创建的。要组合重叠的对象，先取消对重叠对象的选择，再选择【Shaper工具】，在你想要移除的重叠对象上画一个“Z”。这些修改后的对象都成为一个新的Shaper组的一部分；每一条路径虽然保留了描边，但损失了宽度配置和画笔。组里的对象仍然可以使用路径编辑和转换工具进行编辑，还可以在不将其删除的情况下，把一个对象从中拖走。想要控制Shaper组的着色，包括使用之前保存的色板，那就切换到【实时上色工具】。

【全局编辑选项】vs【选择类似的选项】

新版本的Illustrator提供了两种截然不同的选择（并且编辑）有共同特征对象的方法，分别是【选择类似的选项】和【全局编辑选项】。不管使用哪种方法，都能帮你在整个文档中搜索到有共同属性的对象。无论是一个画板内还是1000个画板内，无论这些对象是否隐藏在复杂的分层结构中，只要包含这些对象的图层是可见的，而且没有被锁定，【选择类似的选项】和【全局编辑选项】就能找到匹配的对象。但是这两个功能也有一些本质上的区别，【选择类似的选项】是根据对象的外观进行搜索的，而【全局编辑选项】允许你同时对这些对象进行编辑，只要这些对象是原始对象的副本。用【选择类似的选项】来查找外观相似的对象，是从包括描边颜色、描边粗细、填色和外观在内的参数列表中进行选择的。相比之下，【全局编辑选项】选择的对象则是有相同底层路径的副本，看起来可能跟原始对象完全不一样（搜索一个矩形，可能得到一个星形，这个星形是该矩形的副本扭曲后变成的，并且添加了实时收缩和膨胀效果）。

【Shaper工具】的混合信号

请注意，鼠标指针悬停在目标对象上或选中目标对象时，我们看到的内容会因为选择的方式和内容以及选择对象的部分、整个对象，或者整个形状或Shaper组的顺序而有很大的不同。最有可能看到的是带有箭头的虚线定界框（单击以反转方向）。

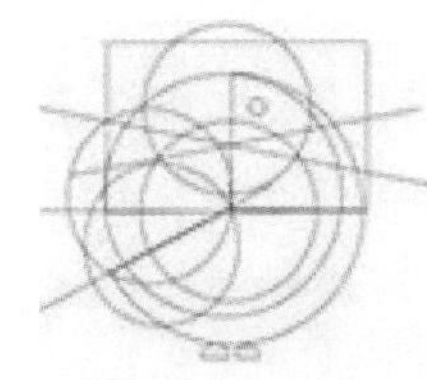

用【Shaper工具】可创建几何形状（为了创建这只鹦鹉，使用了圆圈、线条、几个连续的扇形），然后剪切、连接、擦除、编辑和修改创建的形状；为了更好地控制颜色，切换到【实时上色工具】

编辑Shaper对象

编辑Shaper对象只需双击【Shaper工具】激活Shaper组，即可轻松进入Shaper组编辑模式。一个侧面带有箭头的虚线会出现在形状周围，说明目前是在Shaper组里。现在，选择实时形状，要么调整大小、移动位置，要么给它们上色。

变换

在【控制】面板中找到【选择类似的选项】（左）和【全局编辑选项】图标（右）

请注意，【选择类似的选项】和【全局编辑选项】可能会影响不在当前视图里的对象。在画板或图层上的对象比较少的时候，很容易查看我们所做的选择和编辑是否合适。但是，在画板、图层或对象数量比较多的时候，可能会无意中增加选中或编辑当前不可见对象的可能性。

【选择类似的选项】

使用【选择类似的选项】查找与所选对象具有相同外观属性的对象。先选中对象，然后单击【选择类似的选项】旁边的菜单箭头，选择要搜索的参数。单击对应参数选项就能应用。假设选择的属性适用于下一次搜索，如果你搜索的是描边颜色，但是下一个选中的对象却没有描边，那么就请将搜索参数重置为【全部】。

【全局编辑选项】

如果通过复制创建了一个或多个对象，那么就可以单击【全局编辑选项】，通过选择任意对象来查找所有的从同一路径复制来的对象。尽管有很多的变换允许我们保持复制路径间的链接（即使它的外观已经被修改了），但是仍然还有很多方法可以破坏这些路径间的关系。

【选择类似的选项】选择全部

【选择类似的选项】选择文件中满足搜索参数的所有可见且未锁定的对象。也就是说，选择的结果可能正好是我们所需要的，也可能因为要更改的对象不在当前视图中，导致选择的对象不是我们需要的。限制选择文件中满足搜索参数的可见且未锁定对象的位置是不太可能的。

【选择类似的选项】比较棘手

一旦你选择了一个相似的参数，你就可以单击【控制】面板上的图标，根据你之前的选择来选择类似的对象。要想结果更准确，请在单击图标之前选择目标对象。

比全局编辑更强大

在选择和编辑对象时，【全局编辑选项】和【选择类似的选项】都很管用。不过，如果事先知道要快速选择相关对象，那么使用【符号】面板会更有帮助。如果把一个对象（甚至是一组复杂的对象）放入面板中，编辑主符号后，其余该符号的所有实例都会自动更新。

复制原始对象的方法有很多，包括复制/粘贴功能（例如【粘贴】【贴在前面】等），按住Opt/Alt键拖曳或复制包含该对象的图层或画板。然后，对多个参数做出修改，现在仍然可使用【全局编辑选项】选择路径及其副本，包括更改单个对象的填充颜色、描边的粗细或颜色，或者通过单击【外观】面板中的【添加新效果】添加实时效果。画板的方向决定了全局编辑的范围、搜索画板的范围、对象的外观或尺寸，或者，如果对象延伸到画板外，是否需要将其收纳进来。

选择组里的对象

【选择类似的选项】和【全局编辑选项】最关键的区别就在于，只有【全局编辑选项】可以用于组。如果你在一个组中选中一个对象，单击【选择类似的选项】就只能找到相同的填色、描边、图形样式等。但是【全局编辑选项】可以找到在其他地方使用的相同组，哪怕组内的对象从外观上看并不相同。这是对相同路径按比例缩放的再次搜索。

隐藏和锁定对象的好处与风险

如果有一部分对象被锁定或隐藏了起来，那么不管是【选择类似的选项】，还是【全局编辑选项】，都无法找到这些对象，自然也无法对其做出更改。换句话说，锁定/隐藏能帮我们限制搜索的范围和对对象的更改。但是，尤其是如果你尚未为每个画板创建单独的图层，则很容易意外地“保护”对象免受所需更改的影响。

【全局编辑选项】的另一个名称

【控制】面板中的【全局编辑选项】的工具提示可能会说“开始同时编辑所有相似形状”。

最后有多少被选中？

要知道上一次全局编辑选中了多少对象，在运行命令后，单击菜单箭头开始/停止同时编辑所有相似形状；顶部一行会显示找到了多少匹配项。你可别小瞧这个功能，在你知道50个画板中应该至少有30个匹配对象，但它只显示了25个的时候，这个功能就很有用了。该功能可让你在开始编辑前就知道有些对象已经被删掉了。

选择跟实时形状类似的对象

在【选择类似的选项】下拉菜单中找到【形状】。它可帮助我们找到实时形状——矩形、椭圆、多边形和直线。要查找其他的形状，请使用【全局编辑选项】。

组合路径

使用【路径查找器】构造基本的路径

摘要：使用【路径查找器】面板中的【联集】【减去顶层】和【交集】把对象连接、相交在一起，从而创建一张图片。

使用【路径查找器】可以绘制类似于上图这种能吸引人眼球的图片。通过【路径查找器】面板里的【联集】【减去顶层】和【交集】的帮助，你也可以轻松创建出像这样的图片。

1 用【路径查找器】面板里的【联集】创建出冰棍的主体部分。使用两个圆角矩形画出了主体的造型。在创建第一个矩形时，选择【圆角矩形工具】，单击绘图区打开【圆角矩形】对话框，在对话框里把矩形的【宽度】设为3in（英寸），【高度】设为3.5in，并且增大【圆角半径】至1.25in。为了把该矩形底部的圆角调小一点，再创建一个同样大小的圆角矩形，设置【圆角半径】为0.5in，然后把该矩形放在第一个矩形靠上方的三分之一处。

1

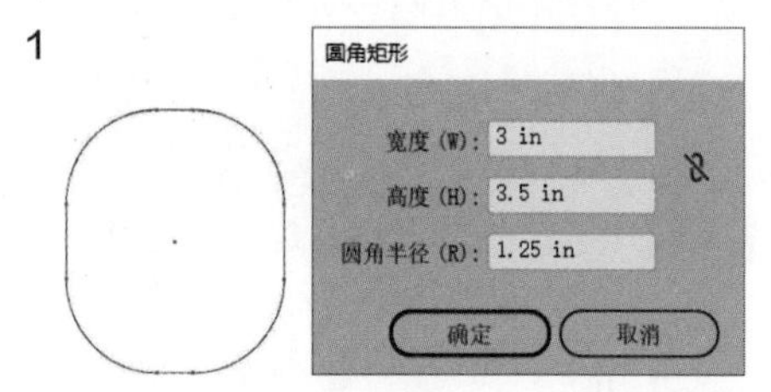

选择【圆角矩形工具】在画板上创建一个圆角矩形，然后设置其尺寸，并且增大圆角半径

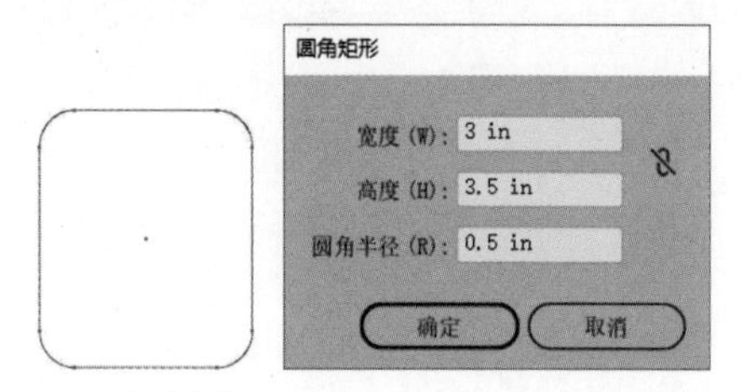

选择【圆角矩形工具】在画板上创建一个圆角矩形，然后设置其尺寸，并且减小圆角半径

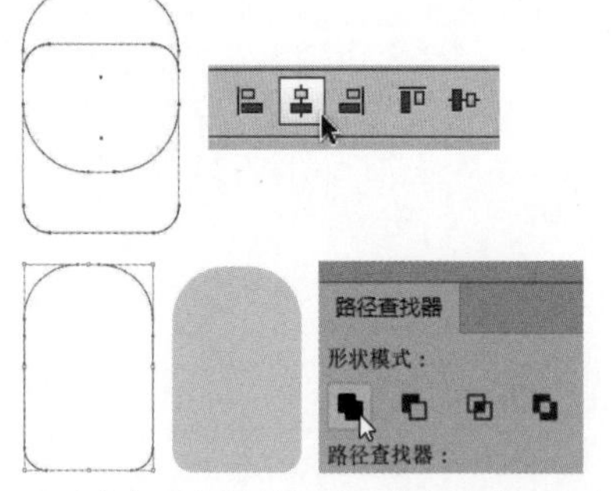

同时选中两个圆角矩形，单击【水平居中对齐】，再单击【路径查找器】面板里的【联集】，更改【填色】为青色

然后，同时选中两个圆角矩形，单击【水平居中对齐】，再单击【路径查找器】面板里的【联集】，在【色板】面板里选择青色填充。

2 用【路径查找器】面板里的【减去顶层】创建嘴巴。先用【椭圆工具】画一个圆作为嘴巴，再在圆的上方绘制一个矩形，同时选择圆和矩形，单击【路径查找器】面板里的【减去顶层】，在【色板】面板里选择棕色填充。

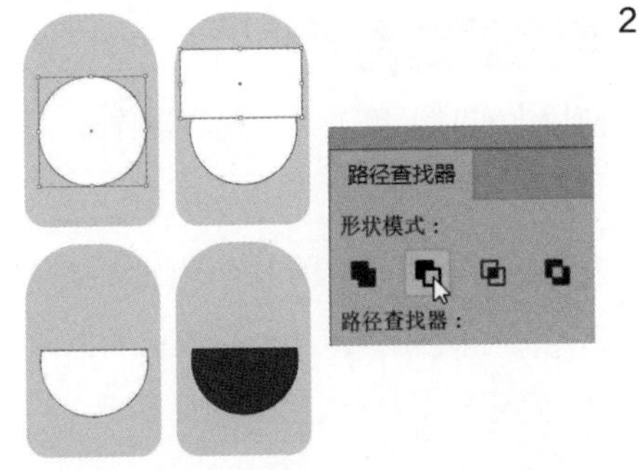

画一个圆，在圆上画一个矩形，同时选中圆和矩形，单击【路径查找器】面板里的【减去顶层】，在【色板】面板里选择棕色填充

3 用【路径查找器】面板里的【交集】创建牙齿和舌头。要画舌头，先在嘴巴里画两个重叠的圆，同时选中这两个圆，单击【路径查找器】面板里的【联集】。要调整舌头的位置，先复制嘴巴的形状，然后选择【编辑】>【贴在前面】，再同时选中刚才复制的嘴巴的副本和舌头，单击【路径查找器】面板里的【交集】，最后在【色板】面板里选择洋红色填充。

画两个椭圆，单击【路径查找器】面板里的【联集】，复制嘴巴并应用【贴在前面】，选中嘴巴和舌头，单击【路径查找器】面板里的【交集】

画牙齿时，先用【圆角矩形工具】创建4颗牙齿。使用【选择工具】选中其中一颗，把鼠标指针沿着矩形拖曳，出现旋转图标后，按住鼠标左键，拖曳牙齿轻轻地向右转。然后，同时选中4颗牙齿，建立一条复合路径（选择【对象】>【复合路径】>【建立】建立）。接下来，修剪牙齿超出嘴巴的部分，复制嘴巴和牙齿，选择【编辑】>【贴在前面】，再单击【路径查找器】面板里的【交集】。

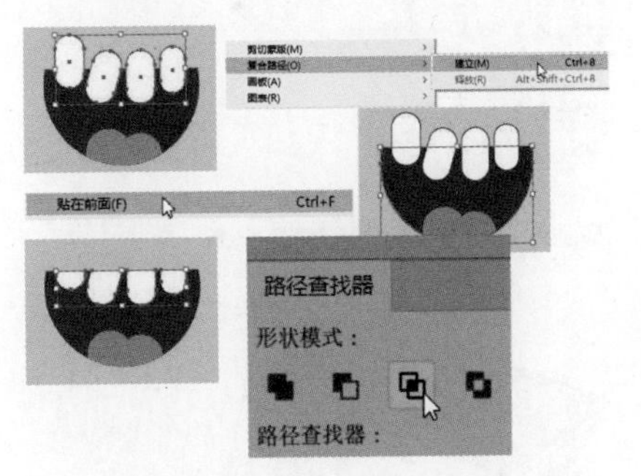

画4个圆角矩形，将其组合成一条复合路径。复制嘴巴和牙齿并应用【贴在前面】，单击【路径查找器】面板里的【交集】

4 添加其他的外形特征。接下来就是一些细节上的操作，使用15pt的描边画嘴唇，画一个圆作为咽喉，一对圆作为眼睛，还有一个圆角矩形作为下面的棍。

给圆形和圆角矩形添加其他的外形特征

给线稿着色

使用【实时上色工具】提高工作效率

摘要：用【钢笔工具】描摹出细致的路径，用来自定义一些小区域；用【实时上色工具】着色，方便选取。

1

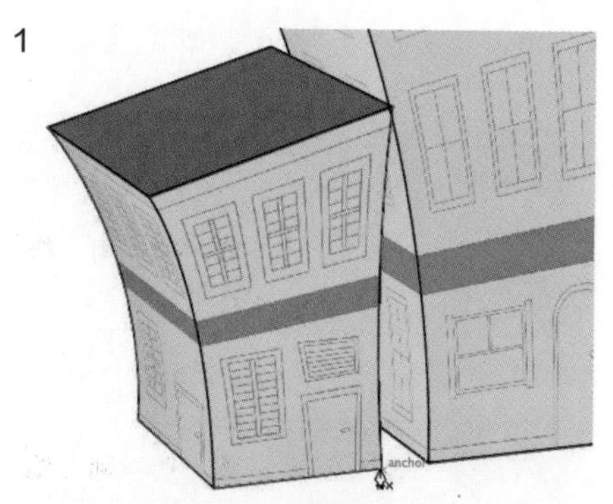

利用【钢笔工具】和【智能参考线】，把含有开放路径的3D草图转化为轮廓

锁定其他图层，关闭【智能参考线】，绘制建筑物里的细节部分

这是一件为城市发展规划提案设计的作品。先在Illustrator里画好初稿；然后导入3D Studio Max做进一步的完善和渲染；最后，作为模板从3D Studio Max导出到Illustrator里。为了突出表现城市的人文特征，给每一栋房子赋予不同的个性，先选择用【钢笔工具】描摹，再使用【实时上色工具】控制着色。

1 **用【钢笔工具】描摹，为实时上色做准备。**考虑到接下来要使用【实时上色工具】着色，选择可以围成闭合区域的开放路径，而不是能直接精确地叠放在一起的独立对象，也不是正常填色所需要的完全闭合的路径。交叉的开放路径也能创建出一个个独立的区域。这样，只需绘制路径把各个区域分开，就能用更少的路径和图层，更高效地完成绘制。与此同时，打开【智能参考线】，恰当地排列每一个锚点和路径。

把建筑物形状转化为轮廓后，关闭【智能参考线】，这样就能在门和窗户对应的图层上随意修改了。尽管3D模型里有弯曲的线条，但为了营造出一种轻微倾斜的效果，选择直线段（除了弧形的门和圆形的窗户）。描摹完图稿以后，选中全部的对象，选择【实时上色工具】（隐藏在【形状生成器工具】的后面)，转换为实时上色组后，所有图层上的内容都会自动移动到最顶层的图层里。还要删除一些用不到的线段：选择【选择工具】选中目标对象，选择【直接选择工具】选择路径，选择【实时上色选择工具】选择面或线段，然后将其删除。

使用【实时上色选择工具】删除不需要的交叉线段

2 **创建色板组，使用全局颜色，方便应用和编辑颜色。**给每一幢建筑创建一个对象的颜色组。选择【实时上色工具】给每幢建筑进行着色。着色时，使用左右方向键切换颜色组不同的颜色，使用上下方向键切换不同的颜色组。另外，把创建的所有颜色都指定为全局色板。之后，如果想替换某一种颜色，只要替换色板，文档里的相应颜色就会自动更新。

在使用【实时上色工具】为建筑物的各面墙壁着色时，小型的色板组能提高工作效果，左右方向键能快速选择不同的颜色

在给建筑物的墙面着色时，为了避免不小心给描边着色，双击【实时上色工具】，在弹出的对话框里取消【描边上色】复选框的勾选。对建筑物的主要区域完成填色后，还要给打在窗户上的光创建一个渐变效果。为了给部分描边着色(注意不是全部)，再次打开【实时上色工具选项】对话框，重新勾选【描边上色】复选框，取消勾选【填充上色】复选框。随后，选中所有的描边，把描边的粗细设置为【0】。在描边的粗细是0.75pt的时候，选择几种不同的棕色，选择性地填充门和窗边的部分描边。虽然此时描边不可见，但选择【实时上色工具】后，把光笔移到描边上，描边就会高亮显示。

最后，在【实时上色工具选项】对话框里重新设置各选项，勾选【填充上色】和【描边上色】复选框，并对部分区域和边缘重新着色，完成这件作品。

为一些边缘上色时，取消勾选【填充上色】复选框，勾选【描边上色】复选框，并在【外观】面板里重新设置描边的颜色和粗细

从斑点画笔到实时上色

从素描到斑点画笔和实时上色

摘要：置入素描作为模板，用【斑点画笔工具】描摹，用【实时上色工具】着色。

1

原始的素描草图

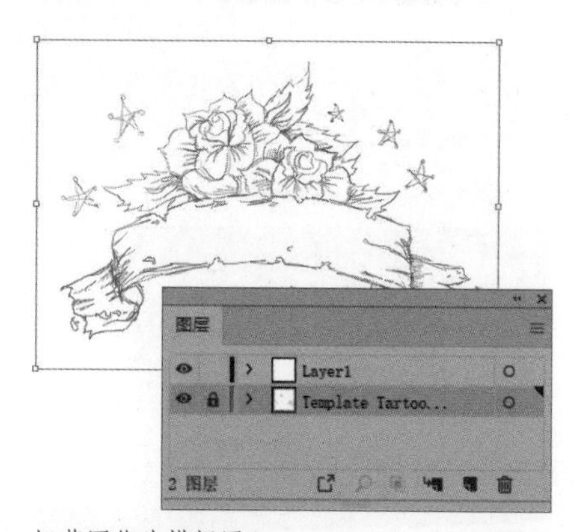

把草图作为模板置入

2

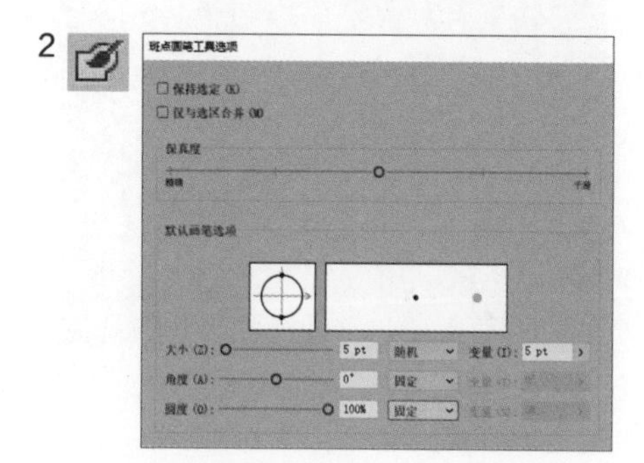

在CS6版本的Illustrator里设置【斑点画笔工具选项】，CC版本里只有一个【保真度】滑块

使用【斑点画笔工具】、数位板和压感笔能在Illustrator里很轻松地完成手绘作品，而【实时上色工具】能很快地完成填色的工作。

1 **创建草图，并把草图当作模板置入。**首先在Photoshop里创建了一张草图，然后将其作为模板置入Illustrator。你也可以自己画草图，扫描到计算机上，或者直接在画图软件里（例如Painter或Photoshop）绘制草图，绘制好的草图保存为PSD、JPEG或TIFF格式的文件。接着，创建一个新的Illustrator文件，选择【文件】>【置入】，定位之前保存的草图，勾选对话框里的【模板】复选框，单击【置入】。

2 **设置【斑点画笔工具】选项并描摹草图。**为了营造出逼真的手绘效果，以及最低的平滑度，首先要修改【斑点画笔工具】的默认选项：双击工具栏里的【斑点画笔工具】，在弹出的对话框里，设置【保真度】为1，【平滑度】为0，【大小】为5pt（CC版本里，滑动【保真度】滑块到【精确】）。从【大小】下拉列表里选择【压力】，并把【变量】改为5pt，然后单击【确定】。如果你没有使用数位板，就不需要设置【压力】和【变量】。完成上述操作后，描摹草图模板到上方的图层，调整压感笔的压力，营造出手绘效果。

双击工具栏里的【橡皮擦工具】，打开【橡皮擦工具选项】对话框，将其【大小】更改为5pt，在【大小】一栏里选择【压力】，并把【变化】也改为5pt，完成后单击【确定】。

3 **使用【实时上色工具】填色。**如果是用常规的笔刷工具描摹草图，就必须得创建额外的路径来定义要填充的区域。但是，使用【斑点画笔工具】描摹草图，绘制的对象可以轻松转为实时上色组，大大提高了上色的速度。为了把图稿转换为实时上色组，首先选中图稿，然后在工具栏里选择【实时上色工具】，再单击图稿，这样，图稿就转换成了实时上色组。在选择【实时上色工具】的情况下，把鼠标指针置于所选的图稿上，要填充颜色的区域就会高亮显示。使用左右方向键，在【色板】面板里来回切换颜色，直到找到所需颜色，之后单击区域即可完成填色。重复此操作，为剩余的区域填色。

4 **最后润色。**例如弯曲文字，为实时上色填充添加渐变效果。

CC

用【斑点画笔工具】描摹草图

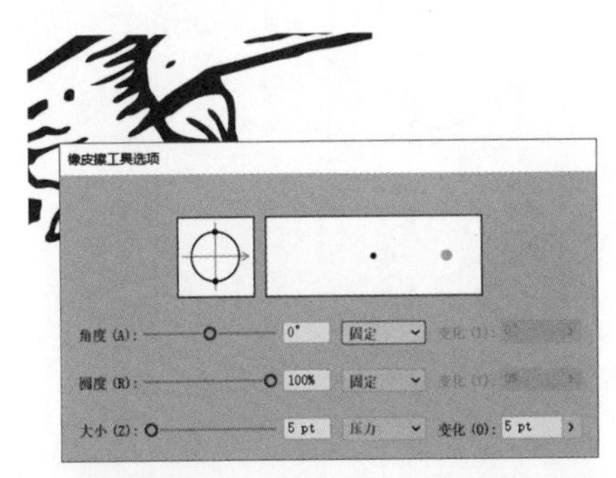

设置【橡皮擦工具】的选项，然后用【橡皮擦工具】擦除

3

用【实时上色工具】给区域填色

用【实时上色工具】在色板间切换

4

弯曲文字并添加渐变效果

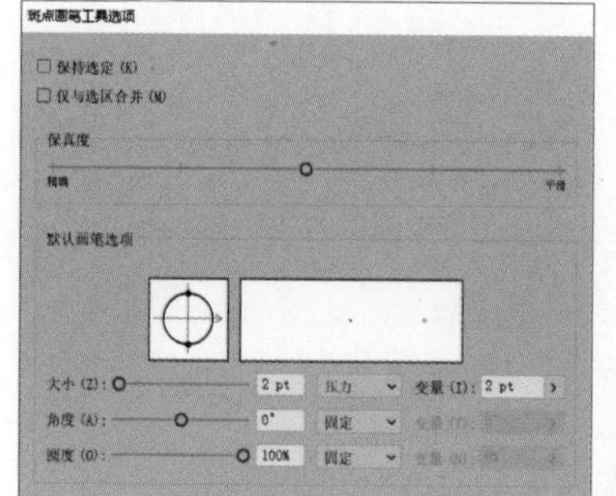

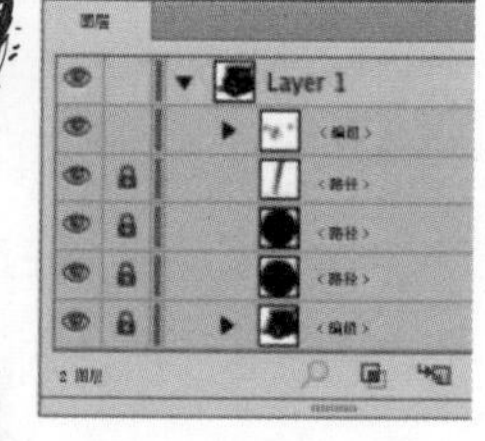

设计案例

为了绘制出细腻的虎头，这里搭配使用【斑点画笔工具】和数位板。可以直接在数位板上绘制，画出来的路径会在交叠处自动连接到一起，而且可以像用钢笔、墨水笔手绘一样，不需要在绘制过程中停下来更换画笔或调节描边的粗细，这种方法非常适合绘制对细节要求比较高的图稿。具体做法是，先用跟真实钢笔效果非常接近的画笔绘制出草图，把画笔的保真度和平滑度降到最低，以求最大限度地接近手绘的效果。CC版本的用户只需要把【保真度】滑块滑至【精确】即可。然后，用2pt的细笔尖绘制虎头的细节部分。在绘制路径的时候让描边自动融合，一些区域内的细节更要仔细刻画。随着文件尺寸的增加，锁定绘制好的图层，然后继续添加细节。锁定图层既可以防止描边融合，也可以防止绘制过程中描边不断地渲染。像这种非常细腻的图稿绘制工作，会使计算机运行起来比较吃力，为此，在绘制好虎头的大部分区域后，取消对图层的锁定，把图层合并到一起。最后，使用【橡皮擦工具】擦除邻近的线条，拉长胡须，并创建一些有中断效果的描边，增加胡须的真实感。

设计案例

设计师使用【斑点画笔工具】和【橡皮擦工具】完成了这幅动物图像。下面是设计师的讲述:“在一次应聘谷歌公司涂鸦手的测试中，有一个测试题目是画一只有毛的动物，不限物种，但一定要是原创。为此，我用铅笔画了一头食草的猎豹。后来，我决定用Illustrator的【斑点画笔工具】绘制一个新版本的作品。首先，把一头奔跑的猎豹和一个兔头结合在一起，然后加上背景。因为【斑点画笔工具】能有效地统一接近的颜色，所以看起来也不会有很强的违和感。”

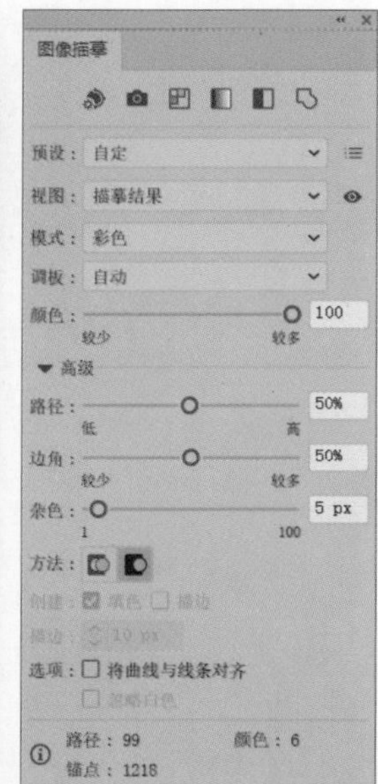

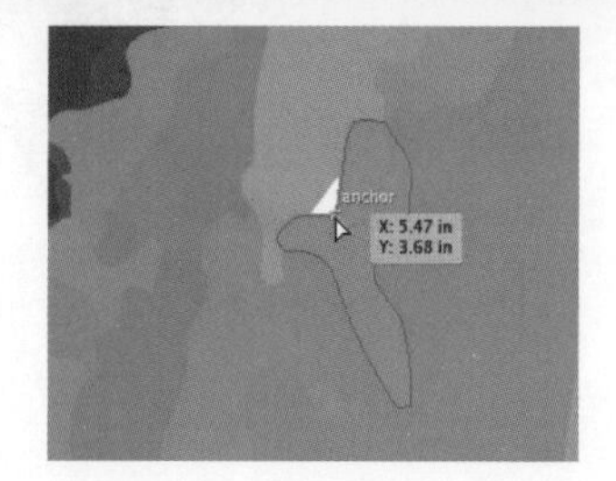

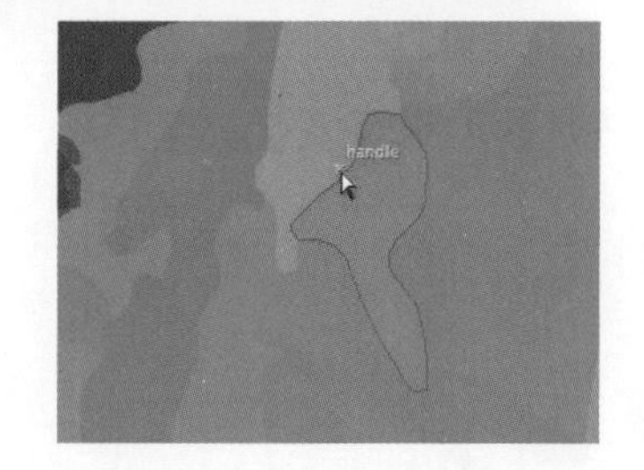

设计案例

本案例的作者不仅是一位平面设计师，还是一位园艺专家，她把自己的两个爱好结合在了一起，创作出了上面这张正在开放的枫树花卉图。首先选择一张枫树的照片，照片里的枫树是设计师亲手种的。根据以往的经验，准备一张好照片能让描摹事半功倍。打开Illustrator，在【图像描摹】面板里选择要应用的调板，就能简化图片并着色。但是，设计师选择按照常规的方法进行操作，那就是用Photoshop常用的外挂滤镜（Topaz Simplify）。在绘制这张图片时，设计师选择了【粗糙颜色绘制】的预设模式，用来强化颜色。进入Illustrator，打开图像文件，打开【图像描摹】面板，然后勾选【预览】复选框，尝试着对图片做不同的设置。这里保留了默认的高保真设置。描摹完成后，将其放大到1200%。即便使用了【重叠】的方法，描摹后的作品还是会不可避免地出现一些小缺口，导致边缘不能重合。遇上这种情况，一般选择一个颜色匹配的实色背景就能解决。如果还是不能，可以选择【直接选择工具】手动修复。

设计案例

一名波兰艺术家用Illustrator和Photoshop创造出了很多优秀的插画作品。她先是把素描图稿扫描到计算机里，然后打开【图像描摹】面板，选择【黑白】模式，并勾选【忽略白色】复选框，然后进行描摹。接下来，把描摹后的图像转换为实时上色对象和颜色，并给这些元素重新上色。从Photoshop里导入纹理，用彩色模式下的【图像描摹】进行描摹。为了创造出弧形，选择【效果】>【变形】>【弧形】，同时给图片和投影应用此效果。在Photoshop里打开图像和纹理，把一些图层的混合模式改为【柔光】。虽然作品中的角色是以矢量图为基础的，但仍保留了手绘感，结构也很丰富。

设计案例

这张名为“复古”的图片从多个维度展示了一辆生锈的卡车。考虑到Illustrator里的【阈值】滤镜不能保留太多的细节，所以设计师使用了【图像描摹】面板来创建这辆卡车的黑白图稿。设计师降低了深色图片的阈值，以达到最大的对比度，并把【路径】设置为最大值。为了保留这种破旧、生硬的感觉，把【边角】的值调到最大，将【杂色】降到最低，这样就能很细腻地勾勒出细节部分。描摹完成后，单击【控制】面板中的【扩展】，把图片的尺寸改为6英寸×4英寸，把【不透明度】降低为20%。接着，在Photoshop里打开“.ai”文件（以PDF兼容的格式保存，并用PDF格式打开），开始对卡车进行分层。通过大量应用Photoshop里的混合模式和3D明信片功能，不断变换颜色、色调以及视角，以此来重现卡车的形象。

设计案例

设计师以一张图像描摹简化后的照片作为参考，画了这张自画像。在Illustrator里导入了这张照片后，打开【图像描摹】面板，在【预设】下拉列表里选择【灰度】。打开预览功能，这样就能实时查看调整的效果，知道路径和边角是否都简化了，是否达到了手绘的灰度效果。不要急着关闭预览功能。关闭【图像描摹】面板后所做的设置会自动生效。把这个版本放入图层锁定起来，作为描摹的模板。同时，在画板上保留一份原始照片作为额外的参考。接着，创建一个深色的全局颜色，方便在绘图时着色。双击【斑点画笔工具】，在弹出的【斑点画笔工具选项】对话框里把【保真度】和【平滑度】降到最低（使用CC版本的用户只需要调整保真度）。设置画笔【大小】为8pt，然后在下拉列表里选择【压力】选项，将【变量】设为8pt。在【颜色】面板中，设置10%色调的全局颜色，然后用【斑点画笔工具】以最小值进行绘制。重复这一过程，使用逐渐变深的颜色，为每一个色调创建一个分离的图层，一步步地完成这张自画像（其中一些图层如右侧所示）。方括号键可以减小/增大斑点画笔的大小。在绘制过程中，保持【导航器】面板始终处在打开状态（选择【窗口】>【导航器】打开）。放大一个区域后，用【斑点画笔工具】进行绘制或者使用【直接选择工具】调整路径。在【导航器】面板里能很清楚地看到每一次改动对整张自画像的影响，这样就不用不停地放大或缩小画面了。虽然CS6版本中低精度的斑点画笔设置导致了大量的锚点，不过设计师觉得没关系，并在之后选择【对象】>【路径】>【简化】，把【曲线精度】调整为95%（如果不是因为有太多多余的锚点，她会直接跳过【简化】，应用【平滑工具】）。最后，选择锥形接头（见上图）自定义艺术画笔，绘制细节部分，例如睫毛、眉毛等，以及用【圆曲线毛刷画笔】绘制头后面的阴影。

设计案例

在这件名为“树木的报复”的作品中，设计师先是把树木和锯条用铅笔画好，然后在Illustrator里打开扫描好的图片。为了保证填色过程中画面轮廓清晰，使用【钢笔工具】创建一个轮廓形状，用白色填色且无描边，然后把它作为蒙版置于最上层。选择大小为1pt的画笔开始描摹（实时上色功能可将笔画转变为基本的描边，所以【钢笔工具】和【铅笔工具】都行）。描摹完一些关键线条后，选中这些线条，选择【对象】>【建立】。为了能更清楚地看见形状间的关系，选择【实时上色工具】填充这些形状，填充的颜色能清楚地描绘独立的部分（上图右侧的第二张图）。必要的时候，使用【钢笔工具】添加或去掉锚点，用【直接选择工具】调整路径，然后描摹另一个扫描部分。为了把这组新的路径移到实时上色组里，同时选中新的路径和实时上色对象，然后选择【对象】>【实时上色】>【合并】，这样就完成了对所有形状的填充。为了给这些形状上色，让它们的颜色更接近树木和锯条的颜色，创建一个色板组，用【实时上色工具】选择目标颜色填充。最后，删除描边，检查颜色，对比效果。因为这是用【实时上色工具】创作的对象，所以还可以继续修改，达到更真实的效果。

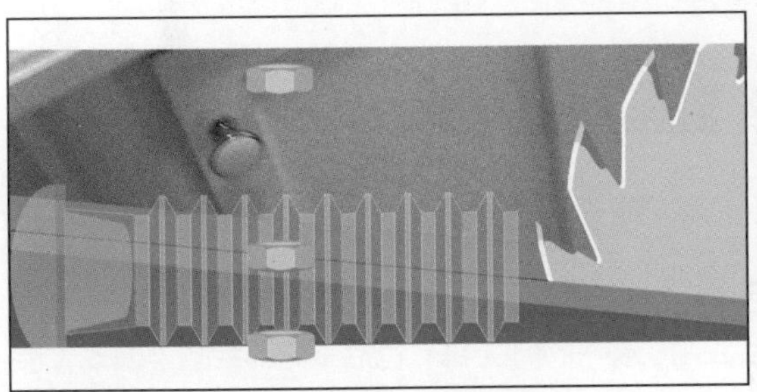

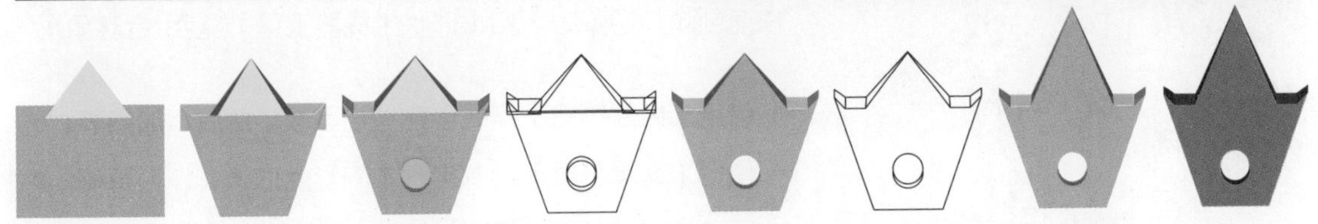

设计案例

设计师在制作名为“100天”的交互设计短片时，发现使用【形状生成器工具】为一些工具创建图稿可以节省下很多时间。例如，你要创建一个钻头，先用【矩形工具】绘制一个基本的四面体，再用【星形工具】绘制一个三面体（向下的方向键可以把绘制的面数减少为3面）。然后，选择【锚点工具】添加锚点，选择【直接选择工具】编辑锚点（按住Shift键可以控制移动的方向）。最后，选中前面绘制的所有形状，选择【形状生成器工具】，拖曳这些形状，把它们都合并到一起（例如把底部的橙色对象拖到顶部的三角形上），删除其他不需要的对象，按住Opt/Alt键可以创建孔洞（按住鼠标左键并拖曳）。组合好钻头后，选择【直接选择工具】框选顶部的锚点，按住Shift键向上拖曳锚点，拉长图形。剩下的就是给图形着色了。

内部绘图

用多种构建模式进行构建

高级技巧

摘要：使用【内部绘图】模式在对象内部创建各种各样的底纹、纹理和细节，使用【形状生成器工具】更改基本形状并准备应用蒙版，使用【斑点画笔工具】和【内部绘图】模式添加柔和的底纹。

在Illustrator里创建复杂的对象并为其添加底纹是一项令人生畏的挑战，但幸好有剪切蒙版可以帮助我们。这里的案例就综合应用了多种构建方法，包括【内部绘图】模式（能快速创建剪切蒙版）和【形状生成器工具】（能组合对象）。

1 **借用【内部绘图】模式创建剪切蒙版，然后添加细节。**先使用【钢笔工具】绘制出基本的彩色形状，作为草稿。然后选中悬崖对象（悬崖在宽度上覆盖了整张图的背景），进入【内部绘图】模式（快捷键Shift+D）。按Cmd/Ctrl键后在画板外单击，取消对悬崖的选择。选择【钢笔工具】，在悬崖对象内部添加预设的形状对象。接着，随意地在悬崖边界的外部单击，添加新的锚点，确保在【内部绘图】模式下创建的蒙版的边缘处也能整洁、精确。对悬崖的处理完成后，对剩下的对象也重复上述操作，添加底纹和细节。

2 **使用【形状生成器工具】准备好要在【内部绘图】模式下应用的对象。**为了加快绘制过程，使用【钢笔工具】来绘制一棵又大又陡的树。为了应用相同的底纹，选中多个重叠的部分，然后单击【形状生成器工具】（快捷键Shift+M），按住鼠标左键并拖曳重叠的对象，把它们合并成一个大的对象。

1

最开始的草图

在【内部绘图】模式下，新添加到悬崖上的对象会被裁剪

在创建仙人掌时，这里再一次使用了【形状生成器工具】。只不过这一次为的是减去对象。为了让仙人掌显得残破、干枯，选择【钢笔工具】，在仙人掌的一些分枝的顶部绘制一些锯齿形状。同时选中仙人掌和新添加的锯齿形状，切换回【形状生成器工具】，在按住Opt/Alt键的同时，拖曳想要移除的区域，得到一对新的枯枝。

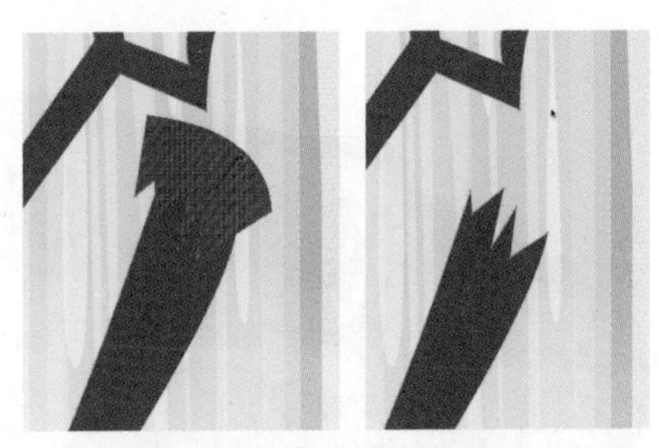

2 效果对比图：使用【形状生成器工具】的减去对象模式来改变仙人掌分枝

3 使用【斑点画笔工具】和【内部绘图】模式快速添加底纹。【斑点画笔工具】可以给大树上紫色的叶子添加柔和的底纹。为了保持描边平滑，双击工具栏里的【斑点画笔工具】，在弹出的对话框里增加【保真度】和【平滑度】（CC版本里只有一个【保真度】滑块）。为了给阴影自定义一个图形样式，先是在【颜色】面板里混合一个紫罗兰色的底纹，把混合模式切换为【正片叠底】（单击【外观】面板里的【不透明度】），添加3pt的羽化效果（选择【效果】>【风格化】>【羽化】添加），单击【图形样式】面板里的【新建图形样式】，保存该样式。为了保证选择该样式时，样式能恰当地应用，取消勾选【外观】面板扩展菜单里的【新建图稿具有基本外观】复选框。选择一个紫色的叶子，进入【内部绘图】模式（快捷键Shift+D），再取消对对象的选择，选择【斑点画笔工具】（快捷键Shift+B）。单击新定义的图形样式色板后，也就添加了底纹效果。最后，给底纹添加画笔效果，使用【斑点画笔工具】创建更大、更深的底纹。在需要浅色底纹的区域，会单独绘制一些描边并借助【橡皮擦工具】不断地进行修正。

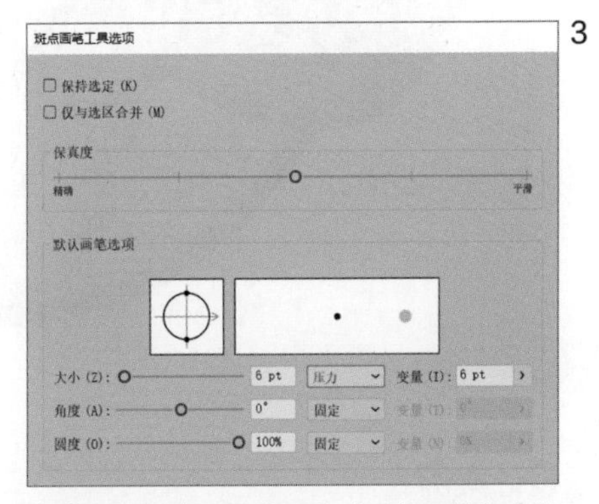

3 在【斑点画笔工具选项】对话框里增加【保真度】和【平滑度】；在CC版本里，将【容差】结合为一个【保真度】滑块

放大版的最终稿

设计案例

卡通和角色设计师利用【形状生成器工具】快速地给图稿添加了内部颜色。在Illustrator里，他先是导入一个PSD格式的素描文档作为模板图层，然后借助【钢笔工具】将每条铅笔轮廓描摹成黑色填色对象（跟描边路径正相反）。然后选择所有的对象，单击【形状生成器工具】填充主要的内部区域（白色）。（如果用描边或者画笔路径创建轮廓，必须先把路径扩展为轮廓路径，选择【对象】>【路径】>【轮廓化描边】扩展。）创建一个全局颜色组，不仅方便以后编辑色板，而且可以即时更新艺术对象。双击【形状生成器工具】，在【拾色来源】的下拉列表里选择【颜色色板】，勾选【光标色板预览】复选框，最后单击【确定】。然后，全选图稿上的对象（快捷键Cmd/Ctrl+A），单击【色板】面板上新建的自定义颜色组的文件夹图标。把【形状生成器工具】悬停在内部区域，通过左右方向键在之前创建的色板里选择颜色，给每个区域着色。鼠标指针下的中心颜色色板预览显示的是当前色板的颜色。单击选中的区域，用所选色进行颜色填充，直到所有的内部区域都填完。因为使用的是全局颜色，所以双击色板编辑颜色时，只要单击【确定】，所有填充该色板的对象都会随之更新。

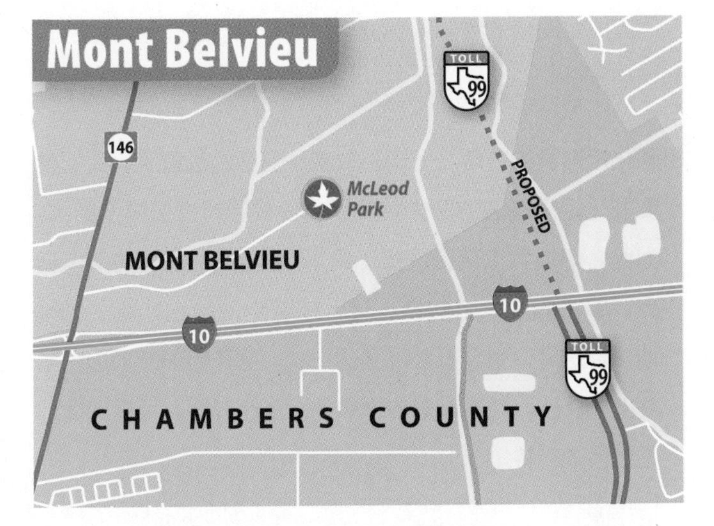

圆化转角

利用实时转角创建地图标志

摘要：创建文本和图稿，绘制包围图稿的矩形，在【控制】面板或【变换】面板里拖曳转角构件或对象来圆化并反向转角。

设计师在绘制地图上的标志时使用了多个几何形状。在这张城市地图上，没有椭圆、矩形这些基本的几何形状，而是借助实时矩形和实时转角，设计出了复杂的公路标志。

1 **改变转角的样式，创建扇形地标。**这里需要创建一个带有扇形转角的交叉路口地标。首先输入“JCT”，然后环绕“JCT”绘制一个矩形。在使用【直接选择工具】创建扇形转角时，按住Opt/Alt键，单击转角构件，将其转角样式变为【反向圆角】。接着，松开Opt/Alt键，内向拖曳构件使转角呈扇形状。更改转角样式时，可以单击【控制】面板里的【边角类型】，也可以在【变换】面板中的【边角类型】下拉菜单里选择。下拉菜单里有【圆角】【反向圆角】以及【倒角】3种转角样式。

2 **创建基础图稿和文本，并用矩形环绕。**要绘制这个收费公路的标志，先绘制要在圆角矩形框里显示的图稿和文本。用【钢笔工具】绘制出边界，并创建出两个文本对象（分别是“99”和“TOLL”）。使用【剪刀工具】剪下并删除一段边界路径，把“99”移动到刚空出的位置，部分位于边界内。相对其他对象，“TOLL”则居中放置。

（左）绘制出的带有转角构件的矩形；（右）完成后的交叉路口标志，这个标志里包含样式为【反向圆角】的转角

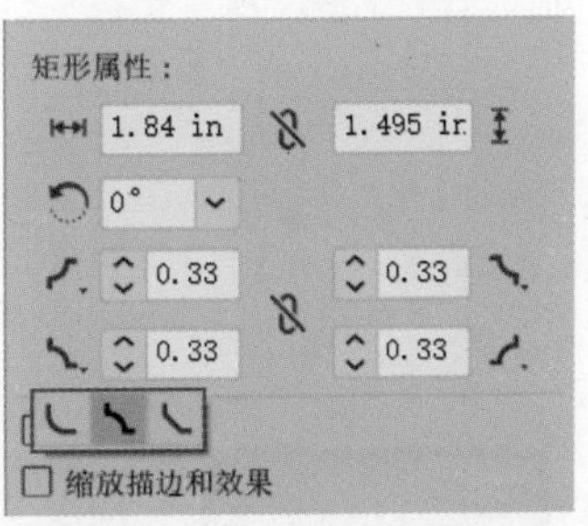

【变换】面板里的【矩形属性】选项组显示了从【边角类型】里选择的【反向圆角】

设置转角的工具

第一次使用【矩形工具】绘制矩形或者使用【选择工具】选择矩形时，都会出现实时转角的图标，但是，只有选择【直接选择工具】，才能切换转角点的样式。

2

在地标的上方创建一个实时矩形

完成对图稿的绘制和布置后，就可以创建作为地标的圆角矩形框了。

3

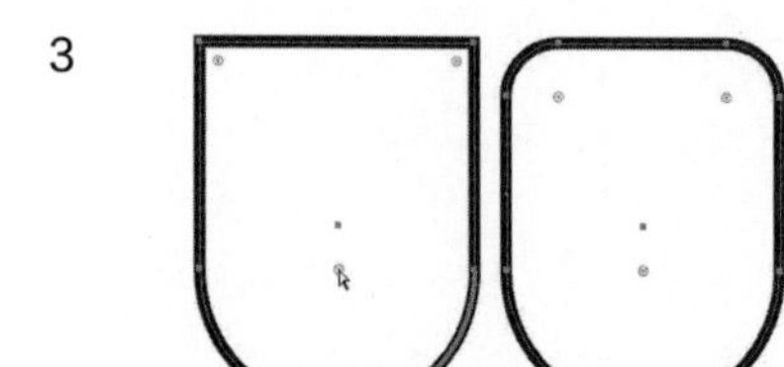

（左）移动实时矩形底边的两个构件，圆化底边；（右）移动实时矩形顶边的两个构件，圆化顶边

3 圆化矩形框的转角。把矩形放置到合适的位置后，我们就要圆化矩形底边的两个转角了，使其看起来更像个椭圆。为此，切换到【直接选择工具】，选定矩形底边的两个锚点，单击其中一个转角构件，朝着矩形中心拖曳。慢慢地，矩形底边就会折叠成椭圆形状。至于矩形的顶边，重复上述操作，只不过向内拖曳的距离比较短，只是稍微地圆化顶边的转角。

4

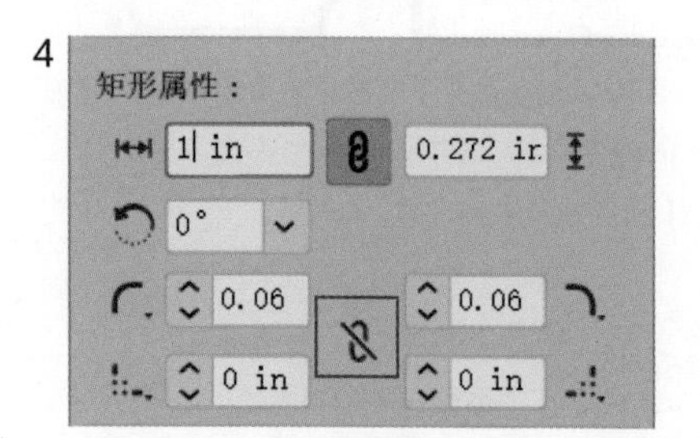

【变换】面板里的【矩形属性】选项组，显示未链接的【链接圆角半径值】以及矩形底边转角的数值

4 在【变换】面板里改变转角的半径。这时还需要绘制一个矩形作为“TOLL”底下的填色背景。保持对矩形的选定，复制矩形，并把副本粘贴到矩形的前面（副本的位置在原来的矩形之上、边界路径和文本之下），然后用蓝色填充。在【变换】面板里，单击【链接圆角半径值】的图标，解除默认的链接设置。然后，重新设置矩形底边的两个转角半径，将其设为“0”，把圆角变成直角，而顶边依旧是圆角。选择底边边框的手柄，向上拖曳缩小矩形。

填充为蓝色的矩形

最后，应用【投影】效果，把每个地标都设为Illustrator标志，方便以后重复使用。

带有投影效果的最终稿

铅笔和钢笔路径

使用绘制工具编辑路径

摘要：使用【铅笔工具】绘制任意形状的路径；切换到【钢笔工具】，绘制直线和贝塞尔曲线；使用快捷键切换工具，打开重塑线段，用鼠标指针编辑路径。

这份交易记录单是通过【铅笔工具】【钢笔工具】以及重塑线段的鼠标指针完成的。

1 **用【铅笔工具】(N键)和【钢笔工具】(P键)绘制。**双击【铅笔工具】，在弹出的对话框里调整【保真度】，并勾选【保持选定】和【编辑所选路径】复选框，绘制鱼的背鳍。按P键切换到【钢笔工具】，单击之前铅笔路径的最后一个锚点，在观察预览的同时，单击创建出的第一条线段，再次单击确定第二个锚点，重复该过程直到完成锯齿边缘的绘制。接着，按N键切换回【铅笔工具】，从最后一个锚点开始绘制鱼鳍前面的下半部分。

2 **用【钢笔工具】绘制、重塑曲线。**要绘制鱼头这样的长拱形，可以按P键切换到【钢笔工具】，使用贝塞尔曲线绘制出鱼头，按Opt/Alt键显示重塑线段的鼠标指针，边绘制边调整。通过多次在【钢笔工具】和【铅笔工具】间切换，最终完成设计。

1

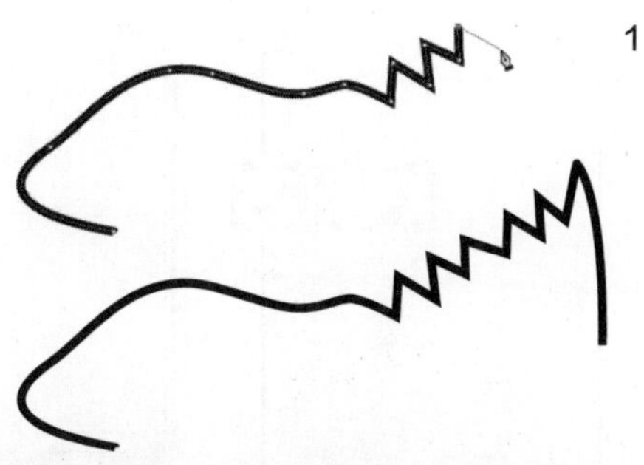

先用【铅笔工具】绘制左侧的叶状鱼鳍，然后用【钢笔工具】，从任意路径绘制切换为直线绘制

2

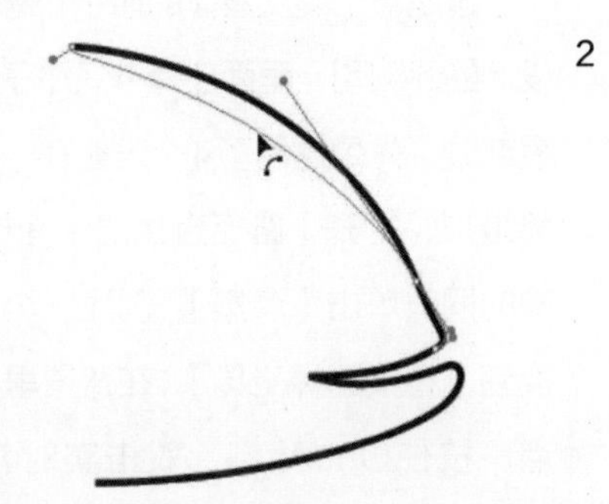

用【钢笔工具】和贝塞尔曲线绘制鱼头，按Opt/Alt键显示重塑线段的鼠标指针，边绘制边调整

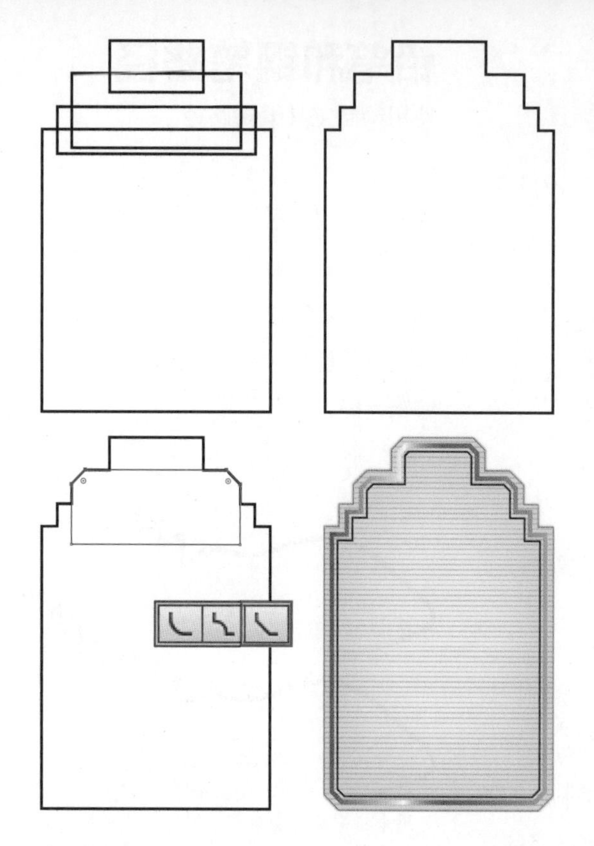

设计案例

这是一个装满液体的瓶子，它作为烫金卡片设计的评测图，里面还有一只虫子在游。关于背景部分，先是绘制了4个堆叠在一起的矩形。选择矩形，打开【路径查找器】面板，按Opt/Alt键的同时单击【联集】，创建一个复合形状。切换到【直接选择工具】，在背景里选择两个水平点。按住Opt/Alt键，双击实时转角构件，滚动浏览转角样式，直到找到【倒角】。然后向内拖曳实时转角构件，把两个转角都变为【倒角】样式。重复上述过程两次，另建两组【倒角】样式的转角。再打开【外观】面板，用褐色填充，单击【添加新效果】，完成对背景的创作。接着，使用线条图案进行第二轮的填充，调低不透明度。最后，新画一条纤细的描边，给整个对象应用【外发光】效果。对于标签内的线条，复制并把副本粘贴到原稿上。打开【外观】面板，删除副本的填充和效果后，新增两个描边。接着，应用【偏移路径】，向内移动两条描边。

Shaper工具

用【Shaper工具】进行创建和编辑

摘要：用【Shaper工具】和【智能参考线】进行绘制；合并、对齐和清除对象；用【Shaper工具】调整对象的各个部分，用【实时上色工具】上色。

设计师先画出完美的几何对象，再用各种方式把这些对象组合在一起，清除多余的部分。上述操作全都用到了【Shaper工具】。把这些几何图形组合成一个"马赛克"网格后，再用【实时上色工具】给每一块着色。

1 **用【Shaper工具】和【智能参考线】进行绘制。**打开【智能参考线】(选择【视图】>【智能参考线】打开)，用【Shaper工具】绘制正方形，为"马赛克"网格做准备。该设计是以正方形作为基础的，在开始设计之前先复制这个正方形（按住Opt/Alt键的同时拖曳）。

2 **合并、对齐和擦除边框。**移动一个正方形到工作区，然后绘制一个新的几何图形覆盖在正方形上。要"擦除"超出的部分，在超出的区域里画一个"Z"即可。对象都连在一起后，继续使用【Shaper工具】调整对象的位置，旋转和缩放单个对象。尽管用圆形和旋转的矩形构成了所有的"马赛克"网格部分，但【Shaper工具】也能画线、三角形、六边形和多边形——它甚至能从一个圆形里切出一个扇形。把各个部分拖曳到一起形成"马赛克"网格后，切换到【实时上色工具】进行填色。

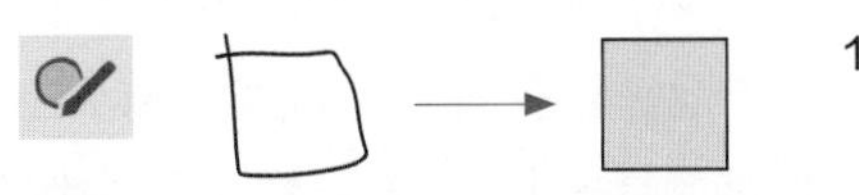

用【Shaper工具】画一个方形，Illu-strator将其转换成了一个完美的正方形

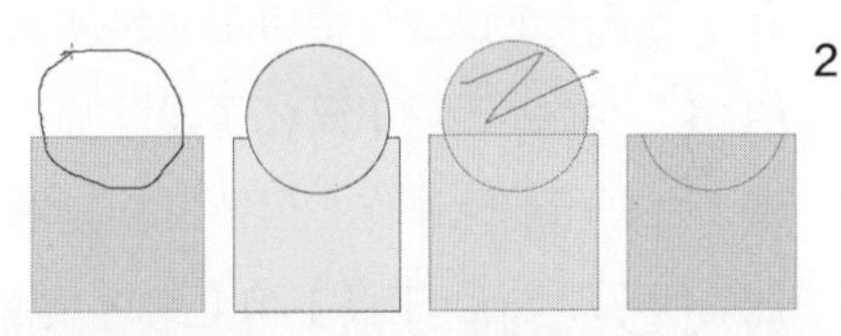

选择【Shaper工具】(从左到右)：画一个圆（左一、左二）；画一个"Z"字"擦除"标记；"擦除"后生成的实时形状

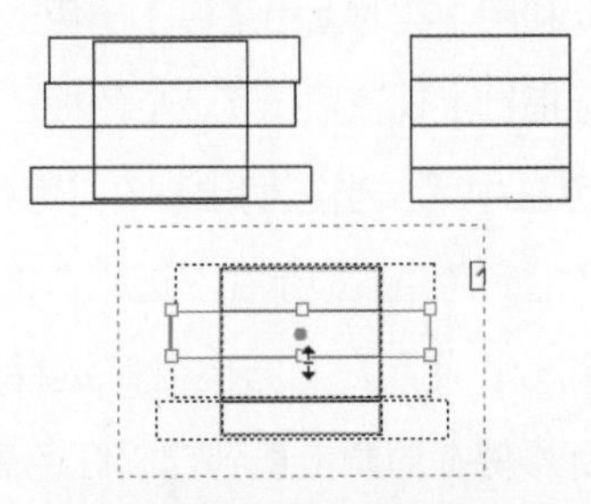

（左上）矩形和正方形重叠在一起，（右上）"擦除"超出的部分，（下）选择【Shaper工具】访问调整的实时对象

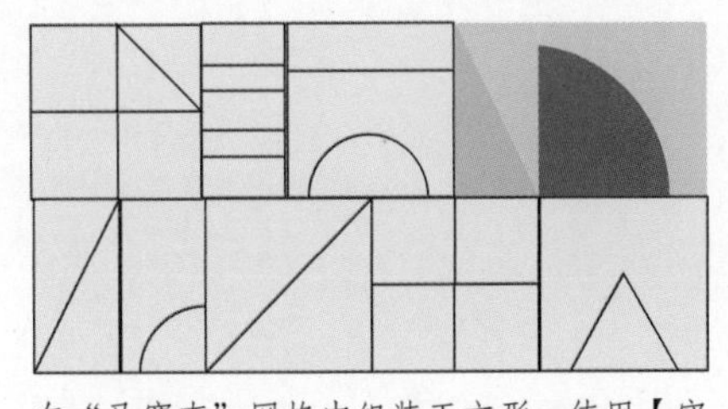

在"马赛克"网格中组装正方形，使用【实时上色工具】给对象的各个部分着色

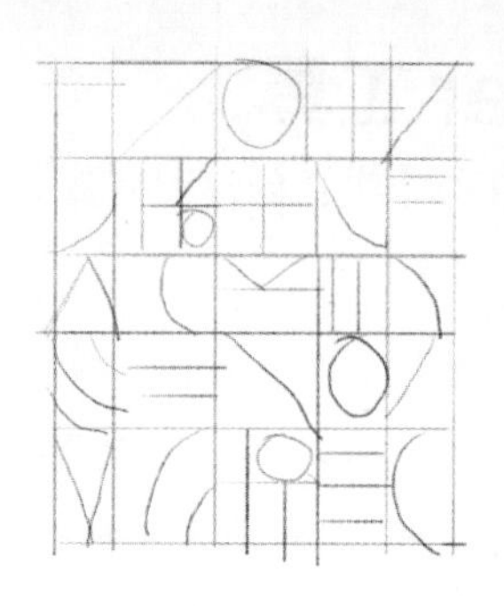

设计案例

设计师用【Shaper工具】创建和编辑了一个产品包装系列的几何对象（参见上一页）。在草图的基础上，用带有智能参考线的【选择工具】将这些元素拼成一个“马赛克”网格。然后，创建一个包含一组自定义全局颜色的颜色组。【Shaper工具】简化了设计师对对象的编辑、合并和删除操作，但在控制颜色上略显笨拙。用【Shaper工具】和【实时上色工具】制作的对象可以用其他的工具来编辑。在组里选中一种自定义颜色后，切换回【实时上色工具】，这样就能利用【实时上色工具】出色的颜色控制力。鼠标指针上现在显示了3个色板：刚刚选择的填充色在中间，当它们出现在【色板】面板时，接近的颜色直接显示在左边和右边。为了填充每个部分，使用左右方向键来选择颜色，将鼠标指针悬停在对象上直到它以红色高亮显示，然后单击填充。如果有哪个部分需要调整，就切换回【Shaper工具】。

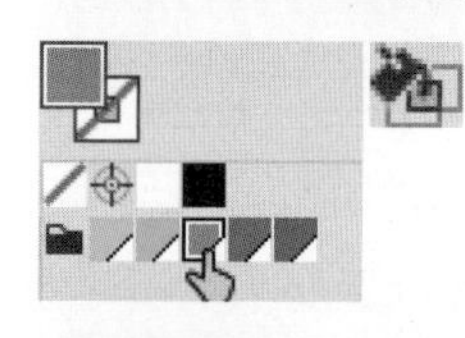

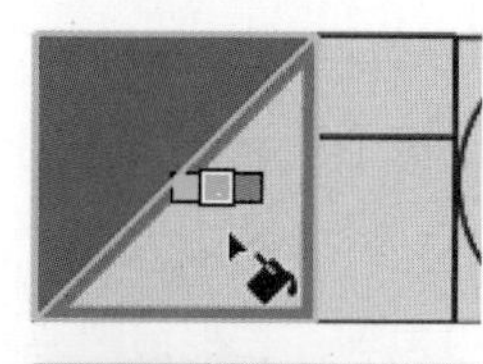

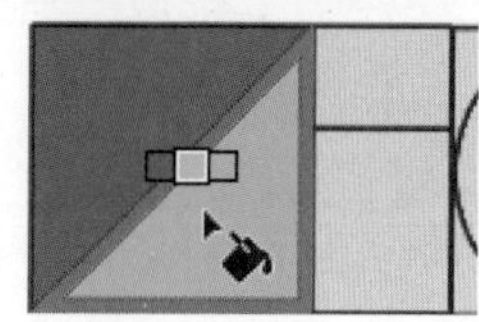

第4章

富有表现力的描边

与众不同的描边

用【斑点画笔工具】绘制出的标志，虽然开始的时候是描边，但最后会自动转换为填充形状。

在创建旗帜时，使用【宽度工具】在连续曲线的基础上创建出不连续的曲线

宽度配置文件的保存

单击【描边】面板里【配置文件】下拉列表中的【重置配置文件】，可以删除所有自定义的宽度配置文件，并恢复为默认的配置。如果是第一次保存宽度配置文件，先把配置文件应用于某个对象，然后在【图形样式】面板里保存该对象的图形样式即可。

新版Illustrator增加了很多通过手绘线条、绘画效果、阴影等创建描边的方法。我们可以通过【宽度工具】手动调整路径的轮廓，以模拟书法画笔的效果；还可以把【描边】面板中的格式设置（配置文件）保存起来，以应用于其他的路径。我们可以精确地控制艺术画笔从何处开始沿着路径延伸，以及从何处开始保护端点（如箭头）不被扭曲，还可以控制图案画笔和虚线匹配周围的转角。我们可以使用Natural Media毛刷画笔制作复杂的绘画式的标记，以模拟喷枪、彩色蜡笔和油漆画的效果；也可以使用传统的画笔形状，例如矩形或扇形。另外，还有专门用来喷溅和修改符号的符号工具组。

【宽度工具】和描边配置文件

【宽度工具】（快捷键Shift+W）不仅可以更改用绘制工具或几何形状工具创建的描边的宽度，还可以更改艺术画笔或图案画笔创建的描边的宽度。更改描边宽度的时候不需要选中路径，只要选择【宽度工具】，然后把鼠标指针置于路径上，路径就会自动高亮显示。此时出现的空心菱形表示当前的宽度锚点，这个宽度锚点是自动设置的，例如路径的端点，当然用户也可以自定义。在路径上移动鼠标指针时，保持鼠标指针悬停在路径上，空心的菱形会随着鼠标指针移动，此时单击即可在单击处添加宽度锚点。我们可以修改两个已经存在的宽度锚点之间的路径，也可以创建流动的连续曲线或不连续曲线，而且曲线的不同段之间呈尖锐的断裂。

如果宽度锚点是分开排列的，那么曲线上一个宽度锚点到另一个宽度锚点之间的路径会变得越来越粗或越来越细。如果两个宽度锚点正好重合，那么在两个锚点之间创建一个尖锐的断裂，会导致曲线突然变粗或变细，就像是给路径添加了一个箭头。修改一侧路径的描边时，要么沿着路径均匀地调整描边的粗细，要么加粗一侧的描边。自定义的描边配置文本会暂时存储到【描边】面板里，这样就能给文档里的任意路径都应用相同的描边效果。【外观】面板里描边旁边的星号表示带有宽度配置文件。你还可以把自定义的配置文件保存为图形样式的一部分，或单击【描边】面板里【配置文件】下拉列表底部的【添加到配置文件】，将其保存至配置文件列表。单击【重置配置文件】可恢复默认的宽度配置文件，替换之前保存的自定义配置文件。使用【宽度工具】修改宽度锚点时，可以参考下面几种方法。

- **打开【宽度点数编辑】对话框直接设置：**双击路径或宽度锚点，在弹出的对话框中给路径的各个边线输入描边的粗细值和设置是否调整邻近的宽度点数。
- **交互式地调整宽度锚点：**单击并且拖曳手柄，对称式地调整描边宽度。
- **调整描边的一条边线：**按住Opt/Alt键的同时拖曳手柄。
- **调整或移动多个宽度锚点：**按住Shift键的同时选中需要编辑的多个宽度锚点（不是锚点），拖曳其中一个宽度锚点的手柄，即可统一调整所有的宽度锚点。
- **调整或移动所有相邻的宽度锚点（移到下一个转角锚点处）：**按住Shift键进行拖曳。
- **复制选中的宽度锚点：**按住Opt/Alt键的同时拖曳。
- **删除选中的宽度锚点：**按Delete键。
- **取消对宽度锚点的选择：**在路径之外的空白区域单击或者按Esc键即可。

【描边】面板的扩展

在【描边】面板里可以对很多不同类型的描边进行设置，可以设置描边和对象路径的对齐方式，还可以设置描边在边角处的连接方式。例如虚线、端点以及箭头都可以在【描边】面板里进行设置。该面板里还包括了从均匀宽度到完全书法化的宽度配置文件。在此面板里，可以把设置好了变化宽度的描边保存为描边配置文件，可以预览路径和箭头的连接方式，还可以调整虚线的样式，甚至缩放箭头至合适的大小。

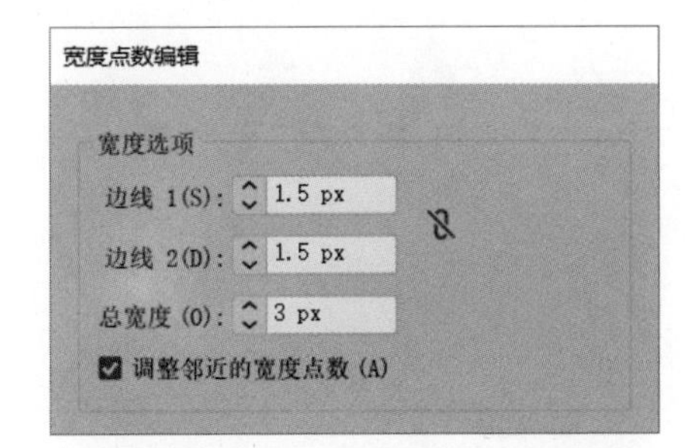

如果要更精确地调整宽度锚点，双击该宽度锚点打开对话框，在对话框里进行调整即可；如果想启用【调整邻近的宽度点数】，同样也是选中一个宽度锚点，然后双击打开这个对话框

宽度锚点和锚点的区别

宽度锚点和锚点很难直接区分，当鼠标指针悬停在宽度锚点上时，屏幕上会出现【路径】提示信息；而鼠标指针悬停在锚点上时，屏幕上出现的是【锚点】提示信息。

（上图）已经添加并且调整宽度锚点后的描边效果；（中图）再次调整右侧末端的宽度锚点，使末端变粗，与此同时取消勾选【调整邻近的宽度点数】复选框；（下图）勾选【调整邻近的宽度点数】复选框后，调整原始形状的右端宽度锚点——在两条调整后的描边上面，用红色来显示原始的描边效果，方便对比

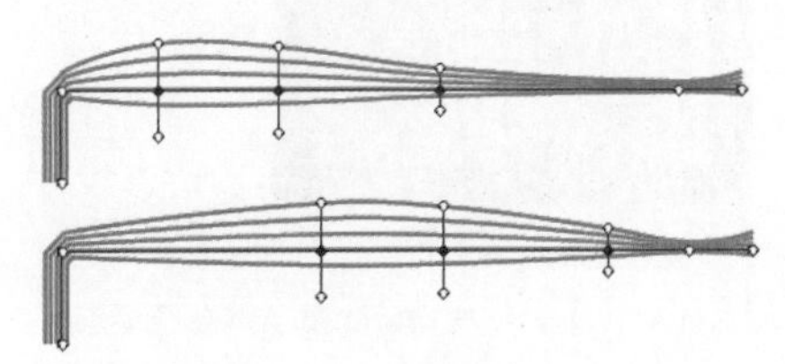

按住Shift键选中描边上邻近的（显示）或不邻近的（未显示）宽度锚点，松开Shift键，就能同时移动所有选中的宽度锚点

第一张图是【轮廓】视图下的路径，后面的3张分别是【斜接连接】的预览视图、【圆角连接】的预览视图以及【斜角连接】的预览视图

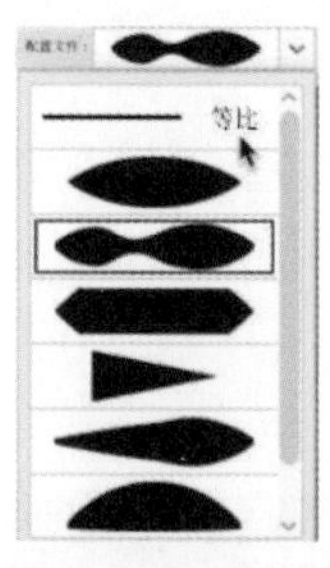

任何【描边】面板底部的【配置文件】列表都允许你应用、添加和删除自定义宽度配置文件，并恢复统一的默认宽度

（上图）把圆角端点的虚线添加到艺术对象上时，【描边】面板的默认选项虽然会保留虚线的尺寸，但无法均匀地分布；（下图）更改选项，将其对齐到边角虚线，虚线的尺寸会发生变化，但虚线之间的间隔变得更加均匀

符合要求的端点

有时候在轮廓模式下看描边似乎匹配得非常完美，但切换到预览模式后，描边线条出现了很多明显的重叠。要解决这个问题，就得在【描边】面板里的3种端点类型里选择一种。默认的【平头端点】会终止路径于末端锚点处，这对于创建一条路径相对于另一条路径的精确位置至关重要。【圆头端点】在柔化单条直线段的时候非常管用。【方头端点】能在端点之外延伸出路径宽度一半的描边线。另外，端点的类型还会影响虚线的形状。

有连接的边角在作用上跟端点类似。【描边】面板里的连接类型决定了描边在边角处的形状，边角的内部一直都是尖角。默认的【斜接连接】会生成尖角，它的长度由描边的宽度、边角的角度（角度越窄，尖角越长）以及【描边】面板中【限制】的参数值决定。默认的【斜接连接】看似精确（默认的参数值是10×），但实际上斜接限制的值可在1×（角度很钝）到500×的范围内波动。【圆角连接】生成的边角外部呈圆角状态，圆角的半径是描边宽度的一半。【斜角连接】生成的边角的外端如同被切去一块的矩形，跟斜接【限制】设置为1×时的斜接连接效果一样。

虚线和短的直线段类似，也有端点，有的甚至还可能有边角连接。虚线的端点跟路径的端点完全一样——每条虚线都可以看作一段非常短的路径。当虚线路径遇上边角时，可以用下面两种方法进行处理。方法一：把虚线间隙控制得非常精确，让其均匀地连续排列，这样虚线就不会因为遇上边角而发生弯曲，甚至根本不会到达边角处。方法二：单击【使虚线与边角和路径终端对齐，并调整到适合长度】。这样做虽然虚线间隙没有经过精确的调整，但边角处会显得很整齐。这项命令也会影响其他形状的虚线间隙，如圆形、星形等。

箭头是另一种路径的“端点”，在【描边】面板里就可以选择箭头的类型，以及箭头附加在路径端点上的方式。在【箭头】的下拉列表里选择把箭头或箭尾添加到路径的起点或终点。之后，通过等比例或不等比例缩放箭头，调整箭头或箭尾的大小，让箭头的尖部或尾部跟路径的端点对齐。如果要删除箭头或箭尾，在下拉列表里选择【无】。最好是在不删除箭头列表里默认箭头类型的情况下，添加自定义的箭头类型（因为如果删除了默认的箭头类型，只有重新安装Illustrator才能恢复）。虚线的对齐方式和箭头的类型随时都能调整。

画笔

Illustrator里有不同的画笔类型:【书法画笔】【艺术画笔】【散点画笔】和【图案画笔】等。这些画笔可以模拟传统的绘图工具，创建出跟照片一样的真实图像，还可以给图稿添加复杂的图案和纹理。我们可以将画笔描边应用于现有的路径，也可以通过【画笔工具】在绘制路径的同时应用画笔描边。

用【书法画笔】绘制出来的描边能比拟真实的钢笔、毛笔或毛毡笔的效果。我们可以设置每支笔笔尖的尺寸、圆度和角度。如果使用数位板和压感笔进行绘制，可以根据数位板和压感笔的钢笔特性进行上述设置（如果你是用鼠标指针来绘制，那就只有【固定】或【随机】两种模式）。

【艺术画笔】是由一个或多个对象组成的，这些对象适合于用画笔所创建的路径。我们可以用【艺术画笔】来模拟传统绘图工具，例如油墨笔、粗炭笔、喷溅画笔、干笔刷、水彩笔等。【艺术画笔】甚至还可以创建一些生活中的物体，例如花瓣、树叶、缎带、花朵、装饰性的花纹、火车等。我们可以通过对参数的调整以及控制使用数位板和压感笔时下笔压力的大小，修改【艺术画笔】和描边效果。用【艺术画笔】绘制的形状可根据路径的长度等比地进行缩放，或者通过延展描边来适应路径。我们也可以通过限定画笔描边可延

如何创建自定义的箭头?

Illustrator的帮助文件里就有查找箭头文件的方法。在箭头文件里详细地介绍了如何在不修改原始箭头文件的基础上自定义箭头并进行保存。

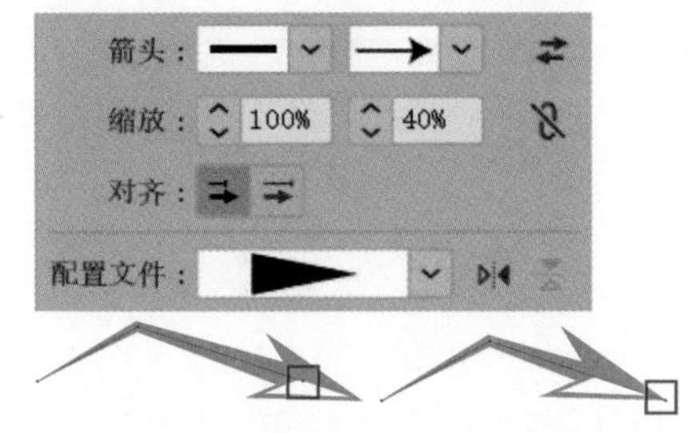

用【描边】面板里的【箭头】选项来对齐箭头，让箭头的尾端跟路径的终点相接，让箭头变成路径的延伸（左图）；或者对齐箭头，让箭头的顶端跟路径的终点相接（右图）

删除箭头预设

在自定义箭头时，要确保只是修改了预设的箭头文件，而不是删除默认的箭头文件，否则再想应用已删除的默认箭头文件，就得重新安装Illustrator。

数位板和画笔

在使用数位板和压感笔（如Wacom）绘图时，能模拟画家手里画笔的【毛刷画笔】的效果会受到绘图手势的影响。Wacom 6D艺术画笔或Wacom 6D艺术钢笔画笔可以保持毛刷画笔的外观，并且可以通过整体旋转来产生独特的效果，以模拟真实画笔的效果。但是用鼠标指针绘制就会有诸多限制。

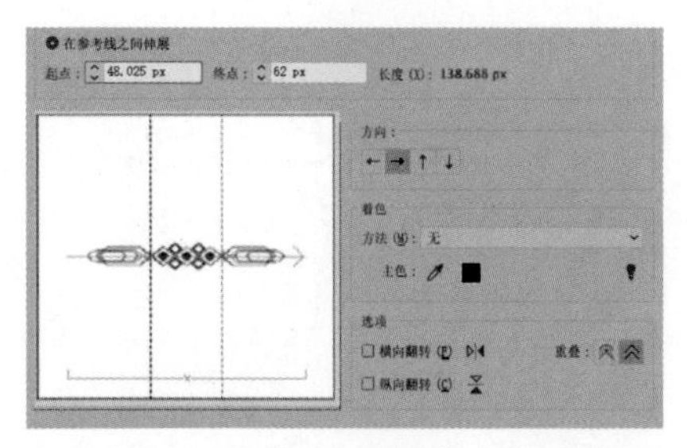

用【宽度工具】调整已经用【在参考线之间伸展】修改过的艺术画笔描边

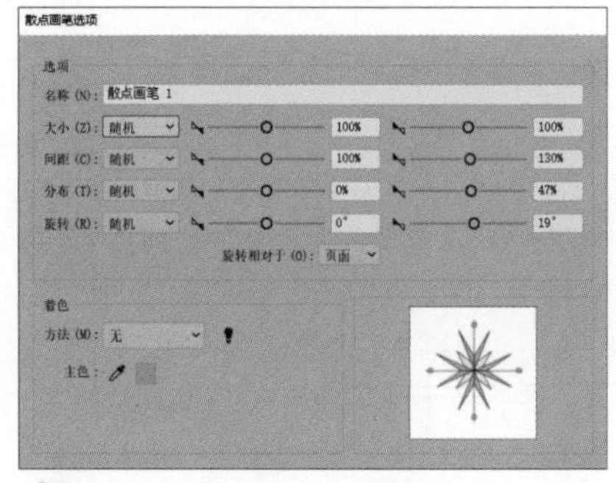

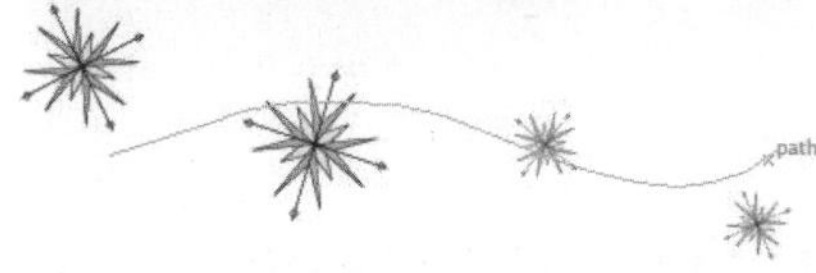

在【散点画笔选项】对话框里更改艺术对象沿路径散布的方式

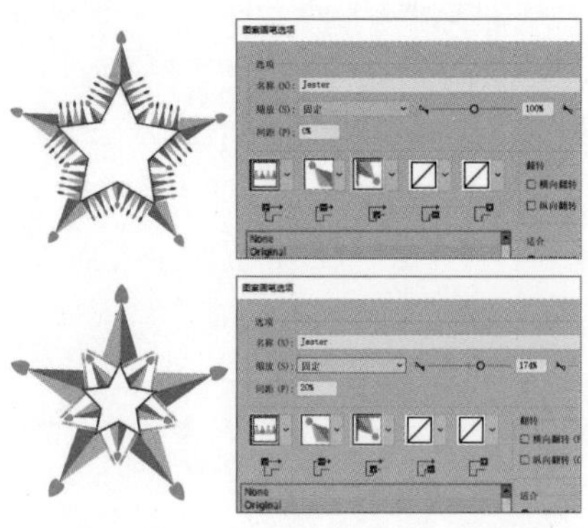

通过调整【缩放】和【间距】，生成不同效果的图案画笔

展的区域范围，用两条参考线定义一个画笔段，从而不等比例地缩放艺术画笔描边（在【画笔缩放选项】选项组里选择【在参考线之间伸展】）。在用这种方式伸展时，画笔的两个或其中一个端点会被限制，不能伸展，只有描边的中间部分伸展以适应剩余路径的长度。我们可以用这种方式在不拉长花朵的前提下，伸展一枝玫瑰花的茎部。调整着色的方法也能修改艺术画笔，例如根据颜色的浓淡或色调更改关键色。通过设置翻转画笔的方法修改其跟随路径的方式，通过对【重叠】选项的设置决定画笔描边在边角处是否重叠。我们还可以用【宽度工具】调整艺术画笔。

【散点画笔】就是将一个对象的许多副本沿着你创建的路径分布，例如田野中的花朵、飞舞的蜜蜂或天空里的星星。散布对象的大小、间距、分布以及旋转的角度等参数值都可设为【固定】或【随机】。不过如果使用的是数位板，上述参数值会随着压力或倾斜的角度的变化而变化。我们可以设置散布对象相对页面或路径的旋转角度。另外，【散点画笔】着色方式的更改同【书法画笔】和【图案画笔】一样。

【图案画笔】可以让图案沿着路径走。在使用【图案画笔】前，先绘制一种图案，该图案由沿路径重复的各个拼贴组成，例如一辆包含了引擎、车厢等部件的火车。【图案画笔】最多可以包括5种拼贴，即图案的起点、边线、内角、外角和终点。应用【图案画笔】时，我们可以选用当前图案色板，也可以按住Opt/Alt键把画板内的对象拖曳至任何拼贴的位置。在【图案画笔选项】对话框里，单击拼贴按钮，并从下拉列表中选择一个图案色板，为拼贴指定色板。在此对话框里，可以自定义图案适合路径的方式、图案如何沿路径翻转以及着色的方法。我们还可以更改图案画笔的外观，调整图案画笔描边，以适应尖锐的边角（改变【固定】模式下的【缩放】参数值）以及拼贴之间的距离。

【毛刷画笔】能创建自然、流畅的画笔描边，模拟使用真实画笔和介质（例如水彩）绘制的效果。【毛刷画笔】还能同时显示出毛刷的纹理和笔尖的形状，笔尖的形状可以是圆形、平面形或扇形。在创建毛刷画笔描边时，单击【画笔】面板中的【新建画笔】，在弹出的对话框里选择【毛刷画笔】，单击【确定】，然后在弹出的【毛刷画笔选项】对话框里，选择笔尖的形状，调整画笔的毛刷长度、毛刷密度、毛刷粗细、硬度以及上色不透明度。根据默认的设置，画笔的【上色不透明度】会低于100%，因此即使在【控制】面板中将不透明度设为100%，画笔描边仍然会有一定的透明效果。如果一个文档中包含的毛刷画笔描边超过30个，在尝试打印、存储该文档时，将会显示一则警告消息，因此在打印之前还得选择一部分或全部的描边进行栅格化处理（选择【对象】>【栅格化】进行栅格化处理）。

应用画笔

下面给大家介绍几个适用于绝大多数画笔的功能。

- **要创建【艺术画笔】【散点画笔】和【图案画笔】，**请先选择要用的图稿，或者为这些画笔创建艺术对象，包括复合形状、混合、编组以及一些实时效果，如【扭曲和变换】和【变形】。在CS6版本里，应用了渐变、网格对象、栅格对象或高级实时效果的对象是无法创建画笔的，尤其是投影效果。
- **要修改组成画笔的艺术对象，**先把该对象从【画笔】面板里拖出来进行编辑，然后将其拖回【画笔】面板。在拖曳的过程中，按住Opt/Alt键即可替换原始对象为新的艺术对象。
- **要给所有的画笔都设置首选项，**双击【画笔工具】，在弹出的对话框里设置画笔选项（新设置的首选项不会改变现有的描边，只会应用于之后该画笔绘制的新描边）。

CC

【内部绘图】模式和【毛刷画笔】

【内部绘图】模式适用于【毛刷画笔】，可以在给一个矢量形状添加毛刷纹理的同时保持部分或全部的原始颜色；【内部绘图】模式会把描边限制在对象内部，偏离的部分会被自动遮盖。

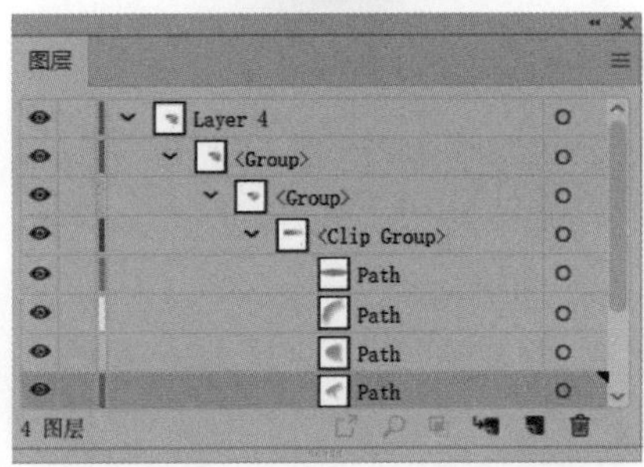

用【毛刷画笔】（脚印画笔显示）在选中路径的内部进行绘制，【图层】面板里会显示【内部绘图】模式所产生的【剪切路径】

【毛刷画笔】的不透明度

设置【毛刷画笔】不透明度的方法有以下3种。

- 调整【毛刷画笔选项】对话框里的【上色不透明度】。
- 激活【画笔工具】，将数字键0~9作为快捷键来设置毛刷画笔描边的不透明度。在未选中任何描边的情况下，0~9可设置下一条画笔描边的不透明度。
- 用【外观】或【控制】面板里的【不透明度】滑块进行调整。

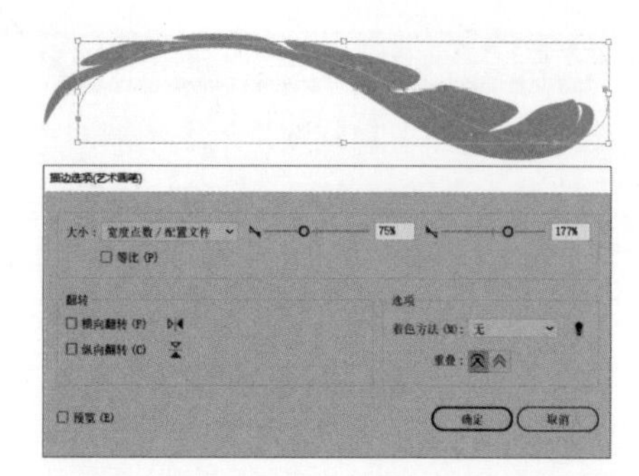

如果画笔路径已经用【宽度工具】或配置文件修改过了，可选择【画笔】面板扩展菜单里的【所选对象的选项】做全局调整

符号和散点画笔

符号和散点画笔在画板里看起来很相似，但在应用和编辑的时候，其实大相径庭。相信正文部分已经对二者的不同做了介绍，不过为了帮助你尽快掌握，还是希望你能动动手，分别用符号和散点画笔画一个对象，体验一下二者在控制和编辑描边时有何不同。

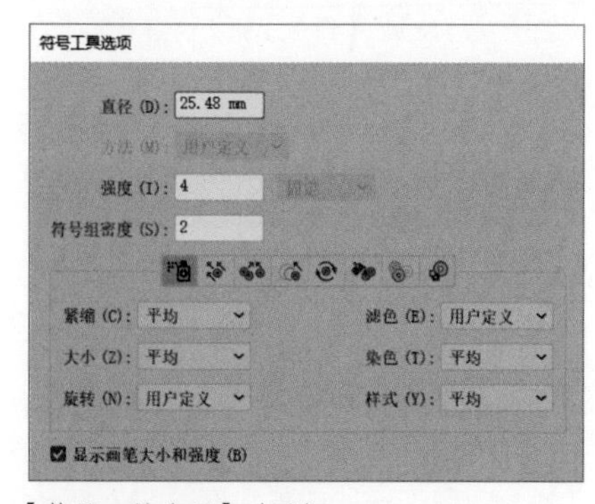

【符号工具选项】对话框

在图稿中选中一个符号，单击【控制】面板中的功能按钮，快速访问该符号的特性；【重置】不是灰色，说明该符号已经发生过变换；在【替换】下拉列表里可以快速访问已经载入的符号库

- **要调整某一条画笔描边的属性**，先选中目标画笔描边，然后选择【画笔】面板扩展菜单中的【所选对象的选项】，在弹出的对话框中做相应调整。如果之前已经用【宽度工具】调整过描边，此时可以使用宽度锚点来为之后的描边计算配置文件。
- **要把修改应用到已有的画笔描边上**，打开画笔的选项对话框，单击【保留描边】以创建画笔的副本，或者单击【应用于描边】，对文档中所有使用了该画笔的描边进行修改。
- **同时勾选【保持选定】和【编辑所选路径】复选框**，最后一次绘制的描边会一直保持选中的状态；在贴近所选路径处绘制新的路径时，路径会自动重叠在一起。只要禁用这两个选项中的任何一个，就可以在一条画笔描边的附近绘制新的描边。

符号

符号是在文档中可重复使用的图稿对象，合理地使用符号可节省时间并显著减小文件大小（因为对象转换为符号后，就可以重复使用且不需要复制）。重复使用相同的对象可以保证设计的统一性，把对象转换成符号则可以通过编辑符号同步更新图稿中所有应用了该符号的地方。几乎所有在Illustrator里创建的对象都可以制作成符号，仅有一些极个别的复杂编组除外，例如图形编组和置入的图稿（嵌入的图稿是可以的）。【符号】面板和【控制】面板都可以编辑和存储符号。下面给大家讲一些专门用来使用和编辑符号的方法。

- **把选中的对象存储为符号**，只需把该对象拖至【符号】面板（或者单击面板里的【新建符号】）即可。在CC版本的【符号】面板里，缩览图右下角的+号表示它是动态符号，而不是静态符号；动态符号是所有新符号的默认设置。单击【符号库菜单】即可在弹出的菜单里将当前符号存储到新的库里，或者载入其他的符号库。

- **把一个单独的符号实例置入文档里：** 直接拖曳该符号至文档中，或者选中该符号，单击【符号】面板底部的【置入符号实例】。把符号实例拖至文档中可以随意操作，但【置入符号实例】只能点一次。【置入符号实例】对于修改符号非常有用。
- **在【符号】面板里修改一个符号的同时保留原始的符号：** 要么单击【控制】面板里的【断开链接】，要么单击【符号】面板里的【断开符号链接】。
- **修改符号的同时修改文档中所有应用了该符号的实例：** 把符号置入或拖入文档中，然后单击【控制】面板里的【编辑符号】，这样符号会进入隔离模式。修改完符号后退出隔离模式，应用了该符号的所有实例以及【符号】面板里的符号本身都会自动更新。
- **在断开链接的情况下修改【符号】面板里的一个符号：** 按住Opt/Alt键，拖曳已经修改的符号至【符号】面板里原符号的上方。这样就能把原符号替换为修改后的符号，并且同时更新所有应用了该符号的实例。
- **恢复符号为原来的尺寸和方向：** 单击【控制】面板里的【重置】即可。
- **选择文档中符号的所有实例：** 先在【符号】面板或图稿里选中目标符号，然后选择【符号】面板扩展菜单中的【选择所有实例】。
- **在不打开【符号】面板的情况下，用一个符号替换另一个符号：** 在图稿中选择需要更换的符号，单击【控制】面板中的【替换】下拉按钮，此时会弹出微缩的【符号】面板，在此可选择要替换的新符号。
- **给符号添加子图层：** 在隔离模式下选择带有符号名称的最上层图层，然后单击【创建新子图层】。(【编组】或【路径】无法添加子图层。)

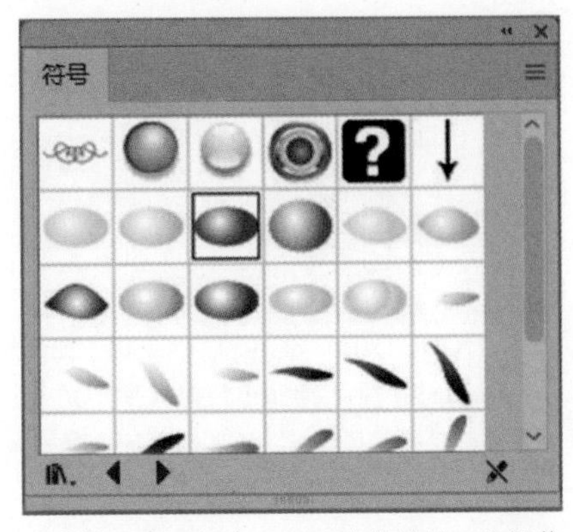

在【符号】面板中，可以存储符号、访问符号库、编辑符号，还可以打开【符号选项】对话框

变换符号

在创建符号时，不管用何种方法缩放或变换符号，下面两点一定要牢记。如果你使用Flash，这些功能还会影响动画符号。

- 用9格切片缩放符号。这种方式能减弱变换对象造成的扭曲，特别是在变换有自定义边角的对象（如按钮）时效果最为明显。用类似网格的叠加将符号在概念上划分为9个区域，这9个区域中的每一个区域都可以单独缩放。
- 给符号指定套版色点。选择符号实例时，套版色点在【符号编辑】模式和正常模式下将显示为十字线符号。所有符号实例的变换都对应于符号定义图稿的套版色点。

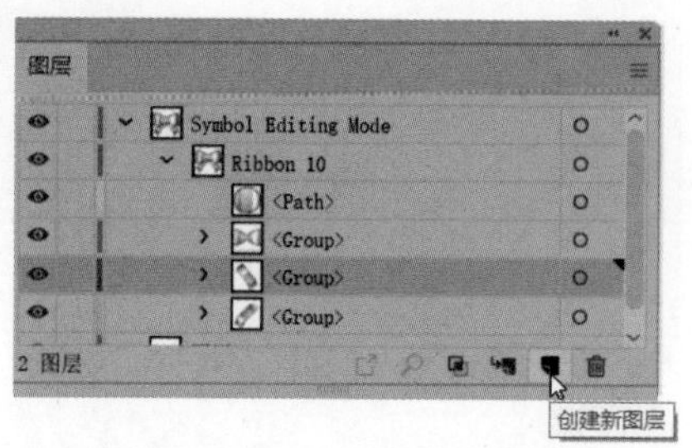

按住Opt/Alt键的同时单击【创建新图层】，就可以在路径子图层的同一级里添加新的图层

- **在同一级别的编组或路径的子图层添加一个新图层：** 先定位图层，然后按住Opt/Alt键的同时单击【创建新图层】。如果图层依然是普通图层（不是编组或路径），可以继续单击【创建新图层】，在该图层上添加新图层。

符号工具组

Illustrator的符号工具组中的【符号喷枪工具】可在文档中喷撒选中的符号，创建出符号集。虽然不管用哪种选择工具，都无法选中符号集里单个的符号，但是可以使用其他的符号工具对其做出修改。为了方便使用，可以把符号工具移出来，让它悬停在工作区附近。如果使用的是CC版本，可以创建一个自定义的工具栏，把所有的符号工具以及可能用到的其他工具都收纳进去。在【符号】面板里选中一个符号，并将其添加到选中的符号集里，要添加的符号可以跟实例集里的符号一样，也可以不一样，然后进行喷撒。要添加或修改符号集里的符号，先确保已经选中了该符号集和【符号】面板里需要更改的符号。符号工具只影响在【符号】面板中选定的一组符号，这就使得修改混合集合中的某个符号变得非常容易。

用符号绘制的作品

要调整符号工具的属性，双击工具栏里的符号工具，打开【符号工具选项】对话框，更改【直径】（工具能影响到的范围）、【强度】和【符号组密度】等常规选项。如果采用默认的【平均】模式，那么新建的符号实例会沿用同一符号实例集中相邻符号的属性（尺寸、方向、不透明度、样式）。例如，邻近符号的不透明度是50%，那么添加到该符号集里的符号不透明度仍然是50%。我们还可以更改默认的【平均】模式为【用户定义】或【随机】模式。

用符号工具组调整原始集合，以形成更丰富的变化效果

要从现有实例集中删除符号，按住Option/Alt键单击，一次只能删除一个实例。要用【符号喷枪工具】删除多个实例，按住鼠标左键并拖曳鼠标指针到你想要删除的实例上——它们将在你移动鼠标指针时被删除。

CC版本的动态符号和栅格图像画笔

动态符号

新增的动态符号功能让我们在修改某个实例的外观时无须使用符号工具，也无须断开与原始符号的链接。因为你可以在动态符号实例中编辑单个对象，包括描边、填充、不透明度和实时效果，不需要为每个细微的变化保存新符号，所以动态符号比静态符号效率更高。如果你用某种方式更改了原始符号，除了每个实例的本地覆盖，其余所有符号实例都会自动更新。但是，符号实例的形状（路径或实时形状属性）是无法编辑的。用【直接选择工具】选择要编辑的符号实例或其中的一部分。用【选择工具】选择要转换的整个符号，并且外观不能被修改。必要时，在空白处单击以取消选择，然后用【直接选择工具】单击返回。粗轮廓表示对象已被选中，可以进行编辑。根据需要编辑对象的外观，完成后再次在空白处单击以取消选中。

栅格图像画笔

CC版本增强了【艺术画笔】【图案画笔】和【散点画笔】的性能。终于，我们可以在自己创建的画笔中应用嵌入的栅格图像，也可以在同一画笔里混合栅格图像和矢量图像。本章会给大家介绍几张栅格画笔图像。在用栅格图像创建画笔时，下面几点一定要牢记于心。

- **限制大小。**把【图案画笔】和【艺术画笔】的大小（以像素为单位）限制在大约100万像素以内，【散点画笔】则不做限制，尽管画笔的性能会受到影响。考虑到尺寸越大的画笔绘图的速度越慢，为此Illustrator会自动优化大小超过限制的栅格对象（是副本不是原件）。Illustrator既不能向下采样多个对象，也不能向

恢复为原来的符号

如果已经更改了动态符号实例的外观，例如更改了颜色，那么就无法通过“删除覆盖”将其还原为原始颜色。遇上这种情况，首先得用另一个符号替换它，再用原来的动态符号替换那个符号。

动态符号和描边

描边和填充一直被视为动态符号中的单一外观，因此，给原始符号中没有描边的符号实例添加描边被认为是对描边和填充的覆盖。对原始动态符号的描边或填充所做的任何更改都不会反映在符号实例中。

把符号转变为动态符号

如果要把符号转变为动态符号，在【符号】面板中选择符号，单击面板底部的【符号选项】，然后在【符号类型】处选择【动态符号】（反之亦然）。

符号和动态符号

要完全理解动态符号，首先得学会如何在Illustrator中创建和使用符号。还没有掌握符号相关内容的读者，请从前面的符号部分开始学起。

一兆像素有多大?

一兆像素是100万像素。图像的宽度和高度相乘即为总面积。对已填充的矩形来说，1024像素×1024像素是最大的可用尺寸。当然，如果图像边界处有完全透明的像素的话，矩形的尺寸可能会更大。

画笔嵌入图像

如果想把一个链接图像导入栅格画笔中，单击【控制】面板中的【嵌入】即可。

更多画笔而不是更多图案……

单击【画笔】面板里的【画笔库菜单】，里面有很多画笔供我们选择。不过，如果是从色板库菜单中打开的图案，那么【图案画笔选项】对话框里的拼贴选择就不会用于画笔的图案填充！如果要清除多余的图案，必须重启Illustrator。

下采样巨幅图像。在创建画笔前，会弹出一个要求重新调整图像大小的警告对话框，这时我们可以选择【对象】>【栅格化】来向下采样图像。Illustrator会根据对话框里选择的分辨率向下采样图像，使其跟画板图像的尺寸相匹配。也许栅格化之前仅缩放图像就能匹配，或者还需要按较低的分辨率栅格化图像，这取决于开始创建时图像的大小。对于一些对象，我们可以先剪切图像，缩小栅格图像，然后用图像裁剪工具把对象制作成画笔。

- **为保证图画质量，**尽可能地按照需要的尺寸创建画笔。创建画笔的栅格图像是以像素为基础的，而不是矢量图形，即便含有矢量图形，大幅度缩放也会降低画笔的性能。如果想继续使用原稿或者重新选择一个分辨率进行栅格化操作，那么栅格化的对象最好都是副本。
- **扭曲会影响栅格图像，**如果想像【艺术画笔】那样沿着路径扭曲像素，那就需要插入栅格。如果扭曲过度的话，间隙可能会无法被填充。在使用画笔时，【伸展以适合】与【按比例缩放】在效果上差别很大。为了得到最理想的效果，在绘制过程中不妨多试几次。
- **使用【图案画笔】时，**如果图像和路径的方向不一致，需要在画板上旋转图像。需要注意的是，虽然可以在【艺术画笔选项】对话框中改变图像的方向，但遇上大幅或复杂的栅格图，Illustrator可能无法总是正确地进行旋转。为了方便起见，在创建画笔前就应该在画板上把图像旋转好。

【图案画笔】的转角拼贴

转角拼贴是创建图案画笔的“绊脚石”。Illustrator CC新增了自动生成转角拼贴的功能，算是从某种程度上解决了这一难题。每次创建图案画笔的边线拼贴时，都可以单击内角或外角拼贴框旁的向下箭头，从4个拼贴类型里选择：【自动居中】【自动居间】【自动切片】和【自动重叠】。

另外，如果对自动生成的转角比较满意，可以将该转角从一个画笔拖曳到另一个画笔，作为其他图案的转角重复利用（以右侧的心形为例）。

如果自动生成的转角适用于画笔，只需将其选定为转角；如果不适用，可以编辑转角或者从头开始新建一个转角。我们还可以删除转角，沿着路径绕一圈。

另一个值得一提的小变化是，在【图案画笔选项】对话框中，CC版本里图案拼贴的顺序跟CS6版本不同。

与“固定”心形图案生成的自动转角（中图）相比，设计师更喜欢自己创建心形图案，然后生成自动转角（上图）；完成后，用原始图案生成的自动转角手动替换“固定”自动转角（下图）

编辑自动生成的转角拼贴

把画笔从【画笔】面板拖到画板上时，图稿就会展开成一组矢量元素，每个矢量元素都位于自己的子组中。一些扩展的拼贴处就包含一个外部未填充/未描边的矩形边框。为了让编辑过的拼贴正确地替换原始的拼贴，必须保留要替换的拼贴的大小，包括（如果有的话）它的矩形边框。

CC版本中，【图案画笔选项】对话框里显示了新的拼贴顺序

描边的变化

创建动态的、可以更改宽度的描边

摘要：导入草图并用【钢笔工具】进行描摹，使用【宽度工具】调整描边，保存宽度配置文件并将其应用到其他的描边上。

1

原稿

描摹后的草图

2

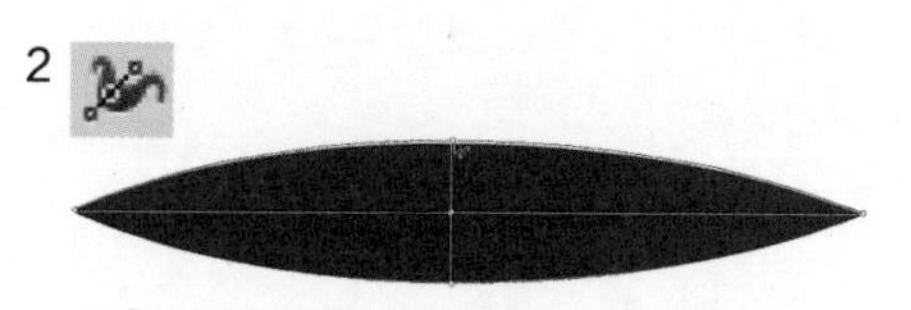

用【宽度工具】(快捷键Shift+W) 调整这部分描边的中间部分

在此案例中，设计师要用【宽度工具】加深图稿里的描边，并对描边做一些修改和变化。另外，还要把对描边所做的调整保存到【描边】面板的配置文件当中，方便接下来使用。

1 **导入草图并用【钢笔工具】进行描摹。**先在Photoshop里创建该人物草图，然后打开Illustrator，选择【文件】>【置入】，在打开的对话框里勾选【模板】复选框，单击【确定】。接下来用【钢笔工具】在模板图层的上一层描摹草图的基本路径。

2 **用【宽度工具】调整描边。**为了创造出不同效果的描边，创建两种不同的描边宽度。第一条描边中间粗两头细，具体做法是，选择【宽度工具】，单击目标描边的中间位置，然后拖曳宽度锚点至合适的宽度。第二条描边是一头粗一头细的描边，同样选择【宽度工具】，但这次单击的是描边的最右端，接着拖曳宽度锚点至合适的宽度。

如果要做更精确的调整，双击宽度锚点，打开【宽度点数编辑】对话框，在【边线1】【边线2】以及【总宽度】的文本框里输入精确的数值。

用【宽度工具】(快捷键Shift+W) 调整这个描边的一端

3 **保存宽度配置文件并将其应用到其他的描边上。**把上面的两种自定义宽度保存为宽度配置文件，然后应用到其他的描边上，这样一来就不用逐个调整图稿里的所有描边，从而节约了很多时间。要把自定义宽度保存为配置文件，先选中修改过的描边，然后单击【描边】面板里【配置文件】下拉列表中的【添加到配置文件】。在把前面两个自定义宽度的描边都保存为配置文件后，要应用配置文件，只需选择一条描边，然后单击【描边】面板底部的【配置文件】，从下拉列表里选择所保存的配置文件即可。这些配置文件在新建的Illustrator文档里同样有效。

3

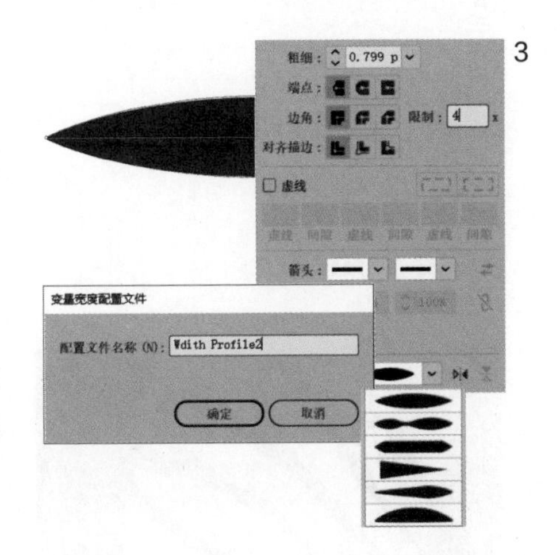

存储为新的宽度配置文件

给有需要的描边应用了自定义配置文件后，接下来就是利用键盘快捷键和【宽度工具】对某些特殊的路径做进一步的调整。例如，按住Opt/Alt键的同时拖曳路径上的宽度锚点来调整宽度，选中某些宽度锚点后按Delete键删除，按住Shift键的同时拖曳能调整的多个宽度锚点。其他结合了【宽度工具】和键盘快捷键的操作方法：按住Opt/Alt键的同时拖曳一个宽度锚点进行复制；按住Opt+Shift/Alt+ Shift键的同时拖曳，复制且移动同一条路径上的所有宽度锚点；按住Shift键的同时单击以选中多个宽度锚点，以及按Esc键取消对宽度锚点的选择。

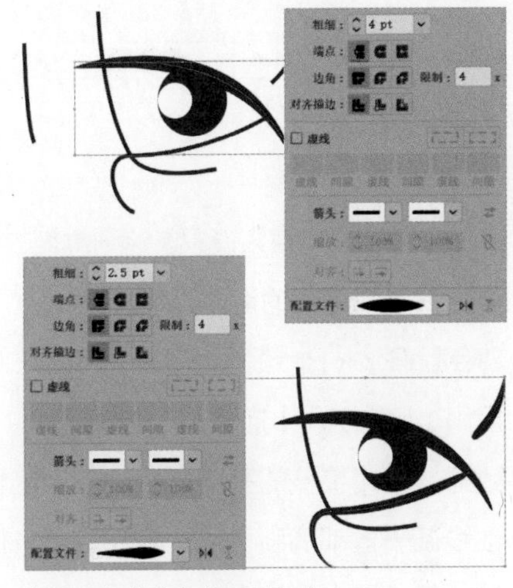

应用已保存的宽度配置文件

4 **最后的修饰。**要给图稿添加更多的元素，例如用【钢笔工具】创建一些简单的形状，然后用灰度颜色对形状进行填充。

4

用【宽度工具】和键盘快捷键调整路径

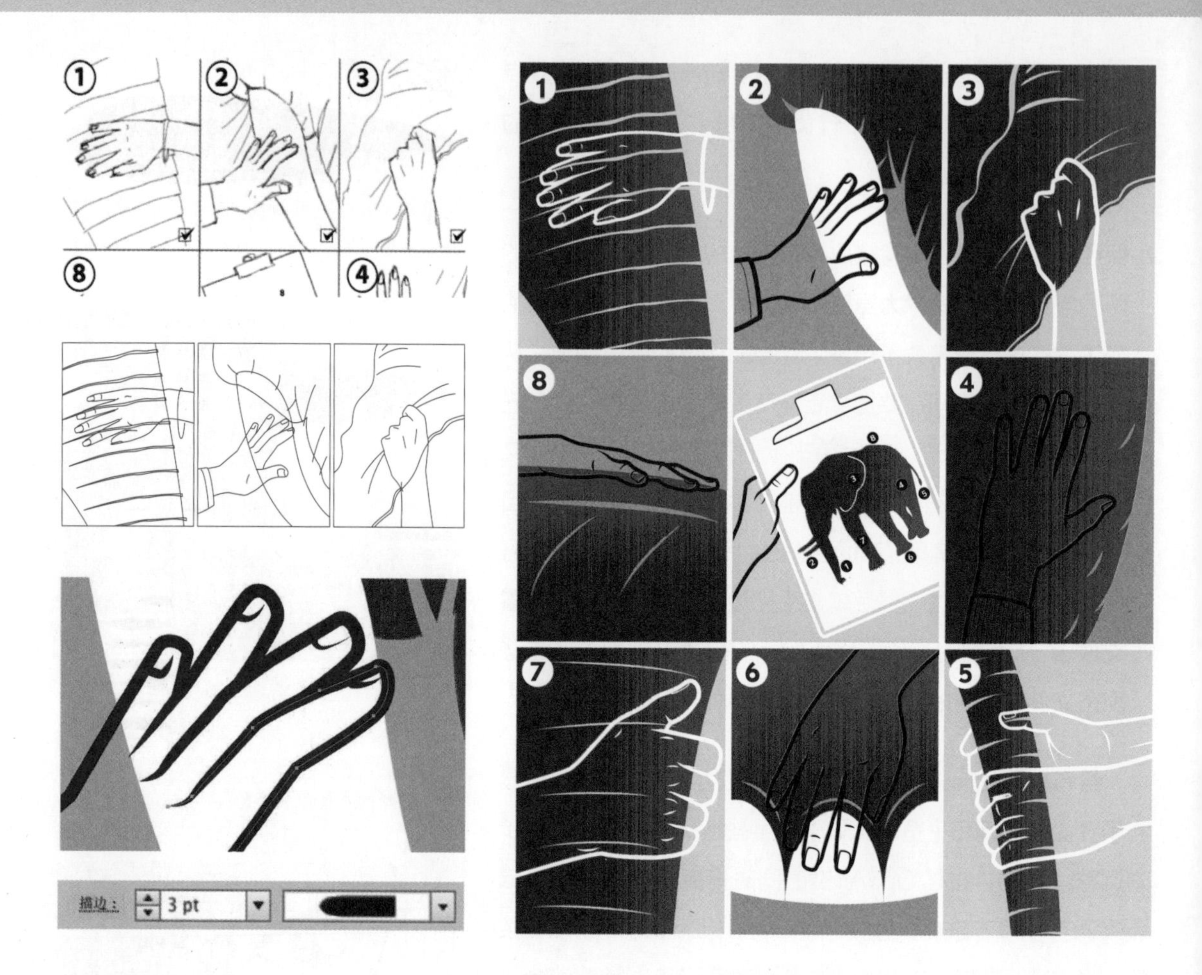

设计案例

本案例以《盲人摸象》这则寓言故事作为素材，来表现不同的设计风格。设计师先在Alias SketchBook Pro里画好草稿，然后在Illustrator里用【钢笔工具】描摹。在描摹图像时，使用精致的、样式统一的亮洋红色线条，这样就能保证线条一直都清晰可见。等到对线条做出修饰的时候，多次使用宽度配置文件下拉列表的两种默认配置文件，以创建出更丰富的线条。在需要控制描边形状的时候，选择【宽度工具】，调整曲线的宽度以及锚点的位置。在这份图稿里，设计师用【宽度工具】绘制了手掌和手指，大部分的描边都用了圆顶角，偶尔也会用线条相接的方式更改边角样式。为了加快速度并且方便随时修改，设计师先是用【宽度工具】调整描边，然后将调整好的描边保存为配置文件进行应用（单击描边，在【配置文件】的下拉列表里选择）。

设计案例

为创建这件名为“橡皮鸭”的作品，设计师先用【铅笔工具】绘制出鸭子的基本形状，然后用【宽度工具】调整各个曲线，让曲线的末端出现一个尖锐的角度（他的自定义配置文件如上图所示）。等到对线条做进一步修饰的时候，再用【剪刀工具】和【橡皮擦工具】清理描边末端偶尔出现的多余锚点。接着，锁定该图层，在底部创建一个新图层，在新图层里给橡皮鸭上色。因为很多描边有自己的透明度属性，不会真的跟底层颜色（或白色）混合，所以在应用之前一定要亲自确认描边的不透明度、格式以及混合的方式，否则描边的边角可能会发生意想不到的变化。使用默认的【毛刷画笔】和【书法画笔】给鸭子上色，在使用数位板和6D艺术钢笔时，注意随时调整压力和角度。

设计案例

在绘制这份繁花图稿时，使用【画笔工具】和【书法画笔】是最直观、最自然的方法。但在想给描边添加一些效果的时候，还需要把描边转换为基本的描边路径，这样才能使用【宽度工具】(【书法画笔】绘制的描边是无法直接使用【宽度工具】的)。先选中描边，单击【画笔】面板里的【基本】画笔，然后选择【宽度工具】(快捷键Shift+W)，单击描边，向外拖曳手柄就能均匀地增加路径的宽度。如果只调整路径的一边，在拖曳手柄的同时按住Opt/Alt键即可。为了创建出更丰富的描边效果，单击描边，添加新的宽度锚点。完成后，选中描边，然后从【控制】面板的【变量宽度配置文件】下拉列表里单击【添加到配置文件】，在弹出的对话框里命名，单击【确定】将描边保存为配置文件。然后选择剩余的路径，应用之前保存的宽度配置文件，调整描边的粗细。这件作品的背景里包含了一个渐变的网格对象，以及用【画笔工具】绘制的一些毛刷画笔描边。

设计案例

创建这种螺旋状的手绘效果的图案，最关键的就是使用好【宽度工具】。使用【螺旋线工具】(在【直线段工具】工具组里)绘制螺旋线。在绘制的过程中，按上下方向键可以来回更改各螺旋线的角度。选择橘黄色的填色和黑色的描边。单击【控制】面板里的【描边】，选择【圆头端点】，设置描边的【粗细】为5~8pt。接着，用【宽度工具】调整各螺旋线的粗细。使用【直接选择工具】移动每个螺旋形状最里面的那部分的锚点和方向线，产生一种手绘的感觉。连续画出好几个螺旋形状后，打开【图案编辑模式】(PEM)，完成对元素的排列，使其成为一个整体。保存橘黄色填色和黑色描边后，在PEM开启的状态下更改填色和描边的颜色，并在螺旋图案的下面添加紫色的矩形填充，也就是顶图的效果，然后保存。

设计案例

为了制作出生动有趣的画笔描边，可以使用【书法画笔】【毛刷画笔】以及数位板和艺术钢笔。在给画笔描边创建渐变效果时，更改【压力】【旋转】和【倾斜】等参数。如果想自定义一个画笔，只需双击画笔，对相应的选项进行修改即可。为了描绘出大树的轮廓，使用【大小】为3pt的平面书法画笔，并且设置【大小】为【压力】(【变量】为2pt)，【圆度】为【倾斜】(34%，【变量】为15%)，【角度】为【旋转】(【变量】为125°)。要绘制树枝这种比较长的线条，最好结合【旋转】和chisel笔尖的艺术钢笔效果。在绘制过程中，轻轻地转动、倾斜绘图笔，创造出变化的效果。要给文字添加一种不规则的、墨水样的外观：使用【大小】为1pt的【圆形书法画笔】，并将画笔的【角度】设为30°(【固定】)，【圆度】设为【倾斜】(60%，【变量】为29%)。这里还使用了很多其他的书法画笔工具来绘制行李箱和行李包以及它们的背景花纹。在绘制背景花纹时，先用一个自定义的书法画笔绘制路径，然后给这些路径编组，再把花纹拼贴拖到【色板】面板里。等到黑色描边全部画好后，用一个渐变网格做背景，给背景着色，再利用扇形、圆钝形、圆点的毛刷画笔给鸟、行李箱和行李包、阴影等区域着色。最后，选择【矩形工具】绘制一个边框，再给这个边框添加【炭笔】画笔效果。

设计案例

Adobe公司的产品专家使用了大量的工具和技巧创建这份蜻蜓图稿。在这份图稿里，通过对不透明度的调节，图稿上蜻蜓的颜色跟参考照片上的十分相似。为了保证翅膀的颜色高度接近，使用3个层次的对象（右图）。为了绘制蜻蜓翅膀上的黑色描边，使用很多大小不同、形状各异的艺术书法画笔。然后选择路径，选择【对象】>【扩展】（将描边轮廓化），再单击【合并】（创建出复合路径对象）。在【外观】面板里，单击【不透明度】，把混合模式改为【变暗】，以降低不透明度，给翅膀添加更具有真实感的棕色。对于棕色和蓝色渐变的网格对象（在翅膀结构图层下面的图层里），使用【直接选择工具】选择一些独立的网格锚点，降低其不透明度（范围在0%~90%）。为了达到半透明翅膀的效果，用【钢笔工具】绘制翅膀的轮廓副本，并把这个副本放在翅膀结构和网格对象所在图层的下面，然后用跟背景色类似的颜色填充此轮廓，并把【不透明度】降低至30%。最后，在蜻蜓和渐变网格背景之间的图层上创建阴影。先粘贴一个翅膀轮廓的副本，然后用【钢笔工具】添加上蜻蜓身体部分的轮廓。把阴影对象的【不透明度】降低至53%，把混合模式更改为【变暗】。

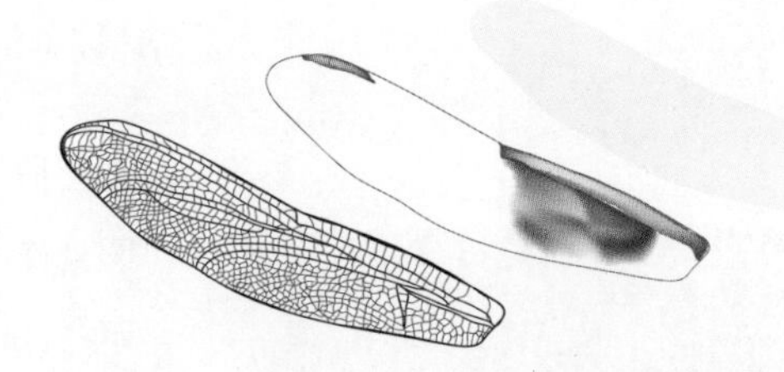

画笔和水彩

绘制出自然的钢笔、油墨和水彩效果

摘要： 把图片作为模板置入并进行创作，自定义书法画笔工具，变换画笔并将其应用到描边上，在油墨图层的下方添加一个水彩图层。

在Illustrator里创建有绘画效果或书法效果的图稿比较容易，至少比很多其他基于像素的软件来得容易。本案例使用了Wacom数位板、Intuos4艺术钢笔以及两个Illustrator画笔。为了绘制细微的、深色的描边，设计师自定义了一个画笔，同时还利用Illustrator自带的画笔绘制灰色的水彩。

透明的画笔描边

一般来说，书法画笔描边都是不透明的。半透明的画笔描边可以模拟一些油墨画或水彩画；在画笔描边重叠的地方，颜色会变得很深很丰富。为此我们需要单击【控制】面板里的【不透明度】，降低不透明度，或者选择一种混合模式。

1 **把图稿作为模板导入。** 如果想在绘制时把一张草图或一张照片作为描摹参考放置到底下的图层里，只需将其作为不可打印的模板图层置入即可。首先扫描一张真实的照片，将其作为模板图片，并在扫描后将该图片保存为JPG格式，然后在Illustrator里打开扫描的图片。把一张图片作为模板置入：选择【文件】>【置入】。如果置入的文件尺寸太大，解除图层锁定，选中图片（按住Opt+Shift/Alt+Shift键，以图片的中心为基准，等比例地更改图片的大小），拖曳定界框的某个边角，直到得到合适的大小，然后再次将图层锁定。Illustrator会自动将模板图层上的图片变暗50%，不过可以双击图层图标，在打开的【图层选项】对话框里调整不透明度等设置。要切换模板图层的隐藏和显示，只需按快捷键Cmd+Shift+W/Ctrl+Shift+W或单击【图层】面板里的可见性图标即可。

1

原始照片与在照片模板上绘制的画笔描边

2 **自定义书法画笔。**为了绘制得更精确，我们需要调整画笔工具的默认设置。双击【画笔工具】，在弹出的【画笔工具选项】对话框里拖曳【保真度】和【平滑度】两个滑块至最左边。在CC版本中只需要拖曳【保真度】滑块至【精确】。取消勾选【填充新画笔描边】复选框。如果想快速地绘制出重叠的描边，取消勾选【保持选定】复选框。

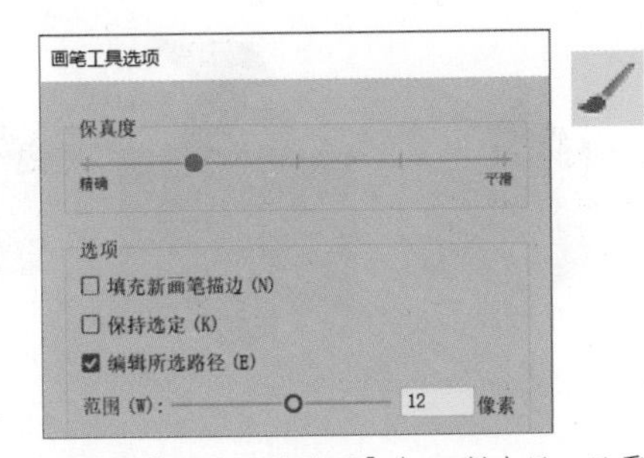

2

自定义【画笔工具选项】在CC版本里，只需把【保真度】滑块滑至【精确】

要自定义书法画笔，单击【画笔】面板里的【新建画笔】，在弹出的对话框里选择【书法画笔】。这件作品的设置如下:【角度】为90°（【固定】）;【圆度】为10%（【固定】）;【大小】为4pt（【压力】,【变量】为4pt）。如果你使用的是新版本的Wacom艺术钢笔，可以通过【旋转】而不是【压力】来改变【大小】。绘制过程中，自然地转动笔杆（如果是没有压感的数位板，只有应用【随机】才能产生变化的描边效果）。要创建一个画笔的变体，把该画笔拖到【新建画笔】上进行复制，然后单击副本并对其进行编辑。通过对【角度】【圆度】和【大小】做出更改，可创建出多种不同的画笔，然后选择已绘制的路径，应用新的画笔描边效果，以此来增强手绘效果。

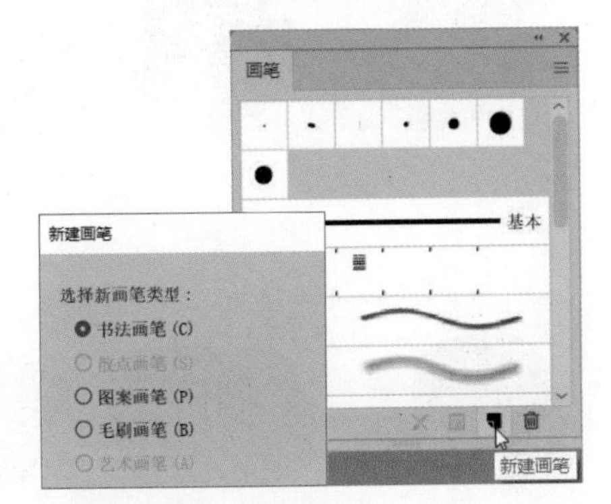

创建一个新的书法画笔

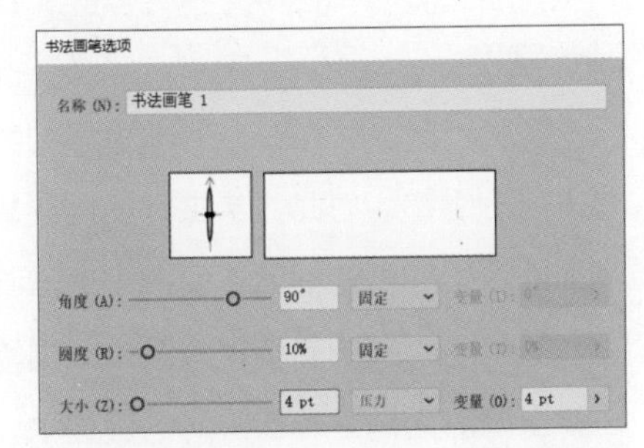

【角度】【圆度】和【大小】可以设置成画笔的变体（包括旋转、倾斜、方位），不过上述功能只有在有数位板支持的情况下才可以使用

3 **添加水彩。**就这件作品而言，通过在深色画笔描边下增添灰色的水彩，增加了水的深度。如果想在不影响深色油墨描边的基础上轻松编辑水彩描边，可以先在油墨图层和模板图层之间创建一个新图层，然后给新图层绘制水彩描边。为了避免画笔在水彩图层里涂抹时影响到其他图层，我们可以锁定其余的图层。按住Shift键的同时单击水彩图层的【锁定】，就可以一次性锁定除水彩图层外的所有图层，或者一次性解锁包括水彩图层在内的所有图层。

为了营造水彩的效果，选择一种比较浅的颜色。这里使用的是【艺术效果油墨库】里的【干油墨2】画笔。在【图层】面板里，单击激活水彩图层即可进行绘制。

额外添加了几个人后的油墨作品，此时尚未添加水彩效果

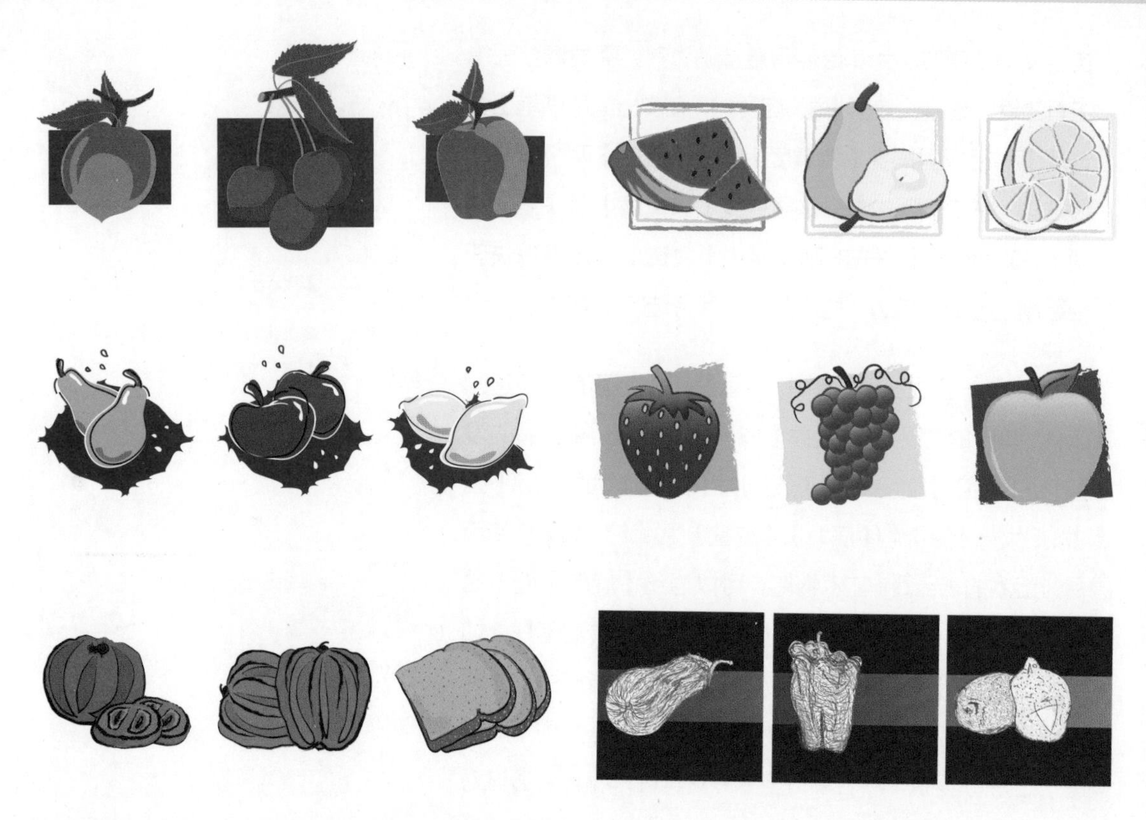

设计案例

这是一份设计作业，要求学生们创建表现力很强的静物。为此，学生们使用了大量【画笔】面板里的默认画笔，包括【书法画笔】和【艺术画笔】。在绘制前，先双击【画笔工具】，在弹出的对话框里调整画笔的首选项，根据自己的需要拖曳【保真度】和【平滑度】滑块至目标位置（CC版本里只有【保真度】滑块）。滑块越往左，画笔描边越精确；越往右，画笔描边越平滑。取消勾选【填充新画笔描边】和【保持选定】复选框。为了把描边绘制得更密集，不会自动重新绘制上一条路径。通过压感笔和数位板，绘制大量不同宽度和角度的描边，很多描边要么在其他描边上面，要么跟其他描边邻近，看起来自然且富有表现力。多余的锚点可以用【平滑工具】或者【删除锚点工具】删除。

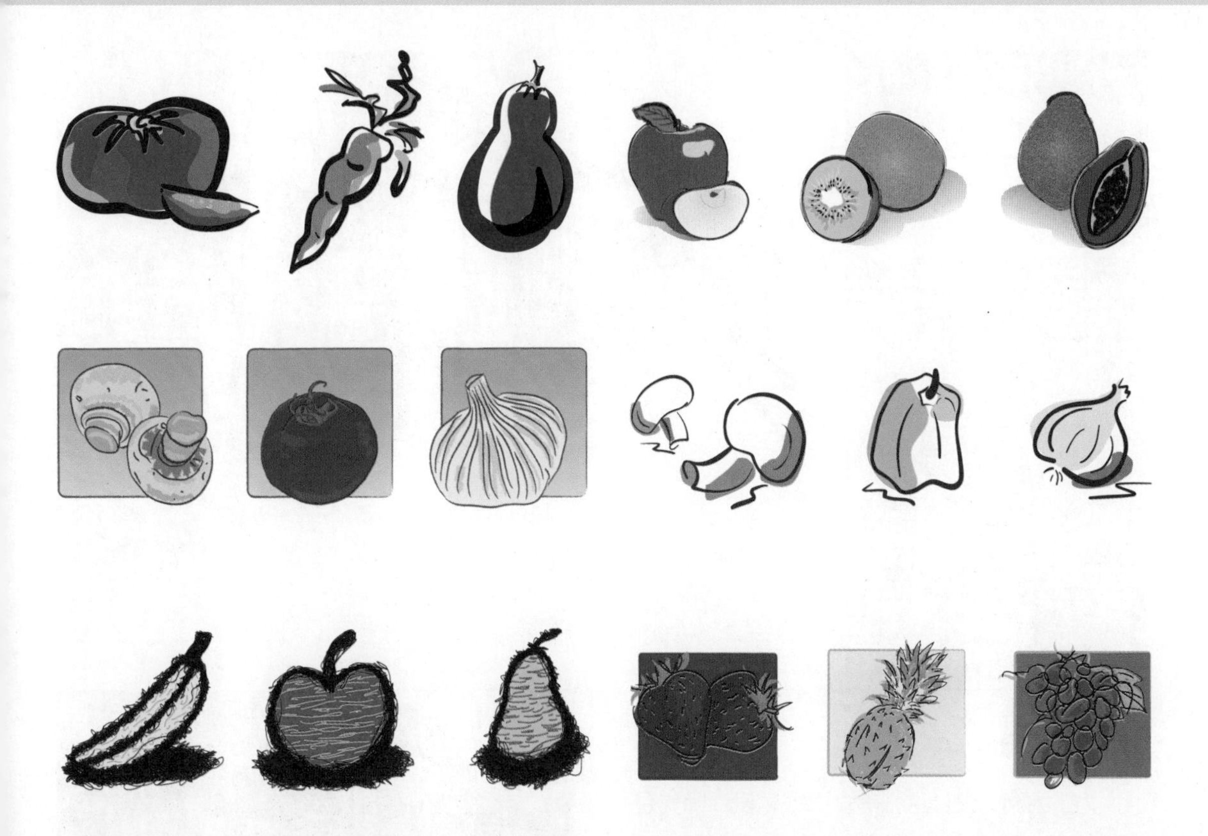

设计案例

这些学生的作品在技巧上跟上一页我们展示的学生作品一样。有一部分学生给用【钢笔工具】和【铅笔工具】绘制的路径添加了艺术画笔和书法画笔描边效果，具体做法：先选中路径，然后从【画笔】面板中选中一种画笔。从画笔库里可以找到很多画笔样式。要应用其他的艺术画笔，单击【画笔】面板左下角的【画笔库菜单】；或者在【画笔】面板的扩展菜单里选择【打开画笔库】>【艺术效果】，然后选择要添加到【画笔】面板中的画笔。

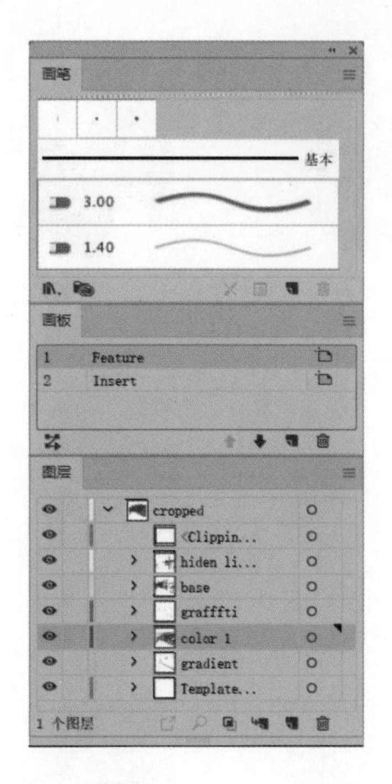

设计案例

为了给网站设计这张美食海报，设计师先是在Photoshop里把自己拍摄的照片拼贴成一个想象中的城市景观，然后把这张拼贴的照片以JPG格式置入Illustrator，作为模板，再用自定义的书法画笔复制对象，粘贴到新文件里。这样一来，自定义的画笔就添加到了当前文档的【画笔】面板里。接着，把之前粘贴的对象删除掉，用自定义的画笔绘制黑色的线条。新建一个图层，在新图层里使用默认的毛刷画笔、压感数位板以及艺术钢笔给图稿着色。为了方便在画笔、颜色和图层间切换，先选中一条跟目标样式接近的路径，然后取消选择（快捷键Cmd+Shift+A/Ctrl+Shift+A）。为了在颜色图层上新绘制一条较宽的蓝色透明毛刷画笔描边，先在颜色图层中选中一条蓝色的宽描边，然后取消选择，再开始绘制。在线条图层上绘制一条新的书法路径，还是一样选中再取消选择。如果【画笔工具选项】对话框里的【编辑所选路径】复选框是被勾选的状态，那么选中一条描边后就可以沿着这条路径继续绘制（而不是绘制一条新路径）。添加了几个细节图层后，创建一个名为“不需要的线条”的图层并将其隐藏起来，这样就可以把所有不需要的线条拖曳并隐藏到这个图层里。最后，创建两个重叠的画板：一个作为框架出现在网站首页上，另一个则用于在置入海报时调整大小。

设计案例

先在Photoshop里对这张照片做延展、裁剪和调色处理。接着把修改后的照片导入Illustrator，放置在画板之外作为参考，然后利用【钢笔工具】绘制一些封闭的路径（给路径添加渐变填充）。锁定带有路径和照片的第一个图层，然后创建新图层。在新图层里给对象上色。上色时使用的是两个带有默认设置的毛刷画笔（一个是“角度”，另一个是“蓬松形”）和一个自定义的书法画笔。在进一步完善图稿的过程中，设计师打算用一种新方式调整碗的形状，只不过这种新方式很难用传统工具或栅格工具完成。为此，选中图稿里的碗，用定界框垂直压缩。在网站上发布后，设计师重新对图稿做出了调整，并命名为《蔬菜汤》（*Vegan Phở*）。设计师重新调整了一些元素的大小，也添加了一些新的元素。与此同时，制作了一个档案纸材质的矩形副本，并将其塑封起来，裁剪、拼贴到正方形画板上。然后，用水彩铅笔在画板表面上绘制并着色。最后，用定型剂和UA塑封完成制作。

内部上色

用毛刷画笔和【内部绘图】模式绘制

高级技巧

摘要：首先置入一张图片作为参考，创建由封闭路径组成的线条样式，用【毛刷画笔】的变体和【内部绘图】模式给草图上色，用【炭笔】艺术画笔在边缘添加矩形背景。

在【内部绘图】模式下，用【毛刷画笔】给图稿着色就很容易。先用数位板和艺术钢笔绘制草图。用【铅笔工具】简单地画好洋蓟叶子和茎部后进入【内部绘图】模式，再用一系列的【毛刷画笔】上色。

1

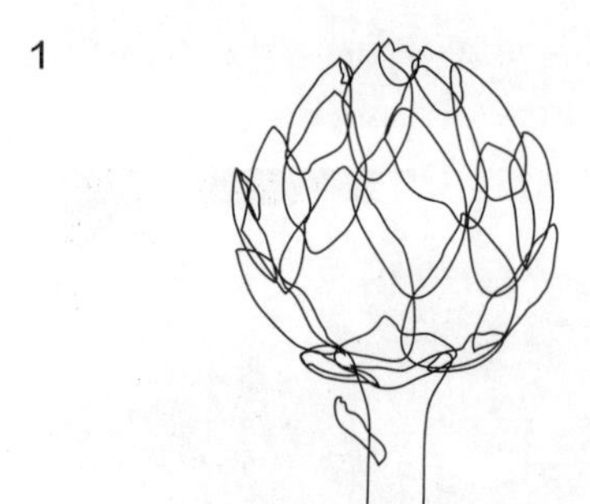

图稿里的闭合路径是用1pt（磅）的【铅笔工具】绘制的描边

1 **绘制轮廓。**如果喜欢在照片上直接绘制，可以选择把照片作为模板导入Illustrator，选择【文件】>【置入】，在弹出的对话框里勾选【模板】复选框，然后再把照片导入即可。为了保证草图的线条流畅且精确，双击【铅笔工具】，在弹出的对话框里将【保真度】设为3pt，【平滑度】设为3%，并取消勾选【编辑所选路径】和【保持选定】复选框。在一个新的图层里，用【铅笔工具】创建一张【描边粗细】为1pt的草图，保证每片叶子以及茎部的线条都是闭合路径，因为只有这样才能在【内部绘图】模式下添加细节，并给路径着色。

2 **用【毛刷画笔】工具和数位板做绘画设置。**现在可以开始给草图上色了。先做整体的规划，再设置相关工具选项。接着打开【画笔】面板、【毛刷画笔库】（在【画笔库菜单】里）以及【图层】面板，并且把数位板的【触摸环】设置为自动滚动/缩放。

再次进入隔离模式

【内部绘图】模式（单击工具栏底部的【内部绘图】模式图标或按快捷键Shift+D）实际上是一种特殊的剪切蒙版。双击在【内部绘图】模式里绘制的对象，不仅能进入隔离模式，还能重新进入【内部绘图】模式，继续添加对象。要想删除对象的内部绘图剪切蒙版，恢复原本的样子，请选择【对象】>【剪切蒙版】>【释放】。

3 **用【毛刷画笔】工具在【内部绘图】模式下绘制。**需要在内部绘制路径时，先选中路径，按快捷键Shift+D进入【内部绘图】模式，然后取消选择路径（只有这样【毛刷画笔】才不会应用到路径轮廓上，并且被限制在路径的内部使用）。选择【画笔工具】（B键），然后选择一个毛刷画笔，设定画笔颜色。完成一个路径内的绘制后，按快捷键Shift+D回到【正常绘图】模式。按Cmd/Ctrl键可暂时性地在【画笔工具】和【选择工具】间切换，按快捷键Shift+D可切换绘图模式。设计师还创建了很多【圆点】【扇形】【圆角】和【平钝形】毛刷画笔的变体。为了自定义上色不透明度、毛刷长度、硬度、毛刷密度等参数，按Intuos4钢笔顶端的转换键（或者双击【画笔工具】），打开【画笔工具选项】对话框。在选择好画笔工具的情况下，用左右方括号键 [/] 来减小/增大画笔的尺寸，用数字键来调整不透明度，通过顺时针或逆时针转动数位板的触摸环来缩放。

3

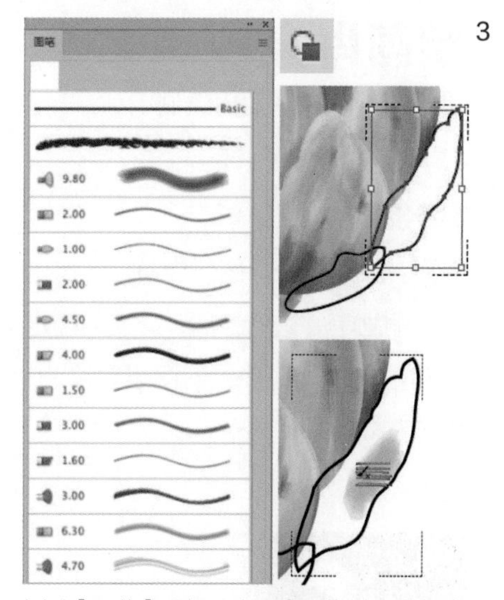

（左）【画笔】面板里的毛刷画笔；（右上）选择其中一片叶子，进入绘图模式；（右下）在叶子内部绘图时毛刷画笔的图标

4 **组织图层并做最后的润色。**为了让绘制好的叶子哪怕在重叠时也能重新显现，在绘制过程中要把叶子移动到合适的图层上。在叶子和茎部的着色都已经完成，可以清楚地看到整体的路径时，在【正常绘图】模式下设置【描边】为【无】。为了更精确地对部分叶子做出修改，双击叶子，进入隔离模式，此时已经进入了【内部绘图】模式，这样就可以继续绘制和调整画笔描边了。至于背景，先是在底部的图层上绘制一个矩形，采用相同的描边颜色和填充颜色，应用3pt的【炭笔】艺术画笔描边。为了排布画笔描边，先单击【外观】面板里的【添加新描边】，然后单击【添加新效果】，在弹出的菜单里选择【扭曲和变换】>【变换】，设置旋转角度为180°。

4

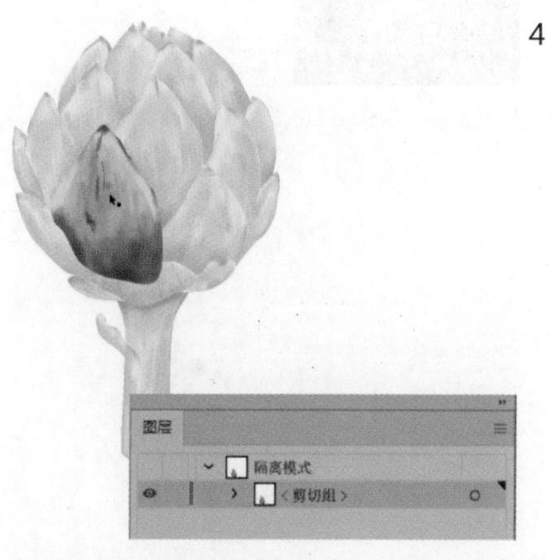

双击叶子，进入隔离模式，同时也会自动进入【内部绘图】模式

旋转并添加第二条【炭笔】艺术画笔描边后，右下角的细节变化对比

绘画肖像

用毛刷画笔在图层内绘制

高级技巧

摘要：置入一张草图作为模板，自定义毛刷画笔并进行绘制，继续用自定义的毛刷画笔在独立的图层里绘制，创建边框。

1

一张已经在Photoshop里做过扭曲处理的草图

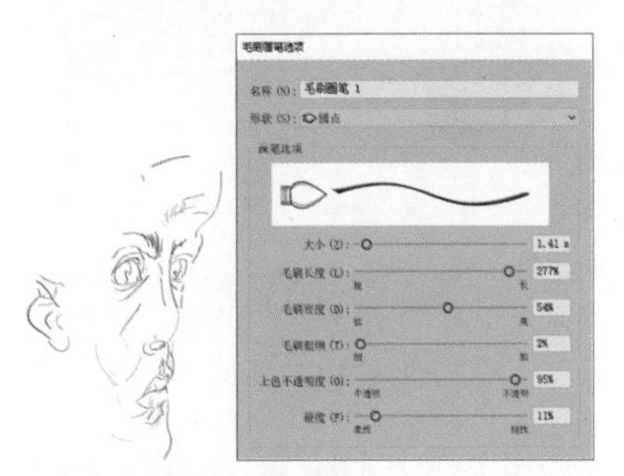

用3种圆点毛刷画笔绘制出的草图（左）和【毛刷画笔选项】对话框（右）

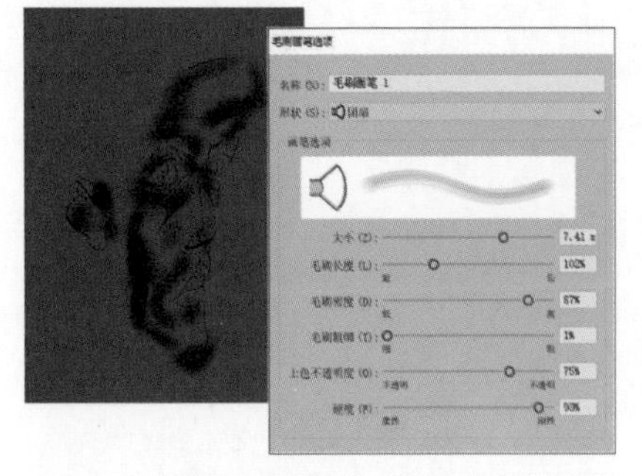

用一个比较宽且不透明的毛刷画笔绘制阴影部分

设计师使用了很多种毛刷画笔创作这张极具表现力的肖像画《蓝色镜子》（*Blue Mirror*）。

1 **置入草图作为模板，在【毛刷画笔选项】对话框里自定义画笔。**先把一张在Photoshop里做过扭曲处理的草图（PSD格式）置入Illustrator作为模板。然后，打开【毛刷画笔库】（单击【画板】面板左下角的画笔库菜单，在弹出的菜单中选择【毛刷画笔】子菜单中的【毛刷画笔库】），选择1pt圆角毛刷画笔，这样该画笔就会自动加载到【画笔】面板里。接着，在【画笔】面板里复制该画笔（在【画笔】面板里把画笔拖到【新建画笔】上），双击复制好的画笔的图标，打开【毛刷画笔选项】对话框并对其中的一些参数进行修改。设计师修改了【毛刷密度】、调整了【上色不透明度】、增加了【硬度】，然后对画笔重新命名，最后单击【确定】。使用这个新设置的画笔在模板图层上面的图层里绘制整份图稿的基本草图。在整个绘制过程中，【画笔】面板和【毛刷画笔库】面板一直是打开的，方便复制和自定义画笔。为了在这个图层绘制，设计师还创建了3种不同的1pt线性画笔变体。

2 **添加高光、中色调和阴影。**为了添加高光效果，例如橙色的描边，设计师在毛刷画笔库里自定义了几个3毫米的平扇形画笔副本，并对【毛刷密度】【毛刷长度】以及【上色不透明度】进行调整，再自定义一个很尖的圆角毛刷画笔来绘制高光。使用平扇形画笔和圆角毛刷画笔在单独的图层上继续绘制，并把重点放在中色调、阴影、高光以及各个图层的颜色上。

3 **对画笔的性能做进一步的修改以提高工作效率。**高效绘制的诀窍在于在绘图过程中不断地定义新的画笔，创建新的图层。在整个绘制过程中，把新建的毛刷画笔描边放到其他描边上方的图层里，或者是选择更不透明的画笔覆盖下层的描边。另外，在绘制过程中，按“[”键减小毛刷画笔的尺寸，按“]”键增大毛刷画笔的尺寸；按数字键更改不透明度，按1键会出现完全透明的效果，按0键则完全不透明。为了给背景添加蓝色的纹理，再一次修改了画笔的属性，增强了画笔的硬度，也就是把滑块往“刚性”的一侧滑动，把【毛刷密度】滑块往“高”的一侧滑动，然后减小画笔的长度。

4 **最后的修饰。**在肖像周围创建有不规则边缘的黑色边框，边框所在的图层在蓝色背景纹理图层和脸所在的图层之间。然后，自定义一个宽的平扇形画笔，设置不透明度为100%（100%不透明度的毛刷画笔所绘制的描边会丢失画笔的特性，但不规则的边缘仍然保留），选择【对象】>【扩展】扩展绘制的描边，再单击【路径查找器】面板里的【联集】，把描边合并成一个边框对象。接着，用【铅笔工具】绘制一些闭合的路径，再次描绘矩形边框和头部。框选这些路径和边框后，用黑色填充，再次单击【路径查找器】面板里的【联集】。

2

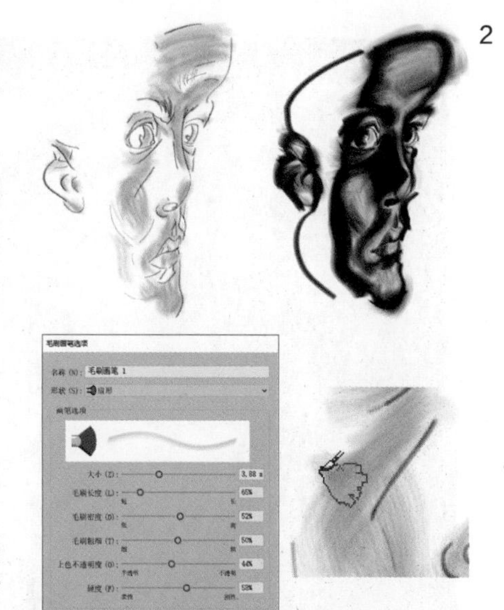

用宽的平扇形画笔添加高光和阴影；使用压感笔时，毛刷画笔的图标如右图所示

3

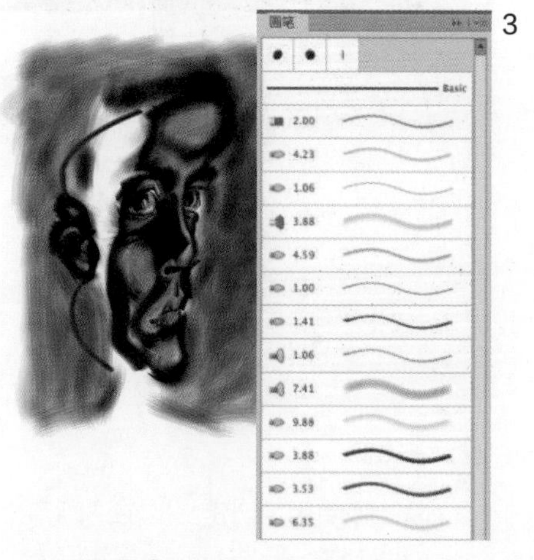

添加了蓝色背景纹理后的图稿和【画笔】画板

4

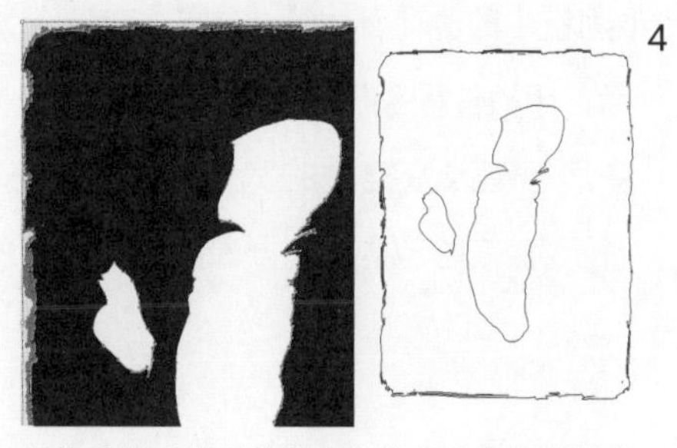

用扩展的毛刷画笔描边和填色后的路径制作的边框：（左）预览模式，（右）轮廓模式

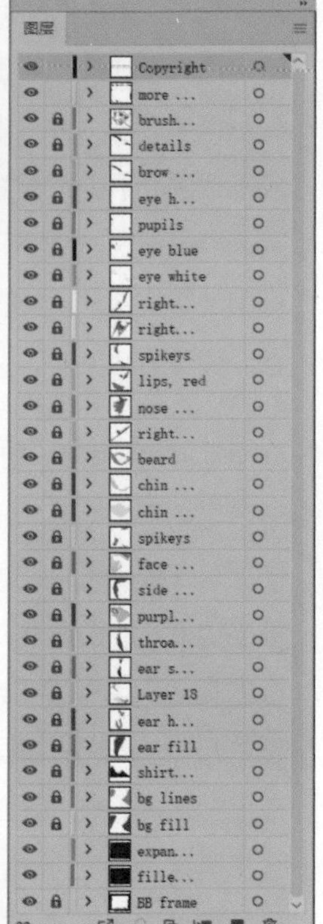

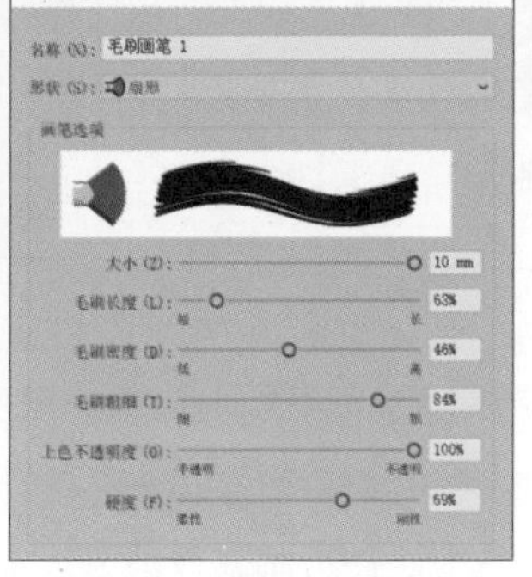

设计案例

设计师使用了自定义的书法画笔创建了这张肖像画。在【画笔】面板里，双击默认的3pt圆形书法画笔，在弹出的对话框里把【大小】由【固定】改为【压力】，设置【变量】为3pt。然后，用数位板和压感笔描绘面部轮廓，再通过改变压感笔改变描边的宽度（如上面左下角的图所示）。在脸部画出需要着色的区域（例如下巴、胡子和脸颊），用【铅笔工具】在单独的图层里绘制有填色的不规则路径。每一个图层里都有一个定义区域的颜色（【图层】面板显示在右上方），用于创建高光、阴影或纹理。在创建边框时使用毛刷画笔和与上一节类似的方法。在最后的修饰过程中，用【铅笔工具】绘制一些亮蓝色的弯曲线条。

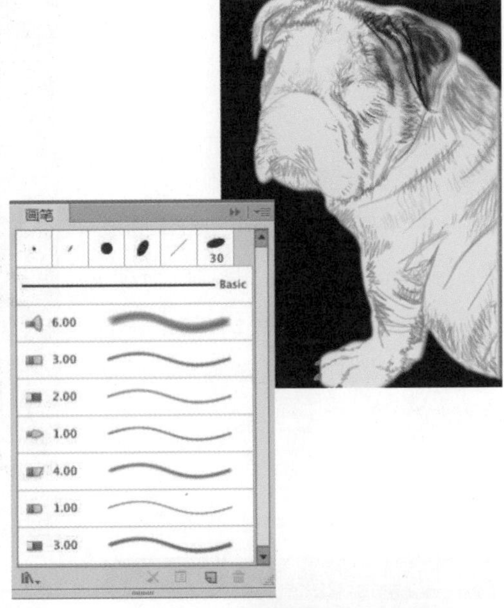

设计案例

设计师以自己拍摄的照片为基础，用【毛刷画笔】绘制了这张宠物斗牛犬的肖像画，详细地表现了狗身上的皮毛和褶皱起伏。设计师先用【钢笔工具】绘制了白色的狗狗轮廓（跟黑色的背景形成对比），然后应用【高斯模糊】效果。接着，单击【画笔库菜单】(位于【画笔】面板的左下角)，打开【毛刷画笔库】面板。再选择多种不同特性的画笔，这些画笔在【上色不透明度】【硬度】和【毛刷密度】等属性上各有不同，例如圆扇形画笔、平钝形画笔、平点形画笔和圆曲形画笔（上图显示的是【画笔】面板的局部）。然后，选择【画笔工具】，再选择一个毛刷画笔和描边颜色，在第一个图层上绘制（预览模式和轮廓模式下的图像）。为丰富细节，绘制出皮毛的效果，在上面的图层里灵活应用高光以及白色、黑色。在最顶层的图层里，添加鼻子和眼睛，再创建一些图层进一步细化皮毛效果，最终完成这张狗狗的肖像画。

图案画笔

用图案画笔创建人物

摘要：分别创建组成图案画笔的各个部分；将这些部分置于【色板】面板里，并重新命名；在【图案画笔选项】对话框中创建画笔；用【描边】菜单和【宽度工具】更改【画笔】面板线条的宽度。

为了绘制出这种有鲜明风格的机器人，可用自定义的图案画笔绘制机器人的胳膊，从而节省了大量渲染的时间。因为用这种方式绘制能简单、高效地制作出变化的效果，只要调整画笔描边的宽度，修改或替换不同的画笔元素或者替换整个画笔就行。

调整图案画笔

给一条路径应用图案画笔描边后，仍然可以沿着该路径缩放、翻转，并对描边做出修改。这些都可以在【图案画笔选项】对话框里完成，当然也可以通过更改描边的宽度或使用【宽度工具】手动调整图案的形状并进行缩放。

1 **绘制机器人胳膊的各个部分。**机器人胳膊由4个不同的元素组成：一个是把胳膊和躯干连接在一起的“肩膀”、一个是连接上半部分和下半部分的“胳膊肘”和“手掌”（图片里的爪子）以及一个在连接和固定手臂时会自动折叠的“胳膊连接”部件。先把这些部分都单独绘制好，然后分别转换成图案色板，以这些图案色板为“拼贴”，组成机器人胳膊的图案画笔。

1

创建机器人手臂的各个部分；将其定位为面向外，方便将来使用图案画笔进行拼贴

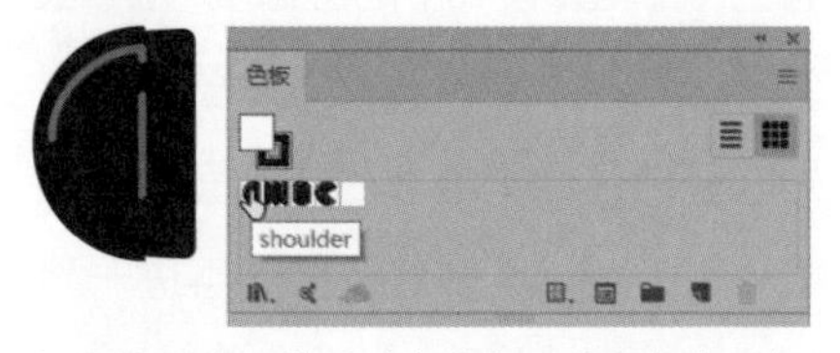

把组成图案画笔的对象拖曳至【色板】面板里，并重新命名

要创建肩膀的部分，首先得修改用【椭圆工具】创建的形状。用【钢笔工具】和【圆角端点】绘制一条未填色路径，用于制作肩膀的高光部分。然后，拖曳肩膀至【色板】面板里，重命名为“肩膀”，这样在之后构建图案画笔时就可以根据名称查找需要的内容。按照同样的方式，继续创建用图案画笔拼贴的胳膊连接、手掌和胳膊肘色板。在将各个部分分别拖入【色板】面板之前，先确认各部分的正面方向和图案拼贴一致，角度也跟路径一致（另外，也可以选择艺

术对象，单击【新建色板】，或者选择【对象】>【图案】>【建立】创建色板）。

2 **制作并应用图案画笔。**打开【画笔】面板，单击【新建画笔】，在弹出的对话框里选择【图案画笔】，单击【确定】，打开【图案画笔选项】对话框，单击【边线拼贴】，为胳膊选择图案色板（CS6与CC版本拼贴的顺序和选择的方法有一些不同）。下一步，把其他的拼贴放到合适的位置上：把肩膀放到【起点拼贴】方框里，把手掌放到【终点拼贴】方框里，把胳膊肘放到【内角拼贴】方框里。把新的图案画笔重命名为“Robot Arm”，然后单击【确定】。

要使用新的图案画笔，先得选中【画笔】面板里新的图案画笔，然后选择【钢笔工具】（P键）绘制一条路径作为机器人的胳膊。单击【起点拼贴】开始的位置（也就是肩膀部分），然后在转角锚点处再次单击，打开【内角拼贴】（也就是机器人胳膊肘处的拼贴），最后在路径的末端需要放置手掌的位置单击（也就是【终点拼贴】）。

3 **创建出图案画笔的变化效果。**为了更改绘制的对象，更改图案画笔的粗细和描边配置文件。在调整机器人手臂的宽度时，单击【控制】面板或【描边】面板里相应的文本框，单击上/下箭头更改线条的粗细（调整粗细的时候按住Shift键能成10倍地增加）。需要手动调整机器人手臂中已选的部分时，使用【宽度工具】（快捷键Shift+W），先是把【宽度工具】置于路径的某个点上，然后移动菱形手柄以拓宽或缩窄路径。最后，把旧的色板跟新的色板合并到一起，为其他机器人的胳膊创建更多的画笔。

CC

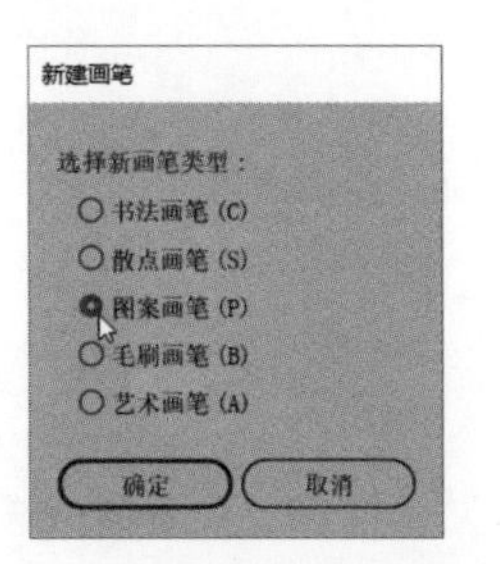

2

打开【新建画笔】对话框，选择【图案画笔】

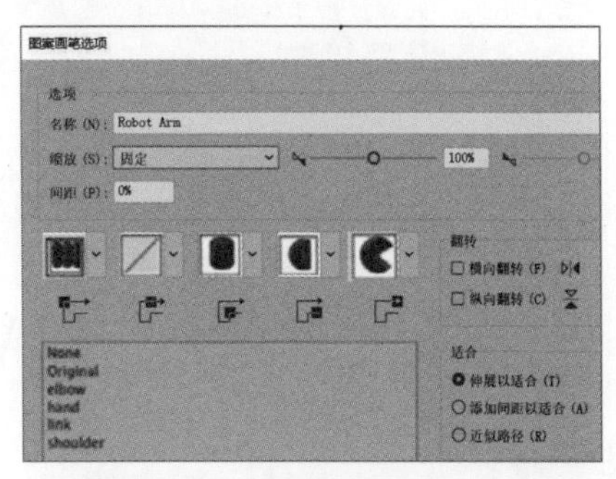

通过把色板置于合适的拼贴方框内，创建一个新的图案画笔（CS6版本与CC版本拼贴的顺序和选择的方法有一些不同）

3

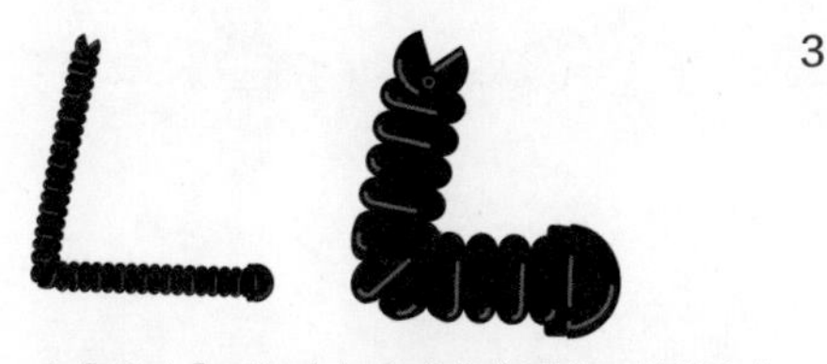

在【描边】面板中拓宽或缩窄图案画笔的线条

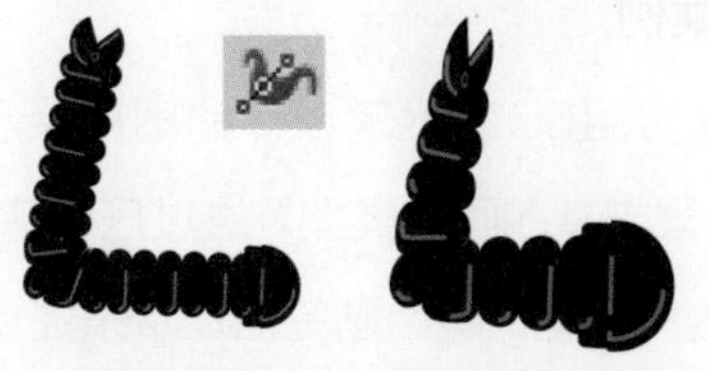

用【宽度工具】创建出图案画笔线条的粗细变化效果

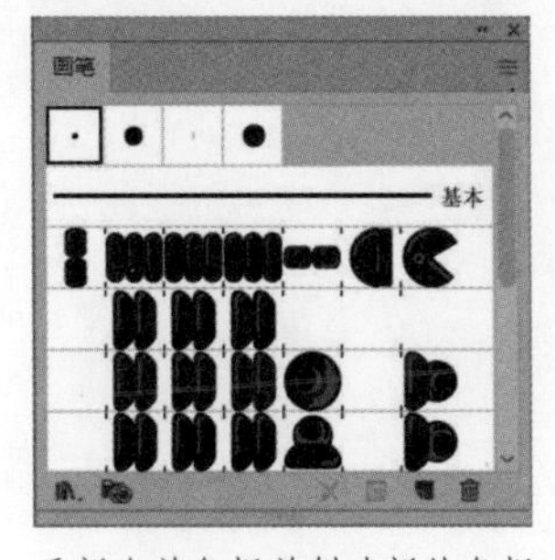

重新合并色板并创建新的色板，以组合出新的图案画笔

设计案例

这份用6D艺术笔设计的图稿展示了Illustrator里丰富的画笔类型。通过压感笔和数位板使用这些画笔，能给画笔描边带来更多的变化。毛刷画笔跟艺术笔配合得很好，为绘画增加了一个新的维度。一些描边可以手动变换（不是用【书法画笔】【散点画笔】或【毛刷画笔】画的描边），还可以通过用【宽度工具】修改它的轮廓，然后保存该轮廓以适用于其他描边。

设计案例

设计师对参考照片里的一些细节做了重建，得到了跟参考照片非常相似的效果。在整个过程中，设计师非常细致地绘制了填色路径，但对于一些细节部分（例如右图所示的杂草区域），还是使用了自定义的艺术画笔和散点画笔。设计师喜欢用散点画笔绘制小叶子，用艺术画笔绘制大一点的叶子。要创建艺术画笔和散点画笔，先要绘制杂草，然后将其拖至【画笔】面板中，单击【新建画笔】，在弹出的对话框里选择【艺术画笔】或【散点画笔】（右图是部分画笔）。如果是艺术画笔，就要指定描边的方向（从

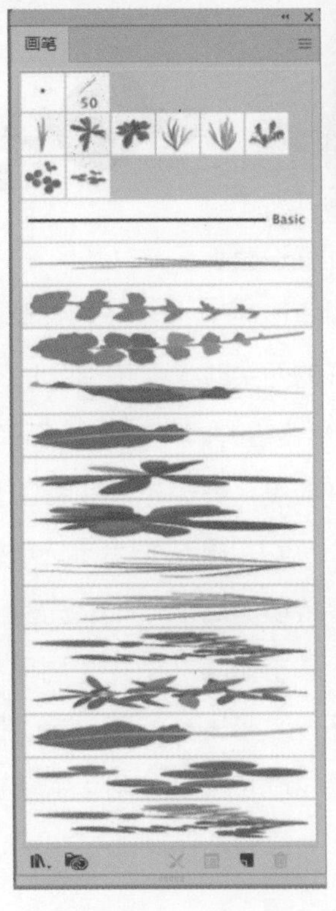

上往下还是从左往右），这样在绘制画笔描边时，叶子的方向才是对的。艺术画笔的其他参数保留默认的设置。对于散点画笔，更改每一株草的基础设置（大小、间距、分布和旋转），设置【旋转相对于】为【页面】。为了在画笔中保留原始图稿的颜色，将【着色】选项组中的【方法】设为【无】。在用画笔进行绘制时，先选择【画笔工具】，选择一个散点画笔或艺术画笔，然后绘制路径，从而得到草丛的效果。

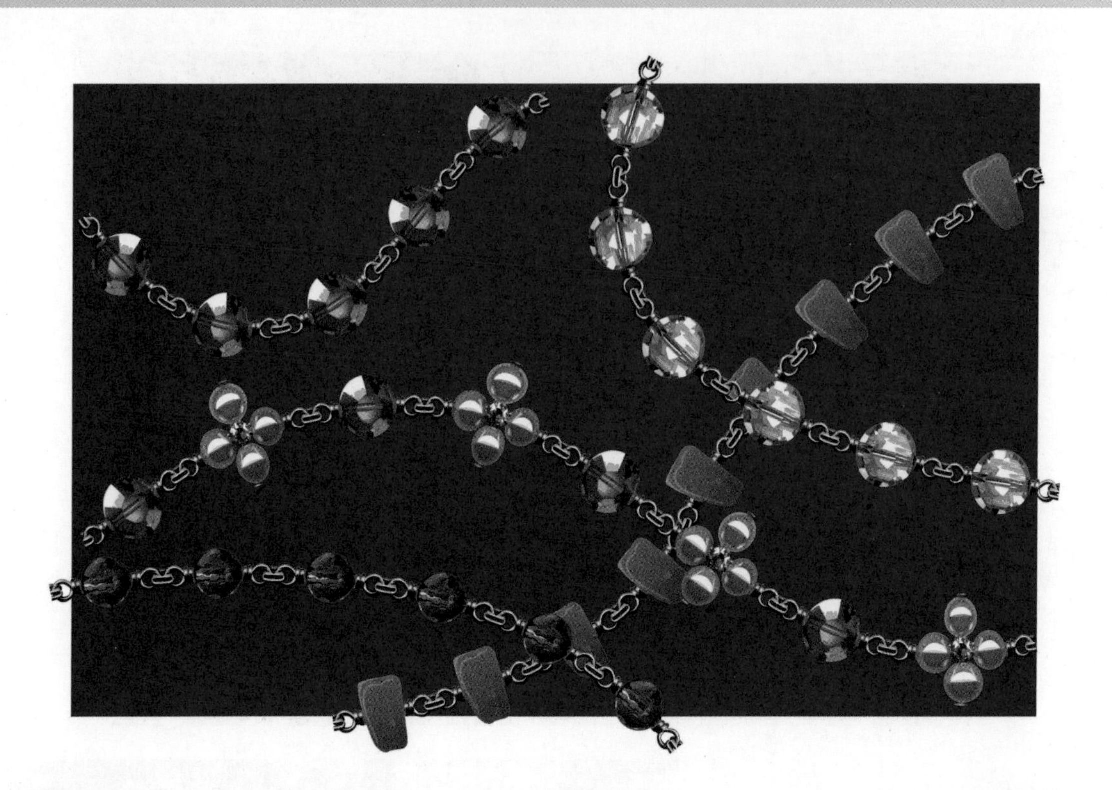

设计案例

第一眼看这条复杂的、缀满珠子的项链，你一定会觉得画起来肯定很难，实际上，利用图案画笔分段构建项链，整个过程就没有那么难了。设计师用混合和实色填充对象设计了项链并制作了珠子部分。在制作珠子的两头时要尤其仔细，确保珠子的连接处是严丝合缝的。在绘制项链的两端时，先选中项链并拖曳，得到一个副本（快捷键Shift+Opt/Shift+Alt），把这个副本拖到项链的另一边。继续保持项链处在被选中的状态，选择【镜像工具】，单击项链的上方和下方，对项链做垂直镜像处理。把珠子组合起来，不管是单个的珠子还是成对的珠子，都单击【画笔】面板底部的【新建画笔】，在弹出的对话框里选择【图案画笔】并单击【确定】。在弹出的【图案画笔选项】对话框里，保持【着色】选项组中的【方法】为【无】，在【适合】选项组中选择【伸展以适合】。在绘制项链时，先使用【画笔工具】绘制一条路径，同时选中【画笔】面板中需要的珠子图案画笔以应用该画笔。因为已经制作了珠子图案画笔，所以可以很轻松地调整项链的长度或项链的路径。

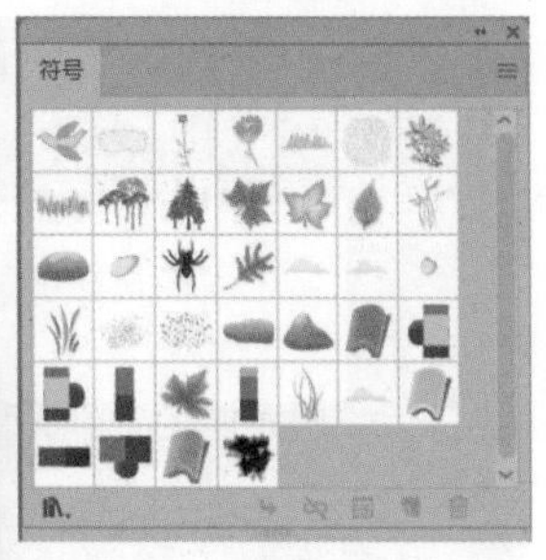

设计案例

为了绘制这张城市画像，设计师主要应用了Illustrator里的【符号库】和【符号】面板。选择【窗口】>【符号库】>【用户定义】，制作一个面板，只囊括自己需要的符号。把所有需要重复使用的细节部分都保存为符号，方便以后能快速应用。为了绘制背景房屋的屋顶拼贴，先制作好一个拼贴并为其填色，然后复制两个副本，分别填充不同的颜色，把这两个副本拖曳到【符号】面板里，在打开的对话框中重命名，单击【确定】，这样就能从面板中快速拖曳不同的拼贴，将其排列成屋顶的样子。在创建前景中的红色水管时，重复使用多个元素的副本，例如螺母和螺栓，把这些元素保存为符号（如上面右下图所示）方便重复使用。同样，利用符号库创建管道周围的绿植和马路，使用【符号】面板中符号库里的草、叶子以及石头等符号。为了让透视的效果更加真实，对一些符号进行修改，例如选择【效果】>【扭曲和变换】把石头符号转换成平铺的混凝土路面；通过调整点状图案符号，创建出路面上的污点。至于车轮上的污渍，先在低一点的位置绘制一条路径，然后进入【内部绘图】模式，用【符号喷枪工具】沿着车轮外的路径喷撒沙土符号。最后，选中路径，降低不透明度，完成制作。

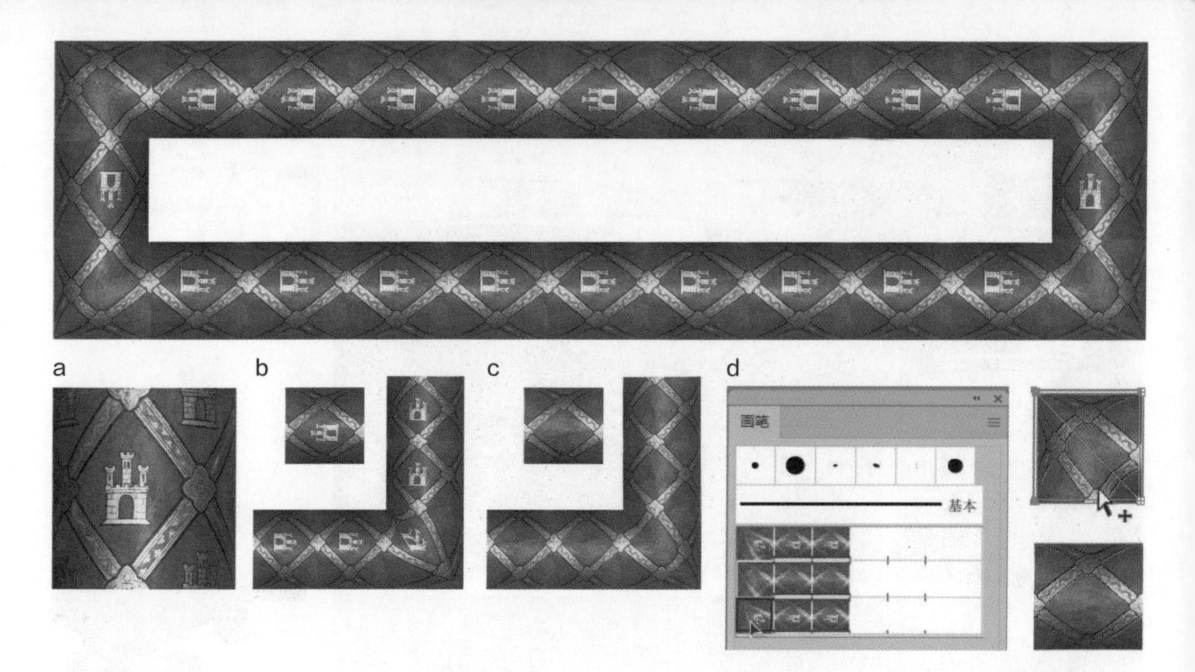

设计案例

设计师打算在这张手绘的不对称装饰图案的基础上创建一个图案画笔。要各方面都完整地呈现城堡基本上是不可能的（见图a），所以设计师使用Photoshop里的【仿制图章工具】删除了大部分的城堡主题，只留下一个完整的城堡。裁剪好该城堡之后，将其粘贴到Illustrator中并打开，然后旋转并将其拖曳到【画笔】面板，创建图案画笔。在【图案画笔选项】对话框里，选择【转角拼贴】的类型为【自动居中】。结果就是虽然图案很漂亮，但会出现一个自动生成的扭曲转角（见图b）。要想转角平滑，回到Photoshop，用【仿制图章工具】完全删除城堡，接着就用修改后的版本创建一个新的图案（见图c）。在用新的平滑转角替代扭曲转角时，拖曳城堡画笔至【画笔】面板的【新建画笔】上复制该画笔。接着，设置【画笔】面板为缩览图显示，选中并拖曳不含城堡的图案画笔到画板中，画板中显示了组成各拼贴的艺术对象。为了用平滑转角取代扭曲转角，选择【直接选择工具】，框选形成平滑转角的艺术对象。按住Opt/Alt键的同时拖曳所选对象到【画笔】面板，当新建的平滑转角正好位于复制图中扭曲的城堡拼贴的正上方，出现“+”图标时松开鼠标左键（见图d）。在【图案画笔选项】对话框中单击【确定】，这样，一个包含平滑转角拼贴的图案画笔就创建好了。

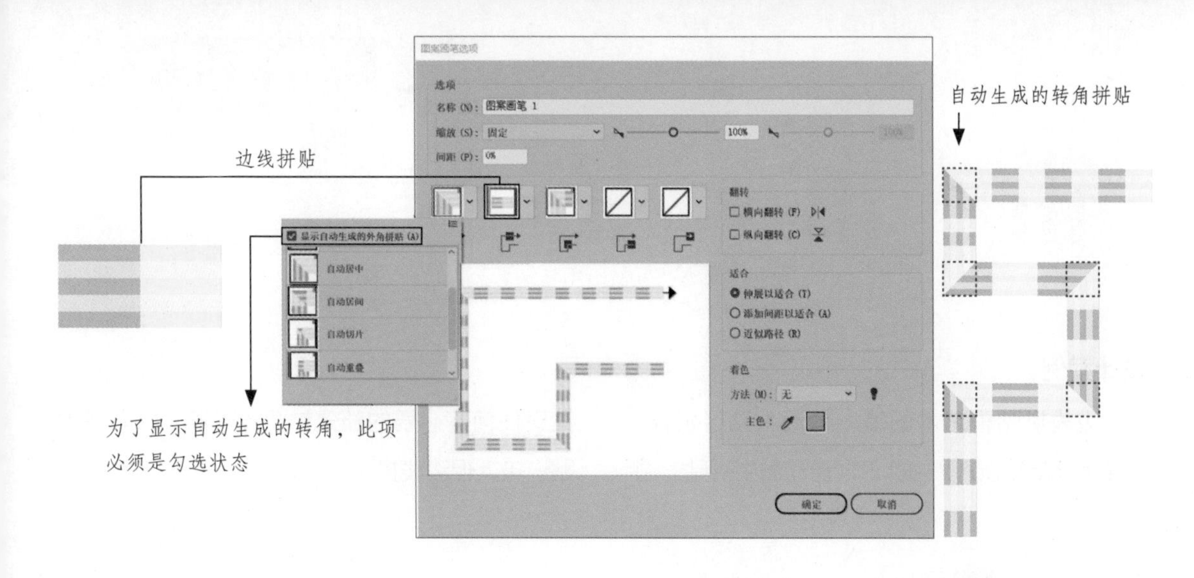

设计案例

设计师创建了一种能用来展示CC版本新增的自动生成转角功能的图案画笔。需要注意的是，在【图案画笔选项】对话框里，【显示自动生成的外角拼贴】复选框是默认勾选的，如果拼贴没有在转角拼贴的列表里出现，先查看该复选框是否处于被勾选状态。Illustrator计算转角的方法有几种，我们可以根据实际情况组合使用。计算转角的方法包括拉伸图案（像艺术画笔一样）、复制图案扩展区域并叠加，最后通过不同的方法剪切部分图案或进行“切片”，删除多余的部分。这些自动生成的拼贴将与边线拼贴相适应，不过要记住查看【图案画笔选项】对话框里【边线拼贴】任意一侧【内角拼贴】和【外角拼贴】的选择，确保内转角恰当美观。

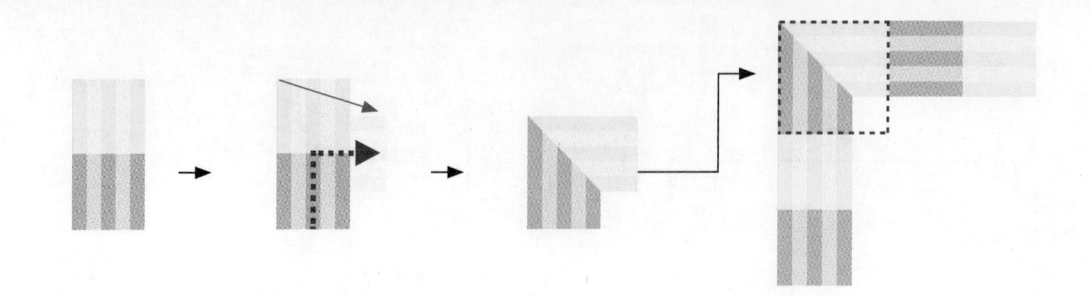

设计案例

边线拼贴跟艺术画笔一样沿着路径延伸，在转角处旋转90°，由此形成自动居中拼贴。图案里任何不必要的部分都要裁剪掉，以平滑拼贴连接，但边线拼贴不能分割。

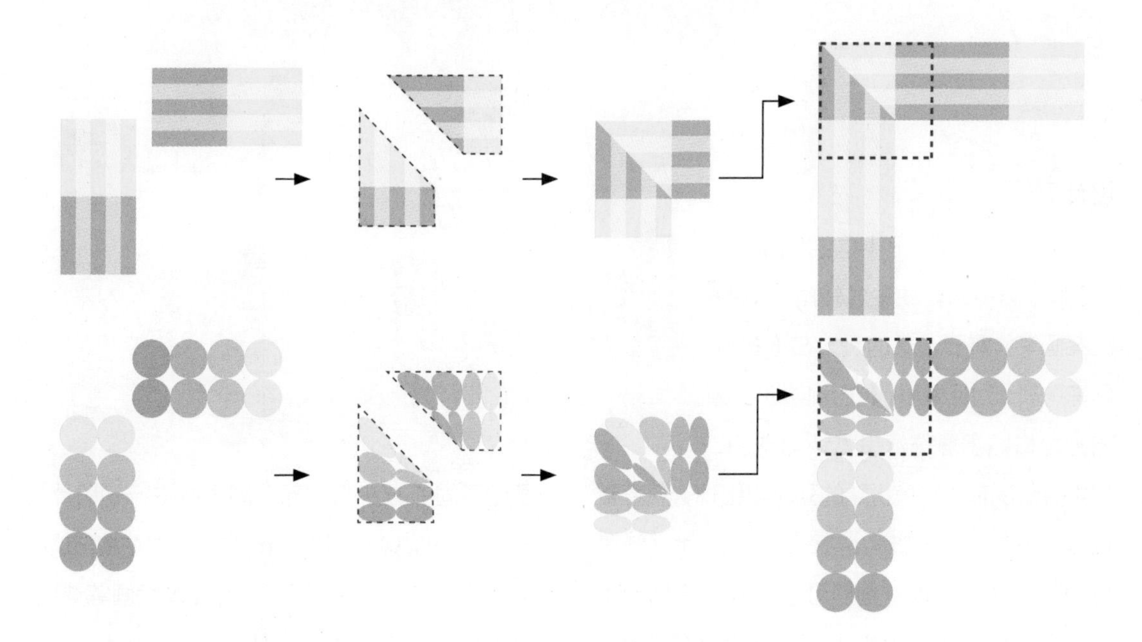

【自动居中】通过调整两个边线拼贴的副本来适应表示一半转角的几何图形，两个副本一个是垂直方向的，另一个是水平旋转90°的。Illustrator以左上角45°的角度剪切副本，并沿着切线连接。当边线拼贴不是正方形时，拼贴的图案会出现扭曲。拼贴的区域越不规则，这种扭曲就越明显。如果对象是圆形的，拼贴造成的扭曲会更明显，例如直线组成的图案就比椭圆形组成的图案扭曲程度小。

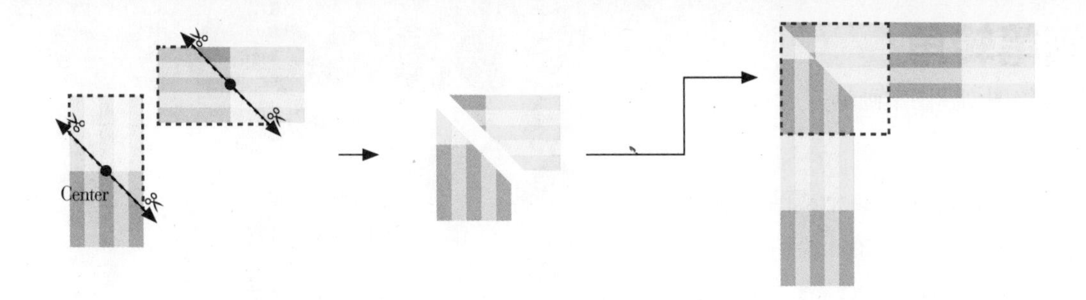

设计案例

【自动切片】也使用边线拼贴的两个副本。Illustrator将副本分别水平和垂直放置，然后找到拼贴的中心点，通过中心点，以45°角从左上至右下剪切副本。然后删除垂直拼贴的顶部和水平拼贴的左侧，沿着切线连接副本，由此构成转角拼贴。

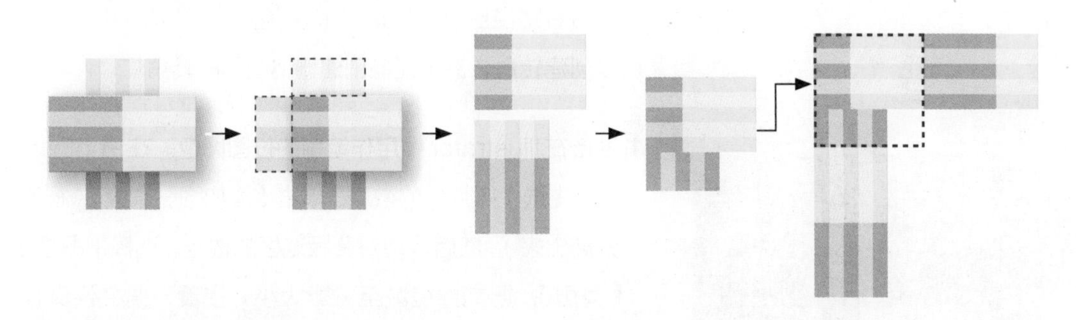

【自动重叠】使用边线拼贴的两个副本，一个垂直放置，另一个水平放置，以便在中心点处对齐拼贴。然后删除拼贴的顶部和左侧多余的部分。剩下的拼贴仍然在中心位置重叠。沿着重叠边缘裁切拼贴并删除隐藏部分。最后，连接这两个部分构成转角拼贴。

自动转角

在【图案画笔选项】对话框里，必须勾选【显示自动生成的外角拼贴】复选框，这样才可以访问生成自动转角的4种方法。

内转角还是外转角？

在主要图案（边线）拼贴任一侧的下拉列表中，必须分别设置转角方法（无、自动生成或从选定的图稿中生成）；在左侧设置外转角，在右侧设置内转角。

画笔转角

用栅格图创建图案画笔

摘要：通过在Photoshop或图像编辑器中创建蒙版，将照片的一部分分离出来用作栅格画笔；导入图像到Illustrator里，嵌入并重新调整大小；从栅格图中创建图案画笔；在【图案画笔选项】对话框里设置属性。

沿着路径应用图案画笔非常简单，而且Illustrator现在可以创建转角，甚至还能创建栅格画笔的转角！

1

（左）原始图像与（右）Photoshop里的蒙版图像

1 准备在Illustrator中用作笔刷的位图图像。在Photoshop里，先选中照片中的徽章，单击【添加图层蒙版】（把徽章分离出来），然后保持对蒙版选区的选定，选择【图像】>【裁切】，把文件缩减至徽章大小。接着，把文件保存为PNG格式，让文件尽可能小点，以便把图像作为嵌入式图像导入Illustrator。当然，也可以选择PSD或PNG格式来导入带有不透明度的蒙版对象。接着在Illustrator里打开图像。也可以选择【文件】>【置入】，取消勾选【链接】复选框，或者如果文件中已经含有链接图像，单击【控制】面板里的【嵌入】导入图像。然后，调整图像至理想的框架尺寸（按住Shift键的同时拖曳定界框的边角）。

2

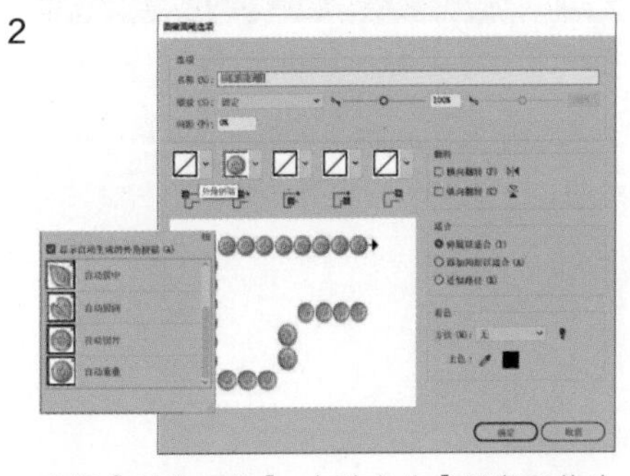

选择【图案画笔】，在弹出的【图案画笔选项】对话框里选择转角拼贴

2 创建图案画笔。拖曳图像到【画笔】面板，选择【图案画笔】并单击【确定】。在弹出的【图案画笔选项】对话框里，为第一版的画笔命名。【缩放】选择【固定】（100%），【间距】为0%。选择【外角拼贴】，转角拼贴的方法是【自动居中】；然后选择【内角拼贴】，转角拼贴的方法同样选择【自动居中】。另外，在【适合】选项组中选择【近似路径】，设置【选项】选项组中的【间距】为0%。使用

【矩形工具】建立一个矩形，在【画笔】面板中选择【徽章图案画笔】。因为已经把【近似路径】的【间距】设为了0%，所以徽章图案画笔会均匀地分布在路径上，徽章跟徽章之间没有缝隙，也没有发生扭曲。不过，画笔还是要根据路径调整图案的大小以适应图案拼贴。图案越小，在应用时需要改动的地方也就越少。我们可以通过在【控制】面板里调整描边的粗细来缩小图案。

3 **画笔的试验。**最好在副本上试验画笔。拖曳想要更改的画笔到【画笔】面板右下端的【新建画笔】上，然后在面板里双击该画笔进行修改。在【图案画笔选项】对话框中，你可以尝试使用不同的【间距】、不同类型的【转角】以及不同的【适合】和【缩放】。重命名画笔以反映你所做的修改，然后单击【确定】。继续应用该画笔到另一条路径上，或者复制原始路径并应用刚才修改过的路径，以此来比较不同的画笔。

我们可以继续创建新的画笔，把各项参数都试一遍。另外，如果提前对画笔按内容命名，我们还能够确定要尝试的【转角】【适合】和【缩放】是否有其他组合。如果图像形状复杂或者图案有重复的话，要找到合适的自动转角类型就不是很容易。如果不喜欢自动转角的结果，回到图像编辑器，重新调整图像，然后尝试【自动转角】。如果这样还得不到满意的转角，可以在Illustrator里手动编辑转角。

通过单击【控制】面板里的【描边】可以缩窄描边；在选择【近似路径】后，路径的调整幅度实现最小化

提取图像裁切的部分

在Photoshop里按预想的拼贴尺寸创建图像蒙版并裁切，而不是在Illustrator里把剪切蒙版应用到置入图像上，这是因为Illustrator在确定拼贴的大小时，参考的是置入图像的整体尺寸，而不是裁切区域的尺寸。

3

（左）【自动居中】形成的转角和（右）【自动切片】形成的转角

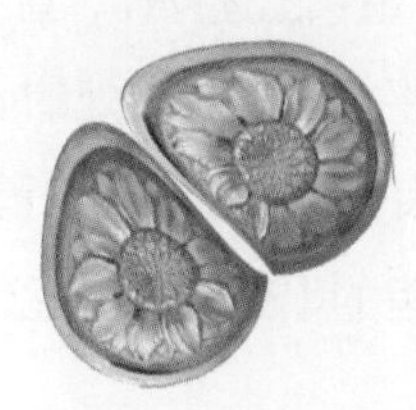

（左）【自动居中】形成的转角和（右）【自动重叠】形成的转角

设计案例

设计师通过【变量宽度配置文件】来创建图案画笔的变化效果。首先，用书法画笔、压感笔和数位板绘制瓶子、文本、链子以及蓝色的珠子。为了创建心形的珠子，先扫描一个心形石头，然后在Photoshop里创建蒙版。接着，把这张心形的PNG图像导入Illustrator画板里，在【控制】面板里单击【嵌入】，按比例缩放图像。接着把串珠的对象跟心形的珠子对齐，然后一起拖到【画笔】面板里，选择【图案画笔】，保留所有默认设置。使用【画笔工具】绘制一条圆形路径，单击图案画笔并将其应用到该路径上。为了增强项链的立体感，体现珠子大小的细微变化，选定路径，切换到【宽度工具】，在路径上选择几个点编辑宽度，在拖曳点的同时按住Shift键，便于统一更改宽度。继续上述操作，直到所有的珠子看起来都是水平放置的，近处的心形珠子看起来比远处的要大一些。在保存配置文件时，单击【控制】面板里的【变量宽度配置文件】，

选择【添加到配置文件】。这些主要的元素都处理好后，用毛刷画笔给背景上色，用书法画笔绘制文字和花朵。之前已经按照应用设置保存了配置文件，现在就可以将该自定义配置文件应用到包括画笔在内的各种类型的路径中。

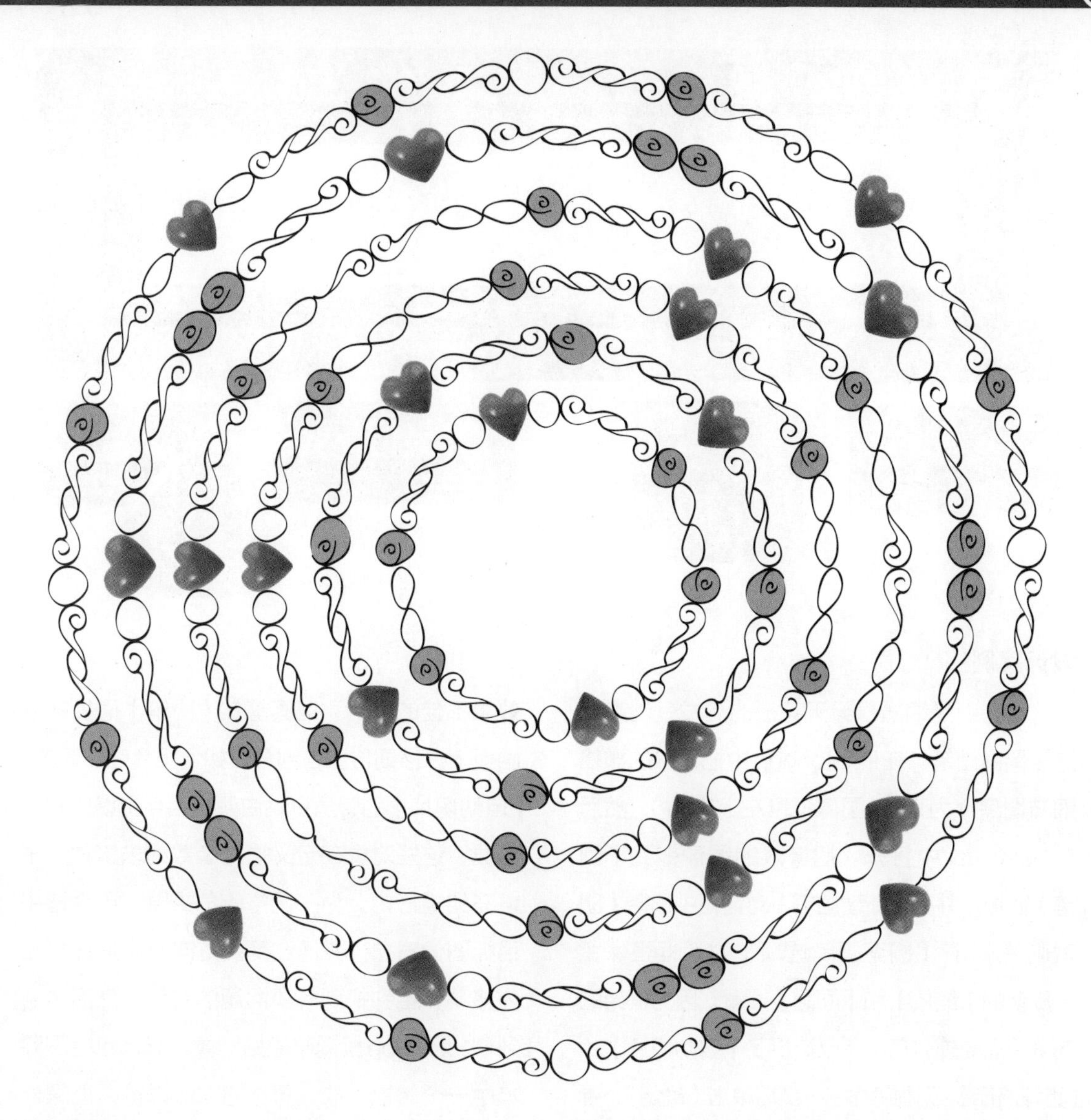

设计案例

只需对设计做一些调整，就可以非常快速地对之前创建的图案画笔做出更改。右图所示的是上一页创建的几种图案画笔的变体，之后会将其应用于上方的圆形路径中。

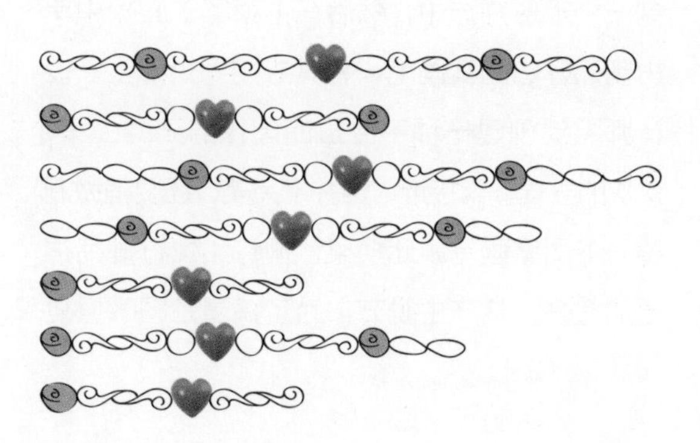

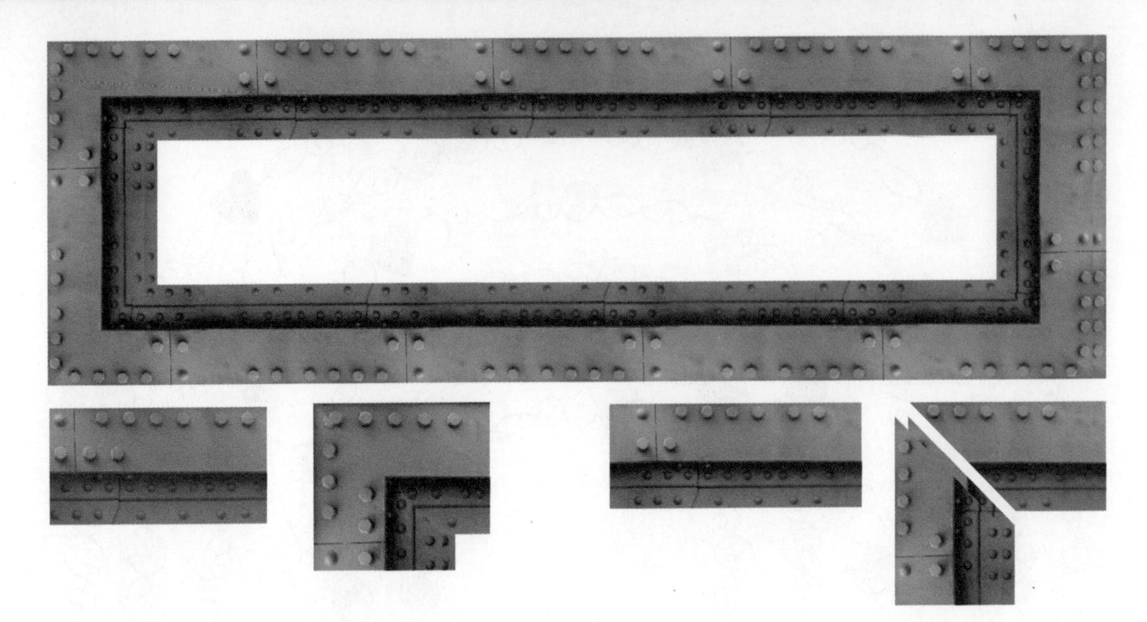

设计案例

设计师受钢质横梁天花板的启发，创建了这款图案画笔。在Photoshop中把横梁的栅格细节图保存为PNG图像（见左上方图），然后在Illustrator中打开。把嵌入的图像拖到【画笔】面板，并在【新建画笔】对话框中选择【图案画笔】。在【图案画笔选项】对话框里保留了默认的【缩放】和【间距】设置。因为框架的部分只需要外转角，所以选择了【自动切片】和【近似路径】。为画笔命名，然后单击【确定】。绘制一个矩形并选中，然后在【画笔】面板中单击创建好的图案画笔，将其应用到矩形上。设计师希望创建一种不会扭曲图像的无缝图案，这次的尝试非常接近，但并不完美，还要稍微调整一下图案画笔，让横梁、铆钉和螺钉排列得更加整齐，不产生脱节。为了搞清楚图案重复效果不佳的原因，把画笔从【画笔】面板拖到画板上，仔细检查各部分是如何组合在一起的。【自动切片】的转角拼贴由两个相互重叠的对象组成，这些对象在定义边角参数的未描边、未填充的矩形内。为了调整转角拼贴，逐个选中目标图像对象，并通过箭头方向键将其在拼贴内移动，直到找到解决问题的方法。然后，回到Photoshop里调整原始图像，具体包括删除其中一个螺栓，放大图像的末端以扩大无螺栓的区域，调整一侧的横梁以使其与另一侧均匀对齐。更改后将图像再次置入Illustrator，创建新的图案画笔。由于图像很复杂，设计师不得不在Photoshop和Illustrator里来回切换，用拼贴创建新的画笔，以获得最终完美的图像，【自动转角】就这样完美地呈现出来了。

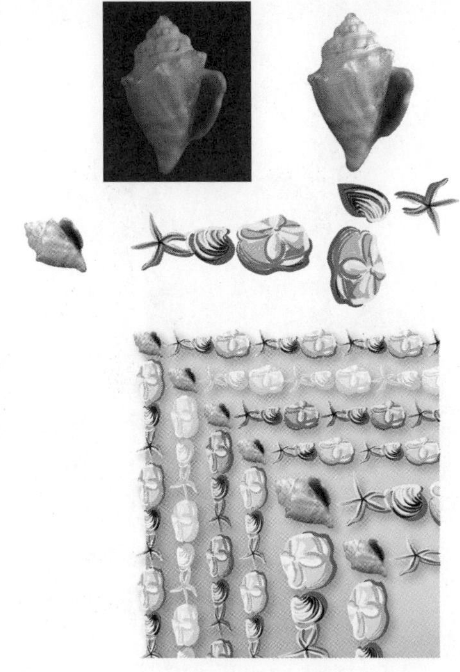

设计案例

设计师先是复制并缩放了贝壳和海星，再把它们重新排列。然后，设计师将这些贝壳和海星拖到【画笔】面板中，选择【图案画笔】，在【图案画笔选项】对话框里选择【伸展以适合】（该选项就在【适合】选项组中），选择【淡色和暗色】作为着色的【方法】，然后单击【确定】。至于转角的位置，设计师决定使用一张真实贝壳的照片。在Photoshop中为该照片添加蒙版后，设计师将其作为嵌入式图像置入Illustrator中。为了把照片作为转角拼贴添加到图案画笔里，先选定贝壳蒙版，然后按住Opt/Alt键，将照片拖到贝壳图案画笔最左侧的拼贴空间上，【画笔】面板以缩览图的形式显示。确认各选项的设置都正确后，单击【确定】。应用画笔到矩形上形成框架后，设计师并不喜欢贝壳的位置。为了弄清楚要如何重新摆放，设计师以画板上的框架作为参考，把贝壳蒙版的副本放在框架原始转角的上面，然后将其旋转到让人满意的位置。按住Option/Alt键的同时，将旋转后的贝壳拖到【画笔】面板中先前的转角拼贴上，其他选项保持不变。为了制作图案画笔，使用原始图案画笔的副本，在【控制】面板中调整描边的粗细，并在【图案画笔选项】对话框里尝试不同的着色方法。为了给图案画笔的矢量对象添加颜色，更改描边颜色。为了给边框添加投影效果，在【外观】面板中选择【描边】，单击【添加新效果】，在弹出的菜单里选择【风格化】>【投影】。右上方的图片显示的是一些对颜色和缩放的尝试。

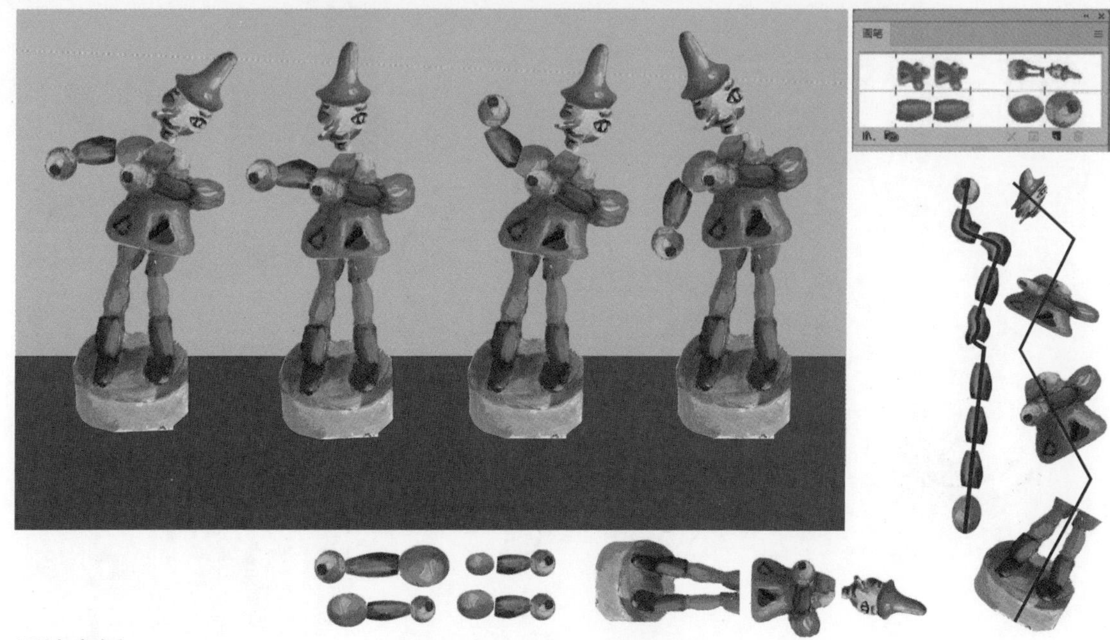

设计案例

设计师发现自己可以在Illustrator中用栅格图像进行绘制后，决定尝试用油画中的意大利手偶制作一个图案画笔。在Photoshop中，设计师结合了相关作品中不同的绘画细节，得到了能把头部、躯干和腿部3个部分连接起来的所有必需部件，以及另外3个连接关节的部件（胳膊两端各一个，中间一个）。为每一个对象建立蒙版并进行剪切，保存为独立的PNG文件，然后把这些PNG文件作为嵌入式对象全部置入一个Illustrator文件。旋转对象，直到所有的对象都水平放置，然后拖曳躯干部分到【画笔】面板中，在【新建画笔】对话框中选择【图案画笔】后，单击【确定】进入【图案画笔选项】对话框，再次单击【确定】退出该对话框。在将【画笔】面板设置为缩览图视图的情况下，按住Opt/Alt键并拖曳双腿和底座到拼贴起点，然后将画笔应用于路径，检查这部分的缩放比例和位置是否合适。重复此过程，把木偶的头放在拼贴末端，然后类似地分3个阶段创建手臂画笔。选择【钢笔工具】，先用身体部分的图案画笔绘制，然后用手臂部分的图案画笔绘制。对路径的长度和角度的设置一定要保持谨慎，一个不小心就可能让木偶间产生细微差别，甚至出现奇怪的效果。

设计案例

并非所有的图案都能与转角配合使用。把“纸娃娃”图像置入Illustrator中，使其变成图案画笔，再把图案画笔环绕一圈，也能轻松实现相同的结果。在【外观】面板中的【fx】菜单中选择投影和比较细的描边，然后试着将该图案应用到矩形上，但自动转角没有一个是令人满意的。为此，可以把图案应用到一个圆角矩形上，就可以消除所有的转角。使用实时矩形，只需使用【矩形工具】创建一个矩形。之前已经创建好矩形的，则选择【对象】>【形状】>【转换为形状】。如果尚未应用图案，单击【控制】面板中的【画笔定义】，然后从下拉列表中选择画笔。现在，在【控制】面板或【变换】面板中单击箭头以调整【圆角半径】的数值。具体选择多大的半径才合适，要根据样式、矩形大小和描边粗细（图示两个版本均为90pt）来决定。

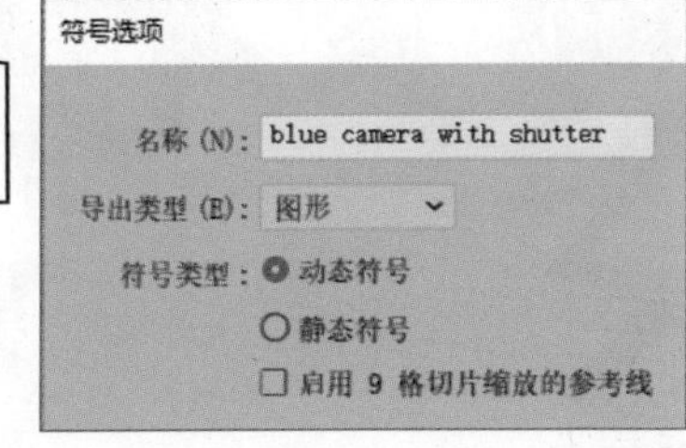

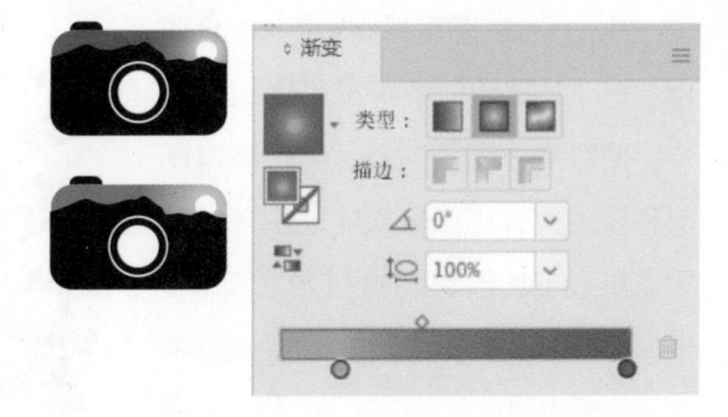

设计案例

这是一个摄影画廊网站的图标。首先，选择【圆角矩形工具】绘制出相机的形状。接下来，绘制一座山，用黑色填充。按照相机的大小调整山的大小和形状，再复制相机，选中山，单击【路径查找器】面板中的【联集】。然后，绘制相机的镜头、闪光灯和快门按钮。最后，选定相机，用蓝色渐变填充，代表天空。为了保存这个图标，将其转换成一个图形符号，具体做法是，先选中该图标，然后在【符号】面板中单击【新建符号】，确保【符号选项】对话框中的【符号类型】是【动态符号】，以便以后可以直接编辑其颜色，然后单击【确定】。现在，之前的图稿就被新符号代替了。制作不同颜色的相机图标，以查看哪种颜色在哪种网页配色方案中效果最好。为此，选择【直接选择工具】，然后单击图标的天空区域。接着，打开【渐变】面板并尝试不同的颜色渐变。在查看所有版本并选择添加到网页横幅的版本之前，先把这些不同颜色的相机都存储为新符号。以后就可以轻松地使用这些图标来更新网页、切换新的主题颜色或自定义特定页面的颜色。

第5章
颜色过渡

删除颜色时不会弹出警告对话框

如果单击【色板】面板中的垃圾桶图标，删除已经应用到文档中的某种颜色，那么Illustrator不会弹出警告对话框。在Illustrator里，只需删除色板，即可将所有的全局颜色和专色转换为非全局印刷色。为了避免这种情况出现，先单击【选择所有未使用的色板】，然后单击垃圾桶图标。

RGB还是CMYK？

选择一种网页文档格式后，意味着我们将要在RGB颜色空间里工作。如果作品既要印刷又要在线显示，那么最好在印刷模式下或者CMYK颜色空间里绘制。

进入面板

除了【颜色】和【色板】面板之外，我们还可以通过【外观】和【控制】面板访问弹出式的【色板】面板。在【外观】面板中，单击【填充】或【描边】，会显示一个下拉箭头，单击该箭头可以打开弹出式的【色板】面板；按住Shift键单击能访问【颜色】面板，而且无须离开【外观】面板。在【控制】面板中，只需单击【填充】或【描边】旁边的下拉箭头，即可打开对应的弹出式面板。

不管图稿的颜色是黑色的、白色的，还是灰色的；也不管调色板范围是有限的，还是可以应用全频谱的色彩，掌握色彩的过渡以及色彩的组合应用都是熟练使用Illustrator的关键。本章会重点介绍对Illustrator里的对象进行着色或重新着色的多种方法，包括如何使用多种面板、如何应用渐变和渐变网格创建出颜色过渡的效果，以及如何使用实时上色面板组。

【颜色】和【色板】面板的应用

在所有面板里，能帮助我们处理颜色的面板主要有【色板】面板、【颜色参考】面板、【渐变】面板、【外观】面板和【控制】面板。单击【填色】或【描边】色块旁的下拉箭头会弹出一个【色板】面板，按住Shift键的同时单击该下拉箭头会弹出一个【颜色】面板。

如果想要把当前的描边或填色另存为色板，只需从工具栏或【颜色】面板中拖曳描边或填色至【色板】面板。把【颜色参考】面板中的颜色拖曳到【色板】面板，也能创建色板。如果要在创建时命名单个选定的颜色（并根据需要将其设置为全局颜色），请单击【色板】面板底部的【新建色板】。不管什么时候，只要是将包含自定义色板的对象从一个文档复制到另一个文档，Illustrator会自动将这些色板添加到新文档的面板中。

Illustrator里有3种实色填充，分别是印刷色、全局印刷色和专色。这3种颜色很容易区分。在CC版本中，除非你在【新建色板】对话框中取消勾选【添加到我的库】复选框，否则在创建新色板时，新色板将被添加到Creative Cloud库中。

- **印刷**时使用4种标准印刷色油墨的组合打印文本，这4种标准印刷色为青色、洋红色、黄色和黑色（常写为CMYK）。更改每种墨水的百分比就能更改颜色；或者从色板库中选择一种颜色作为印刷色，例如潘通（Pantone）色。

- **全局印刷色**是一种应用起来更加方便的印刷色：如果更新了某一全局印刷色的定义，那么Illustrator会在整个文档中自动更新该颜色。我们可以根据全局色图标（当面板为列表视图时）或色块下角的三角形（当面板为缩览图视图时）标识全局色色板。在【新建色板】或【色板选项】对话框中勾选【全局色】复选框（默认设置会随版本的不同发生变化），这样创建的色板即为全局色。
- **专色**是预先混合的用于代替或补充CMYK四色油墨的油墨。指定专色后，我们可以使用CMYK色域之外的颜色，得到一种比CMYK颜色更准确的颜色。打开【新建色板】对话框，在【颜色类型】的下拉列表里指定颜色为【专色】，当然我们也可以直接从色板库里选择一种专色，例如各种Pantone库（单击【色板】面板底部的【“色板库”菜单】，选择【色标簿】）。所有的专色都可以是全局色，因此如果更改了对某个专色的定义，文档中的该专色会自动更新；【色板】面板中的颜色如果以缩览图的形式显示，那么专色的右下角会出现一个小三角形，以及一个小点。如果【色板】面板以列表视图形式显示，专色上同样标记有专色图标。

颜色组和【颜色参考】面板

Illustrator自带的默认文档配置文件里就包括了几种色板和一到两个颜色组。如果想创建并保存自己的颜色组，请在【色板】面板或【颜色参考】面板中选择多种颜色，或者在图稿中选择包含所需颜色的对象，然后单击【色板】面板中的【新建颜色组】。

【颜色参考】面板可帮助你根据不同的颜色主题混合和匹配颜色。【颜色参考】面板的左上方有一个“基本色彩”色板。单击【颜色参考】面板、【颜色】面板或【色板】面板中的一种颜色，即可应用基本色彩。在基本色彩色板的右侧，我们可以选择一个协调规则，该规则将根据科学的色彩

四色印刷

如果文档里的对象有专色，我们可以在【打印】对话框里勾选【将所有专色转换为印刷色】复选框，采用四色分离印刷的方法进行打印。但是请注意，这可能会导致偏色。

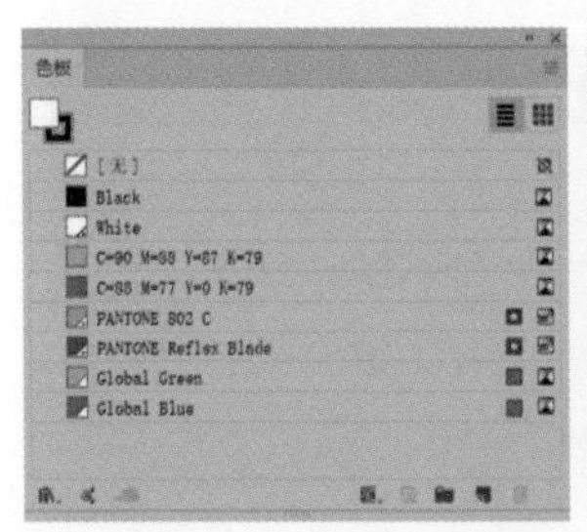
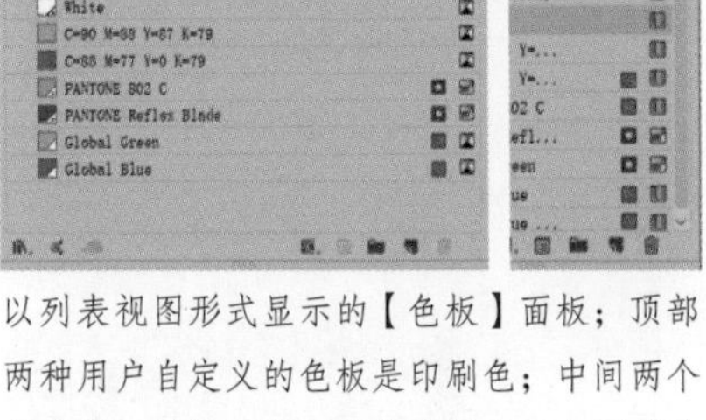

以列表视图形式显示的【色板】面板；顶部两种用户自定义的色板是印刷色；中间两个是专色；最后面的两种是全局色（左图对应的文档是CMYK模式，右图对应的文档是RGB模式）

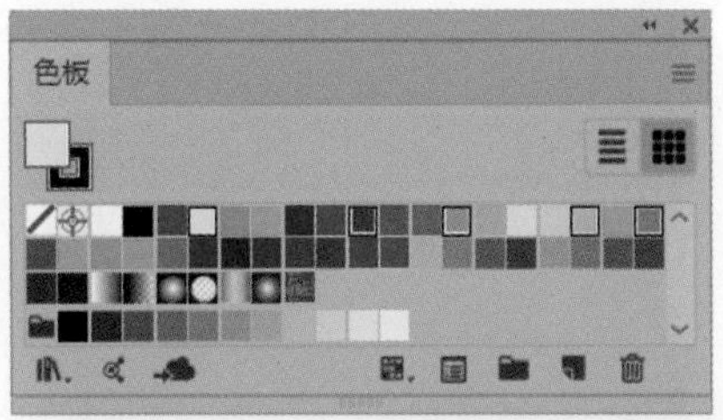

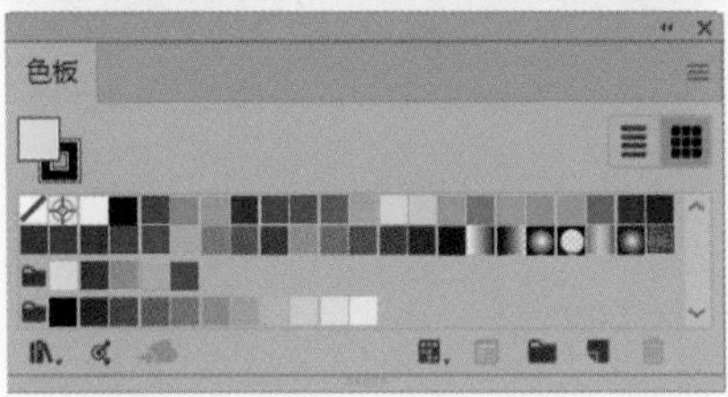

【新建颜色组】可以帮我们组织【色板】面板，手动创建颜色组，或者根据选中的对象创建颜色组（上图显示选中的颜色，下图显示保存的颜色组）。我们还可以给颜色组指定名称

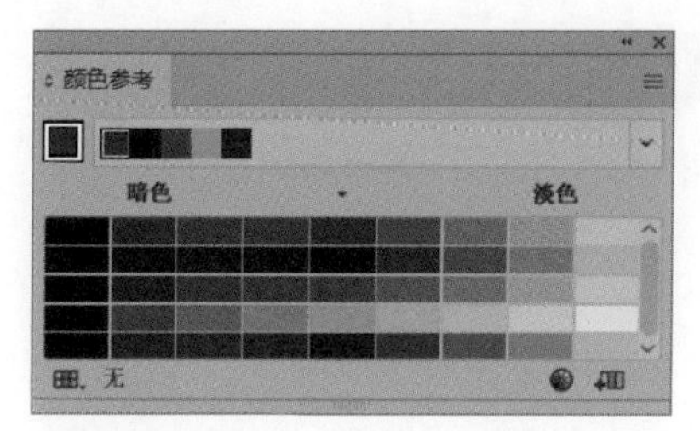

在【颜色参考】面板里，通过【颜色参考选项】对话框把【步骤】从默认的4改为7

把渐变恢复为默认设置

选中已经更改过渐变角度（或高光）的对象后，新绘制的对象也会有相同的属性。将渐变设置（例如角度）“归零”最快的方法是按Opt/Alt键，然后单击【渐变】色板。对于线性渐变，我们还可以在【角度】文本框中输入0。另外，我们可以使用【渐变】面板在【径向】和【线性】之间切换，然后重新设定角度，无须移除或重新定位色标。

超大的【渐变】面板

【渐变】面板有一个特殊的功能，那就是可以被拉高拉宽，其中的渐变滑块也会相应地增大尺寸，从而使设计复杂渐变变得更加容易。

理论自动选择与基础色相匹配的颜色。或者，在【色板】面板中，单击颜色组中的“颜色组”，将该“颜色组”加载到【颜色参考】面板中。然后，我们可以通过选择色相、亮度和颜色饱和度来显示颜色组（使用【颜色参考】面板的扩展菜单），这样一来也能预览这些颜色的变化。把选定的一个或多个色板拖曳到【色板】面板中保存，或者直接单击【将颜色保存到“色板”面板】，将其保存至【色板】面板中。单击【色板】面板中的【新建颜色组】，保存当前的协调规则。

单击基色最右侧的下拉箭头，可以打开【协调规则】下拉列表。选择好新的协调规则后，其颜色将自动填充到基色旁边的色带中。要更改颜色组中显示的变化数目，在【颜色参考】面板的扩展菜单里选择【颜色参考选项】。在弹出的对话框里，可以更改每种颜色的渐变步骤数（最多为20）以及每步之间的变量值。此外，在面板扩展菜单中，还可以选择查看颜色的方式：淡色和暗色、暖色和冷色、亮光和暗光。我们还可以调节【颜色参考】面板的宽和高，以适应网格的大小。如果想要以当前的颜色组作为更多颜色变化的基础色，请单击面板底部的【编辑颜色】进入【编辑颜色】/【重新着色图稿】对话框（更多有关此图标的内容，请参见本节后面的部分）。

渐变

渐变就是从一种颜色到另一种颜色的无缝过渡，通常用于创建出更逼真的外观效果。在Illustrator里，我们可以创建径向或线性渐变。渐变不仅可以应用在填色上，还可以应用到描边上。在填色上应用渐变与在描边上应用渐变有很多相似之处，但也有一些不同。

不管是填色还是描边，都可以从【色板】或【渐变】面板中选择一种渐变样式，而且都可以通过【色板】面板上的按钮或【窗口】菜单访问到【色板库】。单击【色板】面板中的【新建色板】以保存当前渐变。如果对已保存的渐变做了修改，可以通过单击原渐变图标旁边的箭头，在【渐变】面板中保存当前变化，然后单击【添加到色板】即可。

在【渐变】面板中，我们可以进行各种调整，包括添加色标、更改色标的颜色和不透明度、在【径向】和【线性】渐变模式之间切换，甚至反转渐变的方向。至于【渐变】面板如何更改才能显示渐变填色和渐变描边的详细信息，请阅读接下来的内容。

渐变填色和渐变批注者

除了线性渐变和径向渐变外，我们还可以通过修改径向渐变填充对象的比例来创建椭圆渐变的效果。如果要把当前或最后使用的渐变样式应用到对象上，首先得确保【渐变】面板、工具栏或【颜色】面板中的【填色】选项是激活的，然后在选择【渐变工具】的情况下，在对象上单击或按住鼠标左键并拖曳，把【渐变批注者】放置在对象上。在使用【渐变工具】或【渐变批注者】时，可以从对象的外部开始应用渐变，也可以在对象的外部结束渐变。要统一渐变在多个渐变填充对象中的显示方式：同时选中这些对象，然后按住鼠标左键拖曳，这样甚至可以统一不同的渐变。要修改选定对象中的渐变填充，请执行以下操作：用【渐变】面板编辑渐变；用【渐变批注者】编辑渐变；或者先把渐变另存为色板，然后编辑该色板以更新填色位置。

渐变填色和渐变描边之间的最大区别可能是，只有渐变填色允许使用【渐变工具】对对象本身的渐变进行调整。在【渐变工具】激活和【显示渐变批注者】启用的情况下，【渐变批注者】将在选中的对象上显示为跨越渐变区域的一个批注条。如果要用【渐变批注者】修改一个渐变填色，可以在批注条上沿着下边缘添加并移动色标。沿批注条的顶部滑动菱形可以调整色标之间的混合效果。双击色标，可以在打开的面板里更改色标的颜色，可以在【颜色】面板和【色板】面板之间随意切换，还可以在此处设置渐变的透明度。如果要旋转或缩放渐变，请将鼠标指针悬停在批注条的菱形末端上，直到鼠标指针变为缩放或旋转图标。另一端的空心圆圈重新放置渐变的起点。如果对象应用的是径向填充，还可以通过不断地拖曳实色角点把圆形渐变转换成椭圆形渐变。

启用上次使用渐变的快捷键

按“>”键可以应用上次所用的渐变及角度，按“<”键应用最后使用的实色填充。

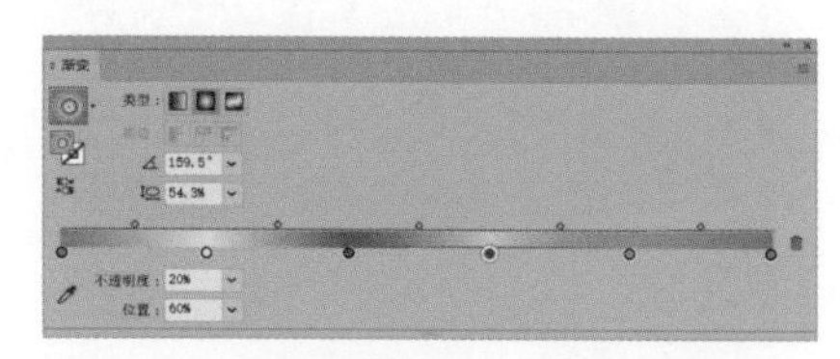

选择了【径向渐变】类型的【渐变】面板

给渐变添加颜色

- 将一个色板从【颜色】面板或【色板】面板中拖曳到渐变滑块上，直到出现一条垂直线，表示将在该处添加新的色标。
- 从工具栏或【渐变】面板的【填色】或【描边】中拖曳实色。
- 按住Opt/Alt键以拖曳色标的副本。
- 按住Opt/Alt键，拖曳一个色标至另一个色标上，就能交换两个色标的颜色。
- 对于【填色】，双击【渐变批注者】上的色标或【渐变】面板中的滑块，然后从【色板】或【颜色】面板中选择一种颜色。
- 对于【填色】，将鼠标指针悬停在【渐变批注者】下方，或者单击色标所在的渐变条的位置，即可添加新的色标；当鼠标指针处于可添加新的色标的正确位置时，鼠标指针附近会出现一个小小的“+”符号。

CC

【渐变批注者】怎么找不到了？

如果找不到【渐变批注者】，试着选择【视图】>【显示渐变批注者】（或按快捷键Cmd+Opt+G/Ctrl+Alt+G）。但是，如果对多个对象应用了一个统一的渐变，那么只会显示一个批注条，除非以后重新选择了一个或多个对象，这样才能看到每个对象的批注条。

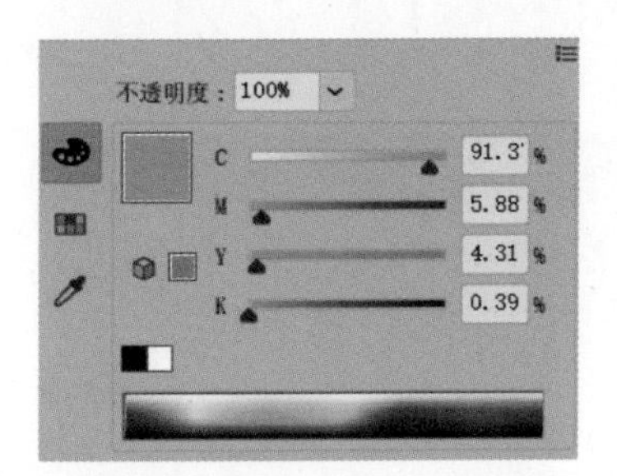

在使用【渐变批注者】时，双击色标即可打开【颜色】或【色板】面板

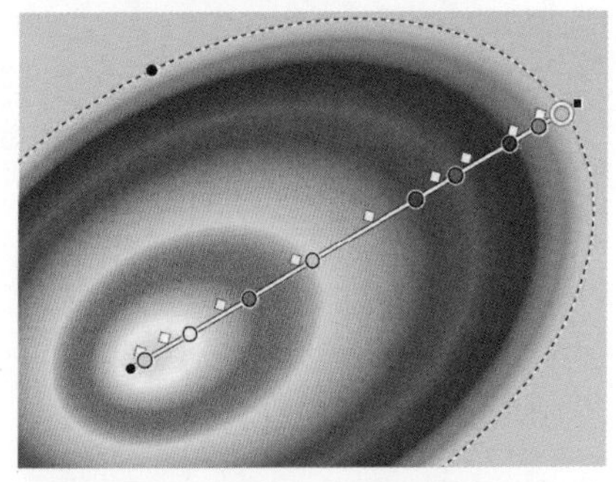

拖曳径向渐变的圆圈，使其变为椭圆形；旋转或缩放渐变（右端点）；移动渐变的起点

渐变图形样式

渐变的长宽比和角度设置并不会一同保存到渐变色板中。但是，如果把渐变色板另存为一个图形样式，那么这些设置就会随之保存起来。

描边渐变

描边渐变有一些特殊的选项是无法用于渐变填色的。【渐变】面板里有3种对齐选项供我们选择，分别是【在描边中应用渐变】【沿描边应用渐变】和【跨描边应用渐变】。选择【在描边中应用渐变】，在【描边】面板里控制渐变是对齐于路径的内侧还是外侧，此选项不能跟【沿描边应用渐变】和【跨描边应用渐变】一起使用。书法画笔和毛刷画笔的描边可以添加渐变，但是散点画笔、图案画笔或艺术画笔不行。将渐变应用于画笔描边后，可以反转渐变的方向，但不能沿着描边或跨描边应用渐变。如果扩展或轮廓化描边渐变（选择【对象】>【扩展】>【扩展外观】或【对象】>【路径】>【轮廓化描边】)，那么采用【在描边中应用渐变】将转变为填色渐变对象，可以像填色渐变那样编辑，但是沿着描边或跨描边应用渐变将会变成渐变网格对象。

渐变网格

在渐变网格对象中，有多种颜色在不同的方向上流动，同时各个网格点之间有平滑的过渡效果。我们可以把单色或渐变填充的对象转换为网格（复合路径无法转换为网格）。转换后，该对象将永久地成为网格对象，因此，如果原始对象重新创建比较困难，一定要在转换前复制对象，把副本对象转换成网格。

把单色填充的对象转换成渐变网格对象，方法有两种：第一种，选择【对象】>【创建渐变网格】，这种方法方便我们指定网格结构的详细信息；第二种，用【网格工具】单击该对象，这种方法能手动放置网格线。还有一种更快捷的将渐变填充对象转换为网格对象的方法，那就是选择【对象】>【扩展】，在弹出的对话框里的【将渐变扩展为】选项组中选择【渐变网格】。

用【网格工具】在一个网格对象内部单击，根据单击的位置，网格对象中将会添加相应的点（或者是线条和锚点）。跟处理普通的路径一样，选择【直接选择工具】，用锚点和手柄调整网格的形状。用【直接选择工具】【套索工具】或【网格工具】选中网格中的单个或一组锚点、某个小块后，可以对其进行着色或将其删除。选择【网格工具】，按住Opt/Alt键的同时单击一个网格点，即可将该点删除。我们可以使用【吸管工具】拾取一种颜色，然后直接将这种颜色应用到网格对象的所有选定区域上；也可以在拾取颜色后，先完全取消对网格对象的选择，然后再在按住Opt/Alt键的同时使用【吸管工具】单击某个网格锚点或锚点之间的间隙。为一小块而不是一个点添加颜色后，颜色会扩展到周围所有的点上。在添加新的网格点时，新点将会自动应用【色板】面板中当前选择的颜色。如果希望新的网格点保持当前应用于网格对象的颜色，请在添加新点的同时按住Shift键。

如果想要进一步调整渐变网格的形状，可以使用任何一种扭曲工具对其进行重塑，例如【变形工具】或【皱褶工具】。我们甚至都不必先选中点，可以将鼠标指针悬停在网格上以突出显示；所选扭曲工具的大小将决定同时使多少个网格点和小块发生变形。

我们可以给渐变网格对象设置透明度，就像给其他矢量对象设置透明度一样。只需要选中想要调整透明度的网格点或小块，然后使用【外观】面板（单击【不透明度】）或者【透明度】面板，将【不透明度】降低到100%以下即可。

不要将网格应用于复杂的路径，建议先尝试从简单的路径轮廓创建出网格，然后再用更复杂的路径为网格制作蒙版。我们还可以堆叠应用了渐变网格的简单对象，以构造更复杂的对象。

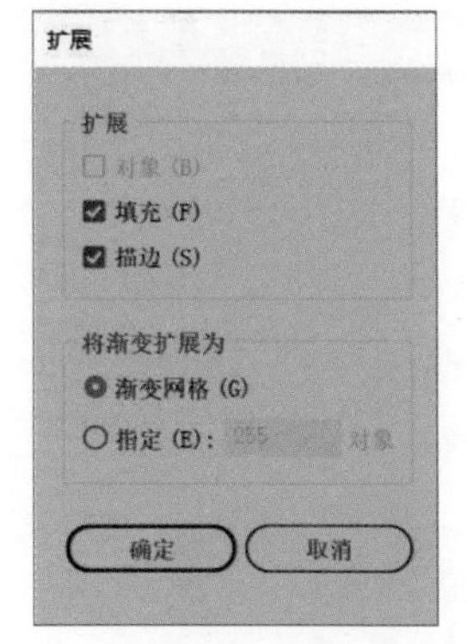

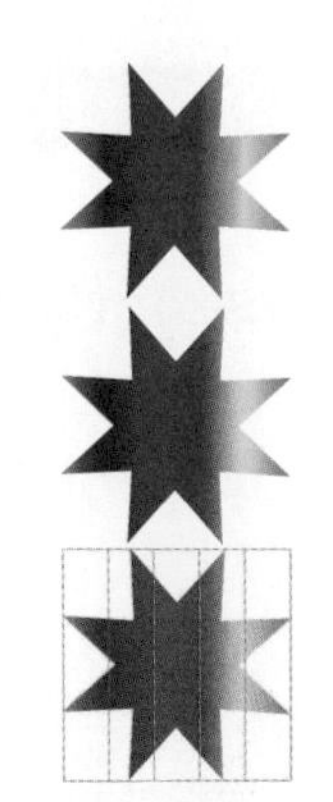

有一个简单的创建渐变网格的方法，那就是从线性渐变开始，然后选择【对象】>【扩展】，在弹出的对话框里的【将渐变扩展为】选项组中选择【渐变网格】

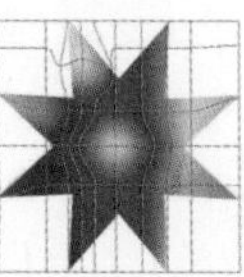

当渐变填充的对象扩展成网格后，我们可以编辑网格上点的位置和颜色，甚至在网格上添加新的点和线

渐变网格对象

找回（网格）形状！

如果要从一个网格中提取可编辑的路径，那么请选中网格对象，然后选择【对象】>【路径】>【偏移路径】，在弹出的对话框里输入0，然后单击【确定】。如果新路径中的锚点太多，选择【对象】>【路径】>【简化】进行简化。

“实时上色”在哪里？

Adobe引入了“实时上色”一词来描述包括【编辑颜色】/【重新着色图稿】面板和【颜色参考】面板在内的功能套件，但该词现在似乎已不再使用。

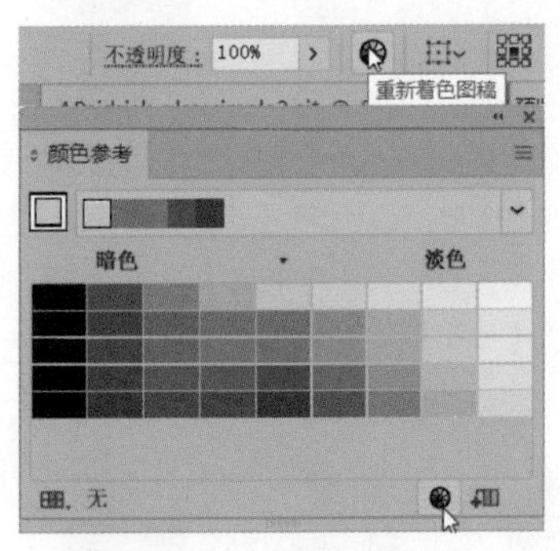

通过【控制】面板（顶部）或【颜色参考】面板（底部）打开【编辑颜色】/【重新着色图稿】对话框

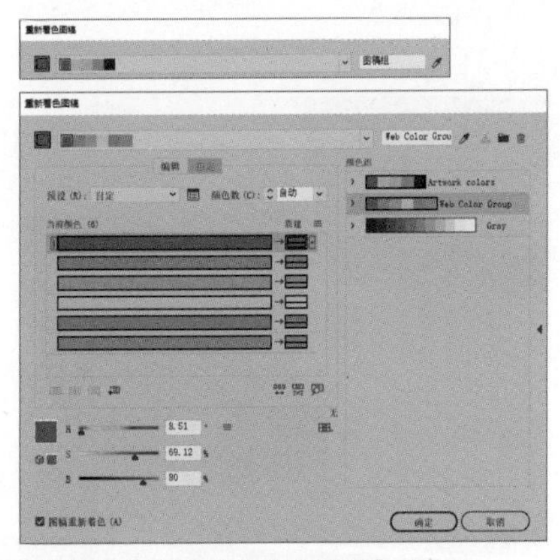

【编辑颜色】/【重新着色图稿】对话框

重新着色画笔和符号

用【重新着色图稿】来编辑画笔、图案或者渐变，它们的新版本会自动保存到适当的面板中。用【重新着色图稿】编辑符号（不断开链接）将更新符号本身。

编辑颜色/重新着色图稿

Illustrator里有一个对话框，这个对话框不仅可以创建新的调色板，还能编辑所有选定的图稿。打开这个对话框的方法有很多，并且不同情况下对话框里的内容会有所不同。这个对话框为“实时上色”，是最初用来描述色彩编辑功能合集的短语。

如果未选择任何内容，则进入一种称为【编辑颜色】的模式，单击【颜色参考】面板底部的【编辑颜色】，即可进入该模式。打开【编辑颜色】对话框即进入编辑模式，编辑模式意味着我们可以混合和存储颜色（具体操作技巧请阅读下一节）。在【编辑】选项卡旁可以看到【指定】选项卡，但此时它是灰色不可用的，因为我们尚未选择任何对象，所以现在无法访问此选项卡，只能编辑颜色。

但是，在已经选中图稿的情况下打开该对话框，标题会变成【重新着色图稿】，并且可以访问该对话框的【指定】选项卡和【编辑】选项卡。只要所选的内容包括两种或两种以上的颜色，【控制】面板里就会出现【重新着色图稿】(或者在CC版本的【属性】面板中找到【重新着色】)。另一种打开该对话框的方法我们前面已经提到了，那就是直接单击【颜色参考】面板底部的按钮；请注意，选中图稿后，该按钮将会变成【编辑或应用颜色】。在【色板】面板中，选中一个颜色组，然后单击【编辑或应用颜色组】，同样可以打开上述对话框。最后一种进入该对话框的方法是选择【编辑】>【编辑颜色】>【重新着色图稿】。

【编辑颜色】/【重新着色图稿】对话框

选择要重新着色的对象（一个或多个）后，单击【控制】面板中的【重新着色图稿】（使用CC版本的用户可单击【属性】面板里的【重新着色】），打开【重新着色图稿】对话框。选中的艺术对象，颜色顺序仍保持不变，并且选框的边缘将自动隐藏。如果是通过【颜色参考】面板里的【编辑或应用颜色】进入的【重新着色图稿】对话框，那么图稿会根据面板中分配给对象的颜色组来显示。如果不想这样，请单击【从所选图稿获取颜色】，将原始的颜色重新载入对象中。事实上，不管什么时候，只要想在不关闭对话框的情况下快速恢复到原来的颜色，都只需单击【从所选图稿获取颜色】。

【重新着色图稿】对话框的顶部显示的是基色和当前颜色，下拉列表里显示的是【协调规则】，这一点跟【颜色参考】面板一样。我们可以在【当前颜色】选项组中拖曳颜色以重新排列，所选的对象也会根据颜色的新位置重新着色。如果要改变基色，只需从当前颜色中另选择一种颜色即可。

【颜色组】列出了在打开【编辑颜色】/【重新着色图稿】对话框之前保存在【色板】面板中的所有颜色组，以及在此对话框中通过单击【新建颜色组】创建的任何颜色组。双击颜色组的名称，输入新的颜色组名称来对其重命名。单击任一颜色组，即可将该颜色组中的颜色载入图稿中。在【重新着色图稿】对话框中删除并创建新的颜色组，也会相应地在【色板】面板中删除并创建新的颜色组，因此除非十分确定要从文档中删除该颜色组，否则请不要单击【删除颜色组】将其删除。如果在操作过程中创建了一个想要保存的颜色组，但又不想将该颜色组应用到图稿中，请取消对【图稿重新着色】复选框的勾选，然后单击【确定】。单击【取消】后，之前所有删除（或新建）颜色组的操作都会被取消。

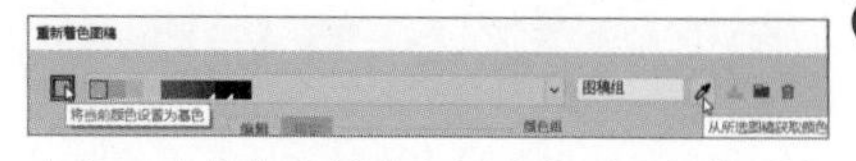

我们可以在【重新着色图稿】对话框的顶部进行很多操作，包括将当前颜色设置为基础颜色（左侧）、选择【协调规则】（下拉列表中），以及重命名颜色组（上图中显示为“颜色组”的选项）；单击对话框右上角的吸管图标可以从对象中重新载入颜色

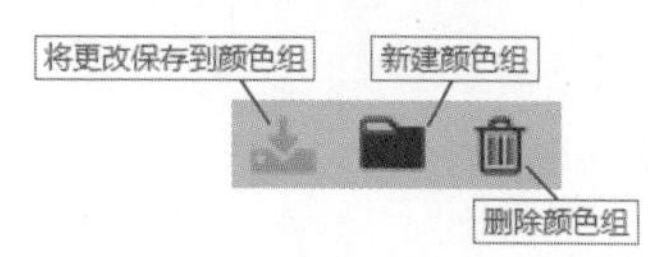

【编辑颜色】/【重新着色图稿】对话框的顶部右侧有几个功能很强大的小图标，分别是【将更改保存到颜色组】【新建颜色组】和【删除颜色组】

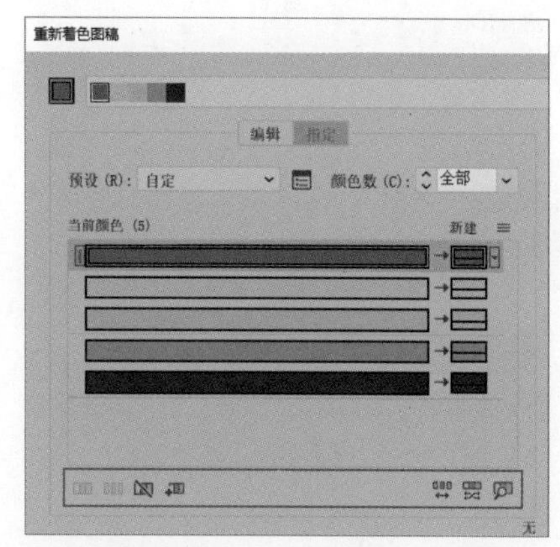

在【指定】选项卡中，这些图标（红框内的）用于合并、分离、排除和添加新的颜色行。我们还可以随机更改颜色顺序、调整饱和度和亮度，以及查找对象中的某一特定颜色

特殊的颜色集

如果工作需要使用特定的一组颜色，例如团队特有的颜色或专用于某个季节的颜色，这时就需要先在【色板】面板中创建并保存一个或多个颜色组。然后，打开【编辑颜色】/【重新着色图稿】对话框，之前保存的颜色组就会在存储区域中显示，可以直接用来给对象着色。

强大的【重新着色图稿】工具

【重新着色图稿】工具有很多强大的功能，其中之一就是能全局性地改变Illustrator作品中的几乎所有类型的对象的颜色。有了【重新着色图稿】工具，我们可以很轻松地更改封套、网格、符号、画笔、栅格效果（除了RGB/CMYK栅格图像）以及多重填充和描边对象的颜色。

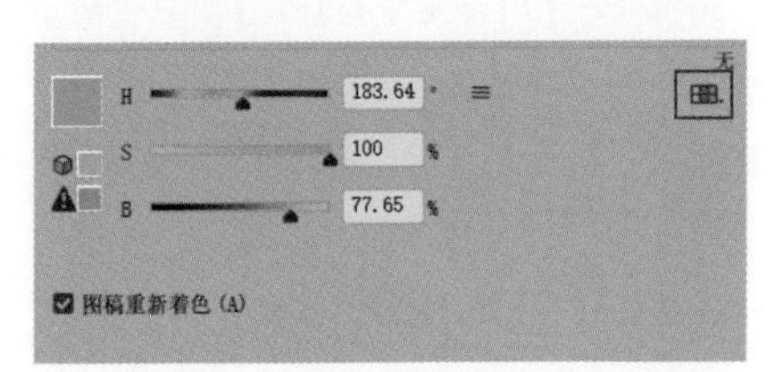

在【编辑】或【指定】选项卡中单击网格状的微型图标（即此处红框内的【将颜色组限制为某一色板库中的颜色】图标），就会弹出色板库的下拉菜单

【减低颜色深度选项】图标（就在【重新着色图稿】对话框的【指定】选项卡中）

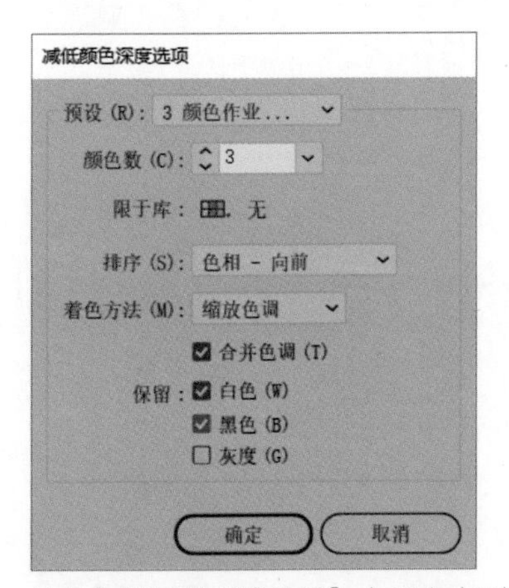

单击【减低颜色深度选项】，打开此对话框

【编辑】和【指定】是【编辑颜色】/【重新着色图稿】对话框里两个最主要的选项卡。【指定】选项卡（仅在当前选中了对象的情况下可用）显示水平颜色条，每个长条代表当前所选图稿中的一种颜色。长条的右边是一个箭头，指向一个跟长条颜色相同的较小颜色色板。单击这个小的颜色色板可以载入或者混合一个替代的颜色。要想保护颜色不被更改，请单击箭头将其变成直线。在此区域内，我们可以拖放颜色，还可以访问上下文相关菜单。

【编辑】选项卡里有一个色轮，色轮中带有表示当前选中图稿中颜色的标记。根据是启用还是禁用【锁定】，我们可以在色轮上单独（解锁）或同时（锁定）移动标记，从而调整图稿中的颜色。单击显示图标以选择色轮视图或颜色条视图。除了在色轮上拖曳标记以调整颜色外，我们还可以使用色轮下方的滑块和控件来调整颜色具体的属性（例如色相、饱和度和亮度）。我们可以在标准颜色模式下工作，也可以选择【全局调整】，一次性调整所有的颜色。用滑块调整单个颜色时，别忘了在移动滑块时，所选颜色的标记也会相应地在色轮上移动。

不管是【编辑】选项卡还是【指定】选项卡，我们都可以单击【将颜色组限制为某一色板库中的颜色】，将颜色限制在某一色板库内（例如Pantone库）。在【指定】选项卡中，有一个【预设】下拉列表和一个【减低颜色深度选项】图标，都可以用来限制能够重新分配的颜色。当我们将颜色限定在某一色板库时，【编辑】选项卡下的色轮或颜色条仅显示该库中的颜色，而在【指定】选项卡中，色板库则会将所有原始的颜色替换为它认为最匹配的库中的颜色。

在【指定】选项卡中，我们还可以对【颜色数】进行设置。如果想减少全色项目中颜色的数量以便进行专色打印，甚至要把3种颜色减少到1或2种时，【重新着色图稿】就成了一个能节省大量时间的工具。【减低颜色深度选项】可以进一步控制重新指定颜色时颜色的色调、阴影和中性色。

CC版本中的颜色功能

更新后的【色板】面板

CC版本的【色板】面板不仅增加了新功能，还对颜色搜索功能做了进一步的改善。【色板】面板的左上方显示的是【描边】和【填充】的色板代理图标，方便我们快速找到当前激活的色板或将色板拖曳到面板中。在面板的右上角，我们可以设置是以列表形式还是以缩览图形式查看色板。单击任一按钮可将该视图设置为默认的小尺寸列表或缩览图视图。尽管我们可以从面板扩展菜单中选择相应命令放大视图，但是单击任一缩览图都会将视图重置为小视图形式。

查找色板

现在，在【色板】面板和【颜色拾取器】的【颜色色板】中，都可以查找已经命名的或具有特定色彩比例的颜色色板。在【色板】面板或【颜色拾取器】的搜索框中输入色板的名称（例如卡其色），如果色板尚未命名，则输入色彩百分比（75）或特定色彩的比例（c=75），搜索结果将仅显示那些符合条件的色板。（首次在【色板】面板中显示查找框，请在面板的扩展菜单中勾选【显示查找栏位】复选框。）如果根据查找要求找到的色板包含在不同的编组内，那么【色板】面板中则会显示带有编组图标的色板，这可以帮助我们找到包含命名颜色、色彩百分比或特定色彩比例的调色板。

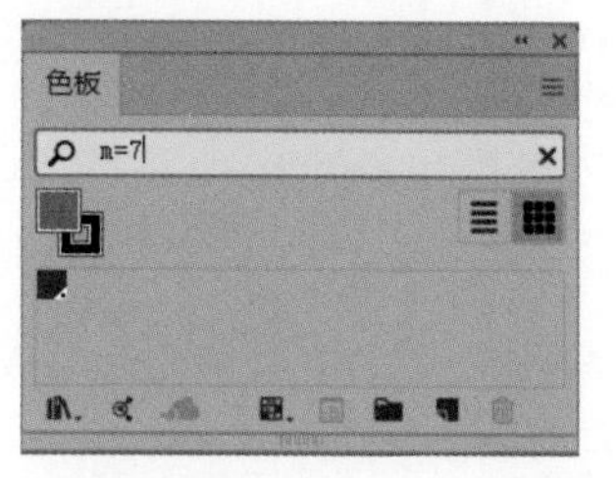

【色板】面板中显示的色板代理图标、【列表】和【缩览图】视图图标以及搜索框。在该搜索框里，我们可以搜索共享指定CMYK或RGB色彩、任何色彩的指定百分比的未命名色板，或者已经命名的色板

把色板存储到Creative Cloud（CC）库

如果要与其他用户共享色板，或者是在创建的任何文档中都需要使用色板或色板组，请单击【色板】面板底部的云图标，将色板（或色板组）保存到当前库。

自定义着色

创建自定义颜色和颜色组

摘要：创建图稿，创建自定义色板，从自定义色板中创建自定义颜色组，保存一个色板库。

创建自定义色板是绘制有吸引力且色调协调的图稿所必不可少的步骤。而且通过自定义颜色组，可以轻松地将自定义色板应用于其他相关的图稿中。

1 **设计图稿。**首先用【矩形工具】创建不同大小的矩形用以指代建筑物，然后用【椭圆工具】给各个建筑物创建窗户和遮阳篷。接下来，用【铅笔工具】绘制山脉。为了将对象彼此区分开，逐个选择每个对象并单击所需的色板，从【色板】面板中选择默认的色板填充建筑物和山脉路径。

2 **创建自定义色板。**为图稿拟定基本的色调后，便可以着手自定义一组更自然的颜色。首先，确保【颜色】面板的颜色模式设置与文档的颜色模式相同。由于这份图稿是为网站创建的，所以选择RGB作为文档的颜色模式，打开【颜色】面板，在扩展菜单中选择【RGB】。接着，选中一个对象，在【颜色】面板中调节滑块混合出所需的颜色。然后，打开【色板】面板，单击面板底部的【新建色板】，在弹出的【新建色板】对话框中，为色板重新命名，并单击【确定】。或者我们也可以通过从【颜色】面板的扩展菜单中选择【创建新色板】来创建新色板。还有一种

1

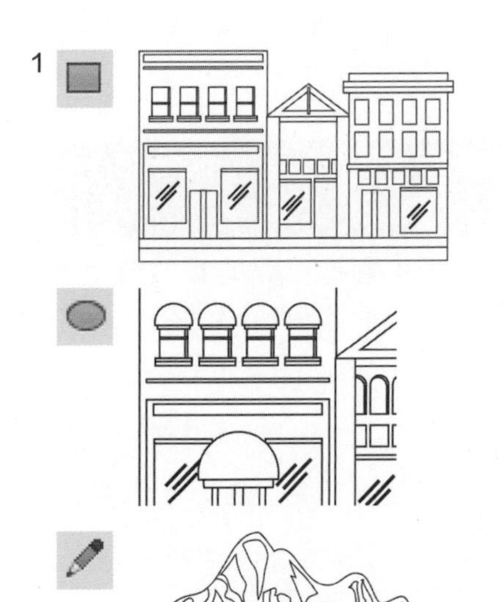

用【矩形工具】【椭圆工具】和【铅笔工具】创建图标

用【色板】面板里的默认色板填充图标的路径

2

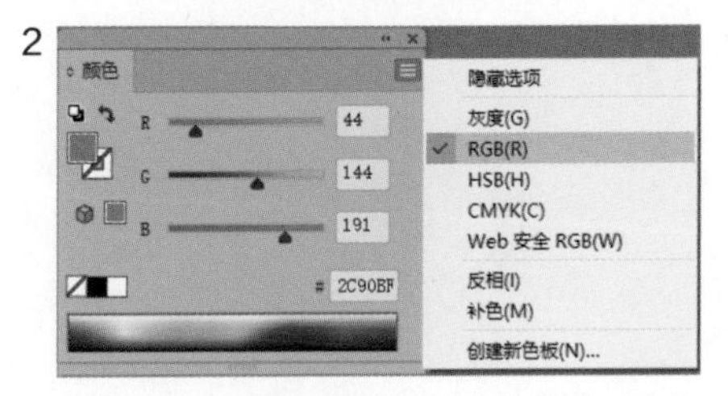

从【颜色】面板的扩展菜单中选择合适的颜色模式

方法是将混合后的颜色直接拖到【色板】面板，尽管这种做法不能直接打开【色板选项】对话框，给色板重新命名。之后，不断地重复上述操作，创建出所有需要的自定义颜色。

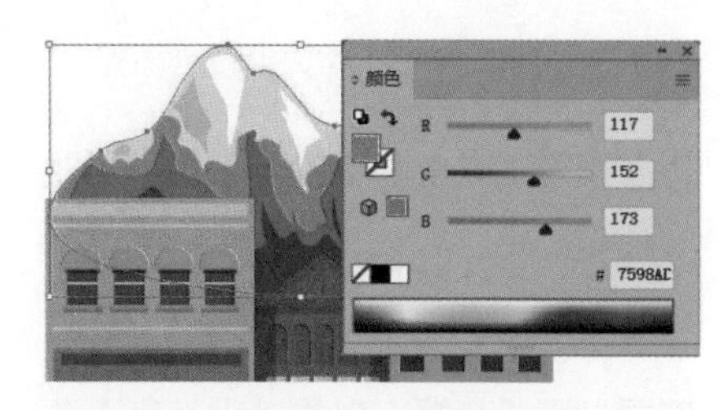

在【颜色】面板中，通过调节滑块来混合颜色

3 **创建一个新的颜色组。**创建了自定义色板后，需要管理好自定义色板，以便将其应用于其他相关的插图和图标。为此，创建一个自定义颜色组，并通过以下方式在【色板】面板中选择所需的色板：按住Shift键并单击，可以选择连续的色板；按住Cmd/Ctrl键并单击，可以选择不连续的色板。然后，单击【新建颜色组】，在打开的对话框中对颜色组重新命名。之后保存新建的颜色组，方便以后使用。

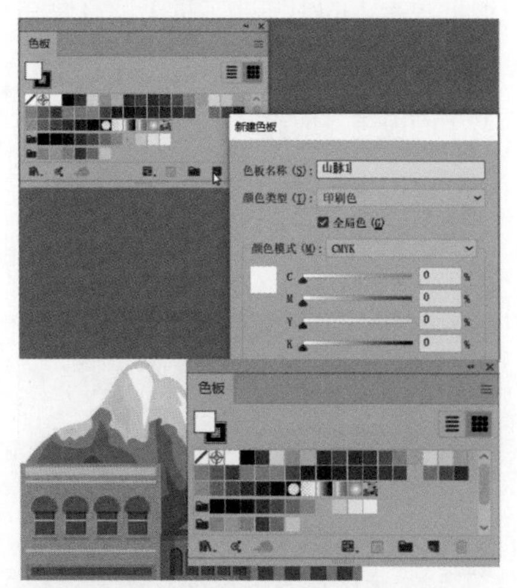

单击【色板】面板里的【新建色板】，保存自定义色板

为了在其他文档中也能使用自定义颜色组，还需要将该颜色组另存为自定义色板库。首先，从自定义颜色组中选择所有要删除的色板，然后，单击【色板】面板中的【删除色板】。之后，单击【色板】面板左下角的【“色板库”菜单】，选择【存储色板】，为其命名，再单击【保存】。色板库保存完毕后，在Illustrator里单击【“色板库”菜单】，在弹出的菜单中选择【用户定义】，即可通过子菜单找到自定义的色板库。

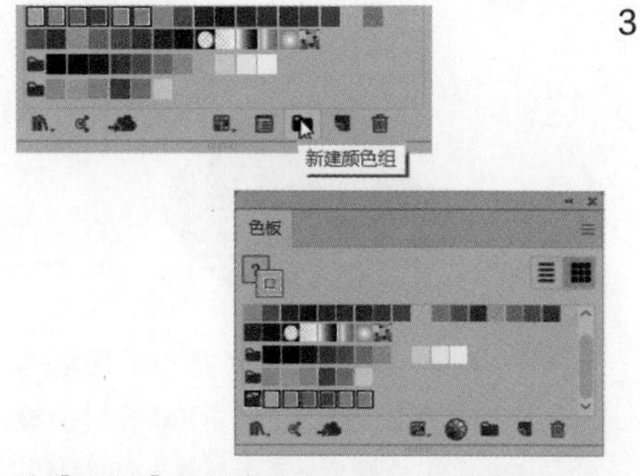

在【色板】面板中将自定义色板另存为新的颜色组

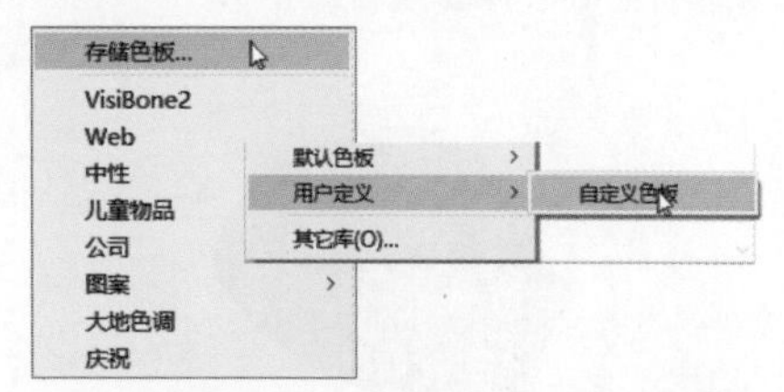

单击【色板】面板中的【“色板库”菜单】：选择【存储色板】以保存自定义颜色组；之后选择【用户定义】，通过子菜单访问自定义的色板库

统一渐变

用【钢笔工具】和【铅笔工具】创建并编辑

摘要：用渐变填充对象，用带有【渐变批注者】的【渐变工具】调整填充的长度和角度，用【渐变工具】和【渐变】面板统一填充多个对象。

1

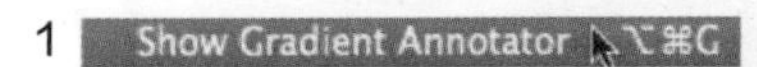

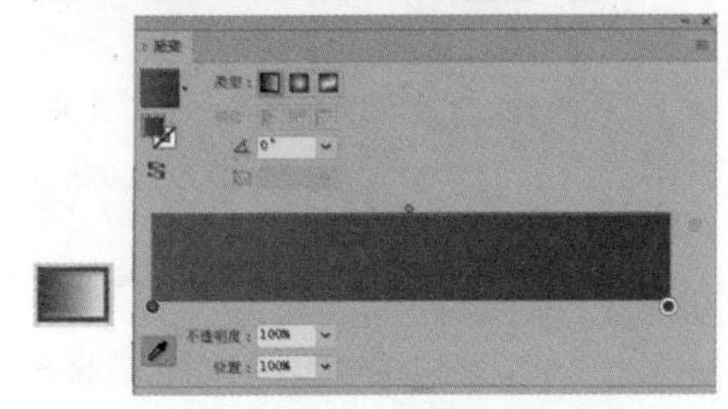

综合使用【渐变】面板、【渐变工具】和【渐变批注者】

2

如果在工具栏中选择了【渐变工具】，在选定的对象上单击，那么【渐变工具】将为该对象填充默认或最后使用的渐变色样，并显示【渐变批注者】（第一次应用时，请不要用单击拖曳的方式调整渐变）

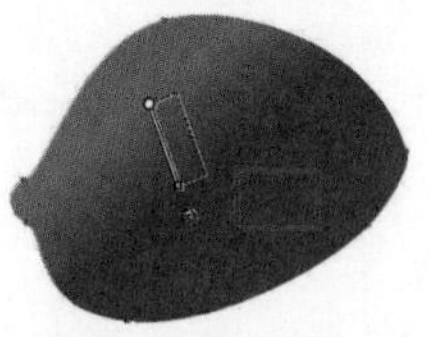

用【渐变批注者】缩短渐变的长度，出现旋转图标时可旋转渐变

结合使用【渐变批注者】和【渐变工具】就可以为大部分的实例添加自定义渐变，而无须使用【渐变】面板。在此图中，仅需要在【渐变】面板中的【线性渐变】和【径向渐变】之间进行切换，就可以创建统一的渐变效果。为了控制每个对象的渐变颜色、长度和角度，使用【渐变批注者】调整每个渐变。另外，还可以用【渐变工具】和【渐变】面板统一多个对象上的渐变效果。

1 **应用渐变。**要将渐变应用于单个对象（例如鱼的身体），首先得显示【渐变批注者】（选择【视图】>【显示渐变批注者】显示）。接下来，选中目标对象，选择【渐变工具】，然后在该对象上单击一次，用文档的默认渐变（应用于第一个对象的渐变）或文档中使用的最后一个渐变来填充该对象。

2 **用【渐变批注者】编辑单个对象。**用【渐变批注者】可以直接在对象上修改渐变的长度、角度和颜色。只有需要不同的渐变色板，或要将当前渐变方式切换为【线性渐变】或【径向渐变】，或者需要【反向渐变】时，才需要在【渐变】面板里操作。先把鼠标指针移到【渐变批注者】的端点之外再开始编辑。当鼠标指针变为旋转图标时，拖曳鼠标指针就能交互式地调整渐变的角度。将鼠标指针直接放在【渐变批注者】末端的上方，按住鼠标左键并拖曳以延长或缩短渐变。然后，拖曳另一端的大圆圈将整个渐变移到对象上的另一个位置。为了调整渐变的颜色，双击【渐变批注者】上的色标，即可访问【色板】或【颜色】面板的代理，以及【渐变】面板的子面板。选择合适的颜色后，拖曳【渐变批注者】上的色标来更精确地定位颜色混合，拖曳渐变滑块以调节混合效果。

3 **统一多个对象上的渐变。**用【渐变批注者】统一多个对象上的渐变会比较棘手。首先创建所需的渐变色板，例如用于尾鳍的渐变色板。接下来选中所有的对象，在【色板】面板中单击该色板，将色板应用到对象上。此时会自动为每个对象创建一个新的【渐变批注者】，但如果希望仅用一个批注条就能统一所有的渐变，仍要使用【渐变工具】，显示【渐变批注者】，拖曳所有对象。现在，似乎可以用一个批注条统一多个渐变，但其实只能统一渐变的长度或位置。另外，在调整多个对象的统一渐变时，【渐变批注者】无法提供可靠的反馈或准确的控制。因此，遇到多个对象的统一渐变时，不能再依赖【渐变批注者】，要将它隐藏，选择【视图】>【隐藏渐变批注者】进行隐藏。综合利用【渐变工具】(对统一渐变进行长度和角度的调整)和【渐变】面板(对色标和不透明度的调整)，便可实现渐变统一效果。

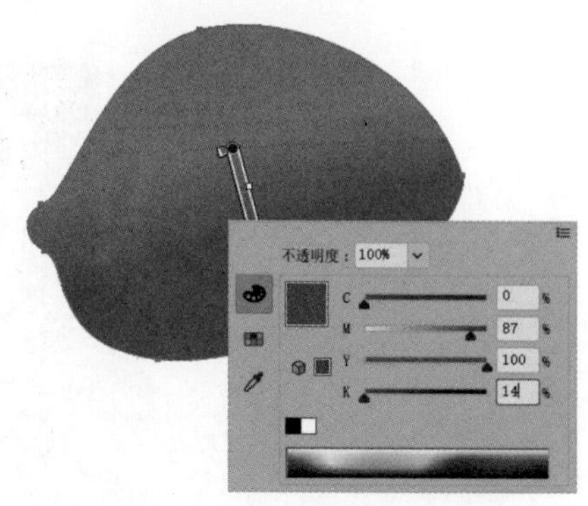

双击【渐变批注者】上的色标，在弹出的【颜色】或【色板】面板中更改渐变的颜色

3

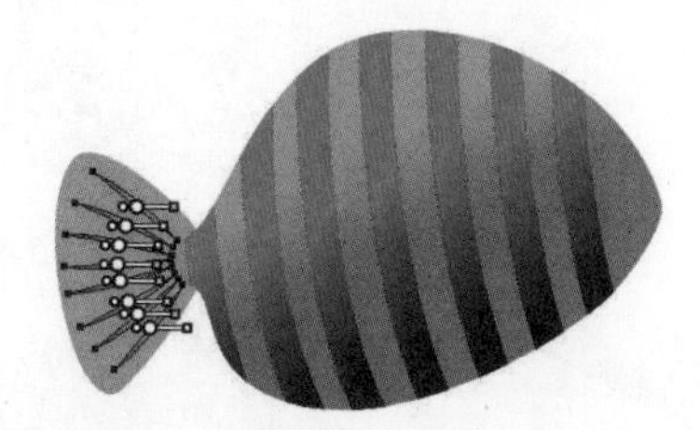

第一次选中全部的对象并应用渐变效果后(这是在统一渐变之前)

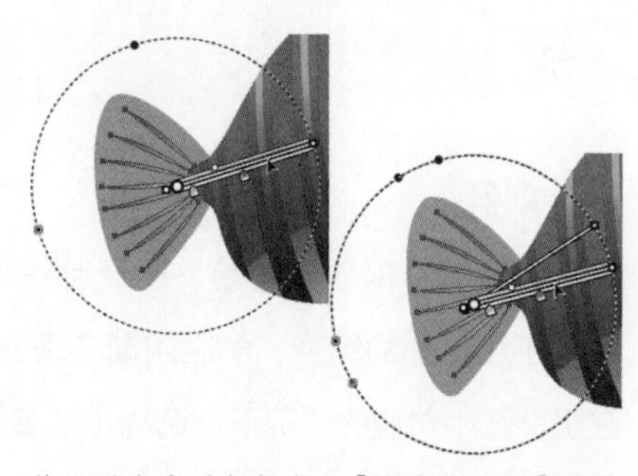

统一后渐变看似保留了【渐变批注者】的功能，但如果尝试使用【渐变批注者】编辑角度或颜色，就会发现实际上并没有编辑单个渐变

利用【渐变】面板和【渐变工具】来编辑统一的渐变，可以确保所有更改都是一致的

设计案例

为了绘制探险者的脸，设计师先绘制了一个脖子和面部的轮廓，然后用渐变填充该对象。在仍然选中对象的情况下，选择【渐变工具】以显示【渐变批注者】，然后通过拖曳调整渐变的长度和方向。双击批注条上的渐变滑块，在弹出的对话框中编辑该颜色。继续绘制面部重叠的对象，并用渐变填充每个对象。通过对某些渐变的重新利用能节省时间。对每个对象都用批注条微调了渐变，以匹配落在整个场景中的光线和阴影。

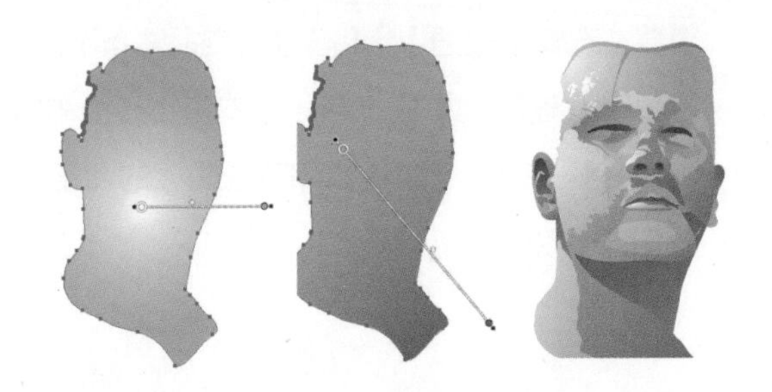

设计案例

在这张图像中，设计师将复杂的细节与简化的形状混合在一起，依靠【渐变工具】创建照明效果，还模拟透明插图的透明效果。从船长前面的天窗到螺旋桨的位置，应用了深橙色至蓝色的渐变填充。设计师还用【渐变工具】创建了一些渐变，并且之后为其他的对象重复使用了这些渐变，这大大提高了工作效率。在绘制4位水手的面容时，设计师先绘制好大致的形状，然后填充相同的渐变效果。接着利用渐变批注条来自定义渐变的长度和角度，把4位水手区分开来。

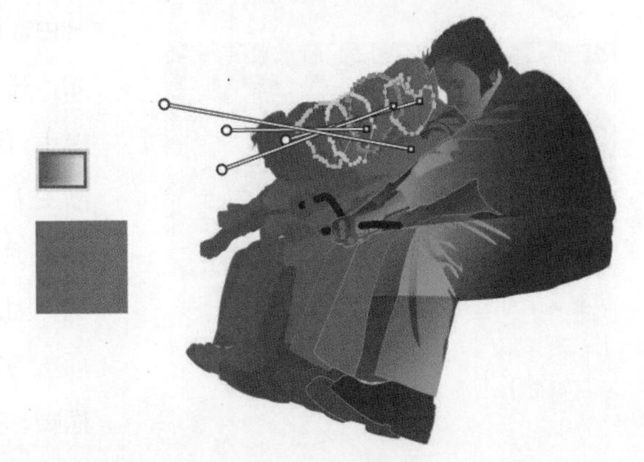

路径渐变

路径渐变的基本知识

摘要：用描边创建路径，对每个路径应用【线性渐变】，调整渐变滑块和描边选项。

该电源线图像是通过对描边应用渐变效果而创作出来的。

1 

用【钢笔工具】绘制电源线的各个部分，调整描边的粗细：电线为7pt（磅），绝缘管为12pt（磅），护套为40pt（磅）

2 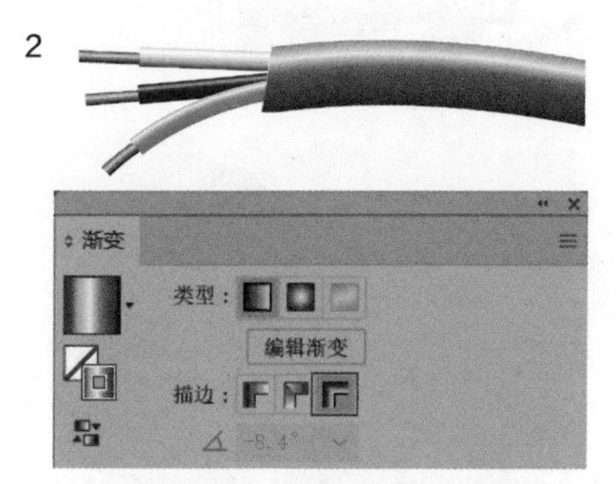

从金属库中选择一种渐变效果，应用到铜丝上；选择第三个描边选项，也就是【跨描边应用渐变】

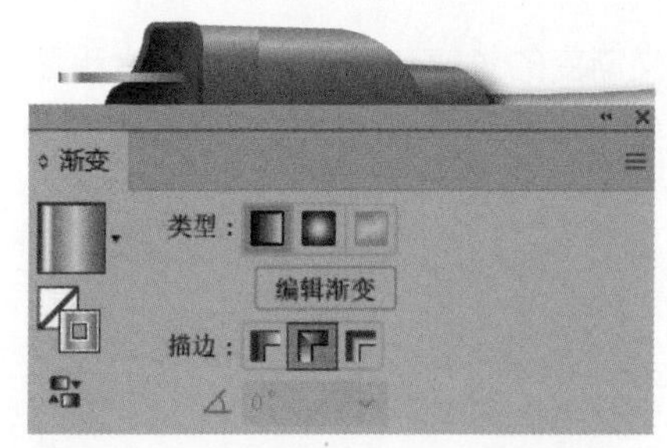

给插座上的插头应用金属库里的渐变效果；选择第二个描边选项，也就是【沿描边应用渐变】

1 **用描边创建电线。**先用【钢笔工具】单独绘制电线的各个部分，然后调整描边的粗细，尤其是裸露在外的金属线、绝缘管以及外层保护套。再用【椭圆工具】创建电线盘绕的部分，并多次复制这个椭圆。

2 **为描边应用渐变。**在【色板】面板的扩展菜单中选择【打开色板库】>【渐变】，将合适的渐变效果应用于路径。例如，在制作铜线时，选择【打开色板库】>【渐变】>【金属】。在【渐变】面板的描边区域中，选择【跨描边应用渐变】（第三个选项），然后用滑块进行调整。此选项同样用于绝缘管和电线护套的制作。由于插头的插脚是平直的，因此选择【沿描边应用渐变】（【描边】部分的中间选项），并将渐变条中颜色最浅的滑块向左移动。复制这些插脚，并使用【就地粘贴】将副本放在顶部。然后，单击【渐变】>【渐隐】中的渐变色板来使这些插脚的末端变黑，但底部的黄铜丝仍然暴露在外，从而让过渡效果更加真实。至于插头主体处，使用【钢笔工具】绘制轮廓，并为描边和填充应用橘黄色渐变。最后，调整描边渐变以形成柔和的边缘过渡效果。

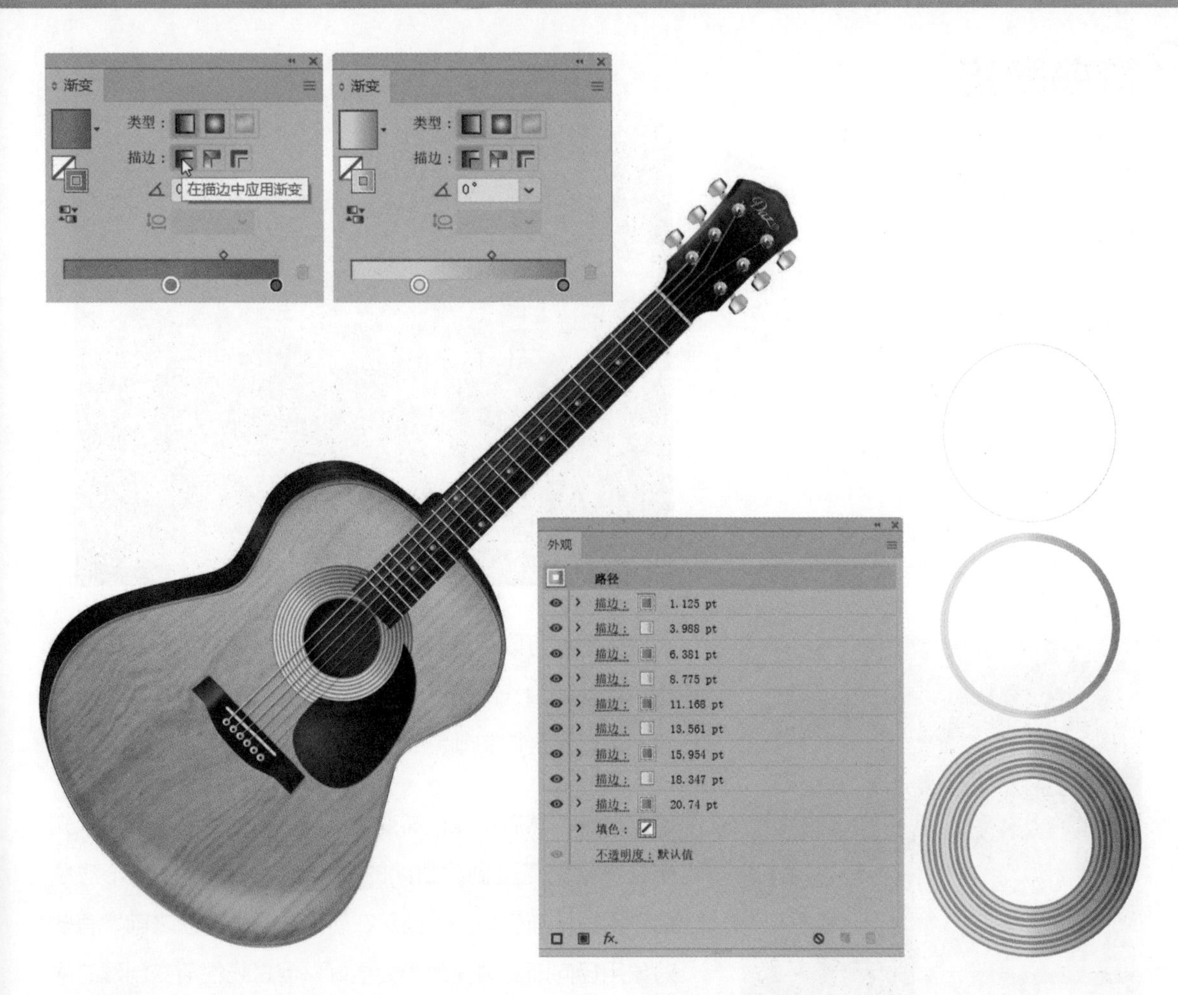

设计案例

设计师在商店橱窗里看到了一把喜欢的吉他，他决定在Illustrator里用逼真的细节对其进行重构。先从创建基本形状开始，然后通过图像描摹给吉他添加木质纹理效果，并创建一些木质的渐变效果。为了模拟直射光的效果并为吉他增加从暗到亮的边缘，创建两条路径以勾勒出琴身的轮廓，然后给每条路径都应用渐变描边。为此，选中一条路径，并在【外观】面板中找到描边属性，单击描边颜色图标，然后选择渐变。保持路径被选中，打开【渐变】面板，选择【描边】部分的第一个选项【在描边中应用渐变】。此选项将扩展路径的长度。在制作吉他的音孔时，再次选择【在描边中应用渐变】，这次在一条路径上应用多重描边。单击【外观】面板中的【添加新描边】，在与第一个描边相同的样式下创建一个描边（如果未选择任何属性，则将在其他描边上方添加）。单击描边色板，选择较浅的木质渐变，并增加描边的粗细值。之后，继续添加深浅交替的描边，从而在一条路径上创建深浅交替的同心圆圈。

弯曲网格

把渐变转换为网格并进行编辑

摘要：绘制对象并用线性渐变填充，将渐变填充的对象扩展为渐变网格，用不同的工具来编辑网格点和颜色。

使用渐变可以创建光和影，但是无法弯曲过渡效果以适应连绵起伏的山丘的轮廓。将线性渐变扩展成渐变网格对象后，就可以完全控制颜色的弯曲和弯曲的方式。

1

用径向渐变填充后的山丘，尽管有一定的光线感，可惜没有完全匹配山丘的轮廓

1 绘制对象，然后用线性渐变填充。在开始绘制前，可以先用任意绘图工具创建封闭的图形对象。绘制完各个对象后，用线性渐变填充（虽然在转换成网格对象之前，有些对象用径向渐变填充效果会更好，但是线性渐变创建的网格对象更易于编辑）。至于线性渐变，用【渐变工具】和【渐变批注者】自定义颜色并调整渐变过渡的角度与长度，直到达到最理想的光照效果。使用【钢笔工具】绘制3个山丘，用相同的线性渐变填充，然后通过【渐变工具】和【渐变批注者】自定义每个对象。

用线性渐变填充后的山丘，转换为渐变网格后，会比径向渐变更易于编辑

2 将线性渐变扩展为渐变网格。为了给山丘创建更自然的光线效果，将线性渐变转换为网格对象，这样一来，颜色过渡可以跟山丘的轮廓相符。为此，选中所有要转换的渐变填充对象，然后选择【对象】>【扩展】。在打开的【扩展】对话框中，确保已勾选【填充】复选框，并选择【将渐变扩展为】选项组中的【渐变网格】，然后单击【确定】。Illustrator会将各个线性渐变旋转，并转换成跟线性渐变角度匹配的矩形；而原始对象将作为蒙版遮住各个矩形。

3 **编辑网格。**编辑渐变网格对象的工具有很多（进入隔离模式，或者锁定/隐藏特定图层上的对象）。【网格工具】结合了【直接选择工具】和添加网格线的功能。用【网格工具】精准地单击网格锚点，可以选择或移动该锚点或方向手柄。或者单击网格中除锚点之外的任何位置，来添加新的网格锚点和网格线。【添加锚点工具】也可以用来添加不带网格线的锚点（选择【钢笔工具】并按住鼠标左键不放，在弹出的列表中选择【添加锚点工具】)。要删除选中的锚点，按Delete键即可。如果该锚点在网格上，那么这条网格线也将被一同删除。

【网格工具】或【套索工具】都可以选中网格内的锚点，而【直接选择工具】可以移动多个选定的锚点。用【网格工具】移动单个锚点或调整手柄方向，可以重塑渐变网格线的形状。用这种方法时，渐变的色彩和色调过渡将自动与网格对象的轮廓匹配。如果要给网格中选定的区域重新着色，选中网格点，然后选择一种新颜色即可。

用【吸管工具】单击网格点之间的区域，同时按住Opt/Alt键，会用当前的填充色为最近的4个网格点着色。

在这些工具和编辑技巧的帮助下，便可创建出有光线变化的山丘，精妙地还原自然光线照射的效果。

2

把渐变扩展为渐变网格后的效果图

3

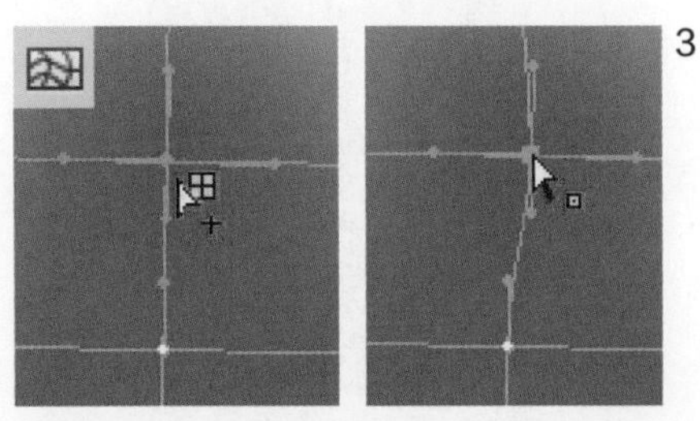

用【网格工具】添加网格线，用【直接选择工具】移动网格点

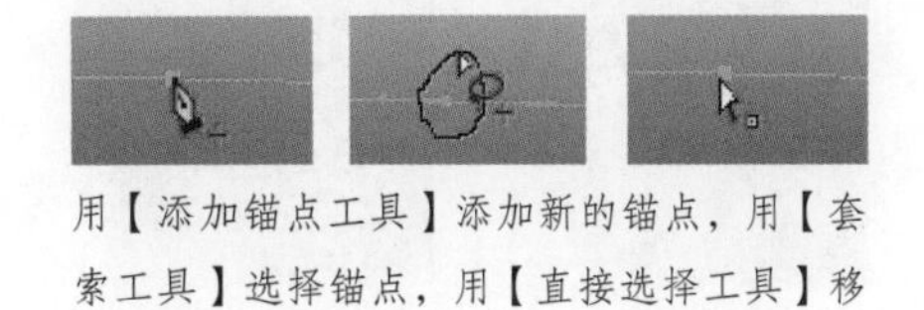

用【添加锚点工具】添加新的锚点，用【套索工具】选择锚点，用【直接选择工具】移动选定的一个或多个锚点

调整了网格后的山丘效果

透明网格

构建透明网格图层

高级技巧

摘要：绘制参考线并创建渐变网格对象；绘制矩形轮廓；从参考照片中拾取颜色，然后为渐变网格点着色；给网格点添加透明度以增强真实感。

在模板图层中照片的上方制作参考线

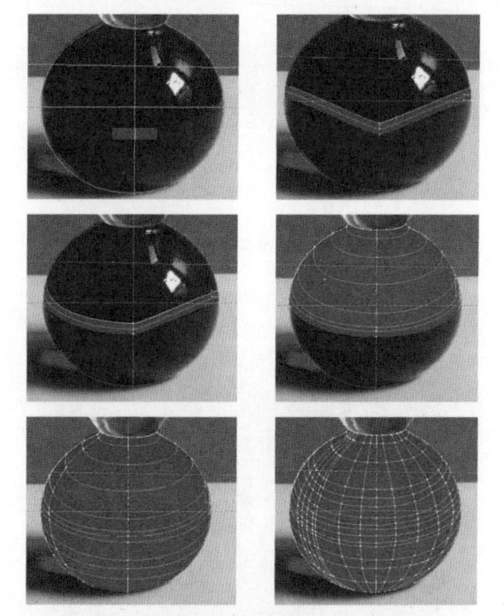

基于一个矩形制作出渐变网格对象，用【直接选择工具】调整网格锚点，用【网格工具】添加行和列（从左到右，从上到下）

通过将简单的矩形对象转换为复杂的轮廓渐变网格对象，可以制作出原始照片的效果。通过调整网格对象的透明度，反复设置不同的参数值以更好地完成酒杯的绘制。

1 **创建参考线，绘制基本形状，然后创建渐变网格对象。**将一张JPG格式的图片作为模板放置在顶层的图层中，然后绘制一个松散的路径网格，并将其转换为参考线（快捷键Cmd/Ctrl+5），用于放置渐变网格对象。给矩形添加网格，可以更好地控制网格锚点，但是如果给用【钢笔工具】绘制的路径添加网格，就会变得难以控制。因此，在制作渐变网格对象前，先用【矩形工具】绘制一个小矩形。为了创建酒杯的红球部分，绘制一个矩形，并用明亮的颜色填充。选择【对象】>【创建渐变网格】，并将列数和行数均指定为1。用【直接选择工具】（A键）移动锚点，将矩形拉伸到杯子底部的边缘处，最后拉伸到顶部和底部。之后，用【网格工具】（U键）添加行和列。继续放大网格物体，按U键添加网格点，按A键调整网格锚点，将轮廓调整为所需的形状。使用【添加锚点工具】添加多个独立的网格锚点，以进一步定义对象的形状。用【直接选择工具】选择锚点，进一步调整，使对象和网格的轮廓跟参考照片相符。

2 **为网格对象着色。**要给单个网格点着色，先用【直接选择工具】（A键）单击一个网格锚点，然后切换到【吸管工具】（I键），用从照片中拾取的颜色填充该锚点。继续为网格锚点着色，按Cmd/Ctrl键能在【直接选择工具】和【吸管工具】间不断切换，从照片中拾取颜色，直到照片中的像素与所需颜色匹配为止。

3 **将透明度应用于各个网格点。**对于反射等效果，需要在顶层的图层中再创建其他网格对象。然后，选中网格对象中的锚点，降低其不透明度，从而在上层图层和下层的网格对象间创建出几乎不可见的过渡效果。降低各个网格锚点的不透明度，以在高饱和度的颜色和低饱和度的颜色之间创建平滑的颜色过渡效果（请参见右侧图）。为此，先用【直接选择工具】选中一个锚点，然后降低【控制】面板、【透明度】面板和【外观】面板中的不透明度。继续选中图像中的网格锚点，并设置不同的透明度，直到与参考照片的颜色尽可能接近为止。

2

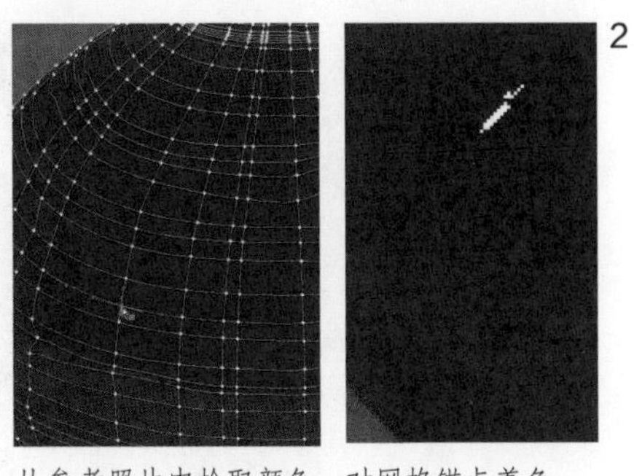

从参考照片中拾取颜色，对网格锚点着色

3

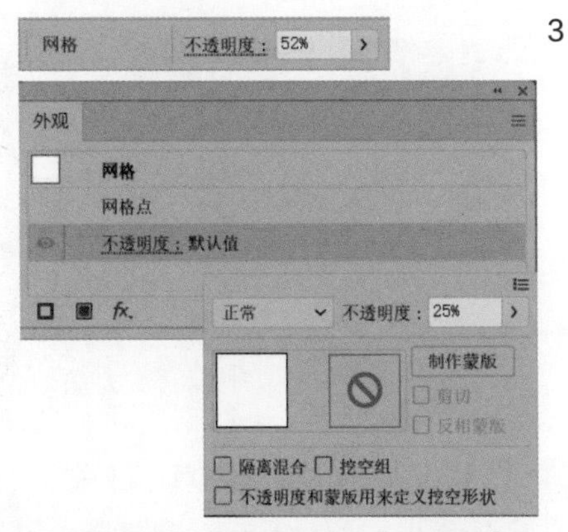

降低【控制】面板、【透明度】面板和【外观】面板中的不透明度

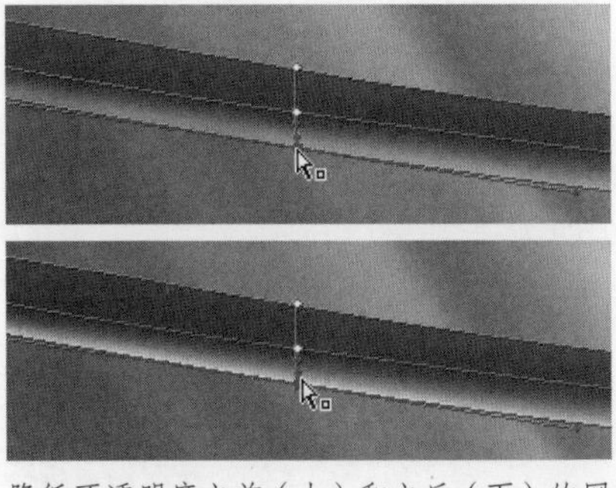

降低不透明度之前（上）和之后（下）的网格锚点

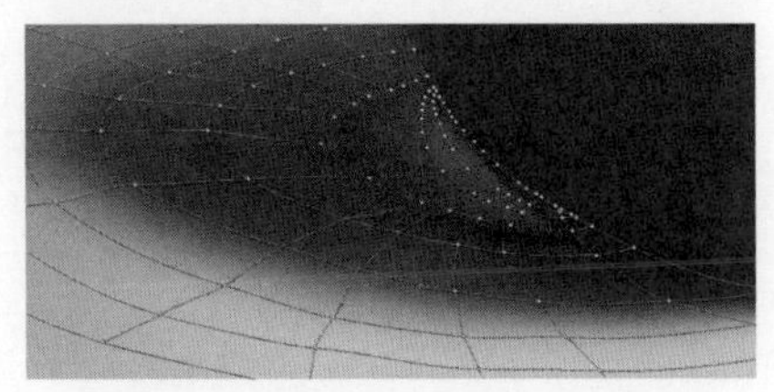

将透明度应用于各个颜色环边缘上的网格点，以在不同颜色间创建出平滑的过渡效果

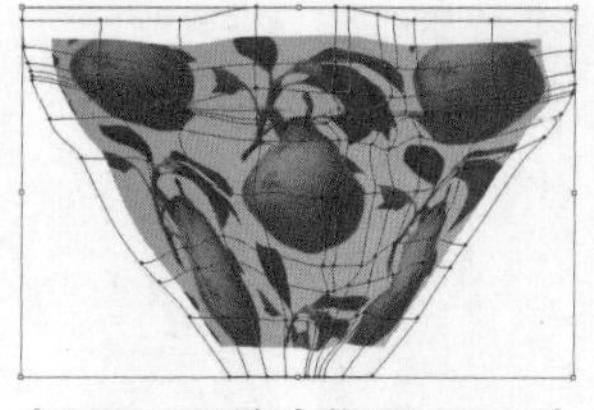

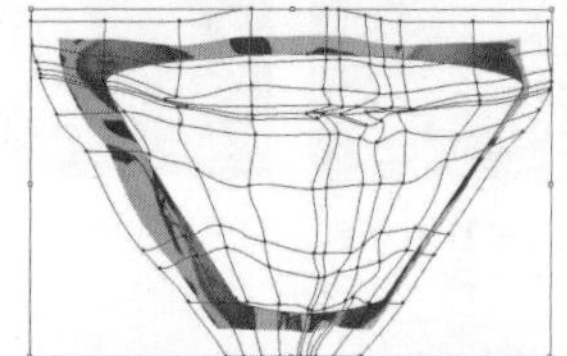

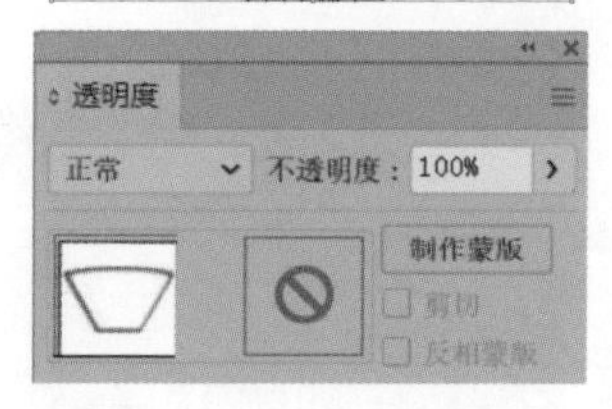

设计案例

对上一节课绘制的酒杯做进一步的修饰，给背景添加上梨形的墙纸。首先锁定酒杯的所有图层，然后在这些锁定图层的下方新建一个图层，放置一张墙纸照片（另存为JPG格式）作为背景。用【钢笔工具】绘制出梨子的粗略轮廓，然后将这些轮廓转换为参考线（快捷键Cmd/Ctrl+5）。在背景墙纸上方的图层里置入另一张墙纸的照片，这次置入的照片是已经在Photoshop中裁剪好的，刚好适合透明玻璃杯从顶部到底部的距离。为了用Illustrator的封套扭曲照片的裁剪部分，必须先单击【控制】面板中的【嵌入】来嵌入照片。然后选择【对象】>【封套扭曲】>【用网格建立】（6行8列）。用【直接选择工具】调整封套网格对象，使其与玻璃内部的形状匹配。用【网格工具】单击以添加行和列，用【添加锚点工具】添加更多的网格锚点。继续参考之前制作参考线的方法调整网格锚点，直到对扭曲的结果满意为止。为了使封套网格对象适合于酒杯的形状，在顶层之上新建一个图层，用【钢笔工具】绘制一条闭合路径，然后选中封套网格对象，选择【对象】>【剪切蒙版】>【建立】。

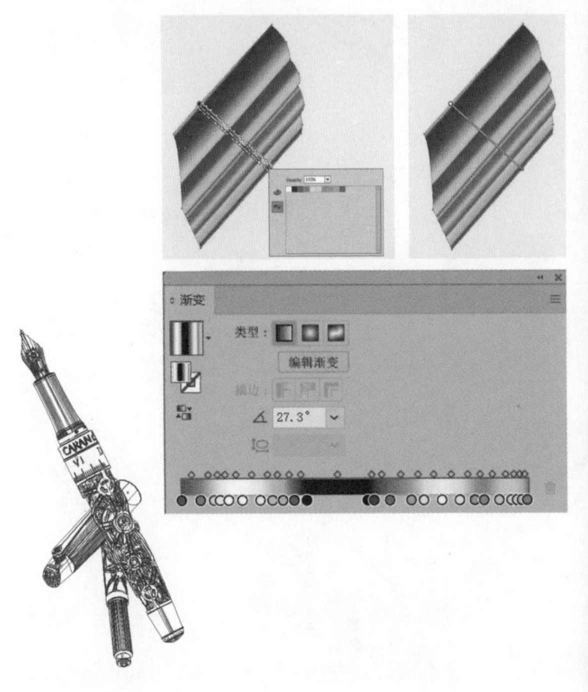

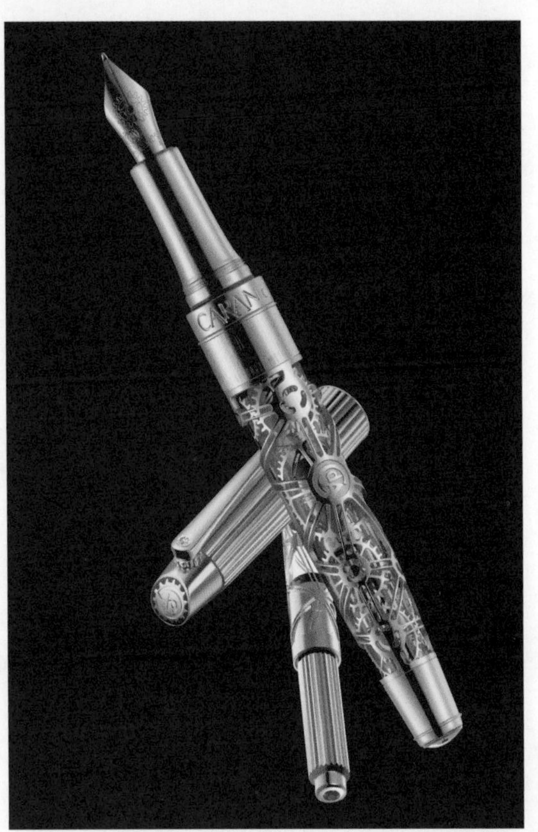

设计案例

使用【渐变工具】和【渐变批注者】可以创建大量复杂的线性渐变和径向渐变。在本案例中，先用【钢笔工具】绘制好路径，然后用【色板】面板中默认的线性或径向渐变来填充这些路径。选择【渐变工具】，打开【渐变批注者】。双击【渐变批注者】上的色标，以打开相关面板。单击色板图标，然后从【色板】面板中选择一种之前创建的自定义颜色。接着，继续沿着【渐变批注者】的批注条单击，以添加更多的色标。不断地添加色标并进行着色，直到得到满意的效果。按住鼠标左键拖曳颜色色标，将它们移动到目标位置以实现所需的渐变效果。选中批注条的端点，拉长【渐变批注者】，以更改渐变的长度。将端点左右移动调整渐变的角度。用圆形端点进一步调整角度，单击中心点，然后将其移动到渐变填充对象内的其他位置上。整个图稿几乎都是由渐变填充的对象组成的，除了两个非常小的对象。这两个对象一个是混合对象（笔尖），另一个是网格对象（握把区域，就在笔尖下方）。设计师应用【渐变批注者】完美地控制了图像中的渐变填充，得到了非常逼真的效果。

重新为图稿着色

在颜色调色板中创建变体

高级技巧

摘要：用【重新着色图稿】对话框编辑图案色板，用指定选项卡为单个颜色组创建变体，保存新建的图案色板和颜色组。

在Illustrator里打开【重新着色图稿】对话框（下文简称RA），就可以对任意图案重新着色，哪怕是用预定调色板创建的高度复杂的图案。在该对话框里，还可以重新排列颜色的顺序，或者创建、应用和保存新的颜色调板，来快速为图案试验不同的色彩设计。设计师创建了包含所需颜色的颜色组，然后用RA完善对色彩的设计。

1

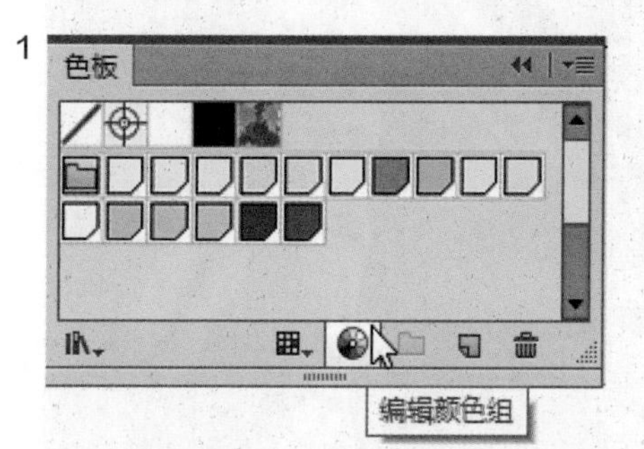

用选定的颜色组激活并打开【重新着色图稿】对话框（也可以单击【控制】面板里的【重新着色图稿】来打开对话框，这样就不会影响原始的颜色分配）

创建新的颜色组，颜色组的数量跟原始颜色组的数量相同，然后在打开的【重新着色图稿】对话框里应用并修改指定颜色

1 **在图案编辑模式（下文简称PEM）下打开【重新着色图稿】对话框。**找一个可以用来测试的图案色板，然后进行复制（直接把色板拖到【色板】面板里的【新建色板】上）。如果没有把原始颜色另存为颜色组，但又希望能快速访问原始颜色的颜色组，请先用该图案填充对象，然后保持对象被选中，单击【新建颜色组】，在弹出的对话框里选择【选定的图稿】，单击【确定】。现在，双击图案色板，进入PEM，取消对【副本变暗至】复选框的勾选，然后全选（快捷键Cmd/Ctrl+A）。为了在保持原始颜色不变的情况下打开RA，请单击【控制】面板中的【重新着色图稿】。

如果相反，想在打开RA的同时给图案添加新的颜色组，那么就通过【色板】面板进入该对话框。单击一个颜色组，然后单击面板底部的【编辑或应用颜色组】。如果新颜色组里颜色的数量少于原始颜色，那么RA会自动缩减颜色数量，将多种颜色转变为一种颜色。

2 **在色板上创建一个变体。**进入RA后，既要更改图案的颜色分配，又不能让RA改变实际的色相、色调或阴影，单击【减低颜色深度选项】，选择【着色方法】下拉列表里的【精确】，单击【确定】。单击【指定】选项卡底部的【随机更改颜色顺序】，以获取不同颜色设计的灵感。尽管此时对话框里的颜色保持不变，但图案里的对象已经应用了不同的颜色。RA中没有撤销功能，因此看到可能用到的颜色组时，请先考虑将其保存起来，或者单击【确定】，在PEM下的扩展菜单中单击【存储副本】保存一个新的图案。为了进一步调整对颜色的分配，我们可以将一种颜色拖到另一种颜色上以进行交换，也可以从【当前颜色】列表框中拖曳一个颜色到【新建】列表框里，以恢复原先指定的颜色。单击【随机更改饱和度和亮度】（在新建列表框的下面），在原始配色和新的配色方案之间创建更大的变化。

3 **保存颜色组和图案色板。**为原始图案（而非刚建立的图案）应用已保存的颜色组。在RA中保存颜色组时，要注意在原始图案色板的名称文本框中输入颜色组的名称，便于之后应用。如果要保存图案的变体，单击RA中的【确定】，然后单击PEM下扩展菜单中的【存储副本】，在弹出的对话框里输入图案名称。从这儿开始，该色板将同时保留调色板和颜色指定数据。

2

单击【随机更改颜色顺序】重新调整图案元素的颜色指定顺序

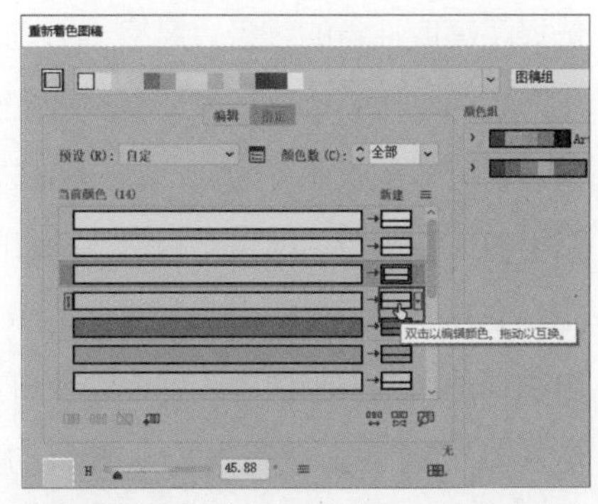

拖曳【新建】列表框中的颜色可以交换指定颜色

3

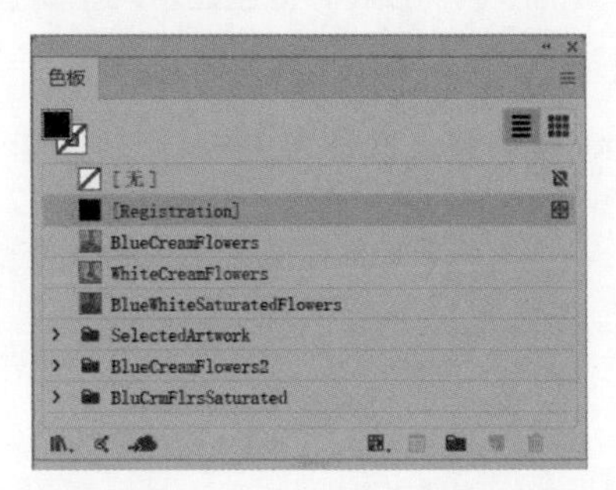

为颜色组命名，使其与对应的图案色板关联

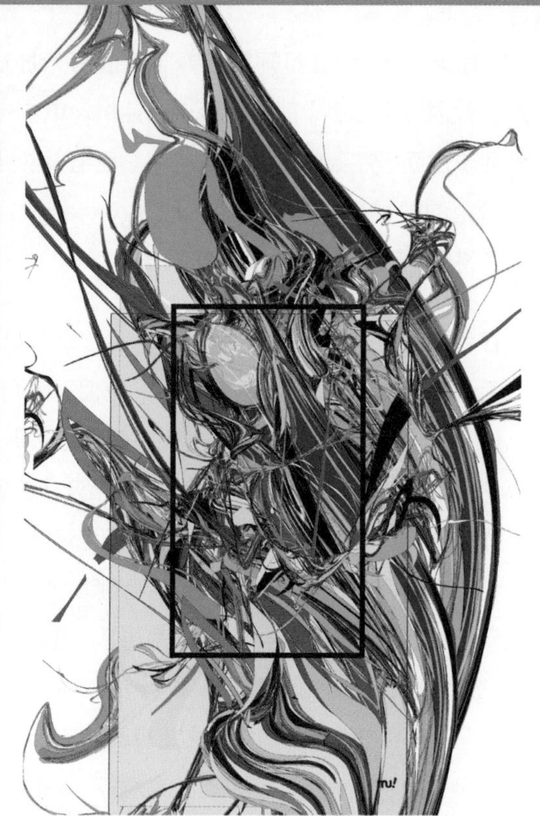

设计案例

设计师在创作这份智能手机图稿时，特意选择了高度抽象的线条，风格十分前卫。在创作开始的时候，他就用设备制造商提供的尺寸来设置画板的大小，因此，创作完成后，就不需要再大费周章地检查画板的大小和方向。但是，他并没有用模板来限制艺术对象，他总是自由地创作，不受边界的限制。在开始创作这份名为“星期六上午漫画”的图稿时，设计师先创建了颜色调板，灵感来自儿童的水果谷物早餐的颜色。接着，他创建了几个重叠的矩形，每个矩形都有填色和非常精细的描边，并用Illustrator的液化工具（主要是旋转扭曲工具）将彩色形状推入，绘制成旋转抽象的形状。他又通过变换黑色矩形和水果色矩形来调整画面的对比度和深度，应用混合模式（尤其是【强光】和【色相】混合模式）来融合聚集在一起的对象，使用【直接选择工具】修改对象，用【重新着色图稿】对话框来更改或应用颜色。后来，他将所有的内容旋转至最终的垂直方向，然后将重叠的白色矩形置于图稿顶层的图层里。这样就可以尝试不同的边框选项，直到找到满足大小需求的合适区域。他为画面添加了一个黄色填充的背景图层，从而为所有较淡的颜色应用黄色调，最后为该图层设置【变暗】混合模式。

设计案例

设计师花费了几小时来创建这份基于渐变网格的艺术图稿，之后用【重新着色图稿】对话框快速轻松地修改图稿的颜色。由于一旦用【重新着色图稿】对话框更改颜色后，便无法恢复，因此每次想创建金色彩带的变体，都要先从复制原始画板开始（在【画板】面板中，拖曳金色彩带到【新建画板】上）。选中新的彩带对象后，单击【控制】面板中的【编辑颜色】/【重新着色图稿】（或者在【属性】面板中单击【重新着色】）。在对话框中，切换至【编辑】选项卡，启用【锁定】，然后将“基色”圆圈拖入色轮（最大的圆圈），直到找到自己喜欢的颜色，再单击【确定】。保存文件后，复制原始图稿，用副本再另建一个不同颜色的彩带。

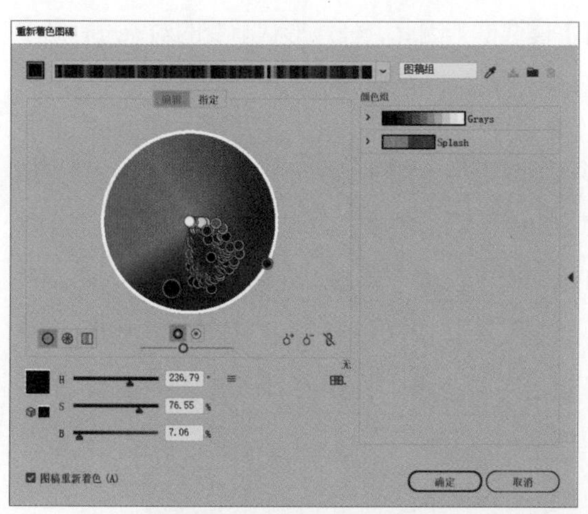

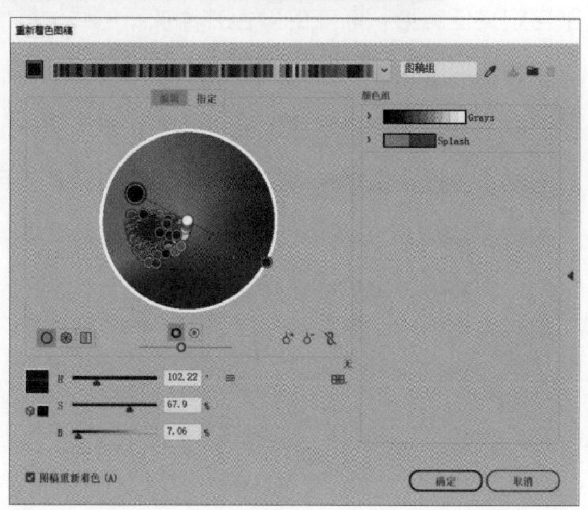

任意形状渐变

有机对象的轮廓渐变

摘要：关闭内容识别首选项，将任意形状渐变线应用于填充对象，调整颜色，确定线条以形成有机形状。

1

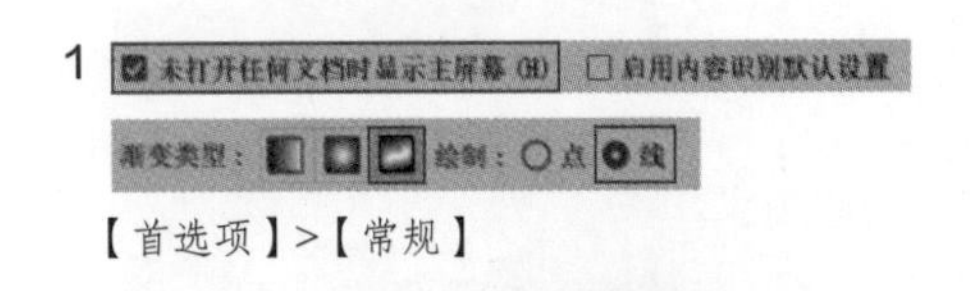

【首选项】>【常规】

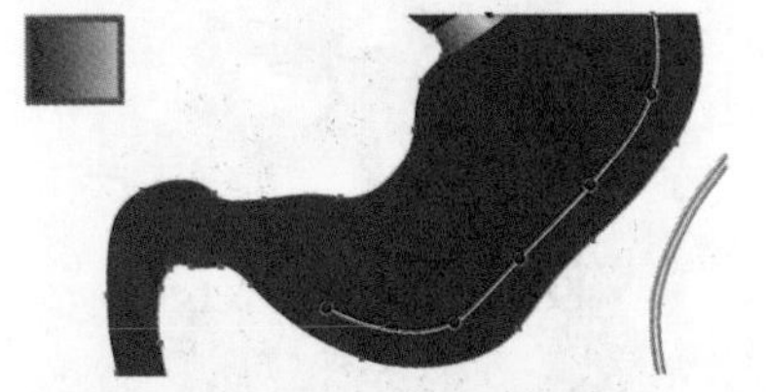

2 用【渐变工具】绘制点以创建自由形式的渐变线

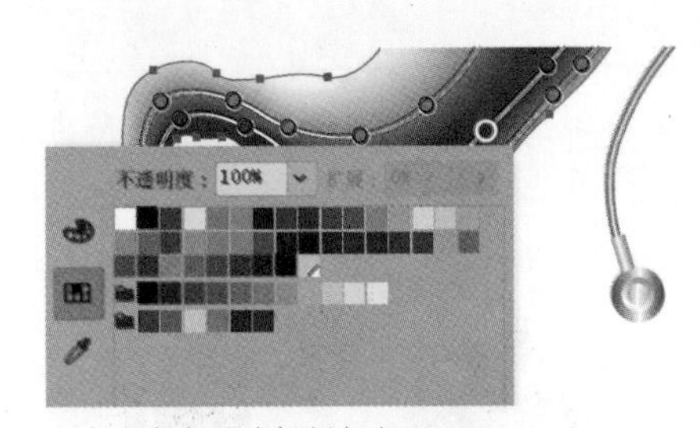

双击一个点以选择新颜色

3

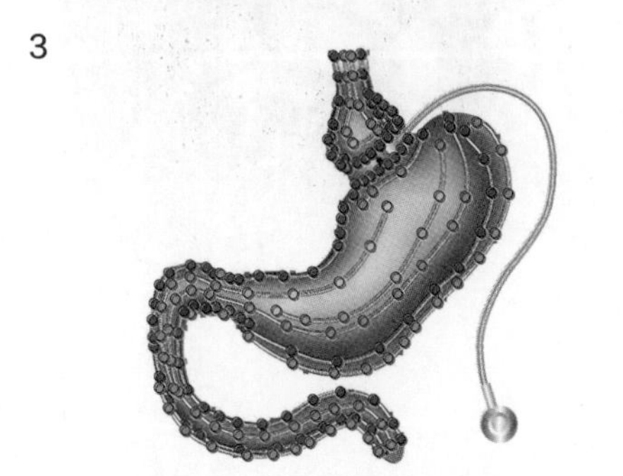

按Esc键停止绘制，然后添加其他内容以形成有机轮廓

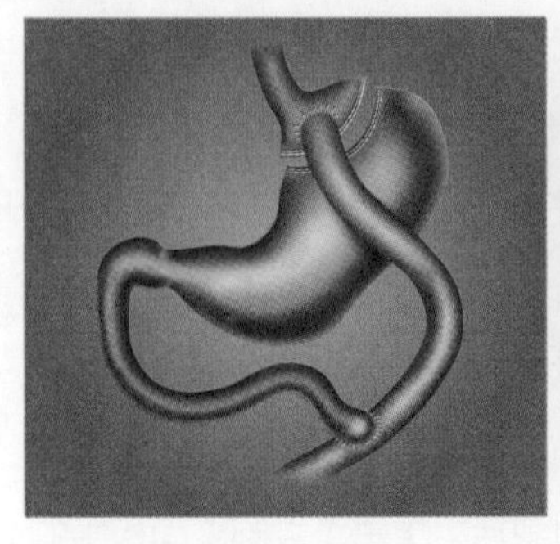

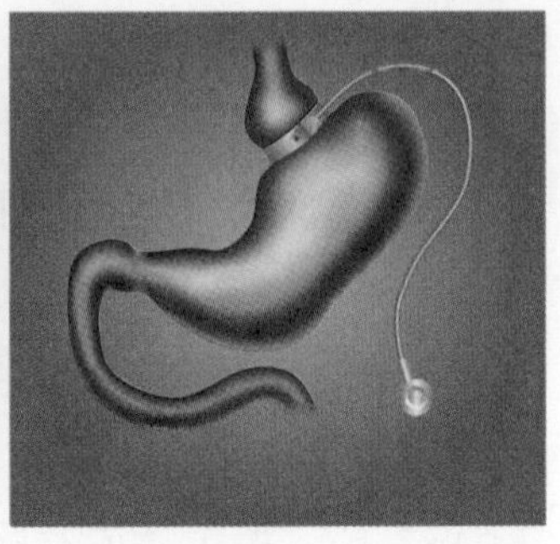

在这张胃部插图中，应用任意形状渐变，可轻松地绘制胃部结构。

1 **关闭内容识别首选项。**根据默认设置，Illustrator会自动定义自由渐变的起始颜色和起始点。为了完全控制渐变颜色，选择【首选项】>【常规】，取消勾选【启用内容识别默认设置】复选框，因此，任意形状渐变的对象没有渐变点，并且是用当前的颜色填充。

2 **将任意形状渐变应用于封闭的填充对象。**用事先设置好的全局色填充对象。用基色填充封闭的对象，并保持选中状态。打开【渐变】面板，单击【任意形状渐变】，将自动切换到【渐变工具】，在【绘制】一栏里选择【线】。单击对象以开始绘制渐变线，然后继续单击以绘制额外的点，按Esc键停止。

3 **自定义任意形状渐变的颜色并添加新的线。**继续添加新的线条以形成轮廓，并精确控制每个不同形状区域内的颜色过渡。要调整任意形状渐变的颜色，双击选中的点，在弹出的【色板】面板中选择一种新颜色。添加并自定义其他的线和点以优化颜色的过渡效果。为了增强图稿的立体感，为靠近边缘的点选择较暗的颜色，内部的点选择较浅的颜色。

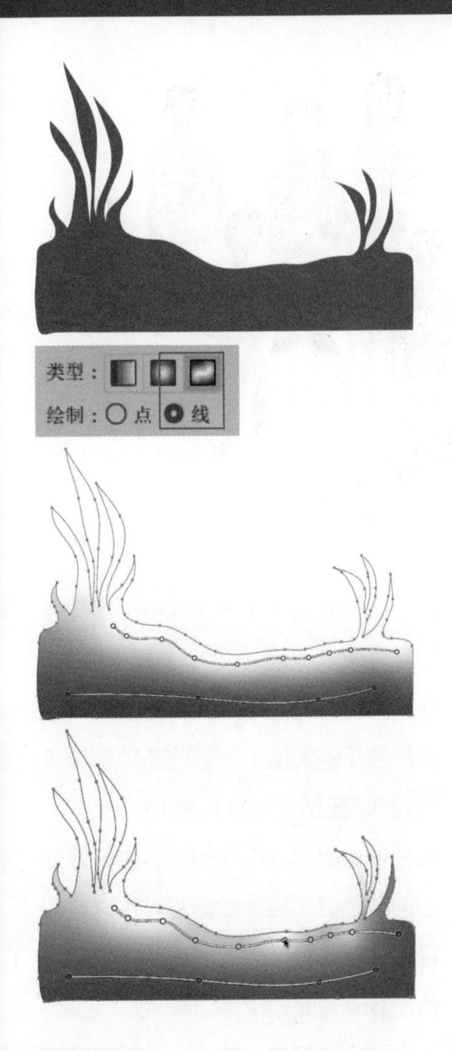

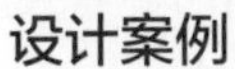

设计案例

为了创建这个水下场景，设计师想弄清楚如何将任意形状渐变工具的作用发挥到最大。尽管可以使用形状混合、线性渐变和渐变网格工具，但有几个地方用任意形状渐变工具是最理想不过的。任意形状渐变工具在凸显海藻的高光和阴影上特别好用。因此，先选择【首选项】>【常规】，取消勾选【启用内容识别默认设置】，然后用海藻填充底部的对象。选中对象后，双击【渐变工具】，打开【渐变】面板，然后单击【任意形状渐变】。首先用任意形状渐变工具在对象底部附近绘制一条线，以绿色为基色；然后单击上方的白线；下一步是通过双击要调整的点，从弹出的【色板】面板中选择另一种颜色来应用。任意形状渐变工具还可用来绘制金鱼身体的轮廓，先沿着鱼的左边边缘画一条点线，然后在右边画一条点线。

设计案例

把一群五年级的小学生编成一排是需要花很大力气的，但是掌握了Illustrator里【色板】面板中的搜索功能，就变得非常容易了。打开【色板】面板，在【色板】面板的扩展菜单中勾选【显示查找栏位】复选框，然后单击【显示列表视图】。为每种颜色创建全局色板，并以人物名称加描述（例如线条、头发或肤色）的方式重新命名。按Cmd/Ctrl键选择颜色色板，然后单击【新建颜色组】。保留默认名称【颜色组1】，然后单击【确定】。重复这一过程，为服装的颜色创建一个单独的颜色组。先绘制几个主要的人物。在选择颜色并将颜色应用到角色时，在【查找栏】中输入人物的名称（一个或多个字母），当该名称出现在【色板】面板中时，从该人物特有的自定义颜色列表中选择颜色（例如搜索衣服的蓝绿色或牛仔色）。在整个创作过程中，这些人物会多次出现在不同的场景中，好在之前创建好了描述性标签，所以可以轻松地找到每个人物的颜色，并确保各个场景中的颜色保持一致。之后，当需要创建其他人物时，可以混合并匹配自定义的头发和肤色色板。通过在【颜色】面板中查找并应用特定的颜色色板，可以使人物各不相同。但由于用的是同一颜色集，所以整个画面效果看起来非常和谐。

第6章 重塑维度

聪明的人都用智能参考线

在使用变形或封套时，要编辑已应用外观的对象可能会比较困难，打开智能参考线，Illustrator会突出显示艺术对象，这样用户就更容易识别实际对象的位置（而非外观）。按快捷键Ctrl/Cmd+U可以打开或关闭智能参考线。

【控制】面板上的3个封套按钮，从左到右分别是【编辑封套】【编辑内容】和【封套选项】

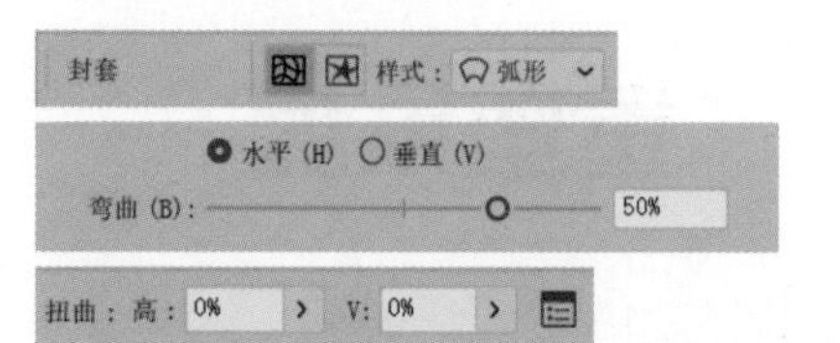

选择一个封套变形后，【控制】面板中就会出现这些工具；我们可以通过下拉列表来更改封套的形状

选择一个封套网格后，【控制】面板中就会出现各种控件，在此你可以更改行数、列数，甚至可以单击【重设封套形状】，让对象恢复为原始形状

封套的隔离模式

一个便捷的编辑封套的方法是双击该封套，进入隔离模式。

本章要重点介绍Illustrator的工具和功能，旨在帮大家创建超出二维空间运动范围的对象。例如变形和封套工具可以弯曲用矢量工具创建的对象和文本，封套网格工具可以创建出有深度的立体感，Illustrator的3D效果可以在3个维度上旋转、拉伸和映射对象。另外，【透视网格工具】还可以帮助大家借助1个、2个或3个投影点，以线性透视法来创建图稿。所有的这些工具和功能都需要使用者具备一定的超越平面对象的思维能力和对网格娴熟的操作能力。在实时状态下，3D效果和透视网格的工作方式与其他Illustrator对象完全不同。如果将对象扩展了，那么扩展后的对象就会变成复杂的矢量对象，这时候Illustrator的任何编辑工具都能对其进行处理。

变形和封套

起初，变形和封套看起来很相似，但它们之间有一个重要的区别。变形是作为实时效果应用的，也就是说变形可以应用到对象、编组或图层上。变形有两个优点：一是在【变形选项】对话框中的【样式】中选择【预定义选项】，可以快速创建变形效果；二是变形效果可以保存为图形样式，便于将其应用于其他对象。封套虽然也是实时的，但它不是特效，而是包含艺术对象的真实对象。封套的形状可以编辑或自定义，并且Illustrator可以调整封套的内容，使之与封套形状保持一致。

变形

实际上，应用变形的方法非常简单，先定位对象、编组或图层，然后选择【效果】>【变形】>【弧形】（选择哪种变形效果都没有关系，因为不管选择哪种变形效果，都会弹出【变形选项】对话框，该对话框里有15种不同的变形效果可供选择）。虽说变形效果是"固定的"，但是我们可以通过更改【弯曲】值以及【水平】和【垂直】的扭曲值来间接控制变形的效果。

应用变形效果后，打开【外观】面板，在该面板中单击该变形效果并对其进行编辑。跟其他所有效果一样，可以将变形效果应用到填色或描边上，并且如果修改了图稿，那么变形也会随之更新。由于变形本质上是一种效果，因此我们可以将它保存进图形样式中，然后即可对其他艺术对象也应用该变形效果。

封套

尽管变形效果在扭曲艺术对象方面已经做得很完善了（而且变形效果还可以另存为图形样式），但是Illustrator的封套功能在控制对象方面还是要更高级些。

应用封套的方法有3种。最简单的一种是先创建一条希望用作封套的路径，让它位于堆叠顺序的最上方，要放入封套中的艺术对象之上。然后，同时选中艺术对象和创建的路径，选择【对象】>【封套扭曲】>【用顶层对象建立】。此时，封套这种特殊的Illustrator对象就创建好了。你所创建的这个对象将成为一个封套容器，在【图层】面板中显示为【封套】。可以使用任意变换或编辑工具来编辑封套的路径。在编辑时，封套内的艺术对象会跟随改变以确保和封套的形状匹配。如果要编辑封套的内容，请单击【控制】面板中的【编辑内容】，或者选择【对象】>【封套扭曲】>【编辑内容】。这时，如果查看【图层】面板，就会发现【封套】的左侧会出现一个下拉箭头，【封套】的下方显示封套里的内容，也就是放在封套里的艺术对象。我们可以直接编辑艺术对象，甚至可以将其他路径拖曳到【图层】面板的封套中。完成对封套内容的编辑后，如果要再次编辑封套，选择【对象】>【封套扭曲】>【编辑封套】。

删除网格锚点

要从一个变形或封套网格中删除某个网格锚点，选择【网格工具】，然后在按住Opt/Alt键的同时单击要删除的锚点即可。

先用绘图工具绘制出对象，然后给每个窗户、大厦和烟囱对象应用封套变形，选择【对象】>【封套扭曲】>【用网格建立】

封套扭曲选项

如果要用封套来扭曲包含图案填充或线性渐变的艺术对象，选择【对象】>【封套扭曲】>【封套选项】，在弹出的【封套选项】对话框里设置合适的选项。

3D——3个对话框

有3种不同的3D效果，并且某些功能会有重叠。如果你需要做的只是更改对象的透视图，建议使用【旋转】。如果要将符号映射到对象，可用【绕转】或【凸出和斜角】（仍然可以旋转对象）。

2D还是3D？

Illustrator的3D对象只有在3D效果对话框里操作才是真正的3D对象。调整完对象后，单击【确定】关闭对话框，该对象的3D特性就会被“冻结”，就像Illustrator给该对象拍了一张快照一样，直到下次再对其进行编辑，否则都不会被“解冻”。在画面上，从技术层面讲，这是对一个3D对象的2D渲染，只能以2D方式处理。但是，由于3D效果是实时效果，因此可在任何需要的时候再次以3D的方式处理该对象。我们要做的只是选中对象，然后双击【外观】面板中的3D效果。

选择【效果】>【3D】>【凸出和斜角】，在弹出的对话框里对对象做凸出处理：(左)未做凸出处理的2D对象和(右)进行凸出处理后的3D版本的对比

在本章的后半部分会讲解如何使用Illustrator的3D工具创建出逼真的钥匙

要创建封套变形，请先选择中一个对象，然后选择【对象】>【封套扭曲】>【用变形建立】。在弹出的【变形选项】对话框里选择一种变形并单击【确定】，Illustrator将该变形转换为封套网格。这时，【控制】面板里将会显示【封套变形】控件，包括一个下拉列表，大家可以根据需求选择不同的变形形状。【直接选择工具】可以用来编辑封套变形中各个独立的网格锚点，既可以扭曲封套变形的外缘，又可以改变封套内部对象的扭曲方式。如果想更精确地控制，可以借助【网格工具】添加、删除或调节网格点。

要创建一个封套网格，先选中图稿，然后选择【对象】>【封套扭曲】>【用网格建立】。在弹出的对话框里选择所需网格锚点的数量，单击【确定】。Illustrator会自动创建一个封套网格。封套网格工具将出现在【控制】面板中，有了这些工具，我们就可以轻松更改行数和列数，甚至在必要时将封套网格恢复为原始的形状。当然，我们也可以用【直接选择工具】编辑网格锚点，用【网格工具】添加网格锚点。但是使用了这些工具后，要想再在【控制】面板中重新显示编辑网格控件，就需要切换回【选择工具】。

3D效果

在Illustrator里，我们可以把包括文字对象在内的任何2D形状转变为3D形状。在Illustrator的3D效果对话框中，可更改3D形状的透视图、旋转3D形状，甚至还可以给3D形状添加光照和材质属性。而且由于3D效果是一种实时效果，我们可以随时编辑源对象并预览3D形状发生的变化。我们还可以在3D空间中旋转某个2D形状并改变其透视图。最后，Illustrator还可以把预先以符号形式保存的图稿映射到任意3D对象的表面。不过，Illustrator毕竟只是一个2D软件，与那些真正的3D软件比起来，它的3D功能非常有限。

首先，以Illustrator的水平标尺为X轴，垂直标尺为Y轴。现在，想象还有一个第三维的标尺垂直于屏幕，也就是Z轴。用3D效果创建3D形状的方法有两种：第一种是沿着Z轴将一个2D对象凸出到后面的空间中；第二种方法是让2D对象绕其Y轴旋转，旋转的角度不超过360°。

要将3D效果应用于选定的对象，单击【外观】面板中的【添加新效果】，然后选择所需的3D效果，或者选择【效果】菜单中的【3D】(为简化本章中的说明，我们将统一使用后一种方式来应用3D效果)。将3D效果应用于对象后，【外观】面板中会出现所应用的效果。与其他外观属性一样，我们也可以对3D效果进行编辑，以及更改效果在面板中的堆叠顺序，甚至复制或删除效果。我们还可以将3D效果保存为图形样式，便于以后重复利用。应用该样式后，单击【外观】面板中带下划线的效果名称或双击效果名称右侧的【fx】，在弹出的对话框里修改样式的相关参数。编辑2D路径将更新3D渲染。

以下是使用不同类型的3D对象时要用到的一些技巧。

- **要拉伸2D对象**，首先得创建好路径；可以是开放路径，也可以是封闭的路径，还可以包括描边和填色(如果形状中有填色，刚开始时最好使用一种纯色来填充，不要用渐变或图案来填充)。选中路径后，选择【效果】>【3D】，在子菜单中选择【凸出和斜角】。

在打开的【3D凸出和斜角选项】对话框里，设置对话框底部的【凸出厚度】值，以设定2D对象要被凸出的厚度。给对象添加一个端点，变成实心的外观，关闭端点则会让对象形成空心的外观(请参见右侧的前两个图)。

我们可以从10种不同的斜角样式中选择一种，以应用于对象的边缘。选择【斜角外扩】，可以为原始对象添加斜角；而选择【斜角内缩】，可以减去初始斜角的一部分(右侧第二对图形)。

不用考虑“°”符号

在3D对话框的旋转文本框中输入数值后，表示度数的符号“°”会自动插入，不用手动添加。

自定义斜角

每个3D斜角路径实际上都是一个符号，并且保存在一个名叫“Bevels.ai”的文件中。如果要添加自定义斜角，请打开Bevels.ai文件，然后绘制或复制一条新路径，并将新路径拖曳到【符号】面板中，再重命名符号并保存文件即可。要想查找此隐藏文件，请执行以下操作：按Ctrl键单击/右击Adobe Illustrator应用程序图标，然后选择【显示套装内容】，接着选择【必需】>【资源】；Bevels.ai文件就在语言文件夹中。

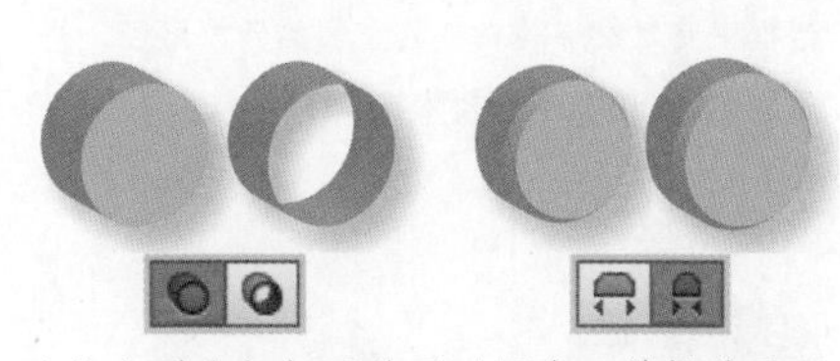

(从左到右)打开盖子以固定，关闭盖子以中空；斜角外扩，斜角内缩

没有足够的步骤

在3D对话框中，单击【更多选项】以调整【混合步骤】，在默认值(25)和最大值(256)之间找到足够平滑的设置，这样绘制(和打印)的速度也就不会太慢。

3D效果的传递

尽管一般专业设计师都建议禁用【新建图稿具有基本外观】，但在使用3D效果进行创作时，可能会需要启用它。除非你先从面板上清除外观设置或单击工具面板中的默认填充和描边图标，否则在将3D效果应用于对象后，创建的任何新路径都将继承相同的3D效果（外观设置）。但是，如果你希望接下来绘制的对象具有与刚创建的对象同样的3D效果，请禁用【新建图稿具有基本外观】。

选择【效果】>【3D】>【旋转】，在打开的对话框中使对象绕转。绕转左侧的开放路径，得到右侧的3D葡萄酒软木塞

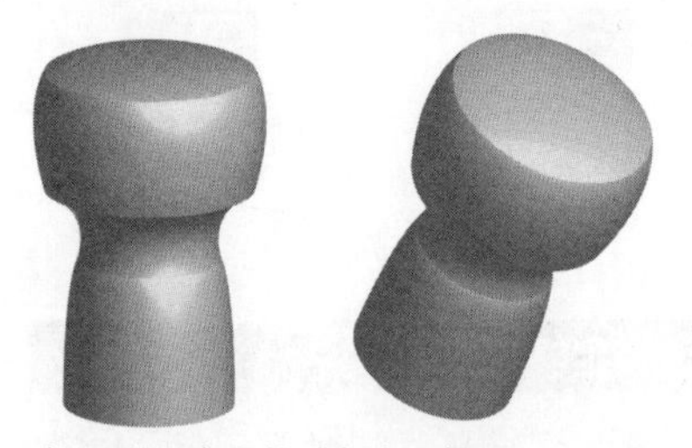

在3D空间中旋转对象的示例

- **如果要让对象绕Y（垂直）轴旋转**，请先创建一条路径。路径可以是开放的，也可以是封闭的。路径可以有描边和填充。选中路径后，选择【效果】>【3D】>【绕转】，在打开的对话框中，拖曳【角度】的图标以设置度数，也可以在数值文本框里直接输入范围为1~360的数值。如果一个对象旋转了360°，那么得到的3D对象是实心的。如果旋转的角度小于360°，那么得到的3D对象看起来就像是从中切去了一个楔形部分。如果你还设置了从对象的边缘到旋转轴的偏移量，那么得到的3D形状看起来就像是中间被削掉了一样。
- **在3D空间中旋转2D或3D对象**，选择【效果】>【3D】>【旋转】。在弹出的【3D旋转选项】对话框里有一个立方体，该立方体用来表示当前形状可以通过各平面进行旋转。在【位置】下拉列表中选择一个预设的旋转方向，或在X、Y和Z轴对应的数值文本框里输入-180~180的值。如果想绕着对象的某一个轴来手动旋转对象，只需选择白色立方体其中一个面的边缘，按住鼠标左键然后再拖曳即可。选择时，每个平面的边缘都会以相应的颜色突出显示，告诉你要旋转的是对象的3个平面中的哪一个。对象的旋转会被限制在该特定轴所对应的平面内。如果想同时相对于3个轴来旋转对象，请直接按住鼠标左键拖曳立方体的一个表面。拖曳过程中，3个数值文本框里的值都会发生变化。如果只想旋转对象，在圆内的区域按住鼠标左键并拖曳即可。
- **要改变某个对象的透视图**，只需在【透视】数值文本框里输入相应的数值，范围为0~160。当然，拖曳滑块也能改变参数值。数值越小，越可以模拟长焦镜头的效果；数值越大，越可以模拟广角镜头的效果。

将表面底纹应用于3D对象

在Illustrator中，我们可以给3D对象添加不同的底纹（既有单调、没有底纹、无光泽的表面，又有光泽并且高亮显示、看起来像塑料的表面），还可以自定义光照条件。【3D凸出和斜角选项】和【3D旋转选项】对话框里都有【表面】的底纹选项。如果我们将底纹选项设置为【线框】，就会得到一个透明的对象，并且该对象的轮廓会跟一些描述对象几何特征的轮廓线重叠。如果选择【无底纹】，就会得到一个平面效果的形状，没有可辨别表面。如果选择【扩散底纹】，那么对象的表面会有柔和光线投射过来的效果。但如果选择【塑料效果底纹】，对象看起来就像是由反光的塑料膜制成的。至于贴图，请在【贴图】对话框里勾选【贴图具有明暗调（较慢）】复选框。

如果选择了【扩散底纹】或【塑料效果底纹】，就可以通过调整光源的方向和强度来进一步完善对象的外观效果。单击【更多选项】，在此我们可以更改【光源强度】【环境光】【高光强度】【高光大小】，以及【混合步骤】的值。我们还可以选择一个自定义的【底纹颜色】，给底纹表面添加投射颜色。如果想在输出的过程中保留指定给凸出对象的某个专色，就要勾选【保留专色】复选框。但是请注意，勾选了【保留专色】复选框会删除自定义的底纹，并重置底纹颜色为【黑色】。

在对话框的扩展区域里有一个光源球体（见右图）。该球体内部的小白点表示光源的位置，而白点周围的黑框则是为了突出显示当前选中的光源。根据默认设置，一般都只有一个光源。在球体内部按住鼠标左键并拖曳白点，就可以重新放置光源。如果勾选了【预览】复选框，3D对象上的光线也会自动更新。

斜角错误信息

如果给一些对象（例如星形）应用了斜角效果，那么在勾选【预览】复选框后，可能会看到黄色警告信息：可能发生了斜角自身交叠的情况。不过，这可能根本不是问题。

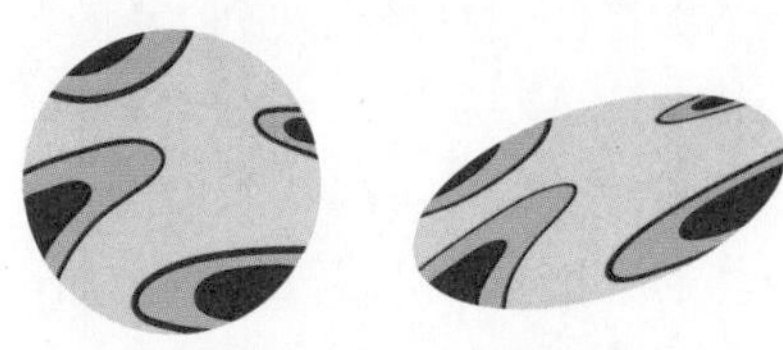

选择【效果】>【3D】>【旋转】，在弹出的对话框里以3D的方式旋转对象（当然【3D旋转选项】和【3D凸出和斜角选项】对话框的上半部分也能实现）；左图以3D的方式旋转后，会得到右图所示的图形效果（任何2D对象都可以在3D空间中旋转，且不需要对象本身也转变为3D对象）

实现最平滑的3D效果

为3D对象创建轮廓对象时，请尽可能减少锚点的数量。每个锚点都会产生一个额外需要渲染的表面，如果以后需要将对象映射到3D表面，锚点越多，潜在的问题也就越多。

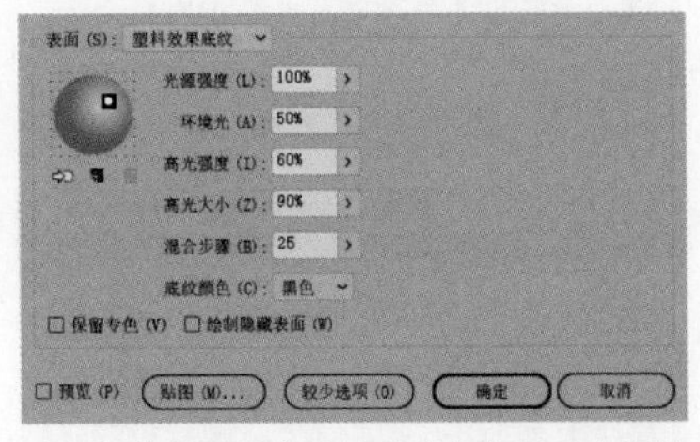

对话框扩展区域中的球体内部将显示光源的位置。球体下方的3个图标，从左到右依次为【将所选光源移到对象后面】【新建光源】和【删除光源】

贴图——不困惑

- 选中一个表面，单击对话框里的箭头按钮来查看每个表面。
- 如果要分辨想要贴图的表面，可以找一找对象自身的红色高光，不要看【贴图】对话框中拼合后的代理图。
- 如果符号没有贴图到选中的表面，很可能是因为它被贴到了对象的内表面。
- 相比于填色，描边将会为对象添加更多的表面，这是因为描边在对象内部创建了一个空心效果，这也会被当成表面。
- 描边可以使一个不可见表面的某一侧或者内部的贴图对象变得不透明。

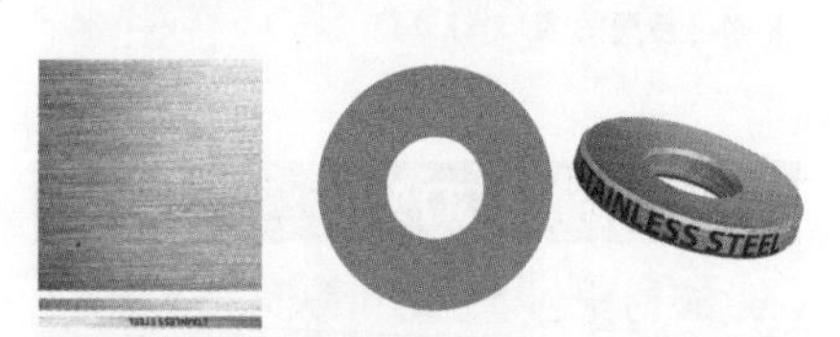

（左）一个准备贴图到3D垫圈上的图片（图里显示的是缩小版），（中）应用【凸出和斜角】3D效果而创建的描边复合路径，（右）对3D垫圈的斜角和可见表面贴图艺术对象后的效果，（下）用来贴图到3D垫圈上的文本艺术对象符号（以实际比例显示到3D对象上）

用渐变贴图

渐变可以另存为符号，但是在贴图时会被栅格化。在【文档栅格效果设置】对话框中可以调整图像的栅格化分辨率。选择【效果】>【文档栅格效果设置】，即可在弹出的对话框中调整分辨率。

单击【新建光源】（球体下方）可添加更多光源，而且新建的光源会被自动选中（会出现一个包围它的“高亮”黑框）。用光源控制选项（在球体的右侧）可以单独调整每个被选中的光源。单击球体下方的第一个按钮，也就是【将所选光源移到对象后面】，就可以给对象创建背光效果。当光源在对象的后面时，光源指示器会反转变成一个白色方框，里面有一个黑点。在使用多个光源时，这种差异可以帮助我们查看哪些光源在对象的后面，哪些在对象的前面。如果要删除某个光源，请先选择它，然后单击球体下方的【删除光源】（可以删除默认光源以外的所有光源）。

将艺术对象贴图到对象上

如果想把艺术对象贴图到一个对象上（与左侧垫圈上的设计一样），首先要把打算贴图到3D对象表面的艺术对象定义为符号。具体操作：选中该对象，将它拖到【符号】面板里即可。有时要定义的符号不止一个，例如左侧图中垫圈外表的纹理和文字是一个符号，其他用来贴图的对象也要先分别保存为符号，然后通过【贴图】对话框贴到对象表面。

【3D凸出和斜角选项】对话框或【3D旋转选项】对话框都可以帮我们将符号贴图到3D对象上。不管是哪个3D效果参数对话框，只要单击【贴图】，然后在打开的对话框里选择一个可用的符号即可。单击对话框里的左右箭头按钮，可以指定要将艺术对象贴图到对象的哪一个表面上。选中的表面将出现在对话框中部的白框中，我们可以通过拖曳定界框上的手柄来缩放对象；也可以单击【缩放以适合】，将对象展开以覆盖整个表面。此时要注意的是，单击不同的表面时，选定的表面将在文档窗口中以红色轮廓突出显示，当前可见的表面在【贴图】对话框中将显示为浅灰色，而当前隐藏的表面则显示为黑色。

要查看被贴图到3D对象侧面的对象，请先确认该对象的描边为【无】。

透视网格

有了透视网格，就可以在一个平面上创建出对象，该平面所代表的就是我们人眼所看到的真实世界。在靠近地平线的地方，边缘之间的距离会缩小。【透视网格工具】对于创建诸如城市景观之类的场景很有用，在这些场景中，建筑物或道路离我们越远，大小越小，直至在地平线上消失。

使用透视图网格工具集，就可以在透视图环境中进行动态的绘制，以便创建的形状或对象自动与透视网格相匹配。也可以用【透视选区工具】将选中的对象拖放到透视网格中，通过这种方式将已有的平面矢量艺术对象附加到透视网格中（参阅右侧的提示）。我们甚至可以将网格放置在参考照片的顶部，以添加矢量内容。透视环境也支持Illustrator的3D效果创建的符号、文本和对象。

使用透视效果前，先得定义透视环境。选择工具栏里的【透视网格工具】，以在画板上显示透视网格，或者选择【视图】>【透视网格】>【显示网格】。默认的设置为【两点透视】，其中包括两个灭点。如果要采用一点透视，请选择【视图】>【透视网格】>【一点透视】>【一点-正常视图】，这样得到的透视图就只有一个灭点。如果想采用三点透视，请在上面的菜单中选择【三点透视】>【三点-正常视图】，这样得到的视图有3个灭点（如果自定义并保存了一个透视图网格，它将作为附加选项显示在相应的一点、二点或三点正常视图的子菜单中）。

选择【透视网格工具】后，将在网格的两端显示网格平面控制锚点（尽管使用【透视网格工具】时，某些网格锚点会消失）。通过这些锚点，我们可以手动调整透视网格的参数，例如灭点、角度、平面的重定位、网格高度和宽度等。将鼠标指针放在这些控制锚点上，指针的下方会出现一个指示器，表明拖曳该控制锚点可以移动的方向。

贴图还是变形？

使用贴图，不仅可以给对象添加图案或纹理效果（例如瓶子上的标签），还可以覆盖整个对象（上图的红酒塞就是用塞子的纹理所做的贴图）。但是越是复杂的对象，表面也就越多，渲染的速度也就越慢，甚至还可能产生错误。如果打算在贴图的表面添加光照和底纹，请在【贴图】对话框中勾选【贴图具有明暗调（较慢）】复选框。

（左）用【透视网格工具】打开透视网格，就可以看见其中的网格平面控制锚点。（右）【透视选区工具】可将对象、文本或符号加入透视网格中，在透视空间中移动这些对象，或者切换到不同的平面

透视是永久性的！

与许多其他效果不同，一旦在某个对象上应用了透视，该对象就无法返回其原先（正常）的状态。因此，在进行透视操作前，请先复制原始对象，然后在副本上操作，或者转换成符号再操作。

关掉网格

要快速隐藏网格，请按快捷键Cmd/Ctrl+Shift+I。

平面切换构件左侧面为蓝色高亮显示，表示左侧平面（网格）为现用平面；用两个透视工具中的任意一个单击立方体的某一个侧面（或数字键1、2或3），可选择不同的平面作为现用平面（如图中显示的第二个和第三个小部件）；单击构件内立方体外的区域（或者直接按数字键4），即可退出透视模式，退出后就能正常绘制了（即最右边的构件）

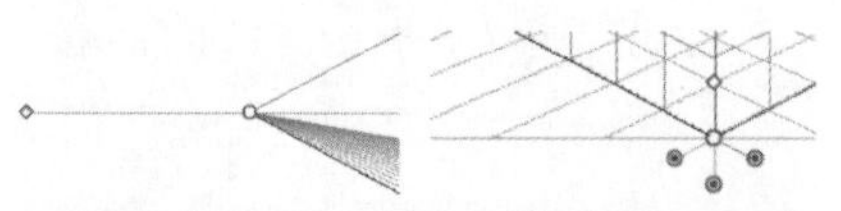

拖曳网格上的锚点即可手动调整网格，如需精确调整，请使用【定义透视网格】对话框，选择【视图】>【透视网格】>【定义网格】打开。在对话框里可以将设置保存为预设以重复使用，选择【视图】>【透视网格】>【显示标尺】，即可在可见的网格中显示一个标尺

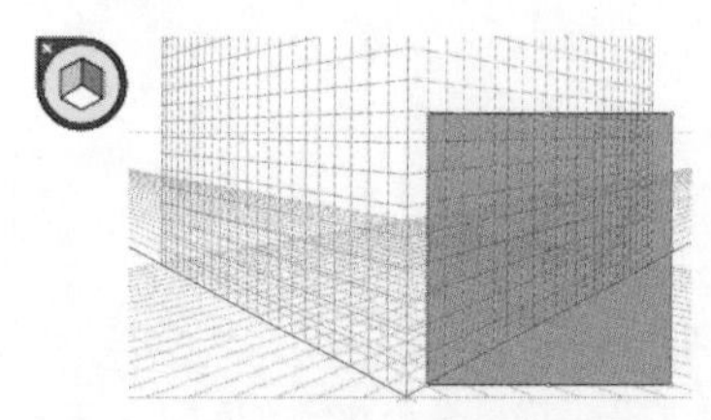

在此示例中，在平面切换构件内的立方体以外单击，退出透视网格模式（请注意立方体周围的青色区域），因此该矩形是在普通模式下绘制的；若要在稍后为该区域应用透视，请选择【透视选区工具】，单击构件中立方体的某个侧面，将矩形拖放到所需位置上

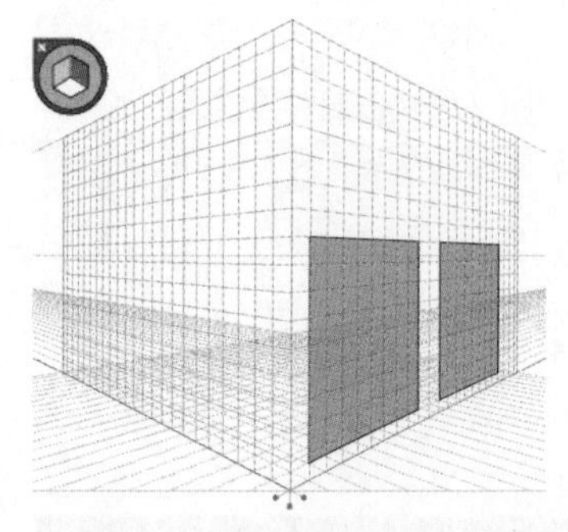

用【矩形工具】绘制的正方形。请注意，图中的平面切换构件表示右侧平面为现用平面，这样所绘制的正方形就相对于右侧灭点来调整外形。用【透视选区工具】复制并移动正方形，该正方形在移动时会动态地变换

要保存自定义网格，请选择【视图】>【透视网格】>【将网格存储为预设】。新的网格将会被保存到各自的透视类型下；例如，一个自定义的一点透视网格会被存储为“一点-正常视图”，存储后，如果选择【视图】>【透视网格】>【一点透视】，就能在弹出的子菜单中看到该选项。选择【视图】>【透视网格】>【定义网格】，在打开的【定义透视网格】对话框里，通过设置精确的数值来调整网格，并将其另存为预设以供将来使用。

操作前，先得选择一个现用平面，在一个定义好的环境中工作。工作区左上角的立方体就是“平面切换构件”。用【透视网格工具】（或其他任意图形或编辑工具）来单击立方体的其中一个侧面时，活动平面将通过颜色突出显示。例如，橙色是右侧平面的默认高光颜色（参见左图）。一次只能激活一个平面，并且选定现用平面也就意味着在透视环境中绘制的任何内容都会跟该平面特定的透视网格保持一致。使用【透视网格工具】时，鼠标指针的下方会出现一个某一个侧面带有阴影的小立方体，该阴影面也同样指示现用平面。

选择了现用平面后，就可以用任意绘图或编辑工具在透视模式下进行绘制了。要对此进行测试，请选择任意对象创建工具（例如【矩形工具】）并在网格上绘制。使用【透视选区工具】（该工具隐藏在工具栏中的【透视网格工具】之下），可以在平面内选择并移动对象，【透视选区工具】的鼠标指针上有一条线和一个箭头，可用来指示现用平面。用此工具在平面内移动对象，对象会根据移动的方向相应地远离或拉近。但是，如果使用普通的【选择工具】移动对象，该对象的形状会“冻结”到当前视点，这样移动的时候对象就不会变换了。我们也可以用【透视选区工具】选择已有的矢量对象，并将其附加到透视网格上。为此，首先得选择一个平面作为现用平面，然后选中对象并将其拖到透视网格中。用【透视网格工具】选择一个已经附加到网格上的对象，立方体对应的侧面也会高亮显示。

在构件中圆圈的内部和立方体外的区域单击（或者直接按数字键4），取消对所有网格平面的激活。这样就可以在普通模式下绘制了（不会应用网格），请参见上一页的图。创建好对象后，用【透视选区工具】单击构件中的一个侧面，或按数字键1、2或3，以此来激活对应的平面，然后将对象拖放到透视网格中的某个位置；也可以使用【透视选区工具】框选或按Shift键选择多个对象，以将它们一起拖放到现用平面中。

如果想垂直于当前位置移动对象，可以在按住数字键5的同时（只能使用键盘上方数字键行中的5，不能用右侧数字小键盘中的5），用【透视选区工具】拖曳；如果想实现在垂直于对象的原始位置移动对象的同时复制该对象，只需在拖曳的同时按住Opt/Alt+5键即可。

选择【透视选区工具】后，双击任意一个网格平面控制锚点（相交平面下方的3个圆圈），可打开【残余投影平面】对话框、【右侧消失平面】对话框或【底部平面】对话框。在对话框中，可以精确地设置数值以移动平面。

应用透视后，如果要在正常模式下处理对象，可以从【对象】菜单或右键快捷菜单中选择【透视】>【通过透视释放】。要记住，如果当初该对象不是使用透视创建的，那么这个功能不会使对象恢复到正常状态，它只是将其与透视平面分离。如果要将分离的对象重新附加到透视平面上，请选择【对象】>【透视】>【附加到现用平面】。请注意，如果你跳过此步骤，只是使用【透视选区工具】移动对象而不先附加对象，就可以自动为对象添加一个新的透视。

透视的限制

- 一个画板只能有一个透视网格。不过我们可以跨画板放置网格。
- 诸如栅格传统文本、非Illustrator中创建的艺术对象、封套对象、渐变网格对象和【光晕工具】之类的效果，不会转换到透视网格中。

先正常绘制

先创建文本和符号，然后使用【透视选区工具】将它们附加到现用平面中，接着选择【对象】>【透视】>【编辑文本】，即可对文本进行编辑。

自动平面定位

使用自动平面定位功能移动平面，以匹配对象在创建或移动时的高度或深度。要想使用该功能，必须满足以下条件：网格是可见的，智能参考线也打开了，并且【透视选区工具】处于被选择状态。将鼠标指针悬停在锚点或网格线上时，按Shift键，现用平面会一直保持可见，直到完成一个动作为止。然后再返回正常模式。如果不执行任何操作，按Esc键即可回到正常模式。

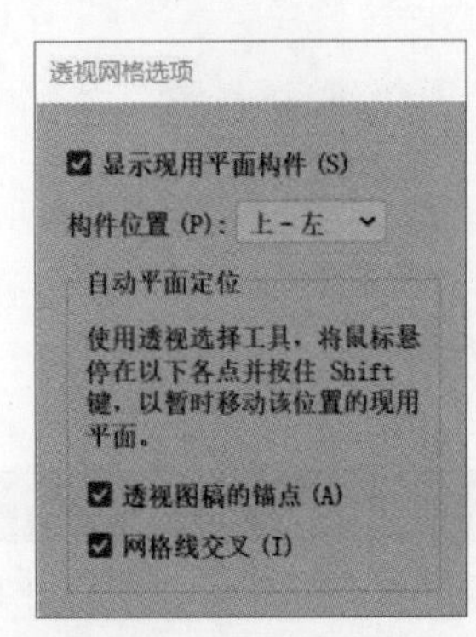

双击工具栏里的【透视网格工具】，打开【透视网格选项】对话框，可对自动平面定位的相关选项进行设置

CC

CC版本中透视网格和操控变形的更新

用两点或三点网格开发复杂的合成后，可以通过启用【锁定站点】来自由地重新定位灭点。附加到网格上的图稿将坚持透视调整。使用【锁定站点】后，移动一个栅格平面的灭点会同时移动另一个栅格的灭点，并且对象将重新对准新的透视图。

【锁定站点】允许我们更改网格中已有对象的透视图。例如，我们可以移动网格，往右移动以显示更多，往左移以显示更少。为此，请选择【视图】>【透视网格】>【锁定站点】。下一步，在更改透视的同时移动附加的图稿，请使用【透视网格工具】，并将右侧的灭点进一步向右拖曳，以查看右侧更多的内容，附加的图稿将自动符合新的灭点。拖曳左侧灭点往左移，可显示网格左侧更多的内容。在三点透视网格上，移动网格底部的灭点，会大大倾斜透视网格。

操控变形

操控变形原先是After Effects中的角色动画功能，后来被添加到Photoshop里。现在，我们有了Illustrator的操控变形矢量版本。选中一个或多个对象后，选择【操控变形工具】，以3D外观网格包围选中的对象。根据默认设置，Illustrator不仅会猜测关键位置以防止变形，还会自动将图钉放置在这些位置。操控变形的图钉具有双重作用：未选中的图钉可防止网状区域变形，而选中的图钉则会成为手柄和变形的选择。

留在网格内

【锁定站点】功能非常适合在两点或三点透视网格内重新定位灭点，但是如果尝试在它们之间进行切换，则可能会产生不稳定的结果。

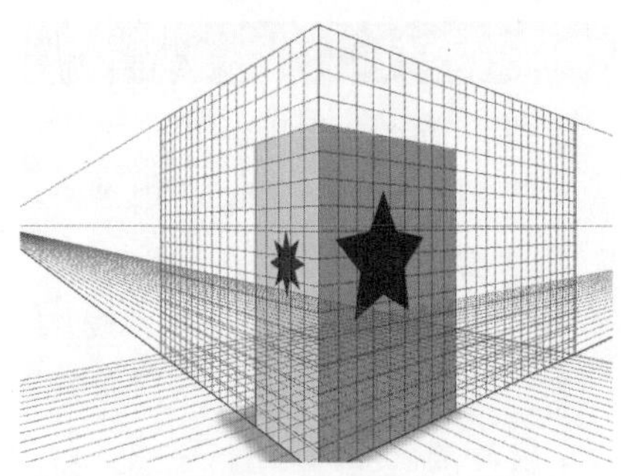

附加到两点透视网格的盒子

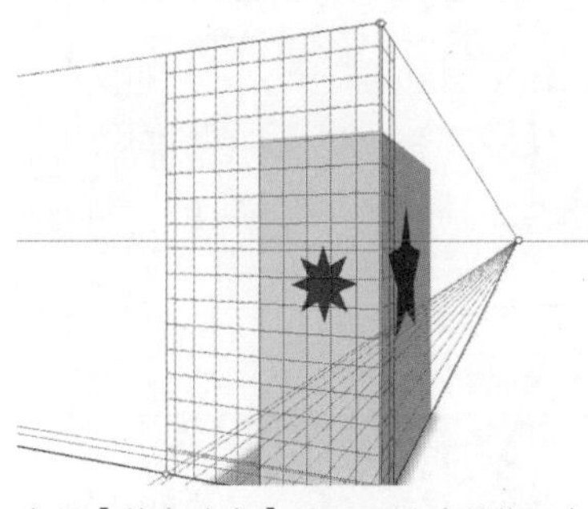

启用【锁定站点】后，可同时调整灭点和透视网格，并且附加的图稿将自动进行调整以匹配网格

锁定站点的限制

为避免不稳定的结果，请在附加任何图稿前选择是两点还是三点透视图。

锁定站点状态会随文件一同保存

用透视网格保存文件时，锁定站点状态也会随之保存。

取消选择只会导致操控变形失控，所以我们只能使用撤销键来删除它。如果图钉不在想要的位置上，请单击选中（按住Shift键并单击可同时选中多个图钉），然后按Delete/Backspace键删除。如果想添加新的图钉，选择【操控变形工具】，将鼠标指针悬停在网格上没有图钉的位置，等看到一个“+”符号时单击即可。如果靠近了一个图钉，但又没有看到“+”，那就是选择了一个无效的图钉，而不是放置一个新的图钉。如果单击一个图钉，那么图钉将显示一个不可调节的虚线圆，但是如果将鼠标指针悬停在点上并且不在圆内，那么鼠标指针将变成一个旋转符号。图钉是旋转的枢轴点，按住鼠标左键并按顺时针或逆时针方向拖曳以旋转该点，会改变所连接路径的曲线。按住Shift键单击以同时选择多个点，并沿着任意方向将这些点一起移动，但是（从Illustrator 2019开始）不能同时选择多个点，然后再绕另一个点旋转。

激活了操控变形选项后，【属性】面板里的操控变形部分将显示【选择所有点】和【扩展网格】文本框（在【控制】面板里也能找到）。在这种情况下，【扩展网格】是指相对于对象缩放网格。根据默认设置，网格的大小设置为在对象本身之外包含2像素。此大小适用于大多数对象，因为它既小得可以控制对象边缘的网格，但又大得足以使大多数对象不会出现断断续续的失真。输入一个新的值或者单击箭头调整滑动条的滑块来扩展（较大的数值）或者收缩（较小的数值）网格。网格的大小会影响变形的速度，这可能会影响你在拉动网格时对变形量的控制。大小也会影响网格能够包围或排除的物体。设置的网格太小，哪怕一些细微的移动都可能会迅速破坏并扭曲细节。如果网格太大，则可能很难在点的影响圈内影响变形。

上下文相关的默认设置

选中对象后，选择【操控变形工具】，Illustrator会将对象封套在网格中。选择【首选项】>【常规】，勾选【启用内容识别默认设置】复选框后，Illustrator也会尝试自动将点放置在网格中。请注意，此首选项还会影响【自由形式渐变】和【裁剪图像】。

在放置操控变形和调整前爪位置之前和之后的效果

查看操控变形网格

要显示或隐藏操控变形网格，请在【控制】或【属性】面板中切换【显示网格】。要短暂隐藏网格，请按Cmd/Ctrl键，或者将鼠标指针（如果显示）悬停在标尺上。

操控变形不是实时的

在应用操控变形之前，请先复制对象。选择其他工具时，变形可能会永久性应用。

变形和扭曲

弯曲外形以创建有机组合的变体

摘要：用【封套扭曲】和【扭曲和变换】实时效果来塑造对象的形状，用特殊混合模式的填色矩形来更改场景颜色。

设计师利用Illustrator强大的封套扭曲功能和现场实时效果创建了一个万圣节场景。在这个场景中，魔法改变了事物的形状。为了达到这种效果，设计师创建了多个图层，以此来为一天中不同时间的图像着色，从而确保游戏外观的一致性，引起了大众极大的关注。

1

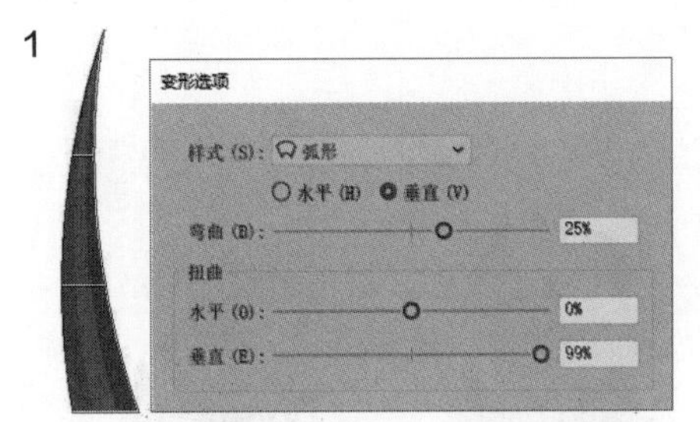

在【变形选项】对话框中将3个矩形弯曲成带尖角的弧形

2

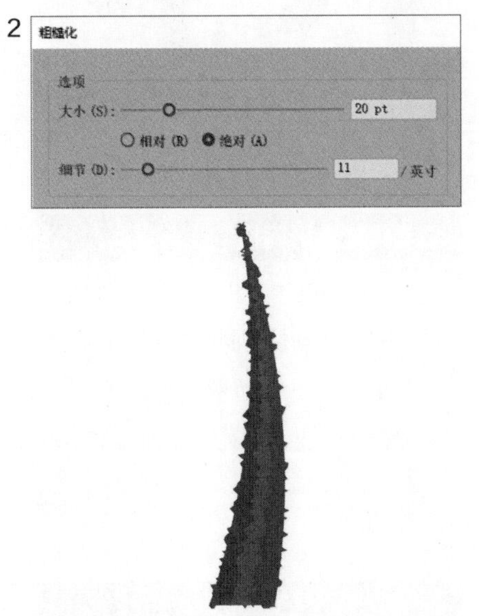

给封套图层的副本使用粗糙化效果，为树干添加纹理

1 **弯曲树枝和树干。**为了创建枯萎的树木，使用【矩形工具】制作3个具有不同填充颜色的条形（无描边）。同时选中3个对象，然后选择【对象】>【封套扭曲】>【用变形建立】。在弹出的【变形选项】对话框里，将【样式】设置为【弧形】，选择【垂直】，设置【弯曲】值为25%，将【扭曲】选项组中的【垂直】维度方向值设置为99%。完成上述设置后，一个轻微弯曲的条形集就创建好了。条形集在垂直方向被扭曲，其中一端收缩到了一个点。以该角为基础，通过复制得到多个尖角，分别缩放（按住Opt/Alt键的同时拖曳边框），创建出树的主干和分支。右击该角，在快捷菜单中选择【变换】>【对称】，然后在打开的对话框中选择【垂直】，以垂直对称的方式翻转一半的尖角。由于使用了封套扭曲，因此在整个绘制过程中，扭曲的参数设置始终保持可编辑状态。

2 **添加树皮纹理。**为了使一些树干与众不同，需要给那些需要突出显示的树干添加纹理。由于粗糙化效果会破坏平滑的轮廓，使部分轮廓陷入原始外形的内部，因此为保留完整的形状，将基本的形状保持在一个图层中，然后复制该形状至上一层图层中；选择【效果】>【扭曲和变换】>【粗糙化】，可以修改此图层。在打开的对话框里，选择【绝对】，然后拖曳滑块，直到找到合适的参数值，得到跟粗糙树皮一样的效果。注意，为避免粗糙化效果创建出很长、很锐利的尖针效果，设置时一定要适度。保持形状的属性为实时状态，便于之后进行编辑，同时也能快速处理各种效果。

3 **粗糙化草丛图像，然后变形以制作成扫帚。**为了构建草丛覆盖的小山，先利用【钢笔工具】绘制半个椭圆形，然后选择【效果】>【扭曲和变换】>【波纹效果】添加效果。接下来，以较低的设置应用粗糙化效果，并添加另一个粗糙化效果的实例，这次把【细节】参数值设置得比较大，以创建出又高又细的草。为创建女巫扫帚上的扫帚毛，按快捷键Cmd/Ctrl+F将草丛覆盖的小山的副本贴在前面，然后使用凸壳封套变形预设。之后，用【直接选择工具】和【自由变换工具】编辑封套，直到创建出扫帚的末端为止。

4 **添加图层以展示一天中不同时间段的场景效果。**通过添加一些可以打开或关闭的色调图层来保持从一个场景到另一个场景的一致性。各个图层分别代表一天中的不同时间段。对于正午时间，添加一个浅棕色矩形的图层，然后在【控制】面板中单击【不透明度】，以将其降低到50%，然后选择【滤色】混合模式。至于傍晚的场景，使用一个带有白色到浅棕色渐变的图层，将混合模式设置为【正片叠底】，以降低不透明度。对于夜晚的场景，用一个含有淡紫色矩形的图层，将混合模式设置为【正片叠底】，【不透明度】设置为100%。这样，在其他场景中也能重复使用这些图层里的色调。

3

用草丛覆盖的小山的副本图像制作出扫帚毛，然后选择【封套扭曲】>【用变形建立】，在弹出的对话框中选择【样式】为【凸壳】，之后再进一步变换封套

4

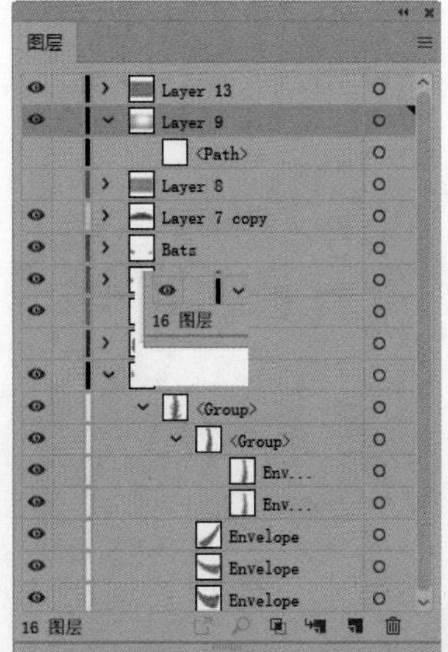

用不同颜色的矩形、混合模式、不透明度和渐变来变换场景的色调

设计案例

在创作这件作品时，设计师先是构建了一个复杂的混合对象，然后将其拉伸为3D对象，从而模仿出海草的效果。使用【铅笔工具】绘制出4个重叠的波浪线，再为每条描边指定一个颜色。在创建混合效果时，同时选中4条线，然后双击【混合工具】。在打开的【混合选项】对话框中，将【间距】设置为【指定的步数】，参数值设置为2，单击【确定】，然后选择【对象】>【混合】>【建立】。为了让混合的线条看起来像扁平的海草叶片，打开【外观】面板，然后单击【添加新效果】，在弹出的菜单里选择【3D】>【凸出和斜角】，对混合做凸出处理。通过设置不同的【凸出厚度】参数值，以确保海草叶不会显得又厚又密。接着，将该对象导入Photoshop里，并将其放置到其他元素中。最后，选中独立的海草叶，创建图层蒙版让它们变得透明。

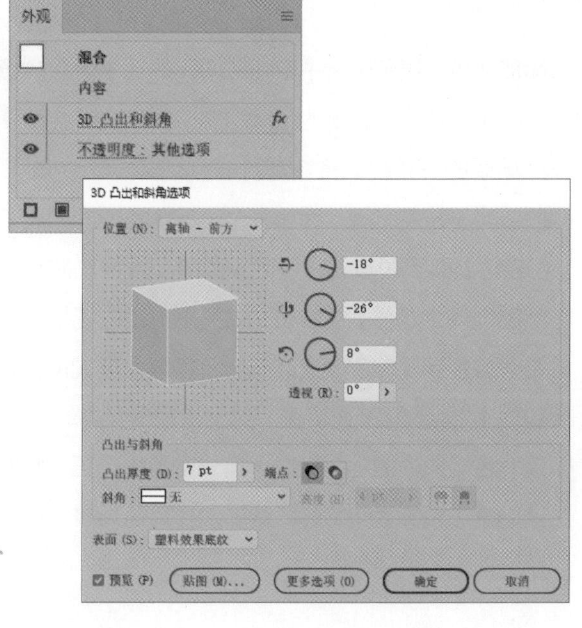

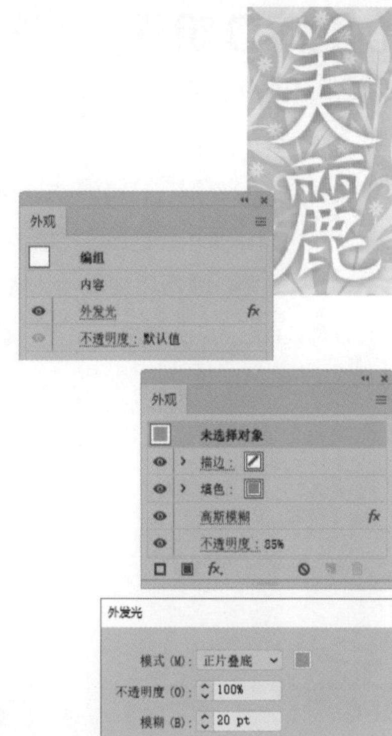

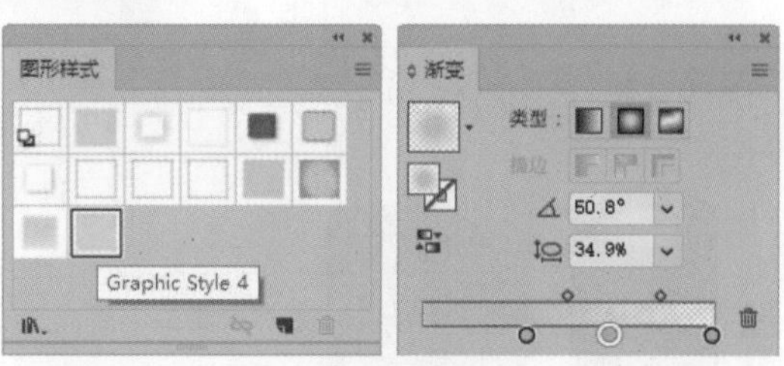

设计案例

设计师在创建这件作品时，将模特和文字放置在了复杂的图案上，然后在整个创作过程中，使用实时效果来创建对象与环境之间的交互效果。为了凸显出字体，选择【正片叠底】模式下的【外发光】效果，在书法文字的周围创建出均匀的阴影。保持定向光照的效果。之后，采用了跟背景相同的蓝色填充一个跟模特形状相匹配的对象，并将对象稍微往右移动一点，为其添加【半径】为20px的高斯模糊，并将该对象所在图层的混合模式设置为【正片叠底】。反复使用高斯模糊效果，在头发上创建阴影以及模特皮肤色调的柔和过渡效果。采用【正片叠底】模式下的【内发光】效果，在对象内部添加柔和的阴影。创建一些图形样式，以此来简化制作女模特皮肤色调中精细底纹和混合效果的工作。设计师利用不同透明度的渐变以及实时效果创建了这份柔和、浪漫的图稿。

创建3D钥匙

创建逼真的3D模型

摘要：创建2D对象并将其拉伸为3D对象；将绘制的图形和图像保存为符号，以作贴图使用；渲染和定位3D对象；对3D对象的可见表面进行贴图；调整光源效果；创建投影。

在高科技行业工作的设计师，经常需要对一件尚未完成的产品进行外观和感觉的概念化设计。

1

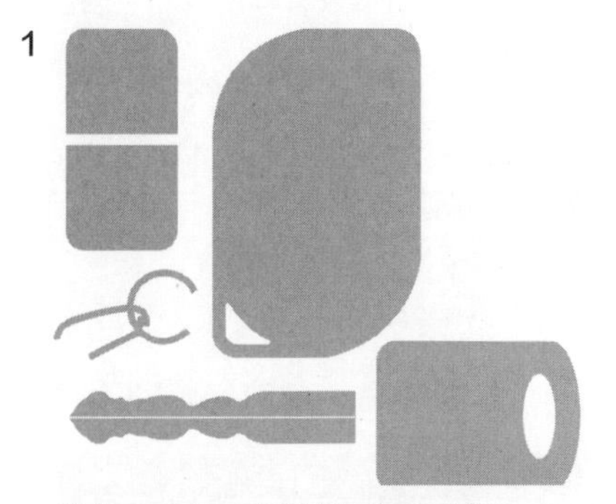

创建2D对象，然后渲染成3D对象

2

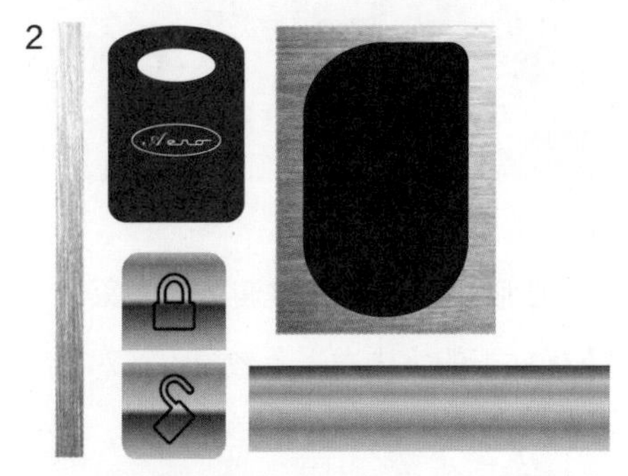

为了创建出更逼真的3D效果，将一些图片和绘制的图形保存为符号，以便之后对3D对象进行贴图

控制对贴图的使用

适当调整贴图的大小（包括文件大小和尺寸），以避免在渲染时出错。我们应该先定位3D对象，然后只对其可见的表面贴图。

1 **创建2D对象，然后渲染成3D对象。**开始项目前，首先创建一个2D对象，然后将该对象处理为3D对象。由于钥匙的刃和钥匙柄需要不同的厚度值，因此分别创建这两个部分。先创建钥匙刃：绘制一条钥匙齿，然后双击工具栏里的【镜像工具】，在弹出的对话框里选择【水平】，然后单击【复制】，制作成另一边的钥匙齿。合并钥匙齿，中间留一点缝隙，然后在【路径查找器】面板中单击【联集】。这样，钥匙刃的两个部分就合二为一了，但仍然允许为每一个表面分别创建贴图，前面空出的缝隙被创建成了一条中线。总体来说，设计师创建了8个部分：2个用于钥匙，3个用于钥匙扣，3个用于密钥卡。这8个部分都使用了灰色填色，无描边。

2 **将图稿另存为符号，以作贴图使用。**为了创建出更逼真的外观，设计师收集并创建了大量的对象，并将它们保存为符号，以便之后将这些符号贴图到对象的可见表面上。接着，用Illustrator的矢量工具创建钥匙柄上的商标、密钥卡上面的安全按钮、部分钥匙刃以及钥匙链，将它们各自保存为符号（把创建的对象拖曳到【符号】面板即可）。为了对密钥卡的边缘部分，也就是密钥卡正面面积第二大的那部分进行贴图，选择【文件】>【置入】来导入两张扁平金属JPG格式的照片，其中窄条形应用于钥匙的边缘，扁平形应用于钥匙的正面，然后将这两张图片分别保存为符号。

3 **凸出和移动3D对象**。选中一个对象后，选择【效果】>【3D】>【凸出和斜角】。在弹出的对话框里，调整每个零件的【凸出厚度】参数值，直到得到满意的效果为止。至于其他的对象，例如钥匙末端，应用【斜角】下拉列表中的【圆角斜角】。将钥匙末端的填充颜色更改为蓝色，其他对象仍保留为灰色，灰色更接近金属贴图的效果，因此这部分表面就不需要进行贴图处理。接下来，选中一个对象，然后重新打开【3D凸出和斜角选项】对话框，在该对话框里，使用立方体控件旋转各对象至合适的角度。现在，所有的零件都已放置好，在【3D凸出和斜角选项】对话框中调整透视参数，分别为钥匙链和钥匙应用透视。

与传统的3D软件不同，Illustrator中的3D对象不能穿过其他占用相同空间的对象，只能移到其他3D对象的前面或后面。所以，设计师不得不将画面中交叉的区域作为单独的一部分来绘制，将这一部分放置到其他对象的前面或后面。

4 **将对象贴图至3D对象的表面，并制作光照效果**。为了把已经保存的符号贴图至选中的凸出对象的表面，再次打开【3D凸出和斜角选项】对话框，然后单击【贴图】。由于钥匙最初是由两个相连的部分组成的，因此【贴图】对话框将各个顶部的平面作为一个独立的表面。这样一来，就可以为右半部分贴上金属符号，为左半部分添加渐变符号，从而创建出中点下方的暗线，形成左侧部分的磨旧效果。然后，单击【3D凸出和斜角选项】对话框里的【更多选项】，以此来展开更多选项，并通过移动圆球上的高光标记，调整钥匙各个部分的光照效果，并且减小【环境光】参数值，以暗化周围的阴影。最后，为了增强3D效果，选择【效果】>【风格化】>【投影】手动添加投影效果，然后绘制路径，选择【效果】>【模糊】>【高斯模糊】，为路径应用高斯模糊效果，制作出钥匙刃和钥匙环的投影效果。

3

将艺术对象凸出为3D对象并进行渲染，然后在应用贴图前调整其位置

4

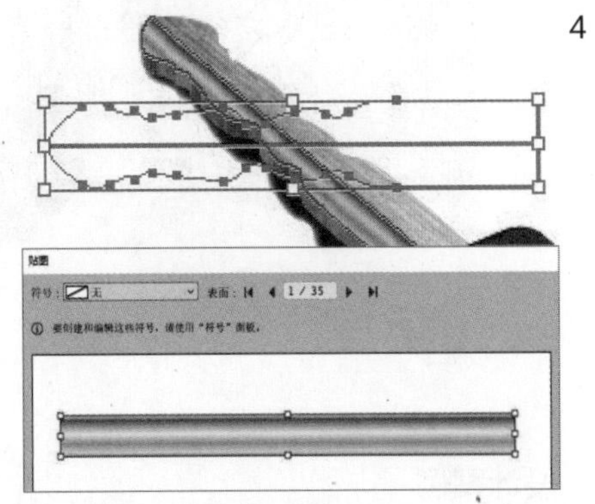

【贴图】对话框中显示了图像中选中的表面，所选表面四周以红框显示，为所选表面应用从【符号库】中所选的渐变贴图

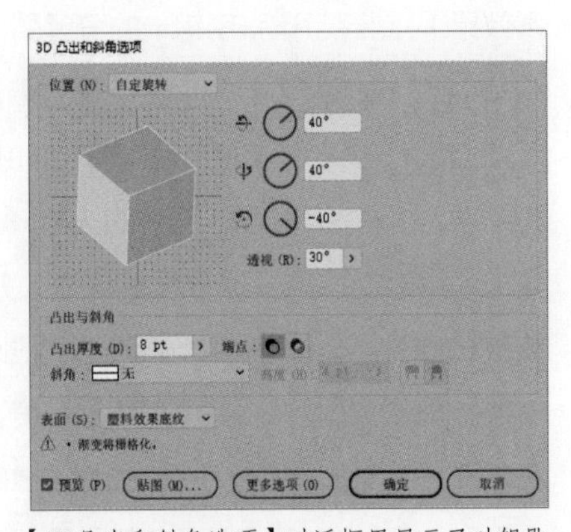

【3D凸出和斜角选项】对话框里显示了对钥匙刃的最终设置；单击【更多选项】，进行光照设置

3D投影效果

Illustrator的3D光照效果无法生成投影效果。尽管在某些情况下，选择【效果】>【风格化】>【投影】可以添加投影效果，但在很多时候不得不使用路径和应用模糊效果手动建立投影对象。

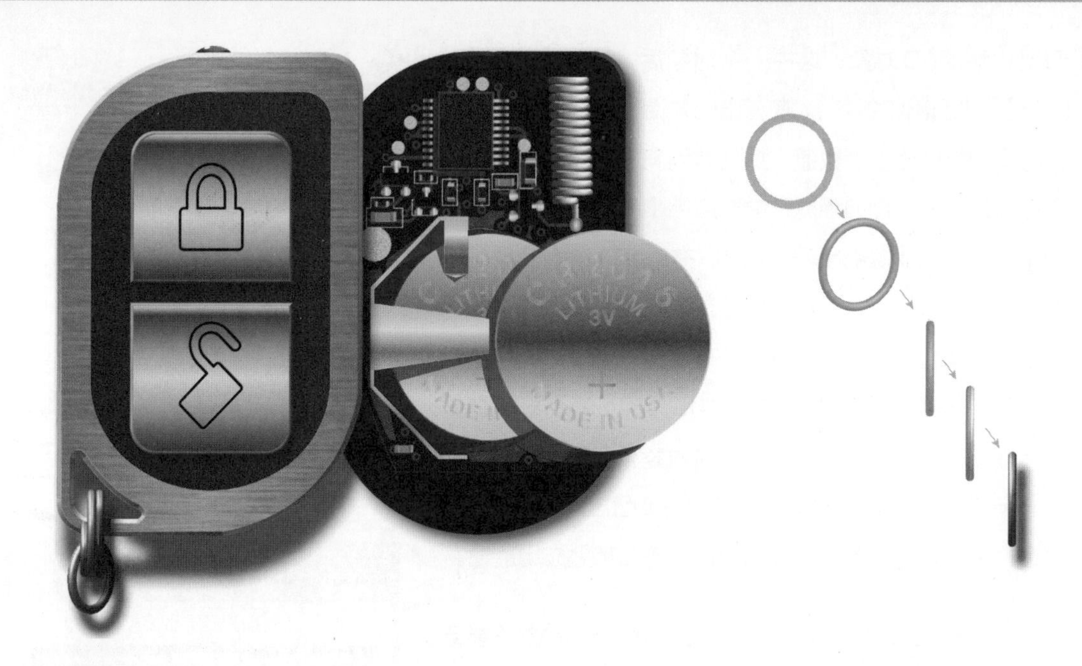

设计案例

设计师借助Illustrator的各种工具和功能（包括矢量工具、符号、3D效果以及纹理和投影效果），创建了这张密钥卡的分解图。通过绘制基本路径并应用多种渐变和纹理效果，创建印制电路板（PCB），然后将PCB中的组件保存为符号，以便复用。至于图中的按钮，选择【渐变】>【金属】，选择修改后的渐变，并将图标放置在按钮上方。对于电池，沿着曲线路径添加文字，同时适当地降低文字的不透明度，使其与金属背景融合在一起。为了方便将边缘斜面效果应用到密钥卡的外壳、按钮和钥匙圈部分，选择【效果】>【3D】>【凸出和斜角】，分别为3个对象添加凸出和斜角效果。同时，在【3D凸出和斜角选项】对话框里，将密钥卡保存为符号的图像贴图。单击【贴图】，在弹出对话框里，单击三角形按钮切换到对象的各个可见表面，用之前准备好的图片为其贴图。在创建钥匙圈时，使用【椭圆工具】绘制一个只有描边没有填色的椭圆。然后为该椭圆添加凸出和圆形斜角效果，接着旋转其侧面并应用贴图和阴影。复制3个钥匙圈副本，并将其中一个缩小以作为末端的钥匙圈。接着，将第4个钥匙圈（图中最下面那个）旋转并移动到其他3个钥匙圈的后面。分别选中密钥卡的各个组成部分，单击【3D凸出和斜角选项】对话框里的【更多选项】展开对话框，从而调整光源控制选项。最后，由于对【3D凸出和斜角选项】对话框里的光源控制选项的调整不能达到投射阴影的效果，因此分别选中密钥卡的各个组成部分（正面外壳、按钮、钥匙圈和背部），选择【效果】>【风格化】>【投影】，给它们添加并调整投影，从而创建出不同厚度的效果。

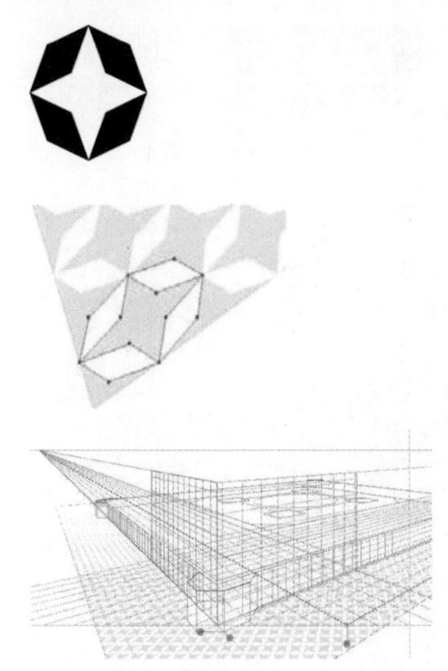

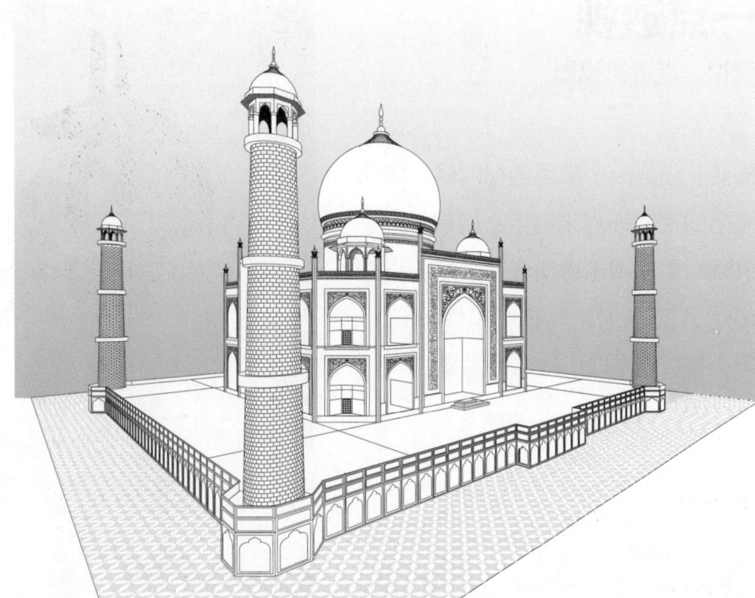

设计案例

为了方便在透视图中构建泰姬陵，设计师分别创建了该建筑的前视图和平面图两张草图。然后，参照照片以建立基本的两点透视网格。跟处理真实的建筑结构一样，从地面开始，逐步往上进行绘制，用图层来组织各个组件。地板图案是单独设计的，在正常模式下创建地板并将其存储为符号，然后，使用【透视选区工具】将符号的一个实例拖放到透视网格中。按住Opt/Alt+Shift键的同时，拖曳该符号实例以创建出一个实例副本。然后使用【再次变换】(按Cmd/Ctrl+D键)重复复制符号，得到地板的花纹。下一个要创建的对象是建筑的基座(凸起的地基)。首先，在透视图的底部平面上绘制一个矩形，然后使用【自动平面定位】功能创建基座的各个侧面。尽管正方形、矩形等对称的对象都是在透视图里创建的，但是，在创建一些更复杂的对象时，要先在正常模式下创建好，然后再将它们放到透视图中。在创建圆形屋顶时，先创建基座上的轮廓，然后单击【底部平面】上的控制锚点，打开【底部平面】对话框，并沿垂直向上的方向精确移动轮廓化的环形。

复制环形，并且都移动到位后，在环形边上绘制若干直线段完成对圆柱的制作。然后，在没有透视的情况下绘制一个简单的圆，创建出圆屋顶的形状。

一点透视

模拟一点透视视图

摘要：创建一个单点透视网格；移动网格的控制锚点来自定义网格；绘制拼贴对象，用【透视选区工具】将其移动到网格上；复制对象以排成一行；整行复制以形成地板图案。

1

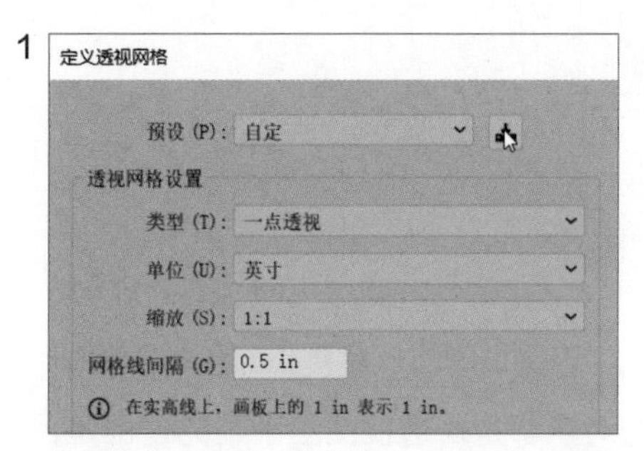

打开【定义透视网格】对话框，自定义和保存网格

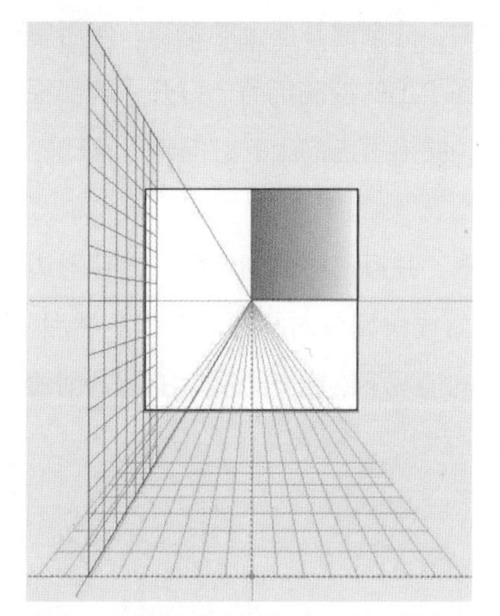

修改“一点-正常视图”的预设，创建出一个新的一点透视图

这张图片是依靠Illustrator中的【透视网格工具】和预设创建的，平铺的地板和渐变的墙壁被赋予了透视的效果。

1 **创建一点透视网格。**这份图稿具有一点透视的典型特征。在绘制时，先使用【矩形工具】绘制将要作为房间后墙的正方形，并以该正方形作为下一步创建透视网格的基础。然后，使用渐变填充正方形。

在创建网格时，选择【视图】>【透视网格】>【定义网格】，在弹出的【定义透视网格】对话框中，选择【预设】为【一点-正常视图】，然后设置【单位】为【英寸】(in)，设置【网格线间隔】为0.5in，设置【水平高度】为5in。完成自定义预设后，单击【保存】，为预设重命名后单击【确定】，关闭对话框。

2 **调整网格以适应图稿的设计。**选择【视图】>【透视网格】>【一点透视】，在弹出的子菜单中选择之前创建好的预设。选择【透视网格工具】后（这时网格变为可编辑状态），拖曳左侧的地平线控制锚点，直到该锚点与画板的左下角重合。然后，将水平线控制锚点向下拖曳，将消失点（也叫灭点）控制锚点向右拖曳。最后，为了将底部的网格平面延伸到后墙壁，向上拖曳网格长度控制锚点，使网格达到墙的底部。

3 **创建地板拼贴，然后将其移动到网格中。**建立网格后，准备创建两个地板拼贴。先创建好拼贴，并将拼贴组装成行，然后将组装好的拼贴移动到网格中形成地板图案。使用【透视网格工具】在平面切换构件的圆圈内单击，以此来关闭透视网格。这时圆圈的背景变为蓝色。

接下来，创建一个圆形花瓣和一个正方形瓷砖，并且创建的形状刚好适合前面步骤中设定的0.5英寸（in）网格。为了柔化对象的外观，选择【效果】>【SVG滤镜】>【AI_Alpha_1】。多次复制这对拼贴以创建出一个拼贴行，然后复制该行，移动拼贴的副本，得到完整的地板图案。为了在网格的透视图中渲染拼贴地板，首先得确认【视图】>【透视网格】>【对齐网格】是已勾选的，然后选择【透视选区工具】，单击平面切换构件中的【水平网格】平面部分。接着，使用【透视选区工具】选择所有的拼贴，并将它们拖放到网格上。

绘制一个矩形，然后用渐变对其进行填充。接着，选择【透视选区工具】，单击平面切换构件的【左侧网格】平面部分，并将矩形拖到网格上。创建好左边的墙壁后，整个房间就完成了。

2

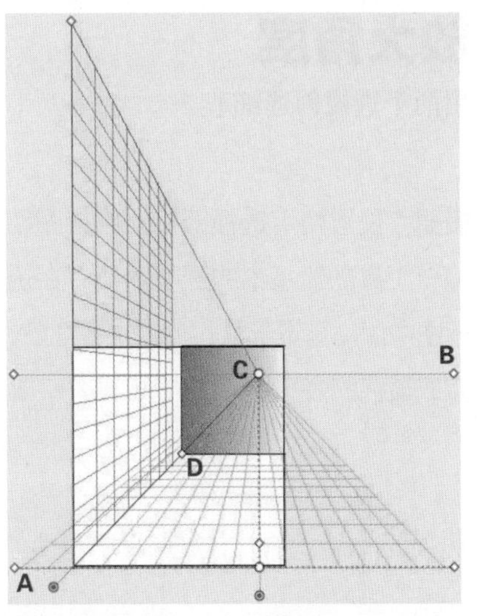

完成所有调整后的透视网格；A是左侧地平线的控制锚点，B是水平线的控制锚点，C是灭点的控制锚点，D是网格长度的控制锚点

3

（左）用【透视网格工具】或【透视选区工具】单击平面切换构件的圆圈内部，关闭透视网格；（右）选择【水平网格】平面

在Illustrator中已创建完成且尚未使用AI_Alpha_1 SVG滤镜进行修改的（左）原始正方形瓷砖和（右）圆形花瓣对象

失去控制？

虽然这里只用了4个透视网格控制锚点，但其实还有13个控制锚点可以使用。通过访问【帮助】>【Illustrator帮助】可获得有关这些锚点的使用信息。

放大角度

用两个透视创建细节

摘要：设置两点透视网格；用绘图和编辑工具创建基本的透视图形；在透视图中添加基本形状；添加更多细节，完成最终的效果图。

以这张公共汽车图像来演示如何使用Illustrator的透视工具。

1

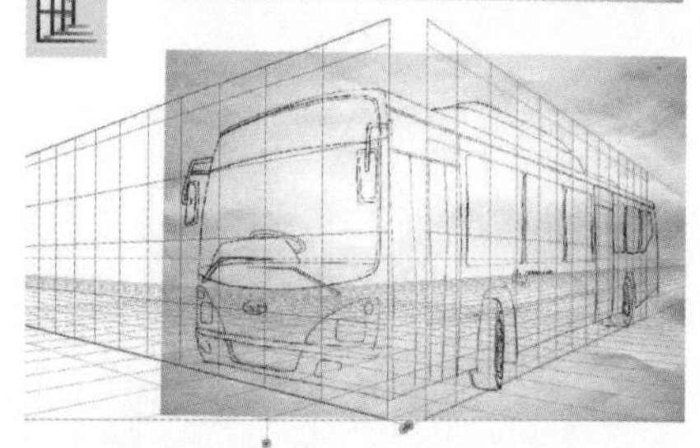

用【透视网格工具】设置和定位网格；地平面、右侧平面和左侧平面的控制锚点都显示在草图的上方

2

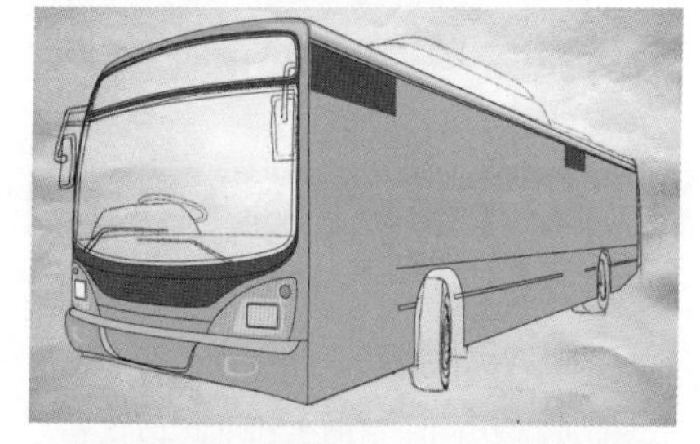

用【透视网格工具】单击平面功能构件的一个侧面以激活对应的平面（前3张构件图），或者单击立方体之外的区域，取消所有激活的平面（最右侧的构件图）；用【矩形工具】【圆角矩形工具】和【椭圆工具】在透视图中创建大致的公共汽车轮廓

1 **设置透视网格。**根据参考照片绘制公共汽车的草图，然后扫描草图，将其作为模板图层置入Illustrator。选择【透视网格工具】时，根据默认设置，画板上会显示两点透视网格。然后，通过对齐网格上的控制锚点，使网格与草图匹配对齐。使用【透视选区工具】移动地平线控制锚点（即地平线任一端上的菱形），这样就可以同时将所有平面向任意方向移动（将鼠标指针移动到这个控制锚点的上方时，鼠标指针旁边会出现一个四向箭头，表示拖曳该锚点可以向任意方向移动）。继续使用该工具拖曳左右两侧的网格平面控制锚点（也就是每个可见网格下方的小圆圈），分别移动左侧和右侧平面。调整水平线控制锚点（也就是水平线任一端上的菱形）和灭点控制锚点（即平面汇合处的水平线上的圆圈）的位置。

2 **在透视图里绘制。**单击平面切换构件的一个侧面，激活需要在其中进行绘制的平面。然后，使用【矩形工具】【圆角矩形工具】和【椭圆工具】之类的工具，在透视图中绘制公共汽车的基本形状。创建好一侧的车窗后，按住Opt/Alt键的同时拖曳该窗户，以创建其他的窗户。用这种方式复制对象，在拖曳复制时，对象的副本会自动变换到对应的新的透视位置。

3 **绘制复杂元素。**在透视网格外创建复杂的元素（例如车轮），然后用【透视选区工具】拖曳元素至网格中，将它们也附加到透视网格上。选择【渐变网格工具】，将某些网格对象的填色改为渐变，而其他网格对象的填充转换为渐变网格（只有对透视网格中的对象进行转变，才能得到网格对象，不能先在透视网格外建立，然后移动到透视网格中）。拖曳复制轮胎的外轮圈用来创建内轮圈，复制时，按住Opt/Alt+5键来拖曳（这是为了让拖曳方向垂直于原始对象）。为了创建轮胎表面，以轮胎的弯曲形状为参考，用【钢笔工具】在空间中绘制一条闭合路径，然后用渐变填充。

使用【圆角矩形工具】绘制公共汽车的门和窗。在创建好一块门的面板或者一侧的窗户后，按住Opt/Alt+Shift键，将其拖曳到所需位置，创建副本。如有需要，按快捷键Cmd/Ctrl+D再次变换。对于每扇门或窗户都先复制，然后使用【粘贴在前面】，再将粘贴得到的副本转换为渐变网格，并单击【控制】面板中的【不透明度】来降低网格锚点的不透明度。

4 **画龙点睛。**最复杂的元素需要单独创建（例如标志和文本），然后使用【透视选区工具】将其附加到透视网格中。在创建公共汽车阴影时，先选择地平面，用【矩形工具】在该平面上绘制一个矩形，然后选择【效果】>【模糊】>【高斯模糊】，给矩形应用高斯模糊效果。之后，通过在透视网格中绘制一系列带填色和描边的矩形，创建路边建筑的侧面。

3

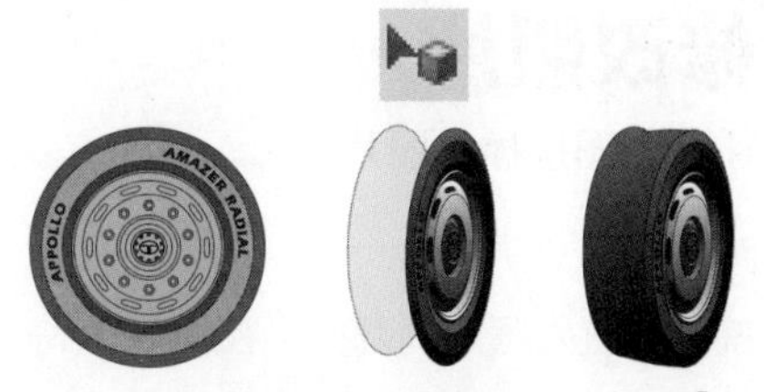

（左）在透视网格外创建车轮；（中）用【透视选区工具】移动车轮至透视图中，并复制外圈车胎（按住Opt/Alt+5键拖曳）；（右）绘制一条闭合路径以创建轮胎表面

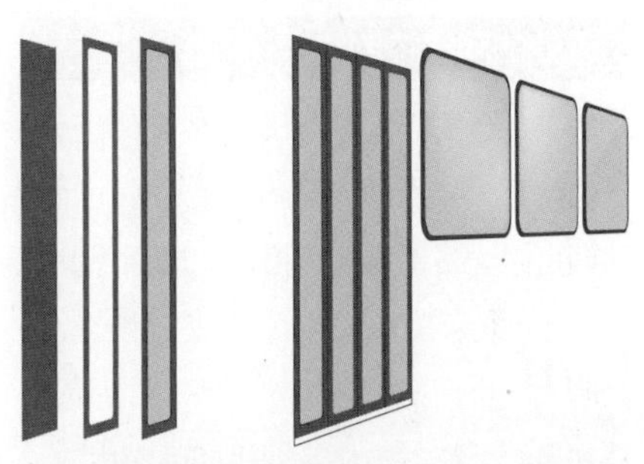

（左）贴合多层图形以创建一扇门的面板（为了清晰起见，这里并排显示）；（右）在创建一扇门的面板和窗户后，用【透视网格工具】复制门和窗，创建剩下的门和窗

4

单独设计的标志，将它添加到透视网格中

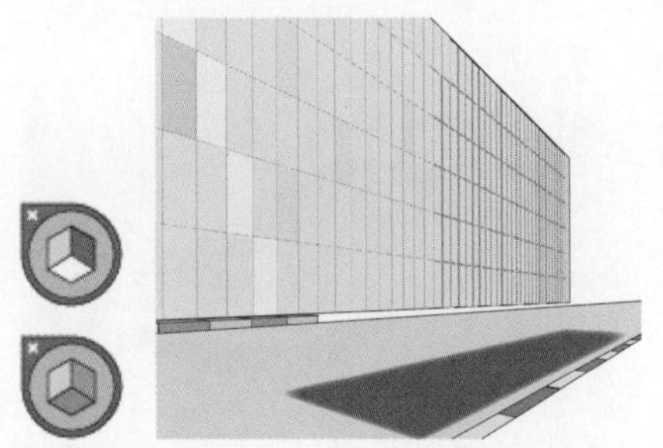

选择【右侧网格】平面，绘制建筑的立面；选择地平线，绘制公共汽车阴影

修改照片

往透视图里插入照片

摘要：置入照片，调整透视网格以符合该图像的透视图；在透视图中添加图形元素；修改照片以创建新产品。

远处的网格控制锚点

如果创建的作为参考线的线条（帮我们找到灭点）延伸到了画板之外，我们可以尝试使用两个窗口，选择【窗口】>【新建窗口】即可进行设置。放大一个窗口中图像的局部，然后设置另一个窗口中显示网格控制锚点的完整范围。这样，即使网格仅在当前窗口中可见，我们也可以通过在窗口之间切换来快速调整。

通过一张真实产品的照片，配合使用透视网格，可以绘制出设备的概念图。

1 **在已建立的透视图中开始设计。**为了添加新元素到网格里，要找到一种方法来使两点透视的网格适合于照片中的不规则透视图。先使用【透视网格工具】拖曳地平线控制锚点，移动整个网格，使3个平面的交汇点与照片中设备的最前点重合，然后将网格调整至适合照片中的透视的位置。在设备的左侧确定两条平行的边缘。为了把这些边缘作为辅助线，使用【直线段工具】沿着这两条边缘绘制两条直线段，并将直线段延伸到背景，直到它们相交。这就得到了左侧的灭点，然后用【透视网格工具】拖曳水平线控制锚点，将水平线向上移动，使其与两条辅助线的交点重合。

由于设备的右侧平面实际上是圆角的，没有直的边缘可作为辅助线，因此采用上表面最靠前的一条直边缘，并将其向后延伸至与水平线相交，得到右侧的灭点。由于水平线已经就位，因此这一平面只需要一条辅助线。

1

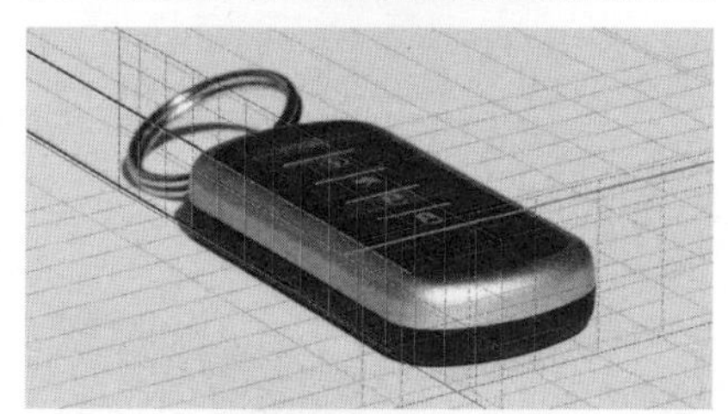

在左侧绘制两条粉红色的直线段，向后延伸直线段直到它们相交，得到左侧的灭点，然后用【透视网格工具】调整水平线的位置至此灭点，得到图中所示的效果

2 **创建侧面按钮。**在透视图网格之外创建一些比较小的对象，例如图标和按钮。使用【吸管工具】从原始按钮中采样一个浅色和一个深色，然后将它们另存为色板。为了使按钮看起来像是凹下去的样子，使用采样色板创建线性渐变，并对渐变的各个色标进行调节，以便将较浅的颜色推到较远的边缘。将图标顺时针旋转90°后（在透视网格中无法旋转对象）激活【左侧网格】平面，然后使用【透视选区工具】框选按钮，再将其放置到网格中。在用边框调整按钮的大小后，在透视模式下绘制一个狭窄的矩形，并添加渐变，以此制作出按钮底部的凹壁。将渐变放进网格时，渐变不会自动变换。所以，在【渐变】面板中调整渐变的角度，使其与平面相匹配。接下来，按住Opt/Alt键的同时拖曳这个凹壁，创建出另一个凹壁。

3 **创建液晶显示器（LCD）屏幕。**激活【水平网格】平面后，使用【矩形工具】在透视图中创建一个矩形，用天空渐变（来自色板库）填充该矩形。接下来，在透视网格之外创建屏幕上的文本和图标，并将其旋转，然后使用【透视选区工具】将它们附加到透视平面中。为了营造出LCD屏幕的背光效果，在文本上方放置LCD屏幕偏移过的透明的副本图层。为此，选中LCD屏幕对象，然后双击【底部平面】控制锚点，打开【底部平面】对话框。在该对话框里，设置【位置】参数值为2pt（磅），然后选择【复制所有对象】，单击【确定】。在保持副本被选中的状态下，创建一个新的图层，再拖曳所选副本对应的选框至新建的图层中（在【图层】面板中）。然后，通过边界框将LCD屏幕顶部的两条最靠前的边缘显示出来，与底部屏幕的边缘相匹配。最后，在【控制】面板中降低顶部LCD屏幕的不透明度，使文本和图标渐隐的同时增强屏幕的深度感。

2

（左）需要从设备顶部移至边缘的两个按钮，移动后可为新的LCD屏幕腾出空间；（右）旋转并采用与图像中的原始按钮相匹配的颜色进行着色后的按钮

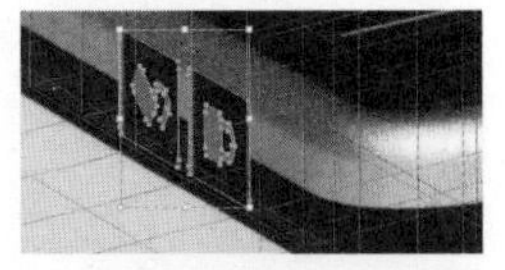

激活【左侧网格】平面后，使用【透视选区工具】将按钮附加到透视网格中

（左）添加浅色的底部凹壁之前的效果；（右）复制第一个凹壁，以添加新的凹壁

3

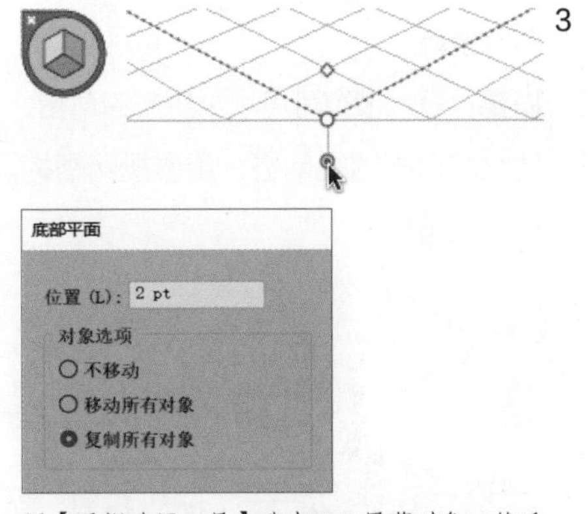

用【透视选区工具】选中LCD屏幕对象，然后双击【底部平面】控制锚点，打开【底部平面】对话框，设置【位置】参数值为2pt（磅）

文本和图标位于两个LCD图层之间的单独图层中，降低顶层LCD图层的不透明度，显示出下方的文本、图标和底部LCD图层

建立透视

将透视网格和平面对齐至建筑草图

高级技巧

摘要：导入带有可见水平线条的草图，建立并对齐透视网格，用透视网格构造渲染图。

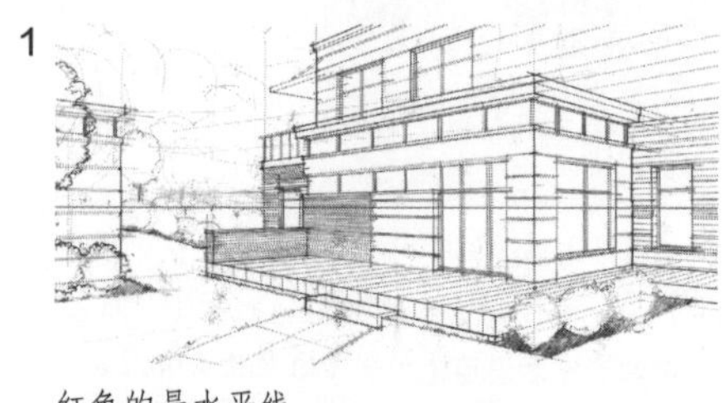

红色的是水平线

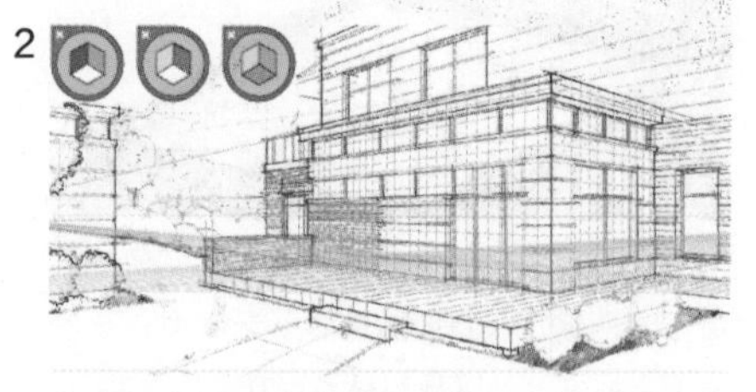

在草图上精确放置透视网格后，模板图层中原始图形的细节

有了【透视网格工具】后，在Illustrator中创建建筑渲染就变得更加容易。对于传统设计师，之前学习的都是如何手工绘制建筑效果图，而【透视网格工具】则与手工绘图时在数位板上设置的灭点类似。构建好透视网格后，所有绘制的直线段和形状都会对齐到网格，在提高工作效率的同时提供更准确的透视。透视网格还可以根据邻近的墙壁来重新定位，也可以关闭，以便于创建“透视之外”的元素。

1 **创建参考图像。**为了绘制这份图稿，选择一张手绘的草图作为参考，并且确保草图上有一条清晰可见的水平线，为以后建立灭点提供方便。在Illustrator中，选择【文件】>【置入】，在打开的对话框里勾选【模板】复选框，以将草图导入下一个锁定的模板图层中。

2 **建立透视网格。**选择工具栏里的【透视网格工具】，以此来激活默认网格。然后，移动网格平面控制锚点，将网格与草图对齐。从左侧（蓝色的）平面开始，单击拖曳控制锚点，使该平面与建筑物的右前方对齐。然后，将右侧

（橙色的）平面对准后退的前墙壁，将底部（绿色的）平面对准门廊。最后，按住鼠标左键并拖曳每个灭点控制锚点，将它们移到适当位置，直到两个灭点都与草图中的地平线对齐为止。

3

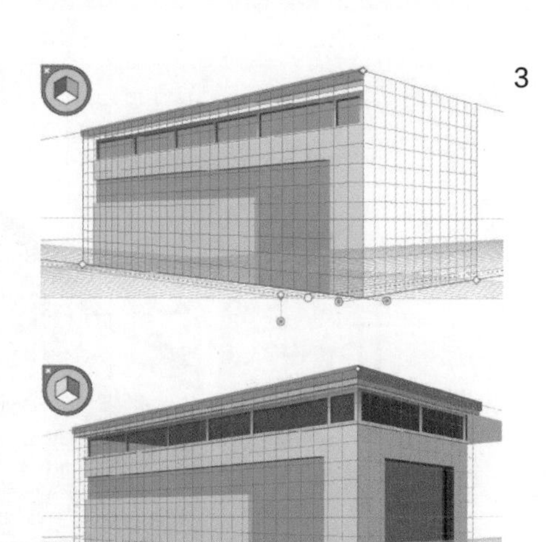

3 **从透视图中创建建筑元素。**保持透视网格处于激活状态，草图所在的模板图层为可见状态，利用平面切换构件，可以将观众的注意力集中到当前激活的绘制平面上。这里主要用【矩形工具】创建建筑物的正门和主要的建筑元素。根据所绘制元素（门面、窗户、窗框）在现实生活中的显示方式，将它们组织到图层里。这样一来，窗户所在的图层就在图层堆栈的下方，窗框在窗户的上面，而门面则在图层堆栈的最顶层。通过在平面切换构件中选择合适的平面，创建后退的前墙、窗户和窗框，并将它们与右侧平面对齐。

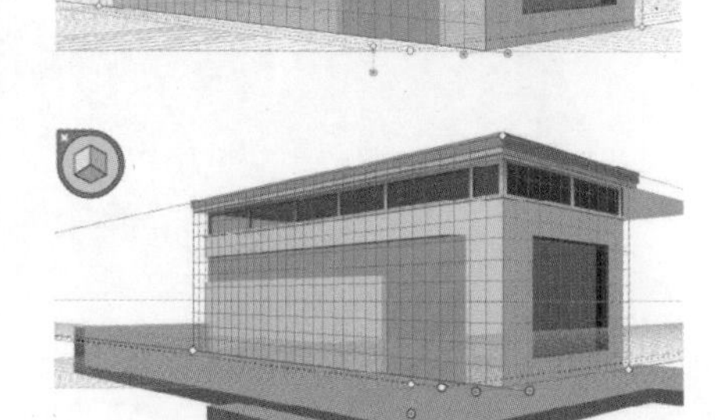

用【透视网格工具】和平面切换构件创建建筑元素

4 **移动透视网格以创建其他的建筑几何结构，并添加细节。**在完成建筑物的一部分后，重新调整透视网格的位置，以创建图稿中其他区域的墙壁。不过，在将网格移动到相邻的墙壁之前，先选择【视图】>【透视网格】>【将网格存储为预设】，将针对建筑各个平面自定义的网格都保存为预设。然后，按住鼠标左键并拖曳网格平面控制锚点，重新对齐透视网格，这样就可以用网格构造不同的墙壁。为了在墙壁中创建重复的线性细节，只需绘制一条直线段，然后按住Opt/Alt键拖曳该直线段，对它进行复制即可。

4

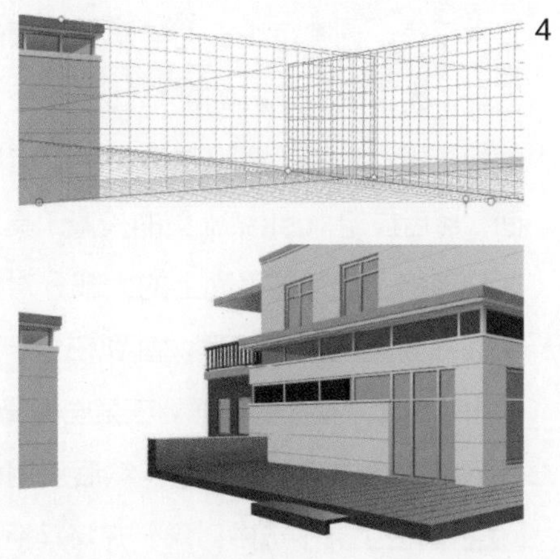

将透视网格与相邻的墙壁对齐，然后用【直线段工具】绘制细节

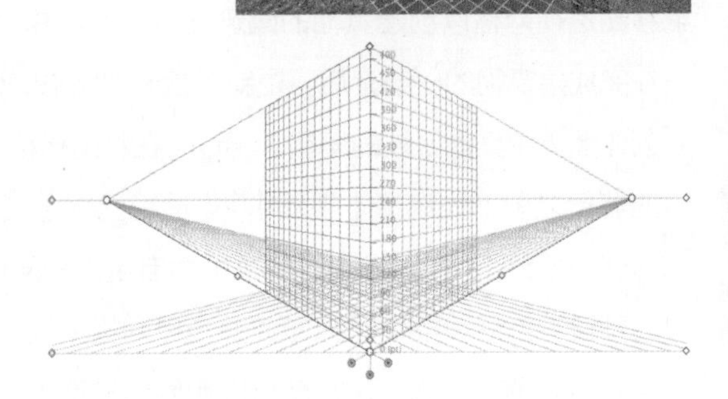

设计案例

置入一张建筑照片作为图稿的参考模板。然后，选择【透视网格工具】(启用可见网格)设置水平线，调整每个平面与照片模板的透视相匹配。为了确保建筑的各个部分都处在合适的透视位置，选择【透视选区工具】启用一个平面，然后应用Illustrator里的矢量工具，直接在透视网格上创建该平面上的大部分对象。每个平面都要重复上述过程，直到在3个平面上绘制出了大部分餐厅的模样。在某些情况下，禁用在网格的状态下创建对象，然后启用网格，用【透视选区工具】选中对象，并将其拖放到网格的高亮平面。为了增加效果的多样性和纹理，使用自定义的毛刷画笔绘制天空，显示出前景渐隐渐退的效果。为了将画笔描边限制在草坪等区域，选择区域对象，然后启用【内部绘图】模式。最后，用【画板工具】调整画板的尺寸，裁切至理想的大小。

设计案例

这张插图的灵感来自20世纪20年代的电影照片。霓虹灯Zierfische（在“TAXI”上方）是柏林的一个标志性建筑。设计师先在Adobe Ideas中创建了一张初始色彩草图，然后在Illustrator中打开（正上方左侧图）。为了更直观地观察透视效果，把草图移到一边，然后用毛刷画笔工具在主画板上创建另一张比较随意的草图。接下来，以这张草图为参考，建立两点透视网格。考虑到一旦透视网格附加了对象，从网格中提取的元素就会发生扭曲，所以要在网格和画板之外创建图像文本和画图元素。在创建了一个大小等同水平画板的黑色矩形后，开始构建城市景观。为每个元素激活所需的平面，选择【透视选区工具】，按住Opt/Alt键拖曳元素副本到透视网格中，并且调整它在构图中的位置。完成基本绘图后，确认已启用【锁定站点】，改变网格内的透视，向上移动地平线，网格内的图稿将自动更新（正上方右侧图）。

改变透视

锁定站点以便自动更新艺术对象

高级技巧

摘要：创造3D立体效果；附加多个对象到盒子上；用【锁定站点】功能，使网格内的对象随着透视的变换自动调整。

现在，有了【锁定站点】功能，置入原型后，就可以调整透视网格，让网格里的对象自动跟着调整。

1 **创建基本艺术对象。**使用默认的两点透视网格绘制原型盒子。直接在透视网格上绘制，使用【矩形工具】绘制盒子的两侧。对填充的两个矩形描边应用渐变，给盒子以重量感。在下面的图层上绘制另外一个矩形，以此来创建投影效果，然后利用模糊效果柔化边缘（选择【效果】>【模糊】>【高斯模糊】添加）。为了增加3D效果，在底部图层上为另一个矩形应用渐变。

2 **透视网格里的细节部分。**在正常视图模式下，创建盒子上的文本以及需要重复使用的标志。然后，用【透视选区工具】将图形附加到盒子的两侧，重新调整大小和位置。

3 **改变透视。**基本原型创建完成后，为了增强透视效果，启用【锁定站点】功能（选择【视图】>【透视网格】>【锁定站点】启用）。现在就能把左侧的灭点往右移，以此来拉低地平线。启用【锁定站点】后，透视网格里的对象会自动更新，与新的透视位置保持一致。

1

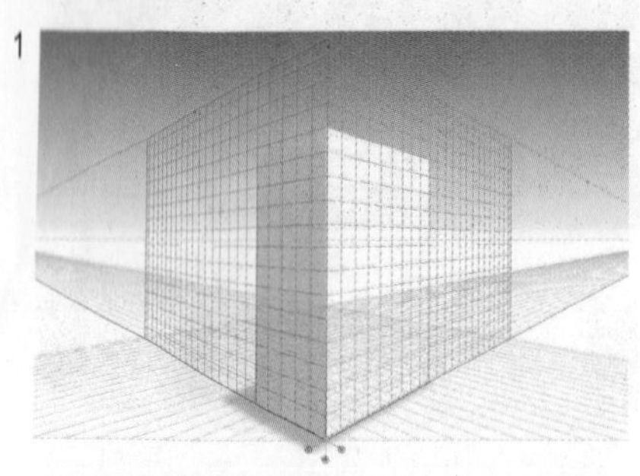

原型盒放置在两点透视网格中，同时投射阴影和应用背景渐变，从而增加景深

2

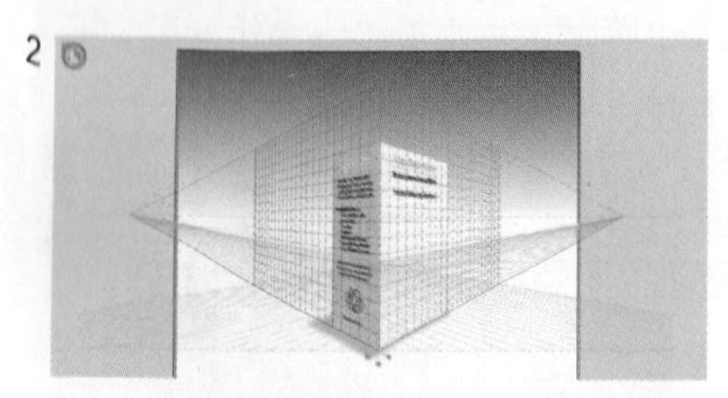

将细节对象附加到原始网格中的盒子上

3

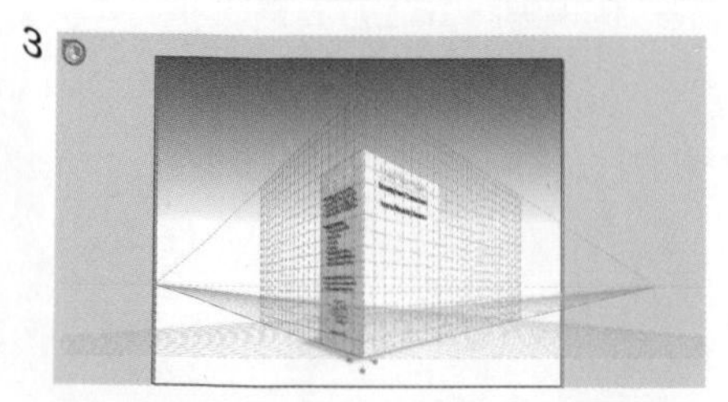

启用【锁定站点】后，附加的对象会随着新的透视位置而改变，与透视保持一致

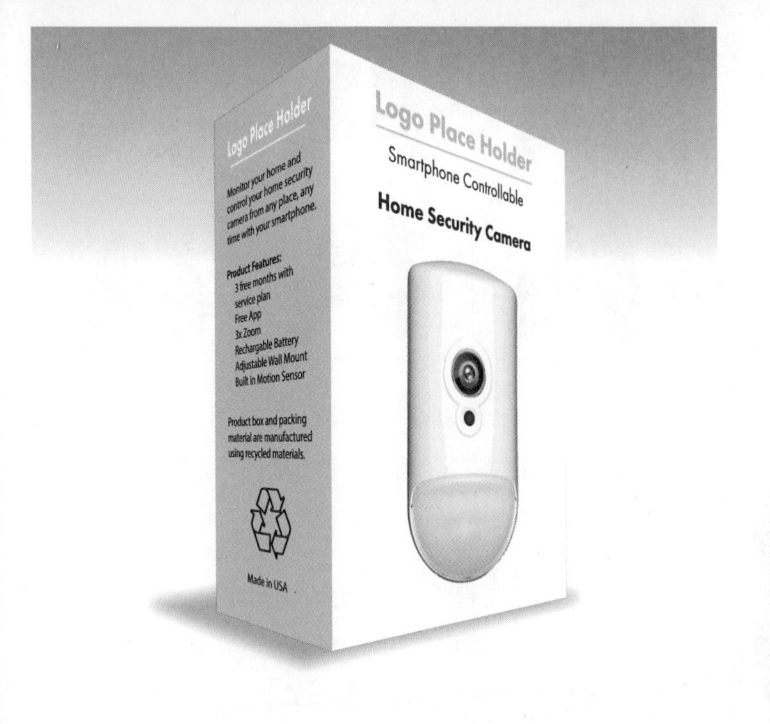

设计案例

设计师要在他的盒子原型的正面添加一张产品的照片。但是，因为非矢量对象，例如栅格照片，不能添加到透视网格中，所以需要先用【图像描摹】功能把照片转换为矢量对象。考虑到以后还要用相同的描摹图像，而附加图像到网格上又属于永久性操作，所以需要在一个单独的文件中描摹照片。选中照片，单击【控制】面板中的【图像描摹】，在【图像描摹】面板里调整参数，【模式】设置为【彩色】，【调板】设置为【全色调】。为了优化文件大小和图像质量，利用颜色滑块减少颜色和路径的数量。保存文件后，将矢量化的照片复制粘贴到含有透视网格的文件中。单击【控制】面板的【扩展】，永久矢量化描摹图，以便附加图像到透视网格。然后，用【透视选区工具】将描摹图附加到透视网格。完成后，再次使用【透视选区工具】重新调整图像的大小和位置。在重调过程中，必须确保整个产品固定在透视网格内的合适位置，这样就可以轻松地改变产品的透视角度。只要【锁定站点】仍处于启用状态（随文档一起保存），就可以创建不同的透视角度，而盒子则会跟着自动调整更新。

操控变形

用【操控变形工具】绘制平滑的弧形

摘要：用【操控变形工具】绘制路径，调整图钉的位置；旋转图钉以翻转路径弧形；继续添加并移动图钉，以达到所需的效果。

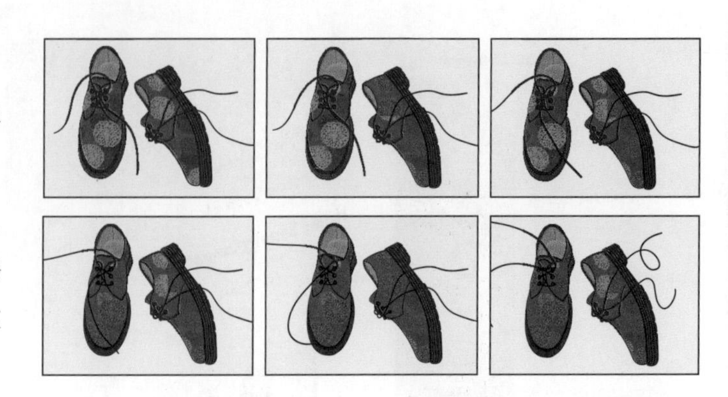

在这个鞋子制作动画中，用【选择工具】来平滑地重新定位鞋带是很困难的，但是，切换到【操控变形工具】后，就能轻松地重新定位鞋带。

1 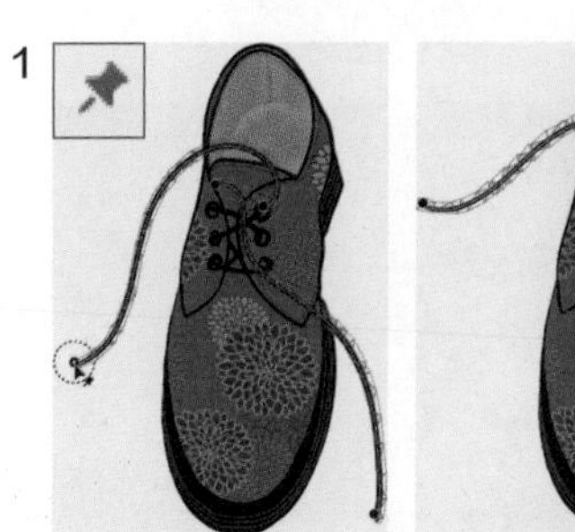
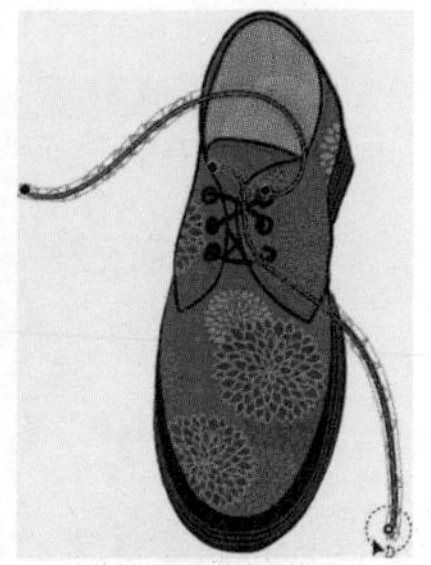

（左）使用【操控变形工具】选中鞋带对象；（右）选择【操控变形工具】后，在每根鞋带的两端放置图钉

2 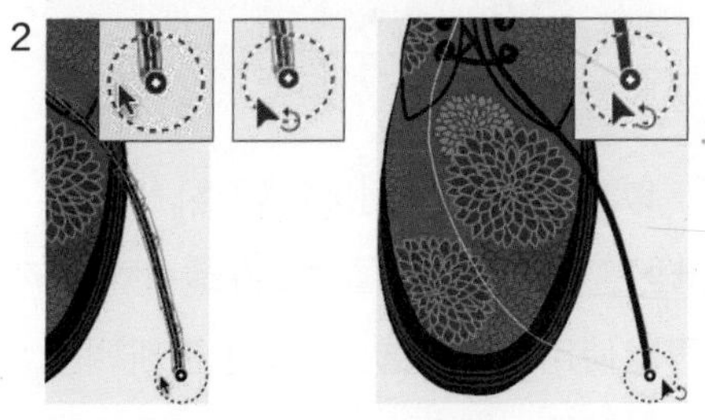

（左）底部图钉和鼠标指针，（中）放大的旋转图标，（右）通过逆时针旋转来移动图钉

3 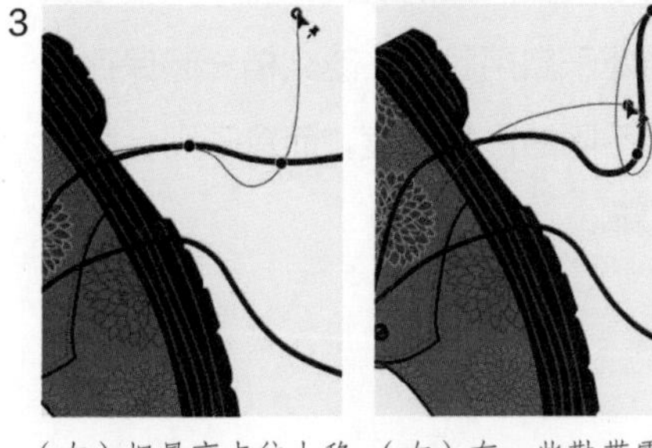

（左）把最高点往上移，（右）有一些鞋带需要添加更多的图钉才能正确弯曲

1 **用【操控变形工具】移动对象，根据需要删除和添加点。** 只用4个图钉（每根鞋带的两端各1个），就可以呈现大部分鞋带的运动变化。用【选择工具】或【编组选择工具】，选中要调整的对象；然后选择【操控变形工具】，在网格中单击以放置新的图钉。要删除图钉，按住Shift键并单击，以选中多个图钉，然后换Delete/Backspace键。

2 **旋转图钉。** 为了翻转这根鞋带，选中了端点，然后将鼠标指针移动到图钉圆圈的边缘处，直到出现旋转图标。接着，拖曳图钉，并进行逆时针旋转，以形成所需的圆弧。

3 **继续添加、删除、移动和旋转图钉。** 根据需要继续添加、删除、移动和旋转图钉，注意在这个过程中，不要放弃或更改所选择的工具，因为更改工具后可能会移除或重新定位图钉。通过在鞋带末端附近放置3个相邻的图钉，就能创建出所需的平滑弧形。通过移动和旋转图钉，就能创建出动画所需的流畅的弧形鞋带。

设计案例

设计师的任务是为某品牌的高档小折刀绘制矢量格式的吉祥物。新的矢量标志将被打印出来并在机器上绣花，用于包装和促销。图稿灵感来自委托人的宠物。设计师把小狗的前腿调整为站姿后，又被要求调整为坐姿。于是，设计师决定不完全重绘小狗的下半身，而是用功能强大的【操控变形工具】来调整爪子的位置，并禁用【启用内容识别默认设置】。全选小狗腿部的对象。选择【操控变形工具】，选中的对象被分组到该组顶部对象的图层中。不断试验图钉的放置（放置、变形、撤销和再次放置）位置和数量，最终发现要在小狗的腿关节上放置5个图钉才能调节和缩短小狗的腿。为了让小狗的姿势看起来更稳定，选中离散的路径，将控制变形应用于插图的该区域。完成插图和标志后，请工厂制作出最终的绣花贴片。

设计案例

在Photoshop中对照片进行蒙版处理，然后导入Illustrator中打开。应用【图像描摹】(在【属性】面板或【控制】面板里）和【钢笔工具】，创建芭蕾舞演员的风格化矢量版本。小心地使用【操控变形工具】，将图钉放置在关节和服装的关键点上，就能在隔离选定的区域的情况下进行调整，而未选中的图钉则表示该区域静止不变。精心选择图钉的位置可以微调芭蕾舞演员的姿势。为了最大程度上控制【操控变形工具】在表达人物运动时的活动，请先选择【首选项】>【常规】，取消勾选【启用内容识别默认设置】复选框。选中目标对象的身体；然后用【操控变形工具】将图钉放置在要运动的位置以及附近的点，以指示图形中要固定的位置。例如，除了腿部、脚部和髋关节外，腰部和裙子上一样要放置图钉。要抬起躯干，先得选中躯干上的图钉。要伸展左腿，先选中腿上的图钉。在这个过程中更换工具，可能会导致必须返回【操控变形工具】才能重新放置图钉。图a是带有图钉的原稿；图b显示的是调整后的图钉；图c是在黑色的轮廓上调整图钉，并以红色轮廓显示。

第 7 章 精通高级功能

有机的整体能够产生比各部分简单相加更出色的效果。在Illustrator中将各种工具和技巧结合起来使用会产生出其不意的效果。本章就跟大家讲讲多种工具和技巧协同工作的作用。

不过，如果前面几章掌握得不是很好的话，这一章的内容可能会压得你喘不过气。

本章要介绍的技巧包括：图案的制作，利用不透明度和透明度进行编辑；创建复合对象混合；使用不同类型的蒙版；结合多种功能来解决复杂问题。

图案的制作

在CS6版本之前，创建图案很费劲，需要在边框内的图案拼贴中绘制出所有的元素。有了【图案选项】面板，设计师就可以在完成图案后调整拼贴的大小、创建偏移副本及编辑元素，同时还能对多次复制进行预览并实时更新编辑内容。

进入图案编辑模式

我们还是可以通过将图案拼贴拖到【色板】面板来创建图案，但是要探索在Illustrator里设计图案的强大功能，就必须得进入图案编辑模式（PEM）。PEM是一种特殊的隔离模式，它可以将未使用的对象隐藏起来，还可以在文档和标题栏之间插入灰色的控制栏，也就是PEM隔离栏。如果有特定的对象想要用在图案中，先选中该对象，然后进入PEM。如果未选中任何对象，则会出现一个100像素×100像素的空白画板，或者是大小跟你现在正在进行的操作相匹配的空白画板。要想在PEM中工作，需要打开【图案选项】面板，然后进入PEM。以下是同时打开【图案选项】面板并进入PEM的3种方法。

永久的【图案选项】面板

为了把【图案选项】面板保留在工作区内，请将它停靠在你希望的区域，然后在扩展菜单中禁用【退出编辑模式时自动关闭】。为确保面板能永久显示，请保存自定义工作区。如果想新建一个图案，选一种方法进入图案编辑模式。

扩展图案对象

Illustrator要先扩展符号和画笔之类的对象，然后才能创建图案。为了确保这些功能在将来的编辑中有效，请先在画板中设定好这些对象的比例，再将其导入PEM中；也可以在PEM出现扩展提示时取消保存。在PEM中，选中对象并将其复制到剪贴板，然后保存图案并退出PEM。将对象粘贴到画板中，它们不会成为图案的一部分，但是仍然可以被当作符号或画笔进行编辑，而不是只能在图案中作为隐藏的对象进行编辑。

- 如果是不经常创建图案且不介意使用菜单尽享操作的初学者，请选择【对象】>【图案】>【建立】。
- 如果你经常创建图案，可以创建一个自定义键盘快捷键（在【编辑】菜单里），帮助你快速执行相关命令。
- 在【色板】面板中双击现有的图案色板，这样就可以将色板放到PEM的画板中，并打开【图案选项】面板。

创建图案

在PEM中可以更改图案拼贴的大小。为此，请在【图案选项】面板中设定一个新的【宽度】和【高度】，也可以用【图案拼贴工具】（就在【图案选项】面板的顶部）直接更改拼贴的大小。

在PEM中可以用Illustrator绘图工具和相应效果来创建图案，例如符号和画笔、添加渐变和效果或者用【宽度工具】调整路径。由于图案色板无法保留画笔路径、符号等其他的复杂功能，因此如果将图案另存为色板，Illustrator会扩展这些对象；如果以后想重新编辑图案，则无法再次使用这些功能。但是，这跟以前创建图案色板的方法不同。如果想在PEM中保存色板，会弹出一个警告对话框，提示Illustrator需要扩展对象才能创建图案色板。

进入PEM后可以尝试不同的布局，除了基本的【网格】布局外，还有【砖形】布局和【十六进制】布局，这两种布局方式都有行选项和列选项。考虑到用复杂的效果和外观编辑图案会降低计算机的绘制速度，可以在【份数】下拉列表中选择拼贴副本的数量。在【份数】的下方，选择百分比，使副本变暗；也可以隐藏或显示副本的拼贴边缘和色板边界（也叫边框）。如果用偏移创建图案，色板边界会大于拼贴边缘。

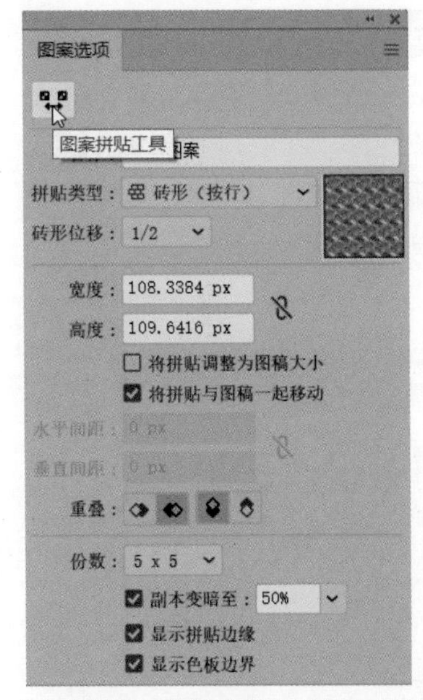

【图案拼贴工具】（尚未选择）用来调整拼贴、色板边界和偏移

新建图案 + 存储副本 ✓ 完成 ⊘ 取消

PEM隔离栏

消失的对象？

进入PEM之前，对象和参考线就已经存在于画板中了，退出PEM后仍保留在画板中。但是，我们无法选中带有参考线的对象进入PEM。如果在PEM中创建对象，退出后，Illustrator会清除这些对象的画板。如果对象保存在PEM中，以后在PEM中进行编辑时，这些对象可以作为独立的对象使用。

这3件事在PEM中不能做

- 进入隔离模式来编辑单个对象。
- 使用【内部绘图】模式时使用【背面绘图】模式。
- 复制图层与新建图层或子图层。

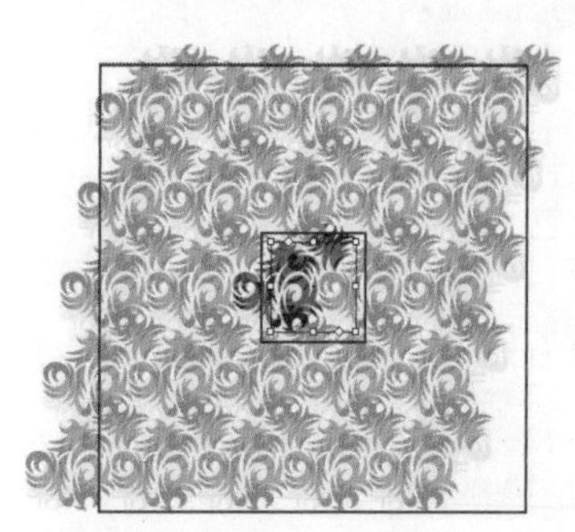

用砖形拼贴类型或十六进制拼贴类型可以看到色板边界（外部的边界）和拼贴边缘的差异，为清楚起见，我们以红色显示

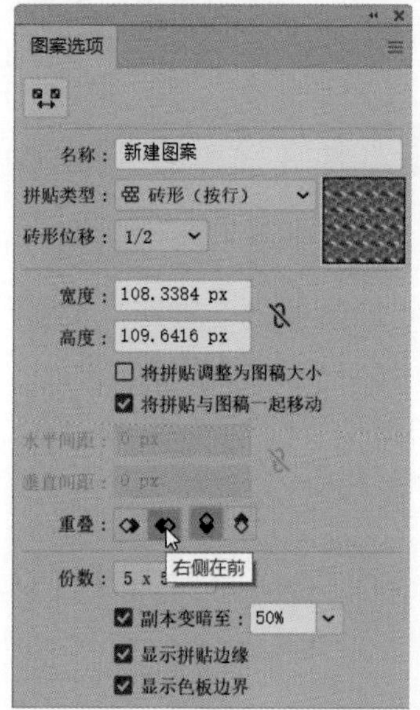

单击【重叠】选项中的不同按钮来改变图案的外观

在处理图案时，Illustrator里绝大多数的工具仍然可用于编辑路径和对象。例如，添加或删除拼贴上的对象，将对象放在拼贴边缘上。在编辑对象、调整版式、偏移以及拼贴副本时，可以清晰地看到图案。对象可以重叠，【图案选项】面板【重叠】选项中的按钮可以更改它们重叠的方式，可以是右边覆盖左边，也可以是上边覆盖下边，等等。

退出PEM

设计好图案拼贴后，退出PEM的方法主要有下面几种。

- 在对象外双击【选择工具】。
- 单击PEM隔离栏（类似于隔离模式栏）上的【完成】。
- 单击PEM隔离栏上图案名称旁边的【退出图案编辑模式】。
- 按Esc键退出。
- 如果仅退出PEM而不保存色板，请在PEM隔离栏上单击【取消】。

创建图案的变体

如果想通过双击当前的图案色板来进入PEM，应该先复制原文件，然后再双击该副本开始编辑。为此，请在【色板】面板中将想要复制的图案拖到【新建色板】上。再次打开副本时，即可开始编辑。

在PEM下，Illustrator一次只允许我们编辑一个图案色板。但是，如果创建了要保存为变体的内容，就需要在当前状态下保存图案的副本，然后继续编辑主要的图案。为此，请在PEM隔离栏上单击【存储副本】，然后为此副本命名，此时副本在【色板】面板中。退回到PEM后，可继续编辑主要的图案。

在不使用PEM的情况下编辑图案色板

在PEM外仍然可以编辑色板，只需将图案色板拖到画板上，然后进行所需的任何更改。用【直接选择工具】选中单个对象后，可以编辑组里的主要对象；用【重新着色图稿】对话框改变图案色板的色彩比例；添加、移除或改变对象的形状。如果想让这个拼贴重新变为图案，请用【选择工具】选中它，然后将其拖回【色板】面板。要想替换一个色板，只需在按住Opt/Alt键的同时将新色板拖到现有色板上。

用【图案拼贴工具】拖曳菱形框，以此来改变砖形偏移

透明度

尽管画板看起来像是白色的，但Illustrator还是将其当作透明的来处理。要想从视觉上区分透明区域和不透明区域，请选择【视图】>【显示透明度网格】。选择【文件】>【文档设置】，在打开的对话框中更改透明度网格的大小和颜色。如果要在彩纸上打印，请在对话框里勾选【模拟彩纸】复选框。单击【网格大小】旁边的色板，打开【颜色】对话框，选择一种纸张颜色。透明度网格和纸张的颜色都是非打印属性，只能在屏幕上预览，单击【确定】退出对话框。

透明度指的是除正常模式外的混合模式以及任何小于100%的不透明度设置。不透明蒙版和效果（例如羽化或阴影）也使用这些设置。因此，应用不透明蒙版或某些效果，就是使用Illustrator的透明属性。

重新给图案着色？

制作了一个漂亮的图案后，想要创建不同的颜色变化，这时不仅要逐个选中图案中的单个对象并分配新的颜色，还要进入【重新着色图稿】对话框，使用自定义颜色组，当然也可以尝试随机变换颜色模式！

导出到Photoshop

以PSD格式导出Illustrator对象时，如果该对象是使用了画笔、符号以及混合等的复杂对象，则可能会出现许多子图层。为了简化导出的文档，可以找到包含问题对象的子图层，在【透明度】面板中勾选【挖空组】复选框，然后再次导出。

（上）该标志由多种不同类型的对象和文本组成；（中）选中径向渐变对象并单击【透明度】面板中的【制作蒙版】，将插画顶部的径向渐变转换为不透明蒙版，从而创建出聚光灯效果，与【透明度】和【图层】面板一起显示

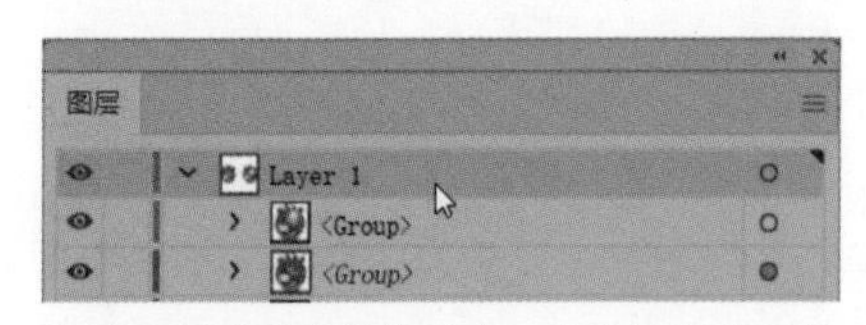

应用了不透明蒙版的对象，在【图层】面板中其名称带有下划线

不透明度和混合模式

要降低不透明度，请在【图层】面板中选择或定位一个对象、图层或编组；然后在【透明度】面板中选择混合模式，或者滑动【透明度】面板中的【不透明度】滑块。通过单击【外观】或【控制】面板中的【不透明度】，也能打开某一选中对象的【透明度】面板。所谓的不透明度（而不是透明度）是指，如果对象或编组是完全不透明的，那么不透明度是100%；如果不透明度是0%，那么该对象或编组就是透明的。

混合模式能控制对象、编组或图层的颜色如何相互影响。混合模式在RGB和CMYK模式中会产生不同的效果。与在Photoshop中一样，混合模式在透明画板上不会显示任何效果。要想查看混合模式的效果，需要在透明对象或编组的后面添加一个有填充颜色或填充为白色的元素。

不透明蒙版

用不透明蒙版就是用一个对象黑和白的区域（蒙版）来显示其他对象的透明区域。蒙版的黑色区域会在另一个对象中创建透明区域，蒙版的白色区域会让相应区域变为不透明且可见，灰色区域可创建透明区域（这一点跟Photoshop图层蒙版完全一样）。

如果要创建一个不透明蒙版，可以将作为蒙版的对象或编组放在所需蒙版的对象之前。同时选中对象和蒙版对象（如果是蒙版图层，则要先在【图层】面板中定位该图层），在【透明度】面板中单击【制作蒙版】。最上方的对象或编组将自动成为不透明蒙版。

如果想从一个空的蒙版开始绘制，实际上是让绘制的对象可见。要创建新蒙版，请先定位一个单独的对象、编组或图层。双击空缩览图以添加空白的不透明蒙版，然后进入蒙版编辑模式。根据默认设置，新的不透明蒙版的默认操作是剪切（黑色背景），需要取消勾选【透明度】面板扩展菜单中的【新建不透明蒙版为剪切蒙版】复选框。如果不这样做，那么创建空蒙版时被定位的艺术对象就会消失，在【透明度】面板中取消勾选【剪切】复选框即可恢复。

现在，用绘图和编辑工具创建蒙版。选中不透明蒙版的缩览图，将无法选择或编辑该文档中的任何对象，因为此时正处于隔离模式。要退出此蒙版编辑模式，必须在【透明度】面板中单击左侧的对象缩览图。

在操作不透明蒙版时需注意，创建蒙版时，不透明蒙版会转换为灰度，位于场景的后面（但是不透明蒙版缩览图仍显示为彩色）。介于白色和黑色之间的灰度值只是决定被蒙版对象的不透明度；蒙版上的浅色区域会更不透明，而深色区域会更加透明。另外，如果勾选了【反相蒙版】复选框，那么明暗数值对不透明度的影响会颠倒过来；也就是说，深色区域变得更不透明，浅色区域变得更透明。如果想辨别哪些元素被不透明蒙版遮罩，请在【图层】面板中查找有虚线下划线的地方。

【透明度】面板中的链接图标表示，不透明蒙版的位置与它所遮罩的对象、编组或图层的位置有关。取消链接后，我们可以在不移动蒙版的情况下移动对象。蒙版的内容可以像其他对象一样接受选定和编辑。例如，可以对蒙版中每一个单独的对象进行变形、应用混合模式或者改变不透明度百分比。

精确定位和编辑透明度

文档中的很多对象都可以应用不透明度，所以，要找到应用的位置有一定的难度。例如，我们可以对一条路径应用混合模式，然后将该路径与其他对象组合，再给这个编组（或含有此编组的图层）添加不透明度。如果想快速、精确地定位和编辑任何透明对象，可以将【图层】面板、【外观】面板和【透明度】面板结合起来使用。

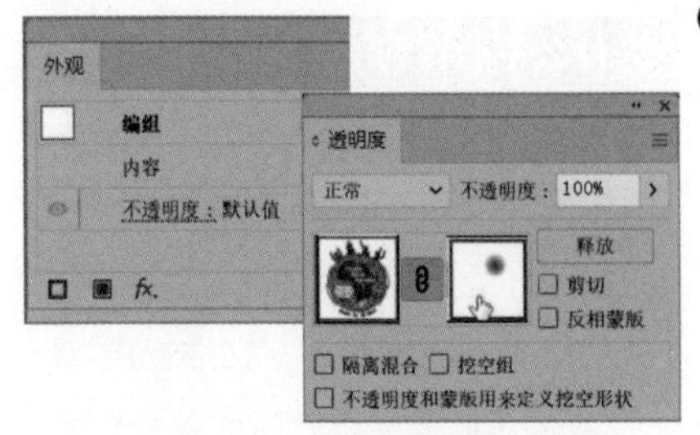

选定一个对象后，单击【外观】面板、【控制】面板或【属性】面板（适用于CC版本）中带有下划线的【不透明度】，以显示【透明度】面板

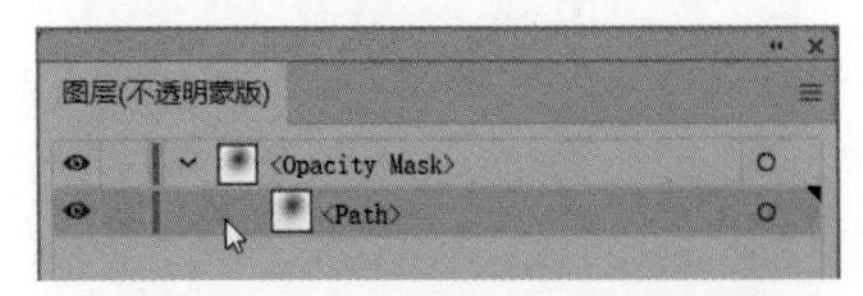

单击【透明度】面板中的不透明度蒙版缩览图时，【图层】面板只显示不透明度蒙版中的对象，这可以通过【图层】面板中的标签名表示出来。在编辑不透明蒙版时，需要保证【图层】面板、【透明度】面板以及【外观】面板处于打开状态

编辑不透明蒙版

- 禁用/启用：按住Shift键并单击蒙版缩览图，将蒙版关闭（缩览图中会出现一个红色的叉号）或打开。
- 蒙版视图：按住Opt/Alt键的同时单击蒙版缩览图，可以切换查看（或编辑）蒙版对象和蒙版灰度值。
- 释放（在【透明度】面板中）：该命令会释放蒙版。
- 处理艺术对象或不透明蒙版：单击正确的图标以控制想要编辑的内容。
- 对不透明蒙版和艺术对象进行链接或取消链接：单击不透明蒙版和艺术对象之间的链接/取消链接图标实现。

为什么不能看到绘制的内容？

如果看不到刚刚绘制的内容，请检查以下内容。

- 是否还处于蒙版编辑模式？选中一个不透明蒙版后，文件标题和【图层】面板标签会显示【不透明蒙版】。

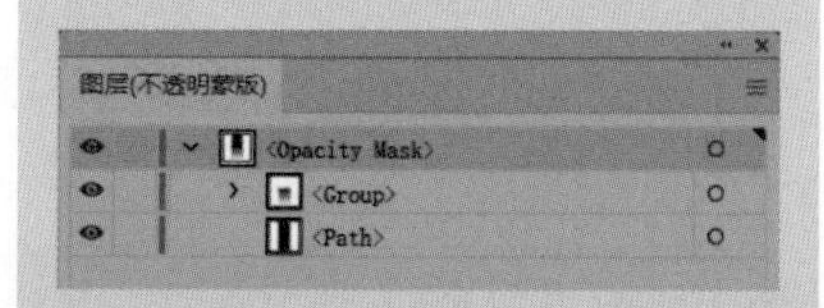

- 是处于【背面绘图】模式还是【内部绘图】模式？检查工具栏底部的【绘图模式】，确保当前处在【正常绘图】模式。

拼合的艺术

在Illustrator中，透明度仅存在于程序中。如果想以另一种格式打印或保存，Illustrator会对透明重叠的对象进行拼合处理；打印时，Illustrator的处理是暂时的，但是如果想以EPS、AI 9或更早版本的格式保存，图像的拼合就会是永久性的。拼合时，某些对象可能会被拆分为许多单独的对象，还有一些对象可能会被栅格化。

请记住：在【图层】面板中，渐变填充的圆圈说明透明度已经应用到了对象、编组或图层；带有下划线的名称说明已经应用了不透明蒙版。如果【外观】面板处于打开状态，可以看到定位对象的外观细节。单击【外观】面板（或【控制】面板）中的【不透明度】，可以对所选对象做详细的透明度设置。如果定位到了一个不透明蒙版，单击【透明度】面板中的不透明蒙版缩览图，那么【图层】面板和【外观】面板都会显示不透明蒙版的相关信息。

混合

尽管渐变和网格都能实现从一种颜色到另一种颜色的过渡，但是混合为我们提供了一种将对象的形状或颜色变形到另一种对象的途径。我们可以在多个对象之间创建混合，甚至可以混合渐变、符号、复合路径（例如字母或点文字对象）。由于混合是实时的，因此，我们能够编辑关键对象的形状、颜色、大小、位置或旋转角度，并且编辑后得到的位于中间的对象会自动更新。我们还可以沿自定义路径分布混合对象。

创建混合最简单的方法是，双击【混合工具】，选择一种设置，然后选定要混合的对象，再选择【对象】>【混合】>【建立】（快捷键Cmd+Opt+B/Ctrl+Alt+B）。选择的设置是永久的，因此，如果事先没有双击该工具，那么默认设置或上一次所做的设置就会成为最终的设置结果。如果以后要调整现有混合的设置，请先选中混合对象，然后双击【混合工具】，或者选择【对象】>【混合】>【混合选项】。

在各个路径间创建混合的另一种方法是，【混合工具】配合锚点映射。过去，使用【混合工具】的目的是实现混合对象之间的平滑过渡。但是，如今除了修改过渡，我们还可以将其用于特殊的变形或旋转效果的创建。如果想使用锚点映射，请先单击一个对象的锚点，然后单击另一个对象的锚点，继续单击要包含在混合中的对象的锚点。我们也可以在对象路径上的任意位置单击，实现随机的混合效果。

如果想在混合前或混合后修改关键对象，请先用【直接选择工具】选中关键对象，然后用编辑工具（包括【铅笔工具】【平滑工具】和【路径橡皮擦工具】）进行更改。

混合选项

混合时，如果要设置混合选项，请使用【混合工具】（参阅上页“混合”部分）。在【混合选项】对话框中，修改混合设置。如果想调整已经完成混合的对象，请在选中后双击【混合工具】，或选择【对象】>【混合】>【混合选项】。在未选中混合对象的情况下打开【混合选项】对话框，此时的设置就会成为当前工作期间所制作的混合的默认模式。以下选项在每次重新启动程序时都会重置。

- 【指定的步数】指定每一对关键对象之间的步数（不超过1000）。用更少的步数会得到清晰分布的对象，用较多的步数会得到一种近似喷雾的效果。
- 【指定的距离】在混合对象之间放置一个指定的距离。
- 【平滑颜色】自动计算混合中关键对象间的理想步数，以实现最平滑的颜色过渡。如果对象的颜色相同，或者是渐变或图案，该选项会根据对象的大小在混合中平均分配对象。
- 【取向】决定路径弯曲时，混合对象该如何旋转。【对齐页面】（也是默认选项，第一个图标）可以防止对象沿路径分布时发生旋转（对象沿曲线混合时会保持垂直）。【对齐路径】允许对象沿着路径发生旋转。

隔离混合和挖空

从【透明度】面板的扩展菜单中选择【显示选项】，以显示将透明度应用于编组和多个对象的方式。得到的效果取决于是否选择了单独的对象，是否定位了编组或者是否启用/取消了隔离混合和挖空组。如果选中一个编组后勾选【隔离混合】复选框，那么该编组内对象的透明度设置只会影响这些对象之间的交互方式，并且透明度不会应用于该编组下面的对象。定位一个编组或图层后，勾选【挖空组】复选框，就会防止编组或图层的对象在重叠的部分将自己的透明度应用到其他对象中；因此，Illustrator会为所有新建的混合自动勾选【挖空组】复选框。

在混合中插入对象

用【编组选择工具】选择一个关键对象，然后在按住Opt/Alt键的同时拖曳，插入一个新的关键对象（混合对象会重排）。我们也可以通过双击进入隔离模式，或将新对象拖曳到【图层】面板的混合中，以此来插入新对象。

【混合工具】(W)

该图片使用了多种混合：藤蔓应用了【平滑颜色】，各组对象进行混合时应用了【指定的步数】和一个自定义的“S”形混合轴

使用混合对象可以做些什么？

除了编辑对象外，我们还可以做以下一些事。

- 选择【对象】>【混合】>【反向堆叠】，以此来反转混合的方向；或者选择【对象】>【混合】>【反向混合轴】，以此来反转混合轴上对象的顺序。
- 释放混合，选择【对象】>【混合】>【释放】，以此来删除混合，留下关键对象和混合轴。提示：通过选择【选择】>【全部】，可同时释放多个混合。
- 选择【对象】>【混合】>【扩展】，将混合转换成一组单独的可编辑的对象。

沿路径混合

让混合沿着弯曲路径移动的方法主要有两种。一种是用【直接选择工具】选择混合的混合轴（混合自动创建的路径），然后用【添加/删除锚点工具】，或者用【直接选择工具】【套索工具】【转换锚点工具】【铅笔工具】【平滑工具】【路径橡皮擦工具】来弯曲或编辑路径。在编辑混合轴时，Illustrator自动重新绘制混合对象来对齐编辑后的混合轴。

另一种方法是用一个自定义的路径替换混合轴。选中自定义路径和混合对象，然后选择【对象】>【混合】>【替换混合轴】。该命令会将混合对象移动到新的混合轴。

我们还可以在多个编组对象间进行混合。如果没有得到预期的效果，请尝试创建第一个对象集合，并对对象进行编组（快捷键Ctrl/Cmd+G），然后通过复制、粘贴得到一个对象副本（或者按住Opt/Alt键并拖曳以创建编组的副本）。选择编组对象的两个集合，通过选择【指定的步数】作为混合选项进行混合。对象的混合完成后，我们可以对它们进行旋转和缩放，用【直接选择工具】编辑对象或混合轴。

剪切蒙版

蒙版中涉及的所有对象都是以下文介绍的两种方式中的一种进行组织的，选择哪种方式主要取决于创建蒙版的方式。第一种方式是将所有选中的对象收集到一个编组中。第二种方式是将图层放置在一个主容器图层中，保留图层结构（见第242页【图层】面板的截图）。不管使用哪种剪切蒙版，编组最顶层的对象都是剪切路径；这会将编组中扩展到剪切蒙版边界外的一部分对象剪切掉（隐藏起来），只让边界中的对象可见。无论分配给顶层对象的属性是什么，只要创建了蒙版，它都会变成一个没有填充、没有描边的剪切路径。在【图层】面板中，一个活动的剪切蒙版会以给图层名加下划线的形式出现，哪怕重新命名，下划线依然存在。

如果想从对象中创建剪切蒙版，首先得创建一个对象。只有单一路径可以用作剪切路径，也就是说，复制的形状或多条路径在用作蒙版之前，必须被组合成一个单一的复合路径，具体方法是，选择【对象】>【复合路径】>【建立】。要确保路径或复合路径在被剪切的对象上，然后创建蒙版，方法有两种：一种是单击【图层】面板底部的【建立/释放剪切蒙版】，另一种是选择【对象】>【剪切蒙版】>【建立】。这两种方法各有利弊。用【对象】菜单中的命令建立蒙版时，所有的对象都会整合到一个新的编组中，并且多个蒙版对象都保存在一个图层中。我们还可以在图层结构内自由移动蒙版对象，而不破坏蒙版。但是，如果已经规划过图层结构，所有对象经过编组后，图层架构会消失。相反，【图层】面板里的命令能在建立蒙版时保持图层结构不变，但是，如果不先构建子图层或编组，就得不到单独的蒙版对象。这样一来，将蒙版对象作为整体来移动就变得非常困难。

创建剪切蒙版后，可以通过任何一种选择工具（例如【套索工具】或【直接选择工具】）选择蒙版对象以及蒙版中的对象，然后使用路径编辑工具对其进行编辑。现在，用【对象】菜单中的命令创建蒙版时，蒙版剪切掉的对象其实是被隐藏起来了；如果未选中蒙版内容，就可以避免在蒙版路径外选中被剪切的对象。

在【对象】菜单中选择【剪切蒙版】>【建立】，或单击【图层】面板底部的【建立/释放剪切蒙版】

将对象粘贴到蒙版

要将剪切或复制的对象粘贴到剪切蒙版中，应确保不要勾选【粘贴时记住图层】复选框（在【图层】面板的扩展菜单中），然后在蒙版中选择一个对象，用【贴在前面】或【贴在后面】将复制的对象放置在蒙版内。还可以在隔离模式下创建或粘贴对象。

剪切蒙版图标已禁用

在【图层】面板中，先选择能容纳目标剪切蒙版的容器（例如图层、子图层或编组），然后才能应用剪切蒙版。另外，为了启用【图层】面板中的图标，突出显示的容器内最顶端的项目必须是可以转换为剪切路径的内容。

如果要移动剪切的对象（包括路径和内容），只需使用【选择工具】将其选中并移动即可。如果希望单独选择、移动或者编辑剪切路径或内容，有以下几种方式。如果未选中任何一个对象，可以直接使用【直接选择工具】或【编组选择工具】单击剪切路径或内容，以此来编辑或移动该路径或所选对象。如果已经选中了部分蒙版或内容，可以单击【控制】面板中的【编辑剪切路径】或【编辑内容】，将焦点转移到选中的路径上进行编辑。

我们还可以在隔离模式中编辑剪切编组。如果要隔离整个剪切编组，请使用【选择工具】双击编组的任何部分，这会使画板上的其他对象变暗。如果愿意，可以通过【图层】面板进入隔离模式。突出显示剪切路径或编组中的任何路径，然后从【图层】面板的扩展菜单中选择【进入隔离模式】。现在，我们就可以单击【编辑剪切路径】或【编辑内容】，或使用【直接选择工具】和【编组选择工具】。

进入隔离模式后，就可以自由编辑或移动路径，并且不影响任何其他对象。如果处于隔离模式中，并且还有一个对象在蒙版内，可以在编组中添加其他对象。要退出隔离模式，请双击画板（在裁切编组的外部）、按Esc键、单击灰色隔离栏或从【图层】面板的扩展菜单中选择【退出隔离模式】即可。

通过选择【对象】>【剪切蒙版】>【编辑蒙版】，或者选择【对象】>【剪切蒙版】>【编辑内容】来确定要编辑、剪切编组的哪一部分。

创建完剪切编组和蒙版后，就可以添加描边（看起来就像在所有蒙版对象之前）和填充（看起来就像在所有蒙版对象的后面）。另外，创建完蒙版后，就可以在【图层】面板的编组或容器中将剪切路径的堆叠顺序下移（这样就不再处于图层顺序的顶端），并且依然保存其蒙版效果。

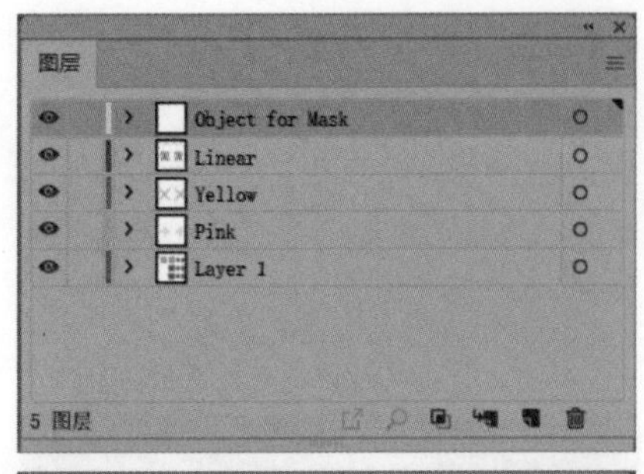

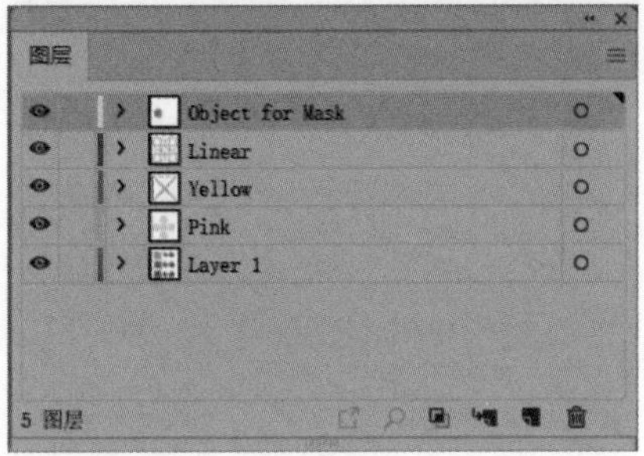

选择【对象】>【剪切蒙版】>【建立】，将所有蒙版对象放置到编组中，让剪切路径位于编组的顶部

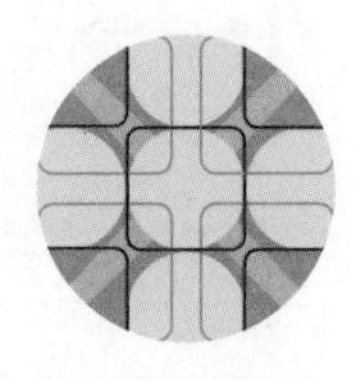

（左）执行蒙版操作前，黑色描边的圆圈被置于叠放顺序的最顶端，因此在创建剪切蒙版（右）时，它就会变成剪切路径

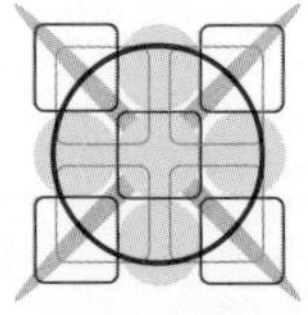

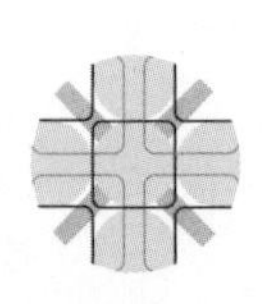

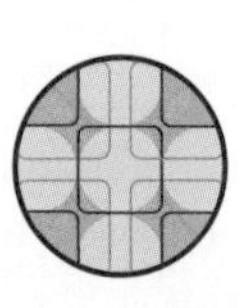

可以给蒙版添加描边或填充：一个没有描边的蒙版（中）和添加了黑色描边与浅蓝色填充的剪切蒙版（右）的对比

选择剪切蒙版

要一次选中所有当前未锁定的剪切蒙版，请选择【选择】>【对象】>【剪切蒙版】。

蒙版技巧1：对象命令

给对象创建蒙版最简单的方法是选择【对象】>【剪切蒙版】>【建立】(快捷键Ctrl/Cmd+7)。如果想将剪切蒙版限制在那些需要复制或者重新定位的特定对象或编组中，或者如果想让每个图层有多个剪切蒙版，都可以使用此方法。由于这种方法会改变图层结构，如果需要将对象保持在特定图层上，就不要使用此方法。

正如前面所讲的那样，先创建一个能成为剪切蒙版的对象或复合对象。确保该对象位于最顶端，然后选中它以及所有要添加蒙版的对象（最顶端的对象会成为蒙版）。接着，选择【对象】>【剪切蒙版】>【建立】。使用此方法时，所有对象（包括新剪切路径）都将移动到包含最顶端对象的图层中，还将被整合到新的编组中。蒙版效果只对编组内的对象有效，可以使用【选择工具】选择整个剪切编组。如果在【图层】面板中扩展编组（单击扩展三角形），就可以将对象移入、移出剪切编组，或者通过将编组中的对象上移、下移来改变堆叠顺序。

蒙版技巧2：【图层】面板的使用方法

要想遮盖容器（即任何编组、子图层或图层）内对象不需要的区域，先要创建一个对象作为蒙版，保证它是容器内最顶端的对象。接着，突出显示对象的容器，单击【图层】面板底部的【建立/释放剪切蒙版】。高亮显示的容器中最顶端的对象将成为剪切路径，容器内所有扩展到剪切路径外的元素都被隐藏了起来。

创建好剪切蒙版后，可以通过将容器（图层、子图层或编组）中的对象上移、下移来改变堆叠顺序。但是，如果将对象移动到剪切蒙版容器外，它们就不会被遮盖。将剪切路径移动到容器外，就会完全释放蒙版。

神奇的剪切路径

一旦对象成为剪切路径，它就可以在其图层或编组内部随意移动，并且依然保持其蒙版效果！

（左）位于花朵插图中的剪切蒙版（以蓝色标注）是首先作为7个单独的对象（6个花瓣和1个中心圆）创建出来的，然后这7个对象被整合为一个复合路径，具体方法是，选中7个对象，选择【对象】>【复合路径】>【建立】。（右）将该复合路径放置在其他对象之上，接着用它做剪切蒙版

释放剪切蒙版警告

在包含多个剪切蒙版的图层中，单击【建立/释放剪切蒙版】会释放所有该图层内的剪切蒙版（而不仅是想要释放的那个）。想释放单个剪切蒙版，最安全的方法是选中它，然后选择【对象】>【剪切蒙版】>【释放】。

多个画板蒙版

由于图层是多个画板所共有的，因此，如果通过【图层】面板创建蒙版，该蒙版会应用到多个画板中。要想让其他画板中的对象可见，必须让它位于蒙版图层的上方或下方。

CC

蒙版错误信息

如果收到提示“除非选中整个组，否则选区不能包含不同组中的对象”，请剪切或复制所选对象（以将其从组中删除），然后粘贴在前面。现在就可以选择【对象】>【剪切蒙版】>【建立】。

(左)在【控制】面板中选择置入图像后，出现【蒙版】;(右)选中应用了蒙版的对象后，会出现【编辑剪切路径】和【编辑内容】两个按钮

判断是否是蒙版

- 如果是蒙版（即使已重命名），【图层】面板中的【剪切路径】会出现下划线，图标的背景颜色也会变成灰色。
- 【控制】面板中的【剪切编组】表示你的选择包含一个剪切蒙版。
- 不透明蒙版在【图层】面板中显示为【路径】，带下划线，但在【透明度】面板中处于活动状态时，显示为【不透明蒙版】。
- 选择【选择】>【对象】>【剪切蒙版】，可帮助我们在文件中查找蒙版（但在链接文件中找不到蒙版）。

收集到新图层

如果要将选中的图层收集到一个主图层中，请按住Shift键（或Cmd/Ctrl键）的同时单击多个图层，然后从【图层】面板的扩展菜单中选择【收集到新图层中】。

蒙版按钮

如果通过选择【文件】>【置入】来放置图像，选中要置入的图像后，通过单击【控制】面板中的【蒙版】(或CC版本里【属性】面板中的【蒙版】)，可以立即为图像创建剪切路径。但是，由于剪切路径的尺寸和置入图像边框的尺寸一样，蒙版不会立即出现。启用【控制】面板里的【编辑剪切路径】，然后调整剪切路径，改变蒙版（该蒙版用来修改图像）的形状。

用文本、复合路径或复合形状作为蒙版

我们可以用可编辑的文字作为蒙版，得到文本被图像或对象填充的效果。选中文本以及要用来填充文字的图像或对象。确保文本位于顶部，然后选择【对象】>【剪切蒙版】>【建立】。

如果想用单独的文本字符作为单一的剪切蒙版，必须先将它们放到复合形状或复合路径中。我们可以将轮廓化（或激活）的文字转换成复合形状，之后将其作为蒙版。

利用Illustrator CC处理复杂任务

每次Illustrator的新版本出现，我们都会关注该版本带来了哪些影响巨大的新功能，而很少在意那些能提高工作效率但又不太起眼的功能。事实上，随着作品越来越复杂，一些较小的新功能实际上可能会改变我们与Illustrator交互的方式，包括从最基本的绘图功能到我们可以创建的最复杂的图稿和布局。

图案制作

在【图案选项】面板中导航

高级技巧

摘要：创建图案或编辑现有图案；在图案编辑模式中应用【图案选项】面板，调整图案副本；修改间距、偏移量及重叠方式；创建副本并尝试使用不同的偏移量和设置，然后保存到【色板】面板。

为了创建这张插图，设计师借用【多边形工具】和【钢笔工具】来创建单个元素，用【路径查找器】滤镜扩展白色的描边，然后用全局色填充对象。将编组后的拼贴放入【图案选项】面板中，在【拼贴类型】中选择【十六进制（按行）】，并且将间距设置为白色画笔描边一半的宽度，如果将间距乘2，就等于画笔描边的宽度。不管是数字调整还是手动调整，通过探索所有的图案选项参数，尝试着将图形对象转换为图案。

1 **创建第一个图案副本。**首先复制该图案，保存好原始图案，具体做法如下。将【色板】面板中的图案拖曳到【新建色板】上。然后，双击图案副本，打开【图案选项】面板，进入图案编辑模式（PEM）。如果想使用自己的对象，请将其选中并选择【对象】>【图案】>【建立】。在图案编辑模式中，对设置做出的修改会自动更新，因此，当你调整副本的设置时，越是复杂的图稿，重复次数越多，计算机绘图的速度也就越慢。在图案编辑模式中打开已有图案时，会自动加载图案保存的【拼贴类型】。如果要创建新图案，默认的【拼贴类型】就是【网格】。通过调整拼贴边框的尺寸控制副本间的间隔，具体做法是，勾选【将拼贴调整为图稿大小】复选框，在【水平间距】和【垂直间距】文本框里输入具体数值；或者使用【图案拼贴工具】进行调整设置。选择【图案拼贴工具】后，用矩形锚点扩大（或缩小）副本间的间隔。要创建一个重叠，

1

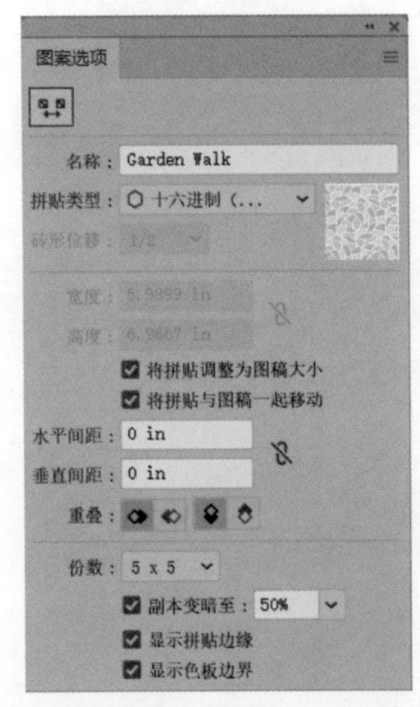

用【图案拼贴工具】(【图案选项】面板的左上角)，尝试不同的选项设置

用【图案拼贴工具】，通过网格布局来改变副本间的间隔

查看多个副本，取消勾选【副本变暗至】和【显示拼贴边缘】复选框

Garden Walk　+ 存储副本 ✓ 完成 ⊘ 取消

图案隔离栏显示图案的名称，将当前的效果保存到【色板】面板中，以及退出图案编辑模式

2

用【砖形（按行）】拼贴类型创建一个图案的偏移副本，使之与【拼贴类型工具】相适应，保持间隔

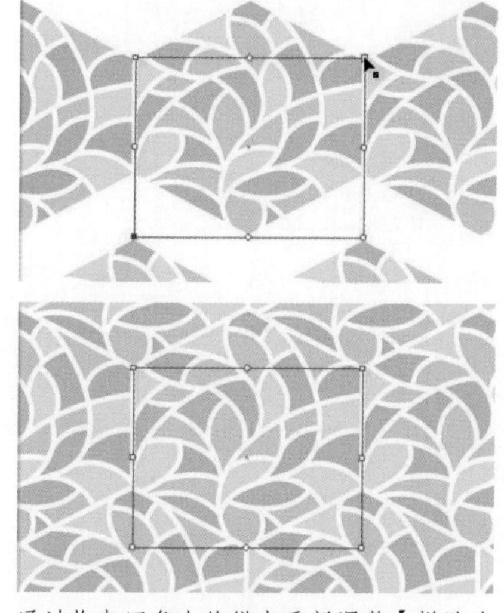

通过拖曳四角上的锚点重新调整【拼贴边缘】的大小，拖曳菱形控件可以固定间隔改变图案副本的偏移量

缩小拼贴边框，选择理想的重叠属性。随着对图案的改进，你可能需要缩小图案、暂时取消勾选【副本变暗至】和【显示拼贴边缘】复选框，以及增加副本数量。撤销/重做不仅在图案编辑模式中可用，还能帮我们退出图案编辑模式。单击【存储副本】以重命名图案。我们可以在任何情况下将当前图案保存为图形样式，但是，要创建各种变体，只能在图案编辑模式中。接着，就可以继续对图案进行编辑和操作了。如果想保存该版本为最终稿并退出图案编辑模式，需要单击【完成】。如果单击【取消】，就不会有任何修改保存到【色板】面板的原始图案中。

2 **试验图案偏移。**想尝试设置图案偏移量，可以待在图案编辑模式中或者重新选择一个新的副本。确保已经勾选【显示拼贴边缘】和【显示色板边界】复选框。任何在色板边界内、与之重叠或与之接触的对象都包含在图案中。如果想让拼贴的尺寸跟对象一样大，请勾选【将拼贴调整为图稿大小】复选框（如果该选项已启用，必须先将其禁用然后再启用）。

使用【十六进制（按行）】只需简单几步，就能让图案副本自然地跟原图案相适应，不过，我们也可以使用【砖形（按行）】并选择【1/2】的【砖形位移】控制每一个副本相对于其他副本的位置。【图案拼贴工具】激活时，可通过左右拖曳【拼贴边缘】的菱形控件调整【砖形位移】以保持固定的间隔。切换为【砖形（按行）】拼贴类型，选中锚点，然后使其垂直向下移动。你的图案应与【十六进制（按行）】拼贴的结果匹配。

用【图案拼贴工具】拖曳一个角时，按住Option/Alt键可以对称地调整相对两侧的间距。按住Shift键将间距框限制为正方形。禁用该工具以在拼贴间距框中缩放对象，或使用矢量工具编辑艺术作品和对象。

图案的分层

在图案编辑模式中构建深度和复杂度

高级技巧

摘要：设计图案的基本元素，然后进入图案编辑模式；设置拼贴的宽度和高度；选择一种拼贴类型；定位图案元素，尝试不同的色板边界设置；变换细节以强化深度。

在创建图案的过程中，Illustrator的图案编辑模式（PEM）简化了元素的替换过程。尽管大型图案会降低计算机的运行速度，但是得到的效果确实非常不错。

1 **从基本元素开始创建图案拼贴。**在创建图案之前，绘制出主要的元素，创建一个颜色编组，并确定尺寸以及拼贴类型（在本例中拼贴类型为【网格】）。选定艺术对象后，进入图案编辑模式，选择【对象】>【图案】>【建立】，然后进入【图案选项】面板，手动输入【宽度】和【高度】的参数值。用移动工具调整每朵花的位置，使其与色板边界重叠。

提前准备：绘制对象、创建颜色组以及设置图案拼贴的大小

图案元素是全彩色的，副本部分变暗至50%，色板边界/平铺边缘已标出

2

在原始对象的上方和下方添加图层，元素经过了变形和重新着色

2 **用色板边界设计图案。**只要在图案编辑模式中，就可以自由地用整个画布来设计新元素，重新规划图案。但是，由于色板边界定义了真实图案的参数，图案只会由接触到色板边界或位于色板边界内部的对象组成。被色板边界包含的对象，如果与边缘重叠或接触，就会自动出现在图案副本的相反象限。例如，在色板边界外部（但是仍然接触）放置一朵墨绿色的鲜花时，它就被包括在图案中；只要将【份数】设置为【1×1】以上，就可以预览对象在图案中复制后的效果。

3

图层

<图层 1>
<图层 2>
<图层 3>
<图层 4>
<图层 5>
<图层 6>
<图层 7>
<图层 8>
<图层 9>
<图层 10>

图层堆叠的底部显示如何创建深度；在上层图层中合并了更多的细节，越深入图层堆叠的底部，细节越少

请注意，如果版式使用的是【砖形】或【十六进制】（而不是【网格】），那么更改偏移或偏移类型（按行或按列）可能会导致色板边界变大或缩小。如果艺术对象之前在色板边界的外部，那么它现在可能就会在图案内部，反之亦然。此外，当在图案编辑模式中创建图稿时，任何图案样本中未包含的对象都将被删除；如果想保留没有包含在图案中的对象，请在退出图案编辑模式前将对象复制到剪贴板，然后将其粘贴到一个新文件中。

3 **添加新的对象。**进入图案编辑模式，对这朵花进行复制、变形以及着色。通过将一些鲜花前后重叠、缩放以及改变艺术对象，显示较少的细节并将其放到堆叠对象后面，强化深度效果。混合几只蝴蝶，在最底部添加浅色方框，该方框没有用描边来掩盖图案中的间隙，这样得到的效果更简单、自然。在【图案选项】面板中为图案命名，然后单击【完成】，将图案保存到【色板】面板。之后，使用【重新着色图稿】对话框来创建变体。

显示出色板边界的最终稿

在路径中捆绑

为形状应用蒙版和路径查找器

高级技巧

摘要：创建并组织图层，置入一张扫描的草图，然后绘制形状；绘制绳子的路径，将描边转换为轮廓，羽化填色，并绘制蒙版；制作复合路径，然后复制并更改其形状。

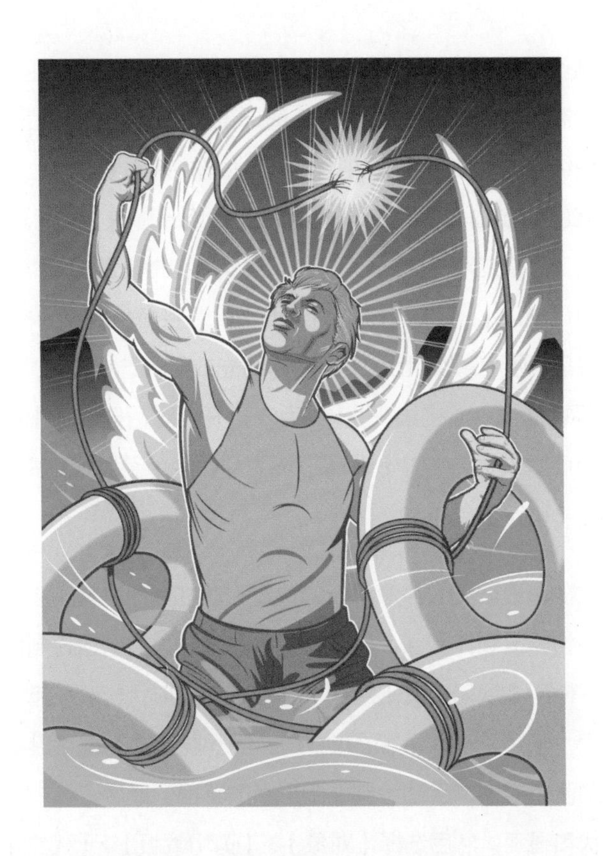

设计师使用图层、蒙版和路径查找器等工具创建了这份图稿。

1 扫描草图，组织图层和绘制形状。首先绘制一张铅笔素描图，扫描后，置入Illustrator的模板图层。

设计需要图层的帮助，因为只有这样才能让救生圈和绳索等艺术对象出现在其他艺术对象的前面或后面。依照视觉上的层次感，在【图层】面板中创建图层。为了勾勒出人物的轮廓，跟其他的部分形成对比，先创建人物的蓝色轮廓，然后是白色轮廓。为此，复制头部和身体的对象，选择【编辑】>【贴在前面】，再单击【路径查找器】面板中的【合并】。给这个新形状添加蓝色描边和填色后复制形状，然后选择【编辑】>【贴在后面】，再给复制得到的轮廓设置白色填充和一个更宽的白色描边。

1

根据一张照片绘制的素描图

管理图层所用的【图层】面板

2 **制作绳索并进行蒙版。**分段创建绳索，在救生圈和手之间绘制一些路径。使用【直接选择工具】调整路径的方向，使绳索的弯曲效果更加平滑。在为选中的绳索路径添加深蓝色的描边和浅色的填色时，先将路径修改为4pt（磅）的深蓝色描边。接下来，选择【对象】>【路径】>【轮廓化描边】，将描边修改为1pt（磅），将填色更改为橙色。最后，要在绳索上添加微妙的高光效果，选择【效果】>【风格化】>【内发光】，然后在打开的对话框中将【不透明度】设为24%，【模糊】设为0.03in（英寸），然后单击【确定】。

2

（左）用作两段绳索的路径；（右）选择【对象】>【路径】>【轮廓化描边】，用橙色填充，并为填色应用【内发光】效果

用绿色描边路径绘制的蒙版

内发光

模式（M）：正常

不透明度（O）：24%

模糊（B）：0.03 in

中心（C） 边缘（E）

【内发光】对话框

在绳索被其他对象切断的位置，通过其他对象的描边边缘来为绳索制作蒙版。为了给绳索和拳头连接的地方制作蒙版，使用【钢笔工具】绘制一个形状，该形状松散地包围了绳索（除了被拳头截断的地方）。至于截断的区域，沿着拳头的蓝色描边，手动绘制蒙版形状的路径。最后，选中蒙版形状和绳索，然后选择【对象】>【剪切蒙版】>【建立】。

3 **绘制救生圈。**在制作挂在人物左手臂上的救生圈时，为救生圈的外边缘绘制一条黄色填充的路径，为中间的圆圈绘制另一条路径。选中两条路径对象，然后选择【对象】>【复合路径】>【建立】。为了形成阴影效果，复制复合路径，选择【编辑】>【贴在前面】，然后用深黄色填充此副本。在保持副本仍然被选中的情况下，用【剪刀工具】在外边缘的右侧将副本剪切成两段，然后选中并删除复合路径的左外边缘。接下来，用【钢笔工具】重新绘制两个开放点之间的阴影路径。完成路径的绘制后，用深黄色填充，然后选择【效果】>【风格化】>【羽化】，在打开的对话框中将羽化的【半径】设置为0.05in（英寸），然后单击【确定】。绘制高光形状并在其前面粘贴另一个救生圈的副本，将其填色更改为【无】，修改描边颜色为深蓝色，完成图稿的制作。

3

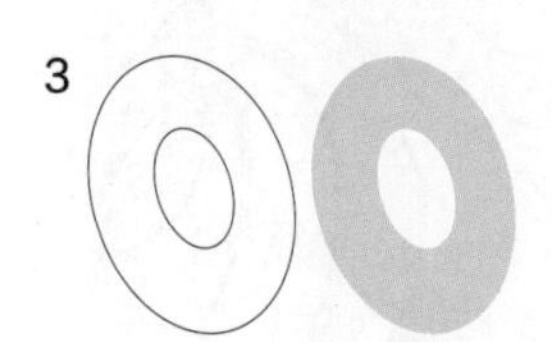

（左）绘制的复合路径和（右）填充黄色后的复合路径

（左）复合路径的副本，贴在黄色救生圈的前面；（中）右侧被剪切了的复合路径；（右）用深黄色填充后的最终形状

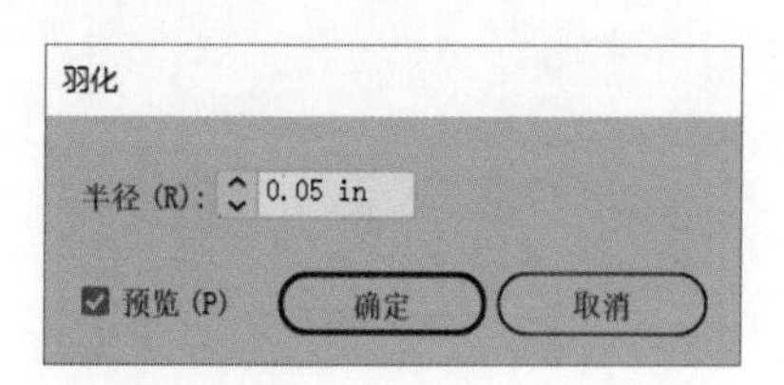

添加羽化效果

添加高光效果

用透明度创建高光效果

高级技巧

摘要：用【混合工具】在细胞对象的内部创建高光效果；将它们堆叠在一起，并降低不透明度；为其他对象创建带有渐变的高光效果，并降低不透明度；创建明亮的光晕效果。

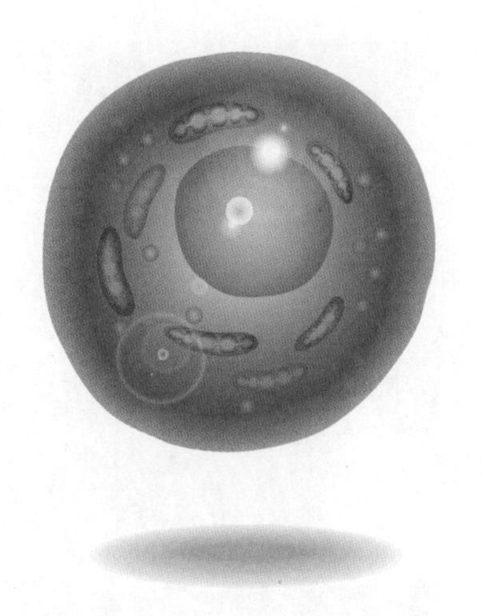

为混合后的对象或渐变填充的对象添加透明度，或者降低光晕下层对象的透明度，对于构建真实的高光效果具有很大的帮助作用。

1 **用多种技术混合颜色以模拟自然的高光效果。**在构建线粒体（粉紫色的对象）时，使用【混合工具】创建了两个原始的形状，一个颜色非常浅，另一个是局部颜色。通过将两种颜色平滑地混合，创建出柔和的高光效果。接下来，将一个混合对象堆叠在另一个对象上，并降低各自的不透明度，让它们看起来像是细胞的一部分。但是，为制作细胞里的小气泡（溶酶体）和细胞核，需要用简单的径向渐变进行填充。调整渐变色标，就可以让高光区域变大或变小，让高光边缘锐利或羽化，然后调整不透明度以将这些对象混合到细胞中。

2 **用【光晕工具】形成最强的高光效果。**没有什么能像镜头光晕那样表现强大的光源，但是在透明背景上应用【光晕工具】，创建出的光晕比较灰暗。一个简单的解决方案就是在所有对象后面绘制实色的白色矩形，至少要跟光晕一样大。光晕延伸到细胞外的部分会变成白色，完全消失在背景中。

1

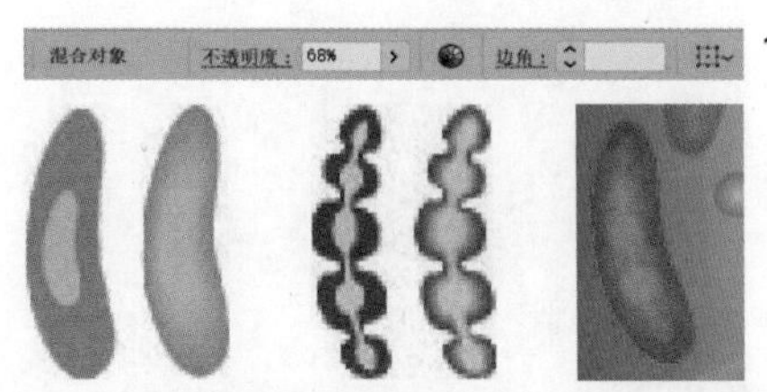

通过混合浅色对象和深色相同形状的对象，创建出用于表示高光效果的对象，调整透明度以进一步将高光对象（线粒体）与周围环境融合起来

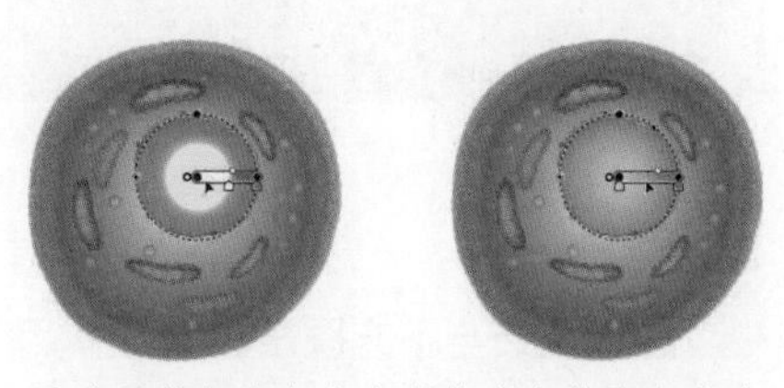

通过调整径向渐变来调整高光的大小和边缘，而透明度设置则会影响与其他对象的最终混合效果

2

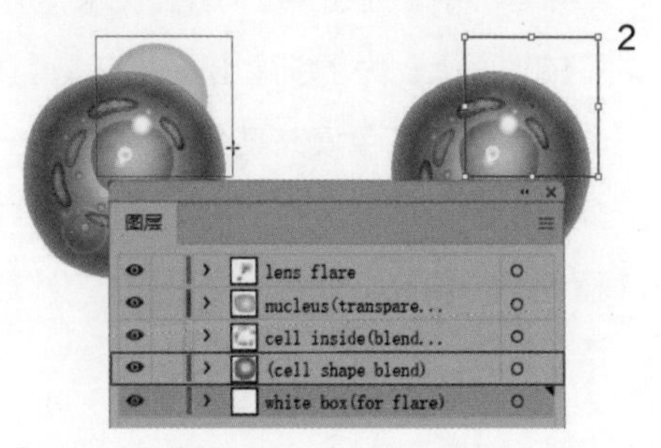

【光晕工具】需要一个不透明的背景，才能达到最大的光亮效果

设计案例

通过调节与下方图层起交互作用的混合模式，可以创建出透明的效果，并且系统会根据所使用的混合模式类型来形成新的颜色。在这个热带森林中，光线穿过树叶和花朵，落在白鸟脚下的地面上。为了创建出随机的、重叠的图案，先用实色的蓝色填充某个图层中的一个大型对象。在给上层图层中的阴影绘制了路径后，用蓝色进行填充，并且将混合模式设置为【正片叠底】。如果阴影的颜色太暗，就要降低图层的不透明度以增加阴影图层的透明度。至于三趾树懒下方的阴影，也采用相同的处理方式。

月光效果

用透明度制作发光和高光效果

高级技巧

摘要：为圆形对象创建带有透明度的径向渐变，用【混合工具】给对象的副本创建一个带透明度的圆形或椭圆形混合，为非圆形对象创建发光和高光效果。

由于图稿中发光的月亮是圆形的，因此可以通过径向渐变或混合来创建月亮。创建与背景层次分明的渐变或混合的关键在于给接触背景的对象边缘应用透明度。

1 **基于径向渐变创建发光效果。**选中对象后，用【渐变工具】单击，即可将对象填充为上一次设置的渐变或者默认的渐变。如有需要，还可以在【渐变】面板中将【类型】更改为【径向渐变】。在【渐变】面板中或借助【渐变批注者】，双击各个色标，并为它们设置相同的颜色。将代表外边缘的色标的不透明度降低到0%；向内拖曳另一侧的色标，扩大对象的实色部分，并调整这两个色标之间的渐变滑块（渐变条顶部的菱形），以创建羽化（或发光）效果。

1

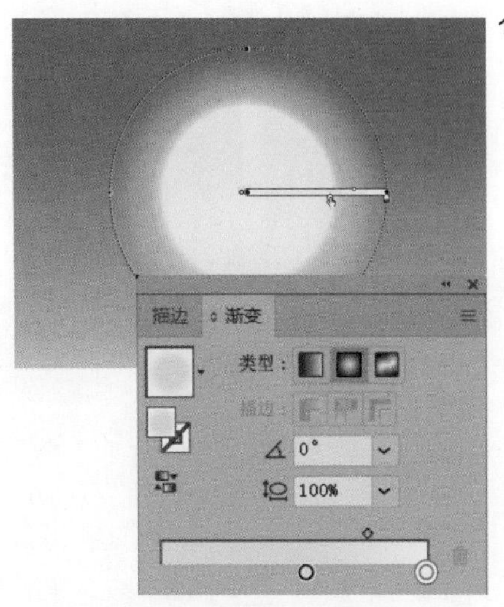

（上）通过带有【渐变批注者】的【渐变工具】，（下）使用【渐变】面板来创建带有透明度的渐变

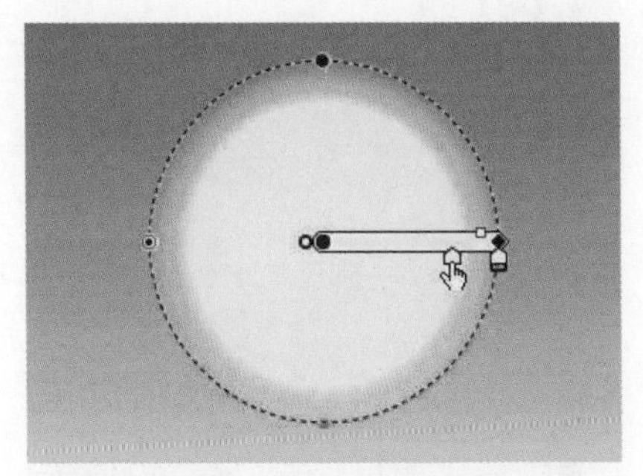

将内部对象的色标向透明度色标方向拖曳，使对象变大；拖曳菱形可以更改发光区域的大小

2

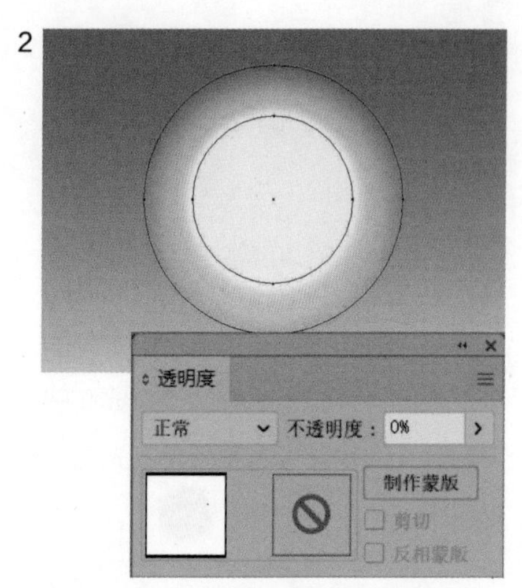

创建两个圆形之间的混合效果，将其中一个圆形的【不透明度】设置为0%

2 **通过对象混合，为圆形对象创建发光效果。**将【填色】设为浅黄色，【描边】设置为【无】，然后绘制一个圆。启用智能参考线（在【视图】菜单里启用），将鼠标指针移到圆圈中心，按住Opt/Alt+Shift键的同时拖曳鼠标指针得到一个较小的新圆圈。将大圆圈的【不透明度】设置为0%。同时选中两个圆圈，选择【对象】>【混合】>【建立】（快捷键Cmd+Opt+B/Ctrl+Alt+B）；然后双击工具栏中的【混合工具】，在打开的对话框里调整步数。在此示例中，步数在20~30就能看到非常明亮的月亮。

3

创建第二个对象：选择偏移路径（左上），然后选择【对象】>【混合】>【建立】；默认的【平滑颜色】不会创建出发光效果（右上），但是更改为【指定的步数】会创建出发光效果（下）

3 **用非圆形的对象制作混合，塑造出发光的效果。**当没有圆形或椭圆形路径时，只有混合才能围绕对象均匀地塑造发光的形状。为了让发光的对象可以放置在任意背景上，我们将继续使用透明度来创建发光效果。创建第一个对象，也就是浅黄色填充、无描边的新月。很多非对称形状都难以相对于其原始的边界进行缩放，因此在选中对象后，选择【对象】>【路径】>【偏移路径】。在打开的对话框中，勾选【预览】复选框，设置【位移】为负值，得到一个较小的对象。选中较大的那个对象，然后在【透明度】面板中将【不透明度】设置为0%。现在，选中两条路径，选择【对象】>【混合】>【建立】。如果当前没有使用【指定的步数】或者【指定的距离】的【间距】来创建混合，那么Illustrator可能会使用【平滑颜色】。【平滑颜色】不会创建出发光效果，但是会给新月的内边缘添加一个颜色更浅的光环。如果要创建发光效果，双击【混合工具】以打开【混合选项】对话框，将【间距】设置为【指定的步数】。25步左右创建出的发光效果就很合适。如有必要，调整偏移、路径边缘等参数，直到混合变得平滑且带有发光效果为止。

用带有一个不透明对象和一个透明对象的塑形混合创建高光

这种塑形混合的方式可以用来为任何对象制作任何形状和尺寸的高光。通过将高光创建为单独的对象，我们可以在不需要重新构建对象和混合的前提下，更改对象的颜色。

设计案例

商店里停放了很多辆定制的摩托车，找到合适的拍摄位置是一项艰巨的任务。拍摄好照片后，在Illustrator中打开，用【钢笔工具】绘制细节，用【路径查找器】面板里的【分割】创建代表摩托车及其反射出细微差别的区域。一次只处理一个部分，先从细节较少的区域开始，大致完成后，再进入下一个区域。为了方便处理细节，通常会将作品放大到300%（很少超过300%）。这样设计师就能注意到自己正在操作的区域是如何影响整体图像的。最初，颜色取自照片本身，但是设计师没有完全依赖照片创建最精确、最令人满意的色调。他用艺术家的眼光调整颜色，直到得到满意的色调和色值。设计师故意在轮廓视图中留出一部分，这样观看者就会意识到他们看到的仍然是一张图而非照片。

设计案例

设计师喜欢先绘制照片上包含一个大型对象的区域（例如邮箱或大管子）。在一个包含了原始照片的模板图层里，他先用【钢笔工具】绘制出大型对象的轮廓。然后为每个区域绘制路径，而色值就会在对象中发生变化。选中路径后，单击【路径查找器】面板中的【分割】。接着，重复上述操作，直到有足够多的形状来定义对象为止。绘制这样的摩托车可是一项不小的挑战，因为整体颜色只有一些细微的变化。

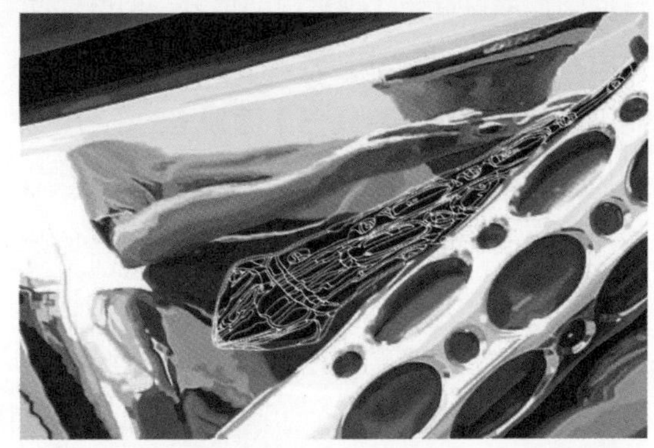

使用从【色板】面板中挑选出来的颜色为每个单独的对象自定义颜色。

蒙版图像

由浅入深的蒙版图像

高级技巧

摘要：创建剪切蒙版，将对象集合起来并排序以方便剪切，用蒙版剪切对象，定位蒙版对象，画龙点睛。

这种自定义的冲浪板设计是由蒙版内部的蒙版组成的。

1 **将剪切蒙版插入木材纹理中。**在一个新文档中，双击图层名称以进行自定义操作。使用【钢笔工具】绘制出冲浪板的轮廓，然后将其用作新冲浪板设计的剪切路径。为了给冲浪板添加木材纹理，选择【文件】>【置入】，在文档中置入一张轻质木板图像（不能勾选【模板】复选框）。选中图像后，选择【对象】>【排列】>【置于底层】，将该图层移动到堆叠顺序的底层，从而使冲浪板的轮廓成为最上层的对象。调整完路径和木板后，接着选中这两个对象，然后选择【对象】>【剪切蒙版】>【建立】（快捷键Ctrl/Cmd+7）；该操作将图像剪切到路径中，从而制作出木质冲浪板的效果。

2 **创建复杂的（复合）剪切蒙版。**准备好冲浪板后，由于图标还有其他用途，因此需要在一个单独的文档中创建该图标，使用了【钢笔工具】【路径查找器】面板以及【文字工具】。把图标本身作为一个剪切蒙版，用蓝色的水下图像“填充”该图标。最初设计的图标包括两个单独的路径和类型，并且最初都应用了黑色的描边，但是没有进行填充处理，所以在操作的过程中能看到自己设计的效果。一个蒙版只能有一个路径被用作剪切路径，因此，如果有很多元素（如类型和图标对象），首先要将这些元素合并到一个复合路径或复合形状中。绘制文字的轮廓之后，做进一步调整；为了让左右的字母和图标作为一个蒙版整体，需要将它们合并到一个复合路径中，具体做法是，选择【对象】>【复合路径】>【建立】（快捷键Cmd/Ctrl+8）。或者，如果你正在对激活的文字进行操作，通过选择【路

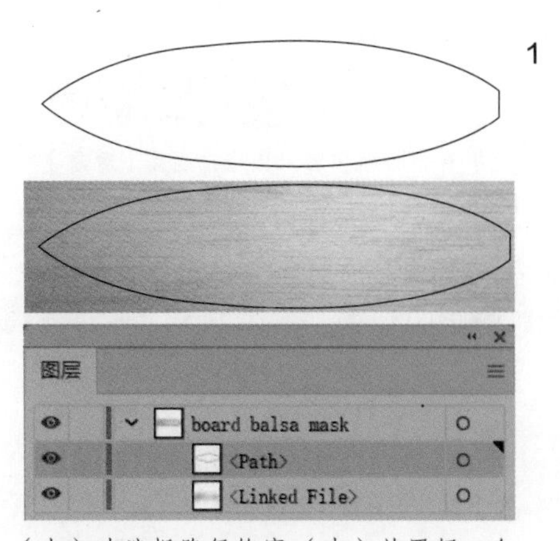

（上）冲浪板路径轮廓；（中）放置好一个轻质木材图像后，路径被移动到图像上面；（下）在创建剪切蒙版前，【图层】面板中两个对象的堆叠顺序

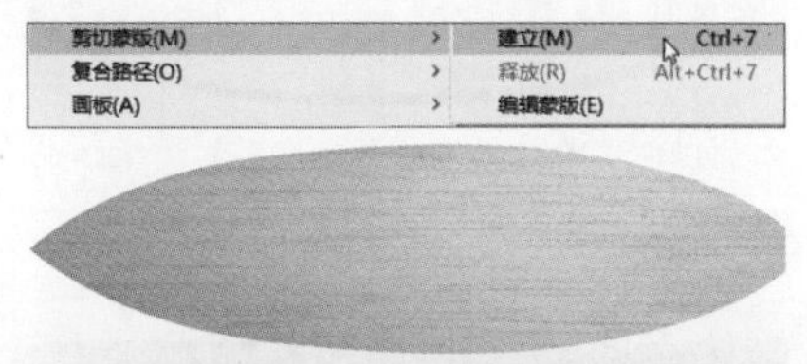

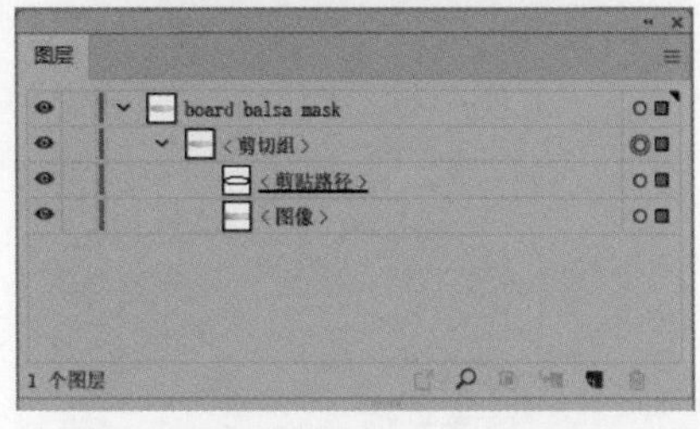

（上和中）选择【对象】>【剪切蒙版】>【建立】，将顶部的路径变成一条剪切路径；（下）【图层】面板里显示了冲浪板的剪切路径，蒙版在链接文件上，即JPG格式的木板图像上

2

选中图标的所有部分，选择【对象】>【复合路径】>【建立】，创建一个单一复合对象作为路径

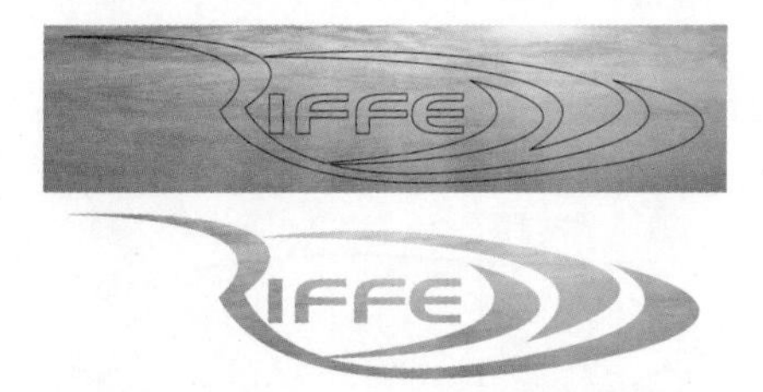

选中复合图标和置入图像，选择【对象】>【剪切蒙版】>【建立】，创建蒙版

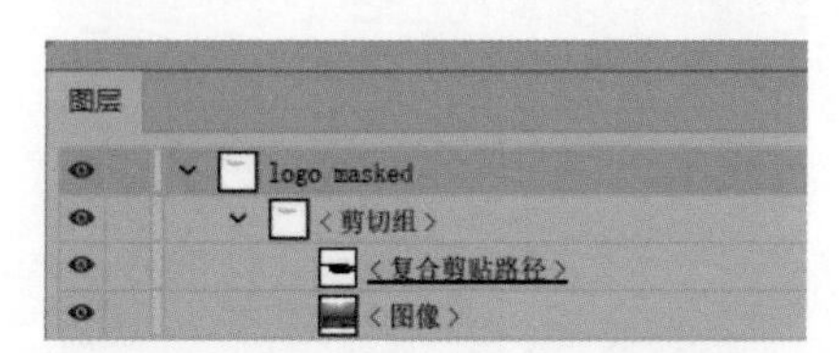

在【图层】面板中，应用剪切蒙版后出现了对象剪切编组，而【复合剪切路径】图标在水下图像【图像】上方

3

添加白色线条并将木纹渐变应用到边缘路径后冲浪板的轮廓

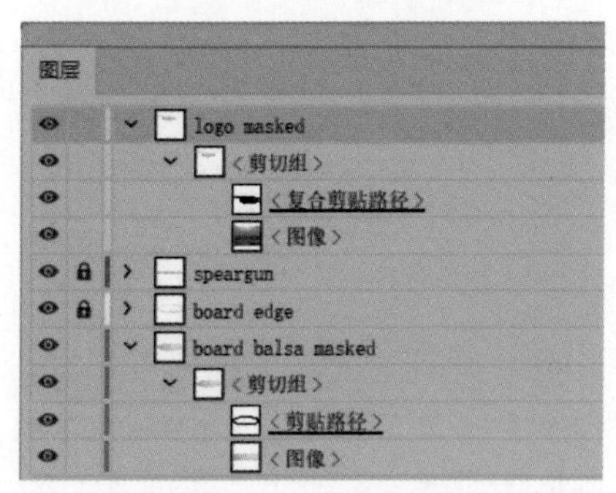

设计完成时，在最后的图层中显示出了扩展的蒙版图层

径查找器】面板扩展菜单中的【建立复合形状】，将图标设计元素和文字合并到一个复合形状中。

准备好这个复杂的复合路径后，放置JPG格式的水下图像。接着，用【图层】面板在置入的图像上方定位图标路径。然后，选中图标和图像，按快捷键Cmd/Ctrl+7，将全部图标对象移动到剪切编组中，将该图层重命名为“logo masked”。

3 **集合对象，画龙点睛。**为了添加一些最后的细节，创建另外两个图层。在一个图层上（“鱼枪”）添加额外的文字；在冲浪板边缘图层中，复制冲浪板轮廓路径的一个副本（按住Opt/Alt键的同时，将对象副本拖曳到一个新图层），然后增加描边的宽度。将木纹渐变应用到描边上：单击【“色板库”菜单】，选择【渐变】。利用【渐变】面板在冲浪板周围创建有明暗变化的边缘效果。启用第一个描边选项（【在描边中应用渐变】），并调整位于下面的【角度】设置，从而创建出理想的光线效果。最后，在冲浪板边缘轮廓依然处于被选中的状态下，选择【内部绘图】绘制模式来锁定图画，然后在冲浪板表面用【炭笔】艺术画笔绘制出白色的线条：选择【窗口】>【画笔库】>【艺术效果】>【艺术效果_粉笔炭笔铅笔】。

最后，在【图层】面板的扩展菜单中勾选【粘贴时记住图层】复选框。由于两个文档均处于打开状态，因此通过拖曳将图标移动到冲浪板文档中，同时图层的名称也自动添加了进去。将图标定位到冲浪板的顶层，然后重新把它调整到合适的尺寸。

设计案例

这些纸质玩具就像是小雕塑，在设计时也需要考虑各个方面。空白的模板通过在Illustrator图层文件中附加一些单独、简单的矢量对象创建出来。如果想将艺术对象插入模板，可以用图案填充每个对象，具体方法是，用【内部绘图】模式在选定的对象内绘制；或者将每个路径作为一个单独的剪切路径，对任何内部的对象（或图像）应用蒙版。可视化的过程会有一点复杂，因此需要打印出小样，然后将其合并，确保内部的艺术对象定位准确。

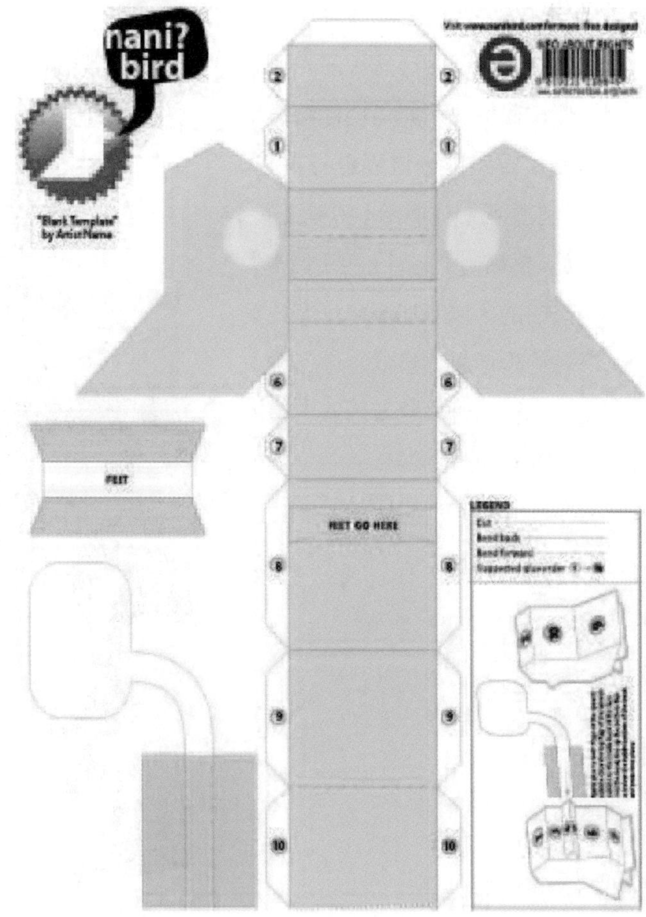

设计案例

这里的斑马纸质玩具和前一页的案例类似，在解决了如何创作纸斑马的问题后，要对这一过程进行解构，并且设计出图纸。先使用【铅笔工具】绘制模板，然后用【实时上色工具】为线条间空白的区域添加颜色。完成第一个斑马的设计后，尝试制作各种斑马的变体：有的斑马吐着舌头，有的斑马露出整齐的牙齿微笑。

不透明蒙版

平滑过渡和混合对象

高级技巧

摘要：用单一对象不透明度蒙版创建平滑过渡，用复杂的多个对象不透明度蒙版将对象混合在一起。

这份如此逼真的梦幻王国图稿，主要应用了对象间的相互作用、对对象深度的创建以及以假乱真的矢量边缘效果。设计师借助不透明蒙版来重叠对象，在阴影和高光或透明和不透明之间平滑过渡。跟通过剪切以创建对象混合的错觉不同，不透明蒙版能保证对象的完整性，方便以后继续调整。每当需要进行对象间复杂的相互作用或实现平滑过渡时，不透明蒙版比剪切蒙版更容易被构建，操作起来也更简单。

1 **用阴影蒙版实现平滑过渡。**为了营造出小动物的头在卷须管内的假象，在颈部添加一个经过羽化处理的椭圆，表示脖子会渐渐消失在卷须的洞里。为了达到这种效果，在颈部的上方绘制了一个黑色的椭圆，并对其做羽化处理：选择【效果】>【风格化】>【羽化】。头部是由【剪切编组】中包含的多个对象组成的。为了将不透明蒙版添加到头部，找到【图层】面板中的【剪切编组】，按住Shift键

1

（左）头部与空心的卷须重叠；（中）用羽化效果添加一个椭圆；（下）按住Shift键的同时选中头部剪切编组和椭圆区域，单击【制作蒙版】

最后完成的小生物和卷须效果（包括罐子里跟卷须混合后经过羽化处理的椭圆）

并选中羽化后的椭圆。打开【透明度】面板，在面板扩展菜单中取消勾选【新建不透明蒙版为剪切蒙版】复选框，这样所有新建的蒙版都将变为纯白色（全部显示）。然后，单击【制作蒙版】，将顶部的对象（经过羽化后的黑色椭圆）转换成小生物头部剪切编组的不透明蒙版。

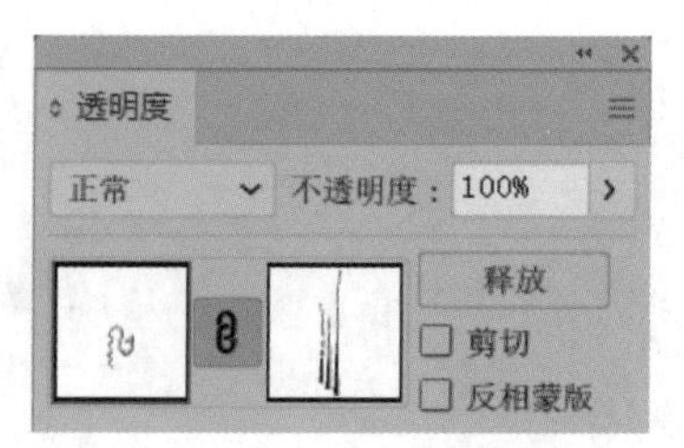

2

根据默认设置，【透明度】面板的扩展菜单中没有勾选【新建不透明蒙版为剪切蒙版】复选框，这样可以将隐藏（黑色）的对象粘贴到蒙版中

2 **对多个对象进行蒙版。**分别绘制蛇和棕榈叶。每个对象都很复杂，每个对象都包含在一个剪切编组中，并且有一条单一的剪切路径定义其轮廓。为了营造蛇在树上蜿蜒盘旋的效果，要修改树林轮廓的副本，为蛇创建一个不透明蒙版。单击【制作蒙版】只会将上层的树转变成蒙版，因此需要手动创建蒙版。为此，设计师选中了3条剪切路径，这些路径用于定义树的轮廓，然后在按住Shift键的同时用【编组选择工具】单击每条剪切路径；或者在按住Shift键的同时单击【图层】面板中的每一条剪切路径，将它们复制到剪贴板中。用【选择工具】选中蛇的剪切编组（也能在【图层】面板里找到），打开【透明度】面板，然后双击空的蒙版缩览图，进入蛇的剪切编组的“不透明蒙版模式”（在蒙版缩览图周围可以看见一条粗线，在【图层】面板中可以看见不透明蒙版）。接着，使用【贴在前面】（快捷键Cmd/Ctrl+F）粘贴树木的副本，使其完美对齐；再单击黑色色板以填充半透明的轮廓。现在，蛇已经完全出现在树的后面了，只需用【橡皮擦工具】擦除希望出现在树前面的部分即可。蒙版完成后，单击图像缩览图以退出“不透明蒙版模式”。

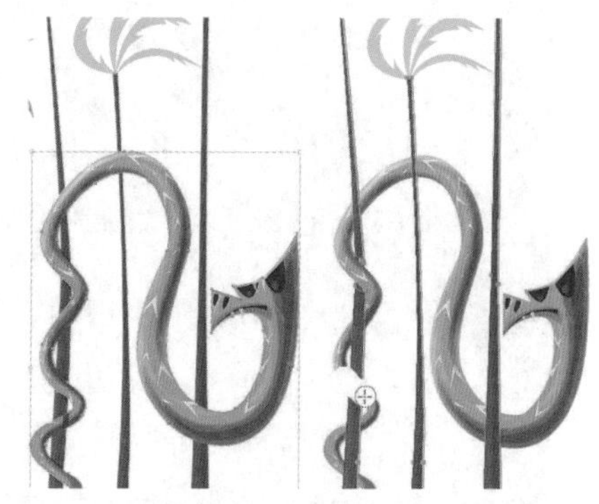

（左）蛇和棕榈叶都在蒙版前；（右）蛇和棕榈叶剪切路径的副本被粘贴到不透明蒙版中，一部分蒙版被擦掉了

擦掉蒙版后，蛇就像在棕榈树树干上蜿蜒扭动一样。之后在蛇的剪切编组上添加棕榈树的阴影

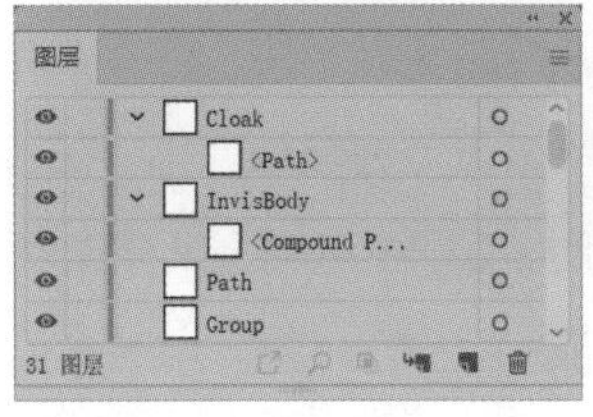

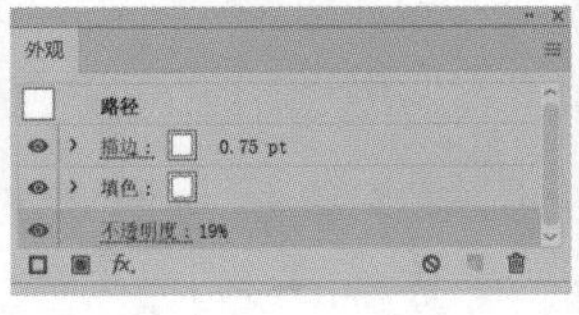

设计案例

在绘制这份图稿时，设计师先在Illustrator中综合应用了混合、渐变和透明度，然后在Photoshop中用模糊、画笔并调整图层来增强效果。使用透明度将斗篷和身体部分渲染成半透明，在Illustrator中用白色的填色和描边以及19%的不透明度创建了“隐身斗篷”，然后将该斗篷复制到一个顶部的新图层中。通过提前计划，将斗篷的可视性降低到0，但保持轮廓可见。设计师在其中一个版本中，将身体设置为完全不可见，但对于最终版本，他还是保留了一点不透明度。

设计案例

设计师利用Illustrator为自己的图书设计封面插图。这个项目分为3个部分：书的封面、iPad和空白页。首先，绘制一台非常逼真的iPad，然后将其变为一个普通的平板电脑。创建iPad的前视图，在其中置入电子书页面的JPG图像，并将其裁剪为适合平板电脑屏幕的尺寸。为了使图像变形并将其沿着iPad的斜角放置，同时选中了斜面和页面对象，然后选择【对象】>【封套扭曲】>【用网格建立】。选择一行和一列，将网格变成可以继续修改的变形边框，当然也可以不变形（在Illustrator中很罕见）。要编辑或替换封套中的元素，请在【图层】面板中将对象移动到封套上方以删除效果（一次性全部移动将删除网格），或者将元素拖曳到封套编组中，应用（或重新应用）效果。隔离模式可以使设计师更轻松地将注意力集中在封套对象上。制作封面时，也要特别注意细节。再次选中所有要放置到封面上的对象，用封套网格扭曲对象。为了制作页面，绘制对立的、有渐变填充的多边形，再添加上细的白色填充的形状来代表页面边缘。这一切都构建好后，还要自定义阴影，方法是绘制两条路径（一条白色，一条深灰色），选择【对象】>【混合】>【建立】，然后对混合应用【正片叠底】混合模式。

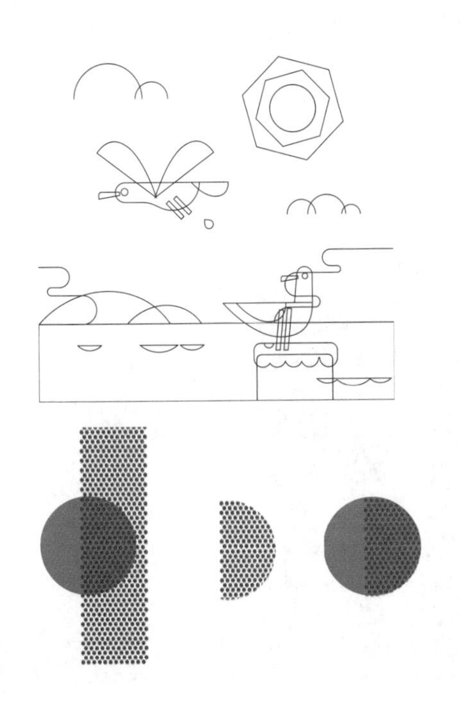

设计案例

为了给清晰的矢量对象增添一丝温暖，设计师经常会添加一些纹理。有的纹理是扫描而成的，有的纹理是通过不断复制Illustrator对象创建的。一旦考虑好要在何处以何种方式添加纹理，就要使用不透明蒙版或剪切蒙版来应用对应的纹理。

通常以柔和、有限的调色板开始，主要借助【矩形工具】【椭圆工具】以及【多边形工具】构建基础，然后用【直接选择工具】选择要删除或移动的点，创建一些开放的对象并对一些对象进行拉伸处理，通常是在180°、90°或45°的轴上移动。尽管有时候会使用【路径查找器】面板里的【联集】来整合对象，但更多的情况下，设计师会将对象分开（例如构成云彩的半椭圆），以便对定位进行微调。将主要元素都放置到位后，添加纹理元素，并且将这些元素保存在单独的文件中以备再次使用。在这个设计里，设计师使用了很多重复的点状图案。在按住Opt/Alt键的同时按住鼠标左键拖曳复制，再按快捷键Cmd/Ctrl+D进行复制，将一个点变成一排点，然后对这一排点进行偏移，经过复制最后得到一片点状区域。在有点出现的圆中（左上图），选择位于下方的蒙版对象，然后选择【对象】>【剪切蒙版】>【建立】。蒙版对象的填充消失了，但通过【直接选择工具】（或【图层】面板中的剪切路径），可以重新应用填充。

设计案例

在这张公交站台的图像中，通过仔细观察并参考照片，设计师用填充路径和【钢笔工具】精确地绘制出了大部分的细节。但是，有的设计需要用到Illustrator更强大的功能，例如混合、渐变和剪切蒙版。为了绘制中间的铁栏杆（见上图），设计师画了一个垂直的圆柱，然后进行复制，按住Shift键的同时将圆柱拖到另一侧。同时选中这两个对象，双击【混合工具】，在弹出的【混合选项】对话框中设置【指定的步数】为50，设置【取向】为【对齐页面】。选中对象后，选择【对象】>【混合】>【建立】。先用线性渐变处理乘客脚下的阴影。然后在【外观】面板中选择填充，单击【添加新效果】后，选择【模糊】>【高斯模糊】。至于其他阴影，用渐变填充对象，然后降低不透明度并更改混合模式，例如【叠加】或【正片叠底】。

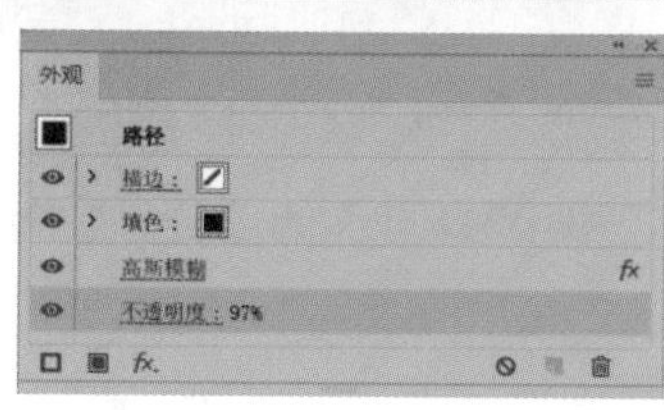

设计案例

优秀的设计师能辨别出照片中色彩细微变化的眼睛，通过填充路径的图层将照片转换成醒目的图像。先将原始照片置入底部的一个图层中，方便在上面的图层中进行描摹。一次只处理很小的一块区域，例如右图中狗的眼睛。使用【钢笔工具】来绘制路径（无填充，黑色描边），并描摹照片中的主要色彩区域。先选择最深的颜色（深蓝色或黑色），然后在另一个图层中使用逐渐变浅的颜色（浅蓝色、浅红色、浅灰色等）来绘制对象。继续创建路径图层，直到该区域被完全覆盖。当绘制完所有的路径后，开始为其填充颜色。选择【吸管工具】，按住Cmd/Ctrl键切换到【直接选择工具】，选中要着色的对象，然后释放Cmd/Ctrl键切换回【吸管工具】，从照片中拾取一种颜色。就这样，在【直接选择工具】和【吸管工具】之间来回切换，直到所有的路径都完成了填充。如果对颜色不满意，可使用【颜色】面板中的吸管来调整颜色。在为所有的路径完成着色后，隐藏模版图层。图稿中有白色的小缝隙，说明这些缝隙处的路径没有恰当地接合或重叠。为了填补这些空白，设计师制作一个大的、深色填充的对象来覆盖整个区域，并且将该对象放置到最下面的图层中。

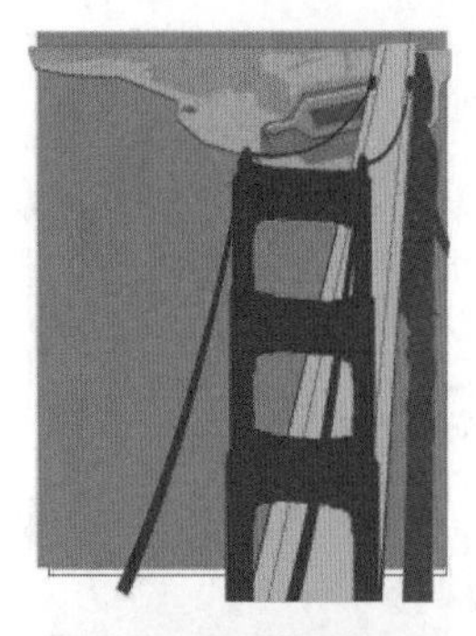

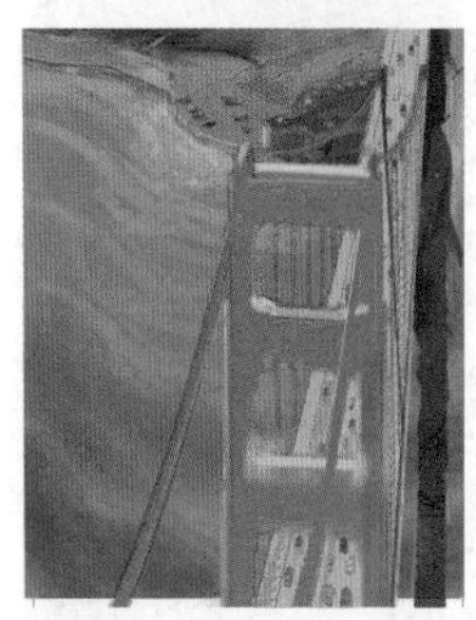

设计案例

设计师在绘制封面插图时，用毛刷画笔营造雾气和层次感，用斑点画笔绘制细节部分。先用各种工具绘制主要的组件布局图，然后用【钢笔工具】绘制大桥上的缆线和道路，用【宽度工具】修改描边。接着，用毛刷画笔库中的各种画笔在水面和桥梁上绘制，尤其是鹿脚形、猫舌、圆顶和扇形等毛刷画笔。为了将画笔描边限制在各个主要元素的内部，选中一个基本对象后切换到【内部绘图】模式。为了添加纹理，还要使用艺术效果画笔库和颓废画笔矢量包画笔库中的画笔。使用【斑点画笔工具】绘制路面上的车辆和行人，然后对其进行复制并重新着色。选择色调较暗的色板，并通过降低画笔描边的不透明度为描边分层，甚至改变混合模式（单击【控制】面板中的【不透明度】链接进行修改），在作品中添加雾气效果和更强烈的立体感。

设计案例

要创建这种云头花纹图案，先用【钢笔工具】描摹手绘草稿的扫描图。所有对象都描摹完后，对曲线的端点进行一些微调（统一调整），以避免出现太尖锐的端点。虽说可以通过实时转角将已选对象的所有转角都转换为曲线，但这种方法会导致曲线之间以及转角末端的折痕也随之圆化。所以，只给向外卷曲的曲线端点应用实时转角半径，以此来保留曲线间的尖锐折痕。具体做法是，用【直接选择工具】框选每个要改动的点（按住Shift键可一次性选中多个点），然后在【控制】面板中单击【边角】，设置【半径】的参数值为0.7pt，慢慢圆化每条曲线的末端。带紫红色描边的原始尖角曲线图，经圆角化处理的曲线末端用紫红色填充。选择所有元素后，选择【对象】>【图案】>【建立】，进入图案编辑模式。在这里，调整图案拼贴的位置，满意后单击【确定】。

设计案例

在花纹图案的基础上继续对该图案进行分层处理，创建出变体。将分层图案添加到一组自定义填充色后，拖曳第一层图案的色板到【色板】面板中的【新建色板】上，复制第一层图案。然后，双击该副本，在图案编辑模式下打开副本。要创建白色的变体，选中整个图案（快捷键Cmd/Ctrl+A），将填充更改为白色（使图案暂时在画板上不可见）。退出编辑器后，在画板上绘制一个矩形，然后选择原始的青绿色图案作为填充图案。之后，打开【外观】面板，单击【添加新填色】，自定义一种深蓝色作为底部填充色。蓝色背景和青绿色云卷交相呼应。在【外观】面板中，将填充图案拖曳到【复制所选项目】上进行复制；然后将填充图案副本改为新建的白色图案，把不透明度滑块调低到15%。为了移动分层的白色图案，在【外观】面板中高亮显示该白色图案，然后回到画板上，选择【旋转工具】，在按住Opt/Alt键的同时单击已填充的矩形，对其进行旋转移动。在【旋转】对话框里，取消勾选【变换对象】复选框，勾选【变换图案】复选框，尝试输入不同的旋转角度值，通过勾选/取消勾选【预览】复选框更新图像。

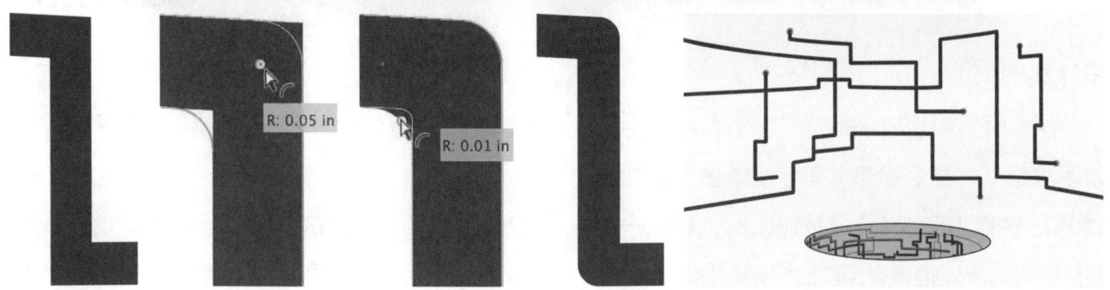

设计案例

设计师利用两个版本的Illustrator创作了这份图稿。先在CS6里绘制，然后借助Illustrator CC的实时转角功能，根据直觉创建转角，这样不会破坏画面效果。首先，用【钢笔工具】在背景和地板上绘制清晰可见的管道。绘制方法很简单，按住Shift键单击路线，以正确的角度铺设管子，然后添加10~15pt的粗描边。所有管道路径都铺好后，选择【对象】>【路径】>【轮廓化描边】，将描边路径转换为填充对象。保持路径处于被选中状态，切换至【直接选择工具】，选中一个实时转角构件，然后拖曳该构件，圆化所有的转角。那些尖锐管道的末端也全都做了圆化处理。因为所有的转角都是实时的且处于可编辑状态，从刚刚被圆化的外部转角中单独选中内部转角，拖回这些构件可以再次形成一个尖角。设计师宁愿直观地处理构件，也不愿意采用在对话框中输入数值的方式，但是直观地处理也能做到精确。使用实时转角创作这张插画最方便的地方就是在管道接头处创建贝塞尔曲线时，不用费劲就能用【钢笔工具】逐个添加锚点，之后分别删除原始转角锚点。

设计案例

在为网站规划电子邮件模板时，设计师计划创建矩形，在【外观】面板中单击【添加新效果】，选择【风格化】>【圆角】，应用统一的圆角到矩形上。但是，用实时矩形创建和修改圆角，不仅可以更好地控制这一过程，还能拥有更多的灵活性。于是，设计师创建了一个文档，选择【Web配置文件】和600px的宽度，然后开始设计。在【控制】面板中设置橙色为填充色，黑色描边增加到3px，然后用【矩形工具】在画板上绘制一个矩形，同时打开【变换】面板。当矩形仍处在被选中状态时，在【圆角半径】的文本框里输入10，这样所有的转角半径都变成了10像素（默认启用了链接选项）。为了将照片“置入”仍处于被选中状态的矩形中，又不破坏矩形的风格，需要切换到【内部绘图】模式（快捷键Shift+D），按快捷键Cmd+Shift+P/Ctrl+Shift+P；或者选择【文件】>【置入】，选择理想的照片并单击【置入】。使用载入鼠标指针，单击拖曳矩形的底端，将图像置入矩形里面，这时矩形会变成一个已填色且已描边的剪切蒙版。还是在【内部绘图】模式下，输入“Drama”作为画板的点文字，然后移动文字到矩形顶部，将填充颜色更改为白色。接下来，返回【正常绘图】模式（快捷键Shift+D），选中并复制矩形，在按住Opt+Shift/Alt+Shift键的同时水平拖曳副本来创建第二个矩形，然后再按两次快捷键Cmd/Ctrl+D，另建两个矩形。输入正确的文本标签后，选择【直接选择工具】单击文本标签，按快捷键Cmd+Shift+P/Ctrl+Shift+P，选择要置入的图像，勾选【替换】复选框，然后单击【置入】来替换图像。最后，选择【文件】>【导出】>【存储为Web所用格式（旧版）】，在打开的对话框中选择【名称】下拉列表中的【JPEG 高】，在【图像大小】选项组的下拉列表中选择【优化文字】。